HISTORY OF SCIENCE
과학사

개정판

| 과학사 | 제 25회 문화부 추천도서 선정도서

초판 9쇄 발행 1996년 9월 20일
개정 2쇄 발행 2022년 2월 15일

| 저　　자 | 김영식·박성래·송상용
| 발 행 인 | 손영일
| 디 자 인 | 정승연
| 발 행 처 | 전파과학사
| 등　　록 | 1956. 7.23 제 10-89호
| 주　　소 | 서울 서대문구 연희 2동 92-18 연희빌딩 204호
| 전화번호 | 02)333-8877,8855
| 팩　　스 | 02)334-8092

ⓒ 1992, 김영식·박성래·송상용
ISBN 978-89-7044-282-2　03400

- 책값은 뒤표지에 있습니다.
- 이 책은 저작권법에 따라 보호받는 저작물이므로 무단전재와 무단복제를 금지하며, 이 책의 전부 또는 일부를 이용하려면 반드시 저작권자와 전파과학사의 동의를 받아야 합니다.
- 파본은 구입처에서 교환해 드립니다.

HISTORY OF SCIENCE
과학사

김영식 | 박성래 | 송상용

개정판

전파과학사

|머리말|

현대인이 과학을 모르면 눈뜨고 노예가 된다는 얘기가 있다. 그만큼 과학은 우리에게 중요한 것이 되었고, 그 중요성은 날이 갈수록 커질 것이 확실하다. 과학 자체를 배우는 것도 필요하지만, 과학의 인간적·사회적 연관을 이해하는 것도 그에 못지않게 중요하다.

일반인에게 과학을 이해시키는 가장 좋은 방법이 역사적 접근이라는 주장이 있거니와, 이것은 이미 우리나라에서도 실증되었다. 낡은 과학을 공부함으로써 과학의 문화적 의의를 터득하고 오늘과 내일의 과학에 대한 조망을 얻게 하고자 한다.

이 책은 3부로 이루어져 있다. 제Ⅰ부는 송상용, 제Ⅱ부는 김영식, 제Ⅲ부는 박성래가 각각 나누어 썼다. 제Ⅰ부는 과학의 발생으로부터 과학혁명까지의 서양 과학의 흐름을 개관한다. 제Ⅱ부는 과학혁명 이후 급속히 팽창해 온 과학의 내용과 사회에 충격을 요약한다. 제Ⅲ부는 한국을 중심으로 동양의 전통 과학을 소개하고 인도, 중국, 일본의 과학도 아울러 다룬다.

이 책은 한국방송통신대학 「자연 과학개론」으로 썼던 것이다. 그 대학 밖에서도 읽을 수 있게 해야 한다는 전파과학사 손영일 사장의 권유를 받아들여 약간 손질해 내게 되었다. 이 책이 나오도록 크게 도와 준 서울대 성영곤 선생에게 고마운 뜻을 드린다.

몇 사람이 책을 같이 쓸 때 늘 일어나는 문제지만 용어와 표기가 달라 고민했다. 충분히 협의할 시간도 없어 내가 자위로 조정, 통일했다. 원고와 달라진 것들을 몇 가지 들면 다음과 같다. 에우클레이데스(유클리드), 태양중심설(지동설), 보편중력(만유인력), 몽골(몽고), 별자리(성좌), 폴로기스톤(플로지스톤), 기술자(엔지니어), 레이든(라이든), 에터(에테르), 아랍(아라비아) 등 양해해 주기 바란다.

송상용

| 차례 |

머리말　　　　　　　　　　　　　　　　04

PART 01 | 과학 혁명까지의 서양 과학

01 | 과학의 여명　　　　　　　　　　　10
02 | 그리스 초기의 자연철학　　　　　　16
03 | 고전과학의 개화　　　　　　　　　23
04 | 헬레니즘·로마과학　　　　　　　　29
05 | 고대의 의학과 천문학　　　　　　　37
06 | 아랍 과학　　　　　　　　　　　　44
07 | 중세의 신학·철학·과학·기술　　　　48
08 | 르네상스 과학　　　　　　　　　　58
09 | 과학 혁명　　　　　　　　　　　　65
10 | 코페르니쿠스 혁명　　　　　　　　72
11 | 새우주론　　　　　　　　　　　　79
12 | 갈릴레오 재판　　　　　　　　　　86
13 | 역학의 근대화　　　　　　　　　　93
14 | 근대의 과학방법　　　　　　　　 100
15 | 빛과 빛깔과 피　　　　　　　　　107
16 | 근대의 과학학회들　　　　　　　 116
17 | 뉴턴의 종합　　　　　　　　　　 125

PART 02 | 근대 및 현대의 과학

- 01 | 과학 혁명의 영향 : 뉴턴과학과 계몽사조 136
- 02 | 화학혁명 : 라부아지에와 근대화학 체계의 형성 147
- 03 | 과학의 전문 직업화 : 프랑스 혁명기의 과학 157
- 04 | 다윈과 진화론 168
- 05 | 열역학의 성립: '에너지'와 '엔트로피' 178
- 06 | 물리학 분야의 성립 189
- 07 | 미국 과학의 발전 199
- 08 | 과학과 산업 기술 210
- 09 | 생물학 분야의 발전 221
- 10 | 현대 물리학의 출현 231
- 11 | 원자탄 : 제2차 세계대전과 과학 242
- 12 | 현대 사회의 과학 기술과 인간 253

PART 03 | 동양의 전통 과학

- 01 | 중국 고대 과학의 형성 266
- 02 | 중국 고대 과학의 발전 276
- 03 | 한·당시대의 전통 과학 289
- 04 | 전통 과학 기술의 완성 : 송·원·명대 304
- 05 | 과학 기술과 근대 중국 314
- 06 | 인도의 과학 전통 327
- 07 | 일본의 과학과 기술 335
- 08 | 우리나라 삼국시대의 과학 기술 345
- 09 | 고려시대의 과학 기술 355
- 10 | 조선 전기의 과학 기술 365
- 11 | 조선 후기의 근대적 과학 기술 381
- 12 | 개국 이후의 과학 기술 392

찾아보기 403

PART 01
과학 혁명까지의 서양 과학

과학의 여명 | 01
그리스 초기의 자연철학 | 02
고전과학의 개화 | 03
헬레니즘·로마과학 | 04
고대의 의학과 천문학 | 05
아랍 과학 | 06
중세의 신학·철학·과학·기술 | 07
르네상스 과학 | 08
과학 혁명 | 09
코페르니쿠스 혁명 | 10
새우주론 | 11
갈릴레오 재판 | 12
역학의 근대화 | 13
근대의 과학방법 | 14
빛과 빛깔과 피 | 15
근대의 과학학회들 | 16
뉴턴의 종합 | 17

01 과학의 여명

과학의 기원은 인간의 본질과 관계가 있다. 인간은 '생각하는 존재'Homo sapiens인 동시에 '만드는 존재'Homo faber이기도 하다. 동물도 유치한 사고를 하지만 개념적 사고는 인간의 전유물(專有物)이며, 간단한 도구를 만드는 동물이 있으나 기계는 인간만이 꾸밀 수 있다. 자연을 이해하고 정복하려는 욕구가 각각 과학과 기술을 낳았다. 이 욕구는 두 가지 다른 동기, 호기심과 실질적 필요에서 나온 것이다. 사색(思索)과 공작(工作)이 서로 떨어질 수 없는 인간의 두 측면인 것처럼, 이 둘의 산물인 과학과 기술도 명확히 구별되지 않으며 종합적 인간능력의 표현으로 보아야겠다.

과학은 긴 문명사에서 볼 때 비교적 뒤늦게 나온 것이다. 자연에 관한 체계적인 지식으로서의 과학이 발생한 것은 3000년도 안 되며, 근대적인 의미의 과학은 불과 300년 전에 시작되었다. 이에 견주어 원시인들은 자연의 위대한 힘에 부딪쳤을 때 착잡한 반응을 보였다. 자연에 대한 공포와 외경감(畏敬感)에서 종교가 싹텄으며, 자연의 아름다움을 찬탄하는 데서 예술이 나왔다. 그들은 또한 자연에 대한 경이(驚異)와 호기심을 가졌지만, 이로부터 자연을 이해하는 노력이 시작된 것은 훨씬 뒤의 일이고 생존을 위해 자연을 극복하는 것이 급선무였다.

수백만 년 전 인간은 나무에서 내려와 바로 서면서부터 도구를 만들어 자연과 대결하기 시작했다. 구석기시대에 불의 발견은 인간의 생활양식에 획기적인 변화를 가져왔다. 더구나 뒤에 불로 금속을 벼리게 되자 문명은 활기를 띠게 되었다. 식물을 재배하고 동물을 길들인 중석기시대의 농업 혁명은 생태학의 혁명이었으며, 인간은 이미 환경의 주인이 되어 있었다. 청동기 시대에 일어난 도시혁명은 사회경제적 재편성을 가져왔다. 전문가 계급이 생겼고, 쟁기·지렛대·바퀴·돛단배 등의 잇단 발명으로 찬란한 고대 기술문명이 꽃피게 되었다. 가장 중요한 것은 금속 기술로서 1만년 전 중동(中東)에서 사용되기 시작한 구리가 경도 높은 합금 청동으로 발전했고, 철을 거쳐 B.C. 1000년에는 인도에 강철이 나타났다.

무거운 물건을 운반할 때 그 밑에 넣었던 통나무는 바퀴로 발전했다. 힘을 가장 합리적으로 이용하는 회전운동을 하는 바퀴로 수레를 만들었는데, 이것은 운송수단의 일대 전진이었다. 그리고 풍력을 이용한 돛단배가 만들어져 운반을 크게 도왔다. 밭을 가는 데는 나무쟁기가 쓰였는데, 이것을 소에게 끌게 함으로써 축력(畜力)을 이용하는 방법을 알게 되었다. 도기를 굽는 노(爐)도 이용되었고, 여기서 벽돌을 만들어 건축에 썼다.

고대세계에서 대단위의 조직화된 사회는 티그리스-유프라테스강과 나일강 유역에 최초로 출현했다. 그 넓이나 인구는 별로 대단치 않았으나, 이것은 '문명'이라고 부를 수 있는 새로운 형태의 사회로서 중요했다. 도시혁명의 결과 전문화, 교역, 공장경제(工匠經濟)를 특징으로 하는 도시들의 발전을 보게 되었다.

거대한 축조물(築造物)들

티그리스-유프라테스강의 불규칙하고도 격심한 범람을 막으려는 노력은 토목공학의 시초가 되었다. 이 지역에는 돌은 귀했으나, 벽돌의 재료인 진흙과 구리는 풍부했다. 무방비 상태인 평원이었으므로 전쟁이 그칠 날이 없었고, 전쟁은 금속병기의 발달과 성의 축조를 가져왔다. 집, 작업장, 사원, 성을 지을 필요성은 건축공학을 발달시켰으며, 수레와 작은 배에서 출발한 기계공학은 각종 측량기구를 만들어냈다.

　메소포타미아에서 기술적으로 특별히 흥미로운 것이 세 가지 있다. 지구라트 ziggurat 는 인공성구(人工聖丘)라고 할까, 사원이 붙어 있는 종교적 건물이다. 벽돌로 쌓아올린 피라미드 비슷한 구조이고, 높이 240m인 어마어마한 크기여서 바벨탑의 전설도 여기서 나왔다고 전해진다. 도시의 성은 지금 남아 있지 않지만 역시 벽돌로 되어 있고, 폭 26cm, 높이 6.3m의 규모이다. 홍수를 조절하고 농사를 짓기 위해 댐과 운하를 파서 강물을 평원으로 끌어갔다.

　한편, 나일강 유역은 범람이 규칙적이고 고립된 지형으로 외적의 침략을 받을 염려가 없어 메소포타미아와는 다른 성격의 기술이 발달했다. 이곳에서도 운하, 댐, 저수지는 잘 되어 있었으며, 풍부한 돌은 강을 통해 운반되었다. 시체의 부활을 믿는 유물적 종교의 영향으로 미라, 피라미드, 절벽무덤 등이 발달했다. 직조 및 금속 기술이 뛰어났으며, 또 도기에 광택을 낸다든지 금에 에나멜칠을 입히는 기술도 있었다.

　이집트가 자랑하는 피라미드와 오벨리스크 obelisk 는 돌로 지어진 것으로, 그 규모나 정확성에서 참으로 석공술(石工術)의 극치라 할 만하다. 230만개의 돌로 무게 500만톤인 피라미드는 지상 넓이 5헥타(ha), 높이 150m인 엄청난 건조물이며, 종교적 상징인 오벨리스크도 그 높이가 47m나 된다. 무거운 돌들은 도르래나 롤러 없이 지레와 사면(斜面)을 이용해 올려 쌓았다.

　메소포타미아와 이집트에서는 기술자의 사회적 지위가 승려계급 다음 갈 정도로 높았다. 그들은 장교, 승려, 귀족, 왕족을 겸하고 있는 경우가 많았고, 권력층에 밀착되어 있어 중앙정부의 강력한 재정적 뒷받침을 받으며 상당한 영향력을 발휘했다.

놀라운 수학적 추상화

이집트에서 일찍이 발전된 역(曆)에 대해서는 자세한 것이 알려져 있지 않다. 이집트 사람들이 처음으로 만든 역은 음력이었다. 이 역이 꾸며질 때는 이미 태양년이 세 계절로 나누어졌는데, 그것은 나일강의 물, 곧 농사와 관계가 있었다. 음력은 12달로 되어 있었고, 한 달은 29일 반이었다. 따라서 1년은 354일이 되고, 3년마다 윤달을 넣을 필요가 있었다.

나일강은 해마다 범람했으나 홍수와 홍수 사이의 기간은 일정하지 않았다. 어느 해는 홍수 사이가 11달이고, 다른 해는 14달이 되기도 했다. 그래서 나일강의 범람과 대략 일치하면서 더 규칙적인 사건이 있으면 편리할 듯 했다. 이런 사건이 바로 시리우스 Sirius 별의 출현이었다. 그것은 나일강 범람 직전에 나타났고, $365\frac{1}{4}$일마다였다. 이 규칙성이 알려져 1년의 시작은 나일강의 범람이 아닌 시리우스의 출현으로 되었다.

어느 단계에 가서 이집트 사람들은 양력을 만들었다. 그것은 음력을 본뜬 것으로 12달과 세 계절을 갖고 있었다. 한 달은 30일이고, 연말에는 축제일 닷새를 붙여 365일을 만들었다. 이것은 음력의 문제점, 곧 달의 운동에 따른 변화를 해결해 주었다. 뒤에 그들은 새 음력을 만들었으나, 먼저 쓰던 역을 버리지 않고 세 가지를 함께 간직했다.

이집트의 산술(算術)수준은 그렇게 높지 않아서 메소포타미아에 비해 뒤떨어지고, 이 때문에 정밀한 관측천문학에서 어려움을 겪었다. 이집트의 산술은 B.C. 1650년에 쓰인 린드 파피루스 Rhind Papyrus 에서 주로 찾아볼 수 있다. 이집트의 수체계는 10진법이었다. 그것은 자리값의 개념이 없어 10에서 100만까지 모두 별도의 기호가 있었다. 예컨대, 1,245,369를 쓰려면 30개의 기호가 필요했다. 그리고 그 수체계는 완전히 가산적(加算的)이어서 곱셈이나 나눗셈도 결국 덧셈으로 환원되었다. 분수가 있었으나 $\frac{2}{3}, \frac{3}{4}$ 을 빼고는 분자가 1인 분수였다.

한편, 메소포타미아의 진흙으로 만든 서판(書板)에 새겨 있는 수체계는 60진법이다. 이 수체계는 단지 두 가지 기호로만 구성된다. 처음에는 10진법과 60진법의 혼합이었던 것 같다. 왜냐하면, 1, 10, 60, 600, 3600, 36000…… 이렇게 10과 6이 교대되었기 때문이다. 한 기호는 1, 60, 60의 멱, 곧 60^n이고, 또한 기호는 10과 60의 멱의 10배, 곧 10×60^n이었다. 여기서 n은 정(正), 부(負)의 정수 또는 0이다. 따라서 어떤 수가 무엇인가는 문맥을 통해서만 알 수 있다.

메소포타미아 사람들은 놀라운 수학적 추상화를 보여 주었다. 그들은 곱셈표, 제곱표, 3제곱표, 제곱근표, 3제곱근표, 반비례표 등을 남겼다. 메소포타미아 수학의 유산은 세 가지이다. 첫째로 자리수의 개념은 힌두-아라비아 숫자로 발전했고, 둘째는 수의 등급을 멱과 부(負)멱으로 연장했으며, 셋째는 수와 도량형(度量衡)에 같은 기초를 썼는데, 이것은 뒤에 미터법에서 되풀이 되었다.

점성술(占星術)과 의사(醫師)-마술사(魔術師)

초기 메소포타미아의 천문학은 밝은 별들을 확인하고 하늘을 멋대로 나누며, 두드러진 천체 또는 대기현상을 관측한 정도였다. 이런 것들로부터 끌어낸 조짐(兆朕)의 기록도 있는데, 이와 같은 천체의 조짐에 의미를 붙인 것이 점성술의 시초이다. 싸우는 왕국의 운명을 예측하는 데 쓰인 숙명점성술(宿命占星術)이 나중에는 개인의 운(運)을 예언하는 복잡한 과정인 호로스코프 horoscope 점성술로 발전했다.

뒤에 가면 복잡한 이론 천문학의 체계가 보인다. 사원의 승려들이 탑에 올라가 7행성을 관측했다. 각 행성은 항성들을 배경으로 특이한 모양과 주기로 운동하는 것처럼 보였다. 행성들의 운동은 천구의 어떤 띠에 놓여있음이 발견되었다. 이것이 황도대(黃道帶)인데, 메소포타미아 사람들은 12부분으로 나누어 황도 12궁(宮)이라고 불렀다.

행성들이 보여 주는 주기성과, 특히 태양과 달의 회전은 시간측정에 이용되었다. 달이 매달 차고 기우는 것은 태양이 1년 여행하는 것보다 분명하기 때문에 음력을 조정하는 데 도움이 되었다. 필요한 농업의 단위로서 태양년이 채택되기는 했지만, 달에 의해 시간을 계산하는 이 방법은 종교적인 목적을 위해 유지되었다. 태음월(太陰月)과 태양년 사이에는 아무런 수적 연관도 없다. 그러나 이 둘을 연결하는 규칙의 필요가 메소포타미아 천문학의 놀라운 발전을 가져온 것 같다.

이집트에는 의학이 발달했는데, 그 내용은 에버스 Ebers 파피루스와 에디윈 스미스 Edwin Smith 외과(外科)파피루스에 들어 있다. 이집트 의학에서 마술(魔術)의 몫은 매우 크다. 악마가 육체를 소유하고 병을 일으키는 것으로 생각되었다. 의사-마술사는 이 악마를 몰아내야 하는데, 이것은 처음에 구두(口頭)로 의식(儀式)을 하고, 주문(呪文)을 왼 뒤 손으로 의식을 하고 약을 주는 것으로 되어 있다.

이집트 사람들은 미라를 만드는 과정에서 해부학과 생리학의 많은 것을 배웠고, 인간의 기관과 동물 기관의 유추(類推)에 관해서도 많이 배웠다. 미라를 만들면서 그들은 또한 어떤 염(鹽)의 방부력(防腐力)에 관한 지식을 얻었다. 그들은 신경과 혈관을 구별하지 않았다. 심장은 지성(知性)의 자리로 생각되었으므로 미라를 만드는 동안 안에 남아 있는 유일한 몸의 일부가 되었다.

스미스의 외과파피루스는 의학을 합리적으로 다룬 첫 번째 경우를 보여 준다. 그것은 48개의 경우를 머리에서 발가락까지 다루었는데 1) 제목, 2) 증상, 3) 진단, 4) 의견, 5) 처치가 경우마다 질서 있게 전개되어 있다. 여기에도 합리적 의학 이외에 마술에 대한 언급이 나온다. 왜냐하면 이것이 주로 외부에서 관찰할 수 있는 상처를 치료하기 때문이다.

02 그리스 초기의 자연철학

2500년 전쯤 그리스를 비롯한 여러 문명발상(文明發祥)지역에서 자연에 대한 본격적인 사색이 시작되었다. '지식 자체를 위한 지식'으로서의 과학은 B.C. 7세기 탈레스 Thales에서 싹텄다. 그러나 과학의 발생은 돌발사(突發事)가 아니라 점진적인 과정이었다. 탈레스 이전의 오랜 신화시대에도 신화mythos 속에 미약하나마 논리 logos 의 싹이 있었다. 그것이 차츰 강해지면서 드디어 신화를 압도하게 된 것이 탈레스 때라고 보면 좋다. 따라서 과학이 나온 뒤에도 신화의 잔재(殘滓)는 오래도록 남아있게 된다.

신화(神話)에서 과학(科學)으로

그리스에서 과학이 발생한 배경은 세 가지로 볼 수 있다. 첫째, 신화시대에 축적된 자연에 관한 풍부한 정보가 있다. 이 정보는 해석이 달라지자 과학에서 더할 수 없이 귀한 자료가 되었다. 둘째, 오랜 기술문명에서 축적된 지식이 있다. 이 지식은 실용(實用)이 떨어져 나가자마자 과학의 내용을 이루게 되었다. 셋째, 부의 축적이다. 원시시대에는 분업이 있을 수 없었고, 누구나 다 들판에 나가 사냥하고 농사를 지었다. 그러나 차츰 승려, 군인, 금속장인 등 전문가 계급이 생겨났다. 그들은 여느 사람들의 일에서 해방되어 잉여(剩餘)식량을 받아 생활하며 전문적인 일에만 몰두했다. 이들 상류층은 여가에 생활과 관계없는 깊은 사색에 빠질 수 있었고, 이것이 과학을 낳은 것이다.

　신화시대와는 달리 이제 자연현상의 원인은 초자연적인 존재에 미루어지지 않고 어디까지나 자연 안에서 찾아졌다. 과학은 태어나기까지 기술에 힘입은 바 컸지만, 출발점에서는 철학과 완전히 일치했다. '우주론시대**(宇宙論時代)**'라고 불리는 그리스 초기의 과학자(자연철학자)들의 공통의 의문은 우주를 이루는 근본실재가 무엇인가였다. 그리고 그들은 그들 나름의 해답을 제시했다.

우주의 원질(原質)을 찾아

　먼저 밀레토스 Miletos 학파로 묶어지는 세 사람부터 보자. 탈레스는 우주의 원질 arche 을 물로부터 보았다. 이것은 만물이 물로 되어 있다는 것일 수도 있고, 만물이 물로부터 생겼다는 뜻일 수도 있다. 그는 이집트를 여행했는데, 그곳 사람들이 그렇게 믿었기 때문이라는 추측이 있다. 또한 물은 우리 주위에 가장 흔하면서도 서로 다른 상태(기체, 액체, 고체)로 존재할 수 있는 물질이기 때문이라는 해석도 있다. 아낙시만드로스 Anaximandros (B.C. 6세기)는 무한자**(無限者)** to apeiron 가 자체분할을 일으켜 뜨거운 것과 찬 것이 되고, 여기서 각각 불과 공기, 흙이 나온다고 했다. 무한자는 구체적인 물질이 아닌 추상적 개념으로서, 이것은 고대 과학의 큰 진전이라 하지 않을 수 없다. 아낙시메네스 Anaximenes (B.C. 6세기)는 공기를 원질이라 보았다. 그리스 말로 공기 pneuma 는 숨을 뜻하기도 하는데, 숨이 생명의 근본인 것처럼 공기도 우주의 근본이라는 생각에서 나온 것 같다. 구체적인 공기는 무한자로부터의 후퇴로 보일지 모르나, 공기의 희박화와 농화**(濃化)**에 의해 불이 되고 구름, 물, 흙, 돌로 차례로 변하는 기계적인 과정을 제시했다는 점에서 발전이 엿보인다.

헤라클레이토스 Herakleitos (B.C. 6세기)는 자연에 영원한 것은 하나도 없고, 만물은 끊임없이 변한다고 주장한 특이한 철학자이다. 그는 불을 원질로 보았는데, 그것은 만물을 꿰뚫고 있는 이유이며, 변화 속에서 질서를 가져오는 로고스 logos 이다. 헤라클레이토스와 좋은 대조를 보이는 철학자가 엘레아 Elea 학파의 파르메니데스 Parmenides (B.C. 6-5세기)이다. 그는 존재만 인정하고 비존재를 과격하게 부정했다. 존재는 하나밖에 없으며, 변하지 않고 움직이지 않는 것이었다. 다시 말하면, 다(多)와 변화와 운동을 인정하지 않는 입장이었다. 존재는 모든 방향으로 거리가 같은 것이라 했으니, 공이라 할 수 있을 것이다. 뒷날 존재를 물질로 본 유물론적 해석과 비물질로 본 관념론적 해석이 갈렸지만, 둘 다 과학에 지대한 영향을 주었다. 파르메니데스의 제자 제논 Zenon (B.C. 5세기)은 스승의 입장을 옹호하기 위해 힘센 아킬레스 Achilles 도 먼저 출발한 거북을 결코 앞지르지 못한다는 등 유명한 역설(逆說)들을 내놓았다.

피타고라스 Pythagoras (B.C. 6세기)는 수(數)를 우주의 근본실재로 보았다. 우주가 수 자체로 되어 있다는 것인지 원질이 수와 대응한다는 것인지 분명하지 않지만, 그의 수는 기하학적 점이므로 전자일 가능성이 높다. 그 시대에 매쓰메티카 mathematike 는 수학 이외에 천문학, 의학, 음악도 포함했다. 피타고라스는 이 모두에 능했다. 의학에서는 인체 안의 여러 가지 대립된 성질들 사이의 비(比)를 문제 삼았으며, 악기의 현(弦)과 관(管)의 길이의 비를 따졌다. 피타고라스 학파의 수 존중사상은 근대까지 연면(連綿)히 이어져 서양 과학사에 깊은 자국을 남겼다.

후기 자연철학 또는 다원론(多元論)으로 알려진 과학은 또한 그리스 입자설(粒子說)로 특징지어질 수도 있다. 여기서는 모두 원질이 입자이기 때문이다. 엠페도클레스 Empedokles (B.C. 6세기)는 의사로서 피타고라스 학파의 영향을 많이 받았다. 그는 만물을 구성하는 입자로서 물, 불, 공기, 흙의 네 뿌리 rhizomata 를 내놓았다. 뿌리들은 서로 질적으로 다르며, 자체로는 생겨나지도 없어지지도 않고 변하지 않는 것이다. 뿌리들의 결합과 분리에 의해 삼라만상이 변화하는데, 이것은 사랑philia과 미움neikos이라는 작용인(作用因) 때문이다. 사랑은 뿌리들을 결합시켜 거시적 사물을 이루게 하고, 미움은 물질을 분해해서 뿌리로 돌아가게 하는 것으로서, 오늘날의 인력과 반발력 비슷한 것으로 생각된다. 엠페도클레스는 인체도 네 뿌리로 이루어져 있으며, 이들이 이상적인 비례를 이룰 때 건강하고 균형이 깨지면 병이 나는 것이라고 했다.

아낙사고라스 Anaxagoras (B.C. 500-428)는 네 개의 뿌리만으로는 충분치 않다고 해서, 무수히 많은 질적으로 다른 존재 씨들spermata을 말했다. 씨들도 불생(不生)·불멸(不滅)·불변의 존재이며, 작용인 누스nous에 의해 결합, 분리한다. 누스는 힘 같기도 하고, 어떻게 보면 가장 희박하고 순수한 물질로 보이기도 한다.

포괄적인 우주상

그다음에 나온 것이 레우키포스 Leukippos(B.C. 5세기)와 데모크리토스 Domokritos(B.C. 5세기)에 의해 대표되는 원자론이다. 원자론은 입자설 가운데서도 파르메니데스의 직계(直系)라 할 수 있다. 원자atoma란 그의 존재를 무수히 나눈 것이기 때문이다. 원자론은 우주가 더 이상 나누어지지 않는 입자들로 이루어져 있다고 한다. 그러나 초기의 입자설과는 중요한 차이점을 드러낸다. 뿌리들이나 씨들이 질적으로 다른 존재들인 데 견주어, 원자들은 질은 같고 양만 다르다. 원자론에서는 운동이 원자에 고유한 것이며, 작용인은 필요하지 않다.

원자들은 크기, 모양, 위치배열, 운동상태가 모두 다르며, 물질의 질적 차이는 이 탓으로 돌려진다. 따라서 원소(元素)는 기본성질을 잃게 된다. 원자들은 비물질적인 공간 허공(虛空)kenon 안을 운동해 다닌다. 허공은 원자들의 운동을 위해 있어야 한다. 허공에는 원자가 없고, 원자가 있는 곳은 허공이 아니다. 원자들의 운동에는 1차적인 것과 파생적인 것의 두 가지가 있다. 그리고 이 운동은 마치 브라운 운동을 하는 분자들처럼 제멋대로 하는 것이다. 그러므로 이렇게 원자들의 맹목적 운동에 의해 진행되는 우주는 완전히 역학적(力學的) 계(系)이며, 자기충족적(自期充足的)이다. 원자론자들은 이 계가 창조되지 않은 영원한 것으로 본다. 여기서 우리는 철저한 기계론(機械論)을 보게 된다. 이런 세계에는 신(神)이 발붙일 곳이 없다.

원자론은 물질세계의 변화를 원자들의 이합집산(離合集散)이라고 하는 데 그치지 않고, 감각도 원자의 운동으로 설명한다. 비슷한 원자배열은 비슷한 감각을 만들며, 배열이 달라지면 감각도 변한다. 음식물의 미각은 원자가 혀의 원자와 접촉함으로써 생긴다. 자극성 있는 음식은 뾰족하고 울퉁불퉁한 원자들로 되어 있고, 단 음식은 그 원자들이 부드럽고 매끈하다. 시각(視覺)도 눈에서 튀어나가는 원자와 물체의 원자가 충돌해서 변형된 원자가 망막을 자극해서 일어나는 것이다.

데모크리토스는 인간의 영혼이 가장 섬세하고 완전한 공 모양의 원자로 되어 있다고 하며, 신 또는 악마들은 원자의 복합체라고 한다. 이렇듯 극단적인 유물론은 필연적으로 무신론적 세계관을 수반한다. 원자론의 반종교적 성격은 그 자체의 운명에 큰 영향을 주었다. 원자론은 얼마 안 가 서구과학의 주류에서 밀려나 근대에 극적으로 부활할 때까지 거의 잊혀졌다.

창세의 기하학

플라톤 Platon(B.C. 429?-347)은 헤라클레이토스와 파르메니데스의 영향을 받았고, 피타고라스의 종교적 요소와 수학존중, 소크라테스 Sokrates 의 윤리와 자적론(自的論)을 이어받아 이원론적인 과학을 건설했다. 소크라테스는 과학에 무관심했지만, 플라톤은 윤리(倫理) 말고 과학에도 관심이 깊었다. 그러나 그의 과학에 대한 관심은 과학 자체를 위한 것이 아니었던 듯하다. 플라톤은 그 윤리를 정당화하기 위해 과학을 했고, 따라서 그의 과학은 짙은 윤리성을 띠고 있다. 플라톤의 「대화(對話)」들 가운데 만년에 나온 「티마이오스」Timaios 는 자연철학에 관한 책이다. 그것은 우주가 도덕적이라는 것을 보여줌을 목적으로 하고 있다.

「티마이오스」는 창조신화를 다룬 본격적인 우주창조론이다. 만일 플라톤이 참으로 우주가 창조되었다고 믿었다면, 그는 특이한 존재이다. 왜냐하면, 대다수의 그리스 철학자들이 우주는 영원하다고 보았기 때문이다. 그리고 이 뚜렷한 창조설 덕분에 플라톤은 뒷날 그리스도교도들에게 비교적 인기가 있었다. 플라톤에 따르면, 태초에 창조주 데미우르고스 demiurgos 가 있어 우주를 만들었다. 단, 그리스도교와는 달리 무에서 창조한 것은 아니고 재료가 있었다.

데미우르고스는 원질(原質)을 가지고 4원소를 만들었는데, 그 구성방법이기가 막히게 기하학적이다. 직각이등변삼각형 4개가 모이면 정4각형이 된다. 정4각형 6개로 둘러싸인 것이 정6면체이다. 이 정6면체로 된 것이 흙이다. 따라서 흙은 직각이등변삼각형 24개로 이루어지는 것이다. 두 각이 각각 60°, 30°이 직각삼각형 6개는 정삼각형을 만든다. 정삼각형 4개로 둘러싸인 정4면체로 된 것이 불이다. 공기는 정8면체(정3각형 8개), 물은 정20면체(정3각형 20개)로 되어 있다. 직각삼각형의 수로 따지면 불, 공기, 물은 각각 24, 48, 120개로 구성된 셈이다. 여기서 중대한 결과가 나온다. 흙은 유독 직각이등변삼각형으로 되어 있어 어쩔 수 없으나, 불, 공기, 물은 구성성분이 같은 직각삼각형이다. 더구나 그 수를 보면 서로 바뀔 수 있는 가능성이 있다. 곧 24×2=48, 48×2+24=120. 공기는 불 2개, 물은 공기 2개와 불 1개로 되어 있는 것이다. 그러므로 흙 하나만은 고정불변이지만, 나머지 세 원소는 상호가변적(相互可變的)인 것이 되었다.

물론 플라톤의 기하학적 우주론은 완전히 사변적(思辨的)인 것이다. 그러나 내용은 어쨌든, 중요한 것은 플라톤이 우주를 기하학적으로 생각했다는 사실 자체이다. 16세기에 시작된 천문학 혁명을 성공으로 이끈 원동력은 바로 이 사고방식이었다. 코페르니쿠스, 갈릴레오, 케플러는 플라톤의 확신을 나누어 가졌으며, 이 믿음을 밀고 간 결과 마침내 우주를 수학적으로 간단히 표현하는 데 성공했던 것이다.

03 고전과학의 개화

그리스 고전기(古典期)의 마지막을 장식한 아리스토텔레스 Aristoteles(B.C. 384-322)는 철학자로서 유명하지만, 과학자로서도 그에 못지 않게 중요하다. 그의 과학은 17세기에 근대과학이 나오기까지 2000년 동안 서구를 지배했기 때문이다. 과학사상에 있어 아무도 그토록 깊고 오래 계속된 영향을 남긴 일이 없다.

대대로 명의를 배출한 집안에서 태어난 아리스토텔레스는 어려서부터 철저한 의학교육을 받았다. 그때는 의사가 되려면 철학을 공부해야 된다는 것이 상식으로 되어 있었기 때문에, 플라톤이 만든 아카데메이아 Akademeia 에 입학했다. 플라톤과의 만남은 아리스토텔레스의 일생에 지울 수 없는 인상을 남겼다.

철학(哲學)에서 과학(科學)으로

전에는 아리스토텔레스의 저작을 통일된 전체로 보는 경향이 있었으나, 요즘은 3단계로 나누는 것이 정설(定說)로 되어 있다. 곧, 그의 사상은 플라톤적 시기, 과도기(過渡期), 독자적 성숙기로 발전해 갔다. 이 변화는 철학에서 과학으로의 이행(移行)을 뜻한다. 다시 말해, 초기의 형이상학적 경향이 점차 경험주의로 바뀌었다는 것이다. 그가 세운 뤼케이온 Lykeion 의 분위기도 아카데메이아와는 대조적으로, 철학적이라기보다 과학적이었다고 한다.

플라톤이 인생문제에서 출발해 자연을 그 배경으로 본 데 견주어, 아리스토텔레스에게 철학은 자연을 설명하려는 시도였다. 만일 자연을 설명할 수 없거나 신비적·초월적인 것을 끌어들여야만 한다면, 철학은 실패한 것이라고 그는 믿었다. 그래서 그는 이데아설을 빈 말이며, 시적(詩的) 비유라고 혹독히 비판했다. 그러나 그는 전체로 보아 별 수 없는 플라톤의 제자였다. 실재는 형상에 있다는 확신과 목적론적 견해는 아리스토텔레스가 스승으로부터 받은 중요한 유산이며, 그의 과학에 구석구석 깊이 침투되어 있다.

그러면 아리스토텔레스를 이전의 과학과 구별짓게 하는 특징은 무엇인가? 첫째, 그는 플라톤과는 달리 자연현상에 대해 기본적으로 경험적 태도를 취한다. 둘째, 원자론자들은 양적 결정을 가능하게 하는 설명원리를 쓰는 것이 목표였으나, 그는 질적인 과학을 발전시키려 한다. 셋째, 그는 존재가 발생, 변화를 하지 않는다는 엘레아학파의 주장을 전적으로 거부한다.

물리과학에서 아리스토텔레스는 변화와 운동의 문제를 주로 다루었다. 먼저 4원소는 제1질료(第一質料)를 바탕으로 네 가지 성질들이 섞인 것인데, 성질들의 비율에 따라 원소의 종류가 결정된다. 따라서 어떤 방법으로 이 비율을 바꾼다면 원소도 변할 수 있다는 결론이 나온다. 뒤에 연금술사(鍊金術師)들이 값싼 쇠붙이를 가지고 금을 만들려고 했을 때 원소가 상호가변적이라는 아리스토텔레스의 물질이론이 그 이론적 근거가 되었다.

4원소에 의해 만물이 변화하는 것은 달 아래 세계(月下圈)의 경우이고, 달 너머 세계(月上圈)는 다섯 번째 원소 아이테르aither가 차 있어 영원하고 완전한 다른 곳이다. 플라톤의 2세계설(二世界說)을 연상하게 하는 이 두 세계는 17세기 뉴턴에 와서야 다시 하나로 합쳐진다.

독단적인 물리학

아리스토텔레스는 운동을 물체가 자연적인 위치로 향하는 자연운동과 다른 방향으로 억지로 가게 하는 강제운동으로 나누었다. 본질적으로 다른 이 두 운동의 구별은 갈릴레오 때까지 계속되었다. 강제운동에는 외부로부터 주어지는 힘이 반드시 필요하다. 그리고 힘과 물체는 접촉해 있어야 한다 해서 '접촉물리학' 또는 '마차물리학(馬車物理學)'이라는 별명이 붙었다.

여기서 문제되는 것은 투사체운동(投射體運動)이다. 힘을 가하는 손을 떠난 다음에도 물체가 계속 공중을 날 수 있는 까닭은 무엇인가? 아리스토텔레스는 기발한 설명을 생각해냈다. 곧, 투사체가 손을 떠나면 공기를 교란시키고, 교란된 공기가 뒤로 와서 투사체를 앞으로 나가게 하고, 다음 층 공기가 또 뒤로 와 밀고, 이렇게 해서 계속 운동한다는 것이다. 투사체의 추진력은 천천히 약해져 완전히 없어질 때 투사체운동은 끝나고, 곧장 땅으로 떨어진다. 곧, 강제운동이 끝나면 자연운동이 시작되며, 둘은 결코 섞이지 않는다.

아리스토텔레스는 또한 진공을 부정했다. 물체가 운동할 수 있다는 것은 그것이 갈 빈자리가 있음을 전제로 한다는 주장에 대해서는 반드시 그런 것이 아니고, 서로 자리바꿈에 의해서도 운동은 가능하다고 했다. 또 성긴 물체가 수축되는 것은 그 속이 비어 있는 증거라는 주장에 대해서는, 속에 있는 미묘한 물질이 겉으로 빠져나온 것이라고 반박했다. 그의 진공반증론(眞空反證論) 가운데 하나만 들어 보자. "무거운 물체는 가벼운 물체보다 매질(媒質)을 뚫는 힘이 커서 빨리 떨어져야 하는데, 공기가 없다면 똑같이 떨어질 것이다. 이것은 모순이므로 진공은 없다." 그런데 낙체의 속도가 무게에 비례한다는 전제 자체가 증명이 필요한 것이므로 이 논증은 감정적인 억지에 지나지 않는다.

타고난 생물학자

앞에서 본 바와 같이, 아리스토텔레스의 물리학은 불충분하고 상식적인 관찰을 가지고 형이상학에 두드려 맞추어 일반화한 매우 독단적인 것이었다. 그러나 생물학에서는 관찰과 실험에 입각한 볼 만한 업적을 많이 남기고 있다. 날카로운 관찰, 정확한 기술(記述), 주의 깊은 분류는 아리스토텔레스의 타고난 생물학자로서의 자질을 말해 준다.

아리스토텔레스는 고래와 물고기를 구별했고, 오징어의 양성생식을 기술했으며 벌의 습관과 병아리의 배(胚)의 발전을 정확히 관찰했다. 특히 그의 돔발상어에 대한 기술은 계속 틀린 것으로 내려오다가, 19세기에야 아가시 Louis Agassiz에 의해 옳았다는 것이 밝혀지기도 했다. 물론 그는 실수도 저질렀다. 악어, 사자 같은 외국동물을 소문만 듣고 마치 본 것처럼 잘못 기술한 것, 유치한 소화과정의 생리, 신경과 심줄의 혼동, 심장의 방을 셋으로 본 것 등은 그 몇 가지 보기이다.

아리스토텔레스의 동물분류는 뛰어난 것으로 평가된다. 그의 이른바 자연적 분류는 형태를 기준으로 삼기도 했으나, 생식정도에 의한 분류가 더 중요하다. 모든 동물은 생명열(生命熱)을 갖고 있는데, 이것이 많을수록 생식방법이 고급이며 고등동물이라고 그는 보았다. 그는 520종을 분류했는데, 해양동물이 잘 되어 있다. 그의 분류는 18세기에 린네 Carl von Linné가 분류학을 체계화할 때까지 그대로 내려왔다.

아리스토텔레스는 발생학에서도 비교발생학적 방법의 도입, 1차(一次) 및 2차성징(二次性徵)의 구별, 전성설(全成說)과 후성설(後成說)의 대립 정식화, 진화재연설(進化再演說)의 예측 등 주요한 공헌을 했다. 아리스토텔레스의 생물학은 경험적인 산물이지만, 여기도 철학이 깊이 끼어들어 곤란하게 된 것이 많다. 무엇보다도 그의 생물학에 짙게 깔려 있는 목적론은 아직도 생물학을 괴롭히고 있다.

끝으로, 아리스토텔레스를 진화론자라고 하는 사람이 있으나, 이것은 사실이 아니다. 그는 무생물에서 사람에 이르기까지 발전의 정도에 따라 늘어놓은 '자연의 사다리'scala naturae를 생각했지만, 낮은 단계에서 높은 단계로의 이동은 전혀 고려하고 있지 않기 때문이다.

고전과학의 끝

아리스토텔레스를 이어 뤼케이온을 맡은 제자는 테오프라스토스 Theophrastos(B.C. 372-287)였다. 그는 스승의 생물학 연구를 계속했는데, 아리스토텔레스가 동물학자였다면, 그는 식물학자였다고 할 수 있다. 그는 수많은 식물의 종(種)을 기재하고 분류했다. 그의 명명(命名)과 전문용어는 현대 생물학에 많이 남아 있다. 그는 또한 고등식물의 생식은 성적(性的)인 성격의 것이라는 데 주목했다. 그러나 테오프라스토스는 목적론을 배격하고, 과학자는 기술에서 관찰되는 과정에 의해 자연현상을 설명해야 한다고 주장했다.

테오프라스토스 다음에는 스트라톤 Straton(B.C. 약 340-270)이 뤼케이온을 대표했다. 스트라톤은 관찰을 넘어 실험까지 했던 것 같다. 그는 나무조각을 가열하기 전후해서 무게를 쟀는데, 만들어진 숯은 나무와 부피가 같으나 무게가 작음을 발견했다. 그래서 그는 나무로부터 물질이 떠나고 빈 구멍을 남겼다고 생각했다.

다른 실험에서 스트라톤은 그릇에서 부분적으로 공기를 빼면 물을 빨아올림을 보여주었다. 그리고 이것은 물이 공기입자들 사이의 진공을 채우기 때문이라고 했다. 그는 모든 물체가 작은 입자로 되어 있고, 그 사이는 진공이라는 견해를 가졌다. 만일 이런 진공이 없으면, 빛이 물이나 공기 속을 통과할 수 없으며, 열도 물체에서 물체로 흐를 수 없을 것이라고 그는 주장했다.

스트라톤 이후에는 아테네에서 과학적으로 중요한 업적이 거의 나오지 않았다. 그리스 과학의 중심은 알렉산드리아로 옮아갔다. 에피쿠로스 Epikuros(B. C. 342-270)가 원자론을 부활시킨 것은 아테네였으나, 그는 주로 종교와 싸우기 위해 원자론을 이용했다.

빈약한 기술(技術)

현대를 빼놓고 과학과 기술이 동시에 발달한 예는 거의 없다. 그리스에서 과학이 찬란했다면, 기술은 빈약했으리라 짐작할 수 있다. 그리스 기술의 대표적인 것은 사원건축, 조선(造船), 수도 가설 등이다. 그리스의 건축은 예술적으로 호평을 받고 있었으나, 기술적으로는 우수하다고 보기는 어려웠다. 건축물은 주로 사원이 많았는데, 벽과 기둥과 단조로운 지붕으로 되어 있고, 아치는 잘 쓰지 않았다. 그리스는 연안국(沿岸國)이어서 조선에도 힘썼다. 호메로스배 Homeric Ship 는 이집트나 북유럽의 배와는 다른 독특한 것이었다. 그리고 도시들이 수원지(水源池)에서 멀리 떨어져 있었으므로 수도를 가설했으나, 그 기술은 원시적인 것이었다.

그리스의 기술은 늘 소규모였고 복잡한 문제가 없었으므로, 원시적 방법으로도 충분했다. 기술적인 관점에서 볼 때 그리스 사람들의 업적은 보잘 것 없었다. 그러나 그리스에서 크게 발전한 수학과 역학은 공학이 시작될 때 그 기초를 만들어 주었다고 말할 수 있다.

04 | 헬레니즘·로마과학

알렉산드로스대왕(大王)의 동방정복 이후 그리스 과학의 중심은 아테네에서 지중해 건너 북아프리카의 알렉산드리아로 옮아갔다. 알렉산드로스대왕이 죽자 제국은 셋으로 나누어졌는데, 이집트는 프톨레마이오스 3세가 차지했다. 그는 알렉산드리아에 뤼케이온을 본떴으나, 규모가 훨씬 큰 무제이온 Museion을 세웠다. 무제이온은 도서관, 동물원, 식물원, 천문대, 해부실을 포함한 방대한 교육·연구기관이었다. 여기에는 본토에서 초빙해 온 교수 100여 명이 있었다고 한다.

사변(思辨)에서 경험으로

헬레니즘 과학은 아테네에 비해 결코 쇠퇴라고 할 수는 없었으나, 그 성격은 크게 변질되었다. 활발했던 비판정신은 퇴색하고, 과학은 보다 경험적·실질적으로 되었다. 알렉산드로스의 군대가 수집한 정보가 그리스 과학을 사변에서 경험으로 가게 한 자극이 되었다고 한다. 헬레니즘 과학의 이 새로운 경향은 알렉산드리아에 글자를 읽는 기술자들이 생겨난 데서 볼 수 있다.

알렉산드리아의 최초의 기술자는 크테시비오스 Ktesibios로 B.C. 3세기쯤 활동했다고 전해진다. 그의 저서는 남아 있지 않지만, B.C. 2세기의 필론 Philon에 의해 소개되었다. 필론은 물 올리는 펌프와 물시계를 발명했다.

헤론 Heron 은 1세기에 나와 필론에 이어 군사기술, 과학기구, 기계장난감을 발전시켰다. 그는 석궁(石弓)의 원리를 화살의 발사에 이용했고, 노포(弩砲)도 발명했다. 또 각도와 시간을 재는 정밀기기를 발명했으며, 기계장난감으로 인형극을 했을 정도였다. 그러나 측량을 빼놓고는 토목공학은 빠졌다.

아테네에서 알렉산드리아로 이어지는 과도기의 과학자에 에우클레이데스 Eukleides 가 있다. 에우클레이데스의 생애에 대해서는 분명한 것이 거의 없지만, B.C. 300년 쯤에 살았고 아테네에서 교육을 받은 뒤 알렉산드리아로 옮겨가 활동한 것으로 추측될 뿐이다.

에우클레이데스에게는 '기하학의 아버지'라는 칭호가 붙어 있다. 하지만 이 말은 그가 기하학을 처음으로 만들었다는 뜻은 아니다. 기하학은 그가 나오기 이전에도 오랜 역사를 가지고 있다. 이집트부터 따지면 1000년 이상, 가까이는 그리스 기하학만 쳐도 300년 전통의 절정을 이룬 것이 에우클레이데스이다. 이집트, 메소포타미아의 기술적(技術的) 수학에서 시작해 피타고라스, 플라톤을 거치는 동안 기하학은 순수학문으로서의 기초가 굳어졌다.

에우클레이데스는 이미 있던 모든 기하학 사상과 실질적 필요에서 발전된 토막 정보들을 모아 서로 관련되고 이해할 수 있는 아름다운 체계로 엮었다. 기하학에 대한 그의 공헌은 다음과 같이 요약될 수 있다.

1) 기하학을 질서 있는 연구로서 수정하고 재조직했다.
2) 선구자들의 분리된 연구를 단순화하고 재정리했다.
3) 정리와 증명의 논리적 순서를 확립했다.
4) 낡은 증명을 수정했다.
5) 새로운 기하학적 증명을 고안했다.

완벽한 연역추리(演繹推理)

에우클레이데스의 공적은 무엇보다도 연역추리의 방법을 완벽하게 발전시킨 것이다. 기하학은 연역추리의 모범을 보여 준다. 에우클레이데스는 점, 직선, 삼각형 등 주요 용어들의 정의에서 시작한다. 여기서 이 개념들에 대한 자명한 진리, 곧 이성을 가진 사람이면 누구나 증명없이 받아들일 공리(公理) 또는 공준(公準)이 나온다. '전체는 부분보다 더 크다', '두 점을 연결하는 직선은 하나밖에 없다'와 같은 공리들로부터 연역추리에 의해 많은 정리(正理)들을 증명하는데, 이것들은 자와 컴퍼스로 구성될 수 있는 기하학적 도형의 성질을 기술하는 것이다.

성서 다음으로 많이 읽혔다는 「원론(原論)」 Stoicheia 은 13권으로 되어 있다. 일부는 제자들이 만들었으나, 대부분이 에우클레이데스 자신에 의해 쓰인 것으로 믿어진다. 1~4권은 간단한 기하학적 도형들, 곧 삼각형, 원, 다각형, 평행선과 피타고라스의 정리의 응용 등을 다루었다. 5권은 비례(比例)의 이론, 6권은 이 이론의 평면기하학에의 응용, 7~9권은 완전수의 성질, 10권은 복잡한 무리수, 11~13권은 입체기하학, 곧 모뿔, 원뿔, 원통, 공 등을 다루었다.

그러나 에우클레이데스가 이 책을 쓴 목적은 주로 과거의 세 가지 위대한 발견을 종합하려는 것이었던 듯하다. 그것은 첫째, 에우독소스 Eudoxos(B.C. 408-355)의 비례이론. 둘째, 테아이테토스 Theaitetos(B.C. 415?-368)의 무리수이론. 셋째, 피타고라스와 플라톤에서 중요했던 다섯 가지 정다면체의 이론이다. 「원론」은 자료가 풍부한 부분에서는 뛰어나지만, 어떤 곳에서는 잔소리와 필요없는 되풀이가 많고, 논리적 오류도 없지 않다.

「원론」에는 대수(代數)도 들어 있으나, 그것은 어디까지나 기하학적 대수이다. 다시 말하면, 대수문제를 기하학적 용어로 쓰고, 기하학적인 방법으로 풀고 있다. 예컨대, a, b의 곱은 두 변이 각각 a, b인 직사각형으로 표시되고,

제곱근을 구하는 것은 주어진 직사각형과 넓이가 같은 정사각형을 찾아내는 일이다. 분배 및 교환의 법칙도 기하학적으로 증명하며, 여러 가지 항등식(恒等式)은 기하학적인 꼴로 나타낸다.

$$a^2 + b^2 = (a+b)^2 + (a-b)^2$$

「원론」이외에도 에우클레이데스의 저서 몇 가지가 남아 있다. 「자료(資料)」Data는 94개의 정리를 담고 있고, 「현상(現象)」Phenomena은 구면기하학(球面幾何學)을 다루었으며, 「도형(圖形)의 분할(分割)에 관하여」On Division of Figures는 아랍말판으로 발견되어 복원된 책이다. 그 밖에 「광학(光學)」Optics과 「음악의 원리」Elements of Music는 에우클레이데스의 잘 알려지지 않은 면을 말해주는 책들이다. 이상하게 생각될지 모르나, 광학과 음악이 둘 다 기하학과 밀접한 관련이 있는 분야임을 알면 이해가 될 것이다.

에우클레이데스에 관해서는 유명한 일화(逸話) 두 가지가 전해진다. 「원론」을 가지고 기하학을 공부하느라고 애를 먹은 프톨레마이오스 1세가 이 학문을 배우는 데 지름길이 없느냐고 묻자, 에우클레이데스는 단호하게 대답했다. "전하, 기하학에는 왕도가 없습니다." 또 하나 제자 한 사람이 「원론」의 첫째 정리를 배운 다음, 기하학에서 실리를 찾을 수 없다고 불평하자 에우클레이데스는 하인에게 이렇게 명했다고 한다. "이 사람에게 몇 푼 갖다 주어라. 배우는 것에서 이득을 찾겠다니."

헬레니즘 과학자들이 다 알렉산드리아 출신은 아니다. 몇 군데 중심지가 있는데, 시라쿠사 Syracusa가 낳은 과학자가 아르키메데스 Archimedes (B.C. 287?-212)이다. 그는 천문학자 페이디아스 Pheidiads의 아들로 태어나 알렉산드리아에서 머무르면서 에우클레이데스의 제자인 코논 Konon, 그리고 에라토스테네스 Eratosthenes와 접촉한 것 같다.

수리물리학(數理物理學)의 시작

아르키메데스의 가장 큰 관심은 수학, 그 가운데서도 기하학에 있었다. 그는 기하학 전부를 포괄한 에우클레이데스처럼 백과전서적(百科全書的)은 아니었다. 그 대신 제한된 분야를 완벽하고도 명쾌하게 다루었다, 어렵고 까다로운 문제들을 그토록 간단명료한 명제로 만들었다는 것은 놀라운 일이다.

아르키메데스는 주어진 원과 똑같은 넓이를 가진 정사각형을 구하는 문제를 해결하려고 애썼다. 이것은 원의 넓이를 정확히 재기 위해서였다. 그는 "원의 넓이는 그 반지름과 원둘레의 길이를 두 변으로 하는 직각3각형의 넓이와 같다"고 맞는 답을 발표했지만, 이런 삼각형을 그리지는 못했다. 그는 원에 내접 또는 외접하는 정다각형을 써서 원주율(π)의 값을 계산했는데, 그 결과는, $3\frac{1}{7}$ 보다 작고 $3\frac{10}{17}$ 보다 큰 것으로 나왔다. 포물선의 활꼴의 넓이를 구한 연구는 오늘날의 적분에 해당하는 것이다. 그는 공과 원뿔의 단면을 잘라 연구했으며, 공의 겉넓이와 부피는 각각 , $4\pi r^2$, $\frac{4}{3}\pi r^3$ 이라고 했다.

아르키메데스가 목욕을 하다가 알몸으로 뛰쳐나와 "Eureka(발견했다), Eureka!"하고 거리를 질주한 얘기는 너무나 유명하다. 그는 욕조에 몸을 담갔을 때 물이 넘쳐흐르는 것을 보고 이런 결론을 얻었다. "액체 속에 잠긴 물체는 그것이 밀어낸 액체의 무게와 같은 힘으로 떠오른다." 이것이 바로 '아르키메데스의 원리'이다.

물리학자로서 아르키메데스는 정역학(靜力學)과 유체정역학을 만들었다. 그런데 그의 위대한 점은 무엇보다도 그가 따로따로 떨어져 발전해 온 물리학과 수학을 합쳤다는 것이다. 아리스토텔레스나 스트라톤의 물리학은 에우클레이데스의 기하광학에서 싹이 보이지만, 좀 더 본격적인 것은 아르키메데스의 정역학이었다. 이렇게 해서 그는 17세기에 스테핀 Simon Stevin 과 갈릴레오에서 다시 시작되는 수리물리학의 선구자가 되었다. 그가 고대 과학자들 가운데 가장 중요한 근대적 과학자로 지목되는 것도 바로 이 때문이다.

널리 알려진 예로, 아르키메데스는 지레의 배경을 이루는 수학을 발전시키고 증명했다. 일찍부터 인간은 지레라는 간단한 기구를 써서 힘을 몇 곱절로 늘려 큰 짐을 옮겨 왔다. 그런데 아르키메데스에 따르면, 다른 끝의 짐을 움직이기 위해 지레 한쪽 끝에 필요한 힘은 받침점까지의 거리에 반비례한다. 그는 히에론Hieron 왕에게 설 자리가 있고 충분히 긴 지렛대만 있다면 지구도 들겠다고 큰소리쳤다고 한다.

부끄러운 기술자(技術者)

아르키메데스도 플라톤 이후의 전통에서 벗어나지 못해, 기술자임을 스스로 부끄럽게 여기고, 수학자로 불리기를 원했다. 그러나 그는 빼어난 기술자였다. 실제로 그가 일반에게 잘 알려진 것은 과학적 업적보다 여러 가지 발명 때문이었다. 그는 히에론왕을 위해 40여 가지의 발명을 했다고 한다. 그는 왕으로 하여금 겹도르래에 걸린 밧줄을 잡아당겨 거대한 배를 들어올리게 함으로써 작은 힘으로 무거운 물체를 움직일 수 있음을 증명해서 사람들을 놀라게 했다.

그는 '아르키메데스의 나사'라는 이름이 붙은 양수기(揚水機)를 발명했는데, 이집트에서는 지금도 물을 퍼 올리는 데 이것을 쓴다. 이것은 원통모양의 케이스에 고정된 큰 나사가 돌면서 물이 밀려 올라가게 되어 있는 것이다. 밀을 가는 데, 난로에 석탄을 넣고 재를 치는 데, 고기를 가는 데 같은 원리가 쓰인다.

아르키메데스가 크게 실력을 발휘한 것은 군사기술자로서였다. 그때 시라쿠사는 로마의 적 카르타고와 동맹을 맺고 있었는데, 로마는 카르타고가 시라쿠사를 군사기지로 만드는 것을 막으려고 공격을 준비 중이었다. 히에론 2세는 이를 예상하고, 아르키메데스에게 시 전체를 요새로 만들어 적에 대비하도록 명했다.

　로마군이 공격해 왔을 때 아르키메데스는 지레의 원리를 이용해 만든 투석기(投石機)로 돌을 퍼부어 적을 격멸했다. 그는 또 해안에 수직으로 추를 세우고, 그 위에 긴 막대를 수평으로 올려놓은 시소 비슷한 기계를 만들어 접근한 적의 배를 들었다 떨어뜨려 산산조각나게 했다.

　전하는 이야기에 따르면, 아르키메데스는 '태우는 거울'을 만들어 적의 배를 태워버렸다. 이것은 나무틀 한가운데 큰 오목거울을 놓고 그 둘레에 작은 거울들을 많이 붙인 것인데, 경첩을 써서 이것들을 마음대로 돌릴 수 있게 되어 있었다. 나무로 만든 적의 배에 큰 거울을 써서 햇빛을 반사하게 한 다음, 작은 거울 하나하나를 조절해서 반사된 햇빛이 배에 집중하도록 했다. 이렇게 집중된 열은 300미터 안의 거리에 있는 목선을 태우기에 충분했다. '태우는 거울'을 둘러싸고 사가(史家)들 사이에 논란이 많았으나, 사실로 보는 쪽이 우세하다.

로마과학의 정체(停滯)

　로마사람들은 그리스 사람들과 함께 철기 시대에 문명사회로 들어왔지만, 청동기 시대에서 완전히 탈피하지 못했다. 로마는 스파르타처럼 전사(戰士) 농업사회로서 지적인 것과는 거리가 멀었다. 로마 사람들은 건실하기는 하나 보수적이었고, 이 점에서 비판적이고 창조적인 그리스 사람들과는 좋은 대조를 이루었다.

　해안 도시를 건설하지 못한 로마사람들은 상인-여행자의 정량적·공간적 사고를 갖지 못했고 따라서 수학에 약했다. 그러기에 키케로Cicero(B.C. 106-43)는 이렇게 개탄했다. "그리스의 수학자들은 순수수학을 이끌었는데, 우리는 계산과 측정밖에 못한다."

요컨대, 로마사람들은 그리스 과학에 크게 보탠 것이 없다. 과학은 이제 정체기에 들어간 셈이다. 그 대신 그들은 공공의료제도를 확립했고, 율리우스역(曆)을 도입했으며, 로마법을 만들었다. 도로, 수도 등 방대한 토목공사를 했고, 군사기술을 발전시켰다. 그리스 사람들의 해부도 로마에서는 뿌리를 내리지 못했으나, 그래도 의학은 공리적 이유로 비교적 잘 소화했다. 켈수스 Aulus Cornelius Celsus(14-37)는 그리스 의학을 훌륭히 편찬한 「의학문제」를 썼다.

로마사람들은 그리스의 이론적이고 추상적인 과학에는 흥미가 없었다. 상류층에는 그리스 과학에 대한 피상적인 지식이 유행했고, 이들을 위해 라틴말로 된 안내서를 편찬하게 되었다. 라틴말 백과전서의 전통은 일찍이 바로 Marcus Terrentius Varro(B.C. 116-27)에 의해 시작되었다. 초기의 대표적인 사람은 세네카 Seneca(?-68)와 플리니우스 Plinius(23-79)였다.

세네카는 「자연문제」에서 주로 지리학과 기상현상을 다루었다. 더욱 유명한 것은 37권으로 된 플리니우스의 「자연사(自然史)」 Historia naturalis 이다. 그는 100명의 저자가 쓴 2,000권의 책에서 뽑았다고 한다. 「자연사」는 독창성이 없고 오류가 많은 책으로 알려졌지만, 엄청난 노력의 성과로 보아야 할 것이다. 백과전서의 전통은 중세 전반기까지 계속되었고, 큰 영향을 주었다.

05 고대의 의학과 천문학

히포크라테스 Hippokrates 이전의 그리스 의학은 결코 의학이라고 부를 수 없는 것이었다. B.C. 11세기에 아스클레피오스 Asklepios 의 절이라고 불리는 '병을 치료하는 절'이 있었다. 병자와 불구자들은 이 절에 와서 돼지와 양을 바치고 빌었다. 병은 신(神)들이 인간을 달갑지 않게 여긴 결과 생긴 것이므로 건강을 회복하려면 물건을 바치고 정성을 들여야 한다고 믿었던 것이다. 그들은 절에 묵으면서 꿈을 꾸었고 중들은 해몽(解夢)을 해서 병이 낫도록 도왔다. 때로는 약을 주기도 했다. 이 절의 중들은 강력한 의사승려(僧侶)의 조합을 이루었다.

과학적 의학의 성립

합리적이고 비종교적인 그리스의학은 아마도 아스클레피오스의 절에서 유래했을 것이다. 어떤 절에서는 꽤 과학적인 치료를 베풀었고, 지적인 중들은 사례사(事例史) case history 를 모아서 기록해 두었다. B.C. 5세기는 그리스 계몽(啓蒙)의 황금시대였으며 히포크라테스와 같은 위대한 인물이 의술을 신화적·미신적 굴레에서 해방해 과학적인 것으로 만들 때가 무르익었다. 이때 그리스 안팎에서는 몇 개의 의학파가 있었는데 그 가운데 코스 Kos 학파와 크니도스 Knidos 학파가 유명했다.

코스학파 출신 히포크라테스는 병의 원인을 신 아닌 자연에서 구함으로써 과감하게 과거의 의학과 인연을 끊었다. 그는 미신, 쓸데없는 철학과 수사학(修辭學)을 거부하고 어디까지나 관찰과 경험에 토대를 둔 과학적 의학을 확립했다. 그는 최종적 진단은 조심스런 관찰에서 나와야 한다고 주장하면서 놀랄 만큼 근대적인 접근으로 의학에서 주먹구구식 치료를 추방했다.

히포크라테스의 의학은 B.C. 3세기쯤 알렉산드리아에서 편찬된 「히포크라테스전집」Corpus Hippocraticum 에서 엿볼 수 있다. 이 전집은 의학의 거의 모든 분야를 망라한 70여 권의 책으로 되어 있다. 그것은 약 150년 동안에 걸쳐 여러 사람에 의해 쓰인 것으로 날카로운 관찰, 합리적 치료, 비슷한 문체(文體)로 특징지어지는 그 일부만이 히포크라테스 자신의 저술인 것으로 믿어진다.

체액설(體液說)과 의학기후학(意學氣候學)

히포크라테스는 그때 이미 있던 체액설(體液說) humoural theory 을 받아들였다. 경험을 중요시하며 철학자들의 사변적(思辨的) 이론을 경멸한 그로서는 좀 뜻밖의 일이다. 체액설에 따르면 인체는 혈액, 점액(粘液), 황담(黃膽)즙, 흑담즙의 네 가지 체액을 갖고 있으며 이들이 신체의 성질을 결정한다. 체액들이 서로 적당한 비례를 이룰 때 사람은 건강하며 이 가운데 어느 하나가 많거나 모자라면 이상행동, 병, 죽음이 온다. 의사의 임무는 네 체액의 적절한 균형을 회복, 유지하는 것이다. 자연은 체액들의 정상적인 비율을 회복하게 하는 경향이 있으나 의사는 하제(下劑), 찜질, 목욕, 보리차, 포도주, 방혈(放血), 사혈(瀉血) 등을 써서 이를 돕는다.

히포크라테스는 질병뿐 아니라 환자도 연구해야 한다고 주장했다. 정확한 진단을 하려면 환자에 관한 가능한 모든 것, 곧 매일 하는 일, 직업, 가족배경, 생활환경(물, 공기, 장소) 등을 알아야 한다는 것이다. 그는 이른바 의학기후학(意學氣候學)의 창시자로서 질병에 대한 기후, 계절변화 등의 영향을 연구했다.

히포크라테스의 가장 큰 업적은 병의 경과를 예측하게 할 수 있는 훌륭한 임상(臨床)기술이다. 이 기술은 17세기까지 견줄 만한 것이 없었을 뿐더러 간명한 임상기록이 따라야 할 모범이 되었다. 그는 병의 증상, 곧 환자의 눈과 피부의 모양, 체온, 식욕 배설물 등을 기록한 일지(日誌)와 차트를 만들었다.

히포크라테스선서(宣誓)는 히포크라테스 자신이 쓴 것이 아니라 훨씬 뒤에 만들어졌다는 것이 학계의 지배적인 의견이다. 이 선서에는 극약을 주거나 낙태를 시키지 않고 칼을 쓰지 않겠다는 말이 보이는데, 이것은 피타고라스학파의 영향을 받았을 가능성이 크다.

고대 그리스에서는 시체의 해부를 엄격히 금지했기 때문에 해부학·생리학·병리학 지식은 원시적이었다. 그러나 「히포크라테스전집」 가운데 골절과 탈구(脫臼)에 관한 책에는 뼈, 근육, 심줄의 구조와 기능에 대해 놀랍게 발전된 지식이 담겨 있다. 힘드는 운동 때문에 생기는 신체의 장해(障害), 전장에서의 부상병에 대한 외과치료는 부목(副木)대기, 붕대감기 등 퍽 근대적인 것이 많다.

히포크라테스에서 성립된 과학적 의학은 헬레니즘 시대에 이르러 큰 발전을 보게 된다. B.C. 3세기에 활동한 헤로필로스 Herophilos 와 에라시스트라토스 Erasistratos 는 처음으로 해부를 한 그리스 의사였다. 이집트 사람들이 내세를 준비하기 위해 해부를 했다면 그들은 과학적 목적을 가지고 과학적 태도로 과학적인 해부를 했다. 해부를 통해 그들은 전에 몰랐던 많은 것들을 알게 되었다. 켈수스에 따르면 그들은 생체해부(生體解剖)를 했다.

헤로필로스는 체액설을 받아들였고 철학적인 관심이 컸다. 그는 십이지장(十二指腸)을 명명했으며 신경과 심줄, 지각신경과 운동신경을 구분했다. 에라시스트라토스는 크니도스학파의 정통을 이어받은 이론가였다. 그는 액체

병리설(液體病理說)을 거부하고 병의 소재를 장기(臟器)로 보는 고체병리설을 주장했다. 그는 후두개(喉頭蓋)의 기능을 발견했으며 열을 병 자체라기보다 병의 증상으로 보았다.

해부학(解剖學)의 권위

갈레노스 Galenos(129-199?)는 히포크라테스 이후 최대의 의사였다. 그는 페르가몬과 알렉산드리아에서 의학을 연구한 뒤 로마로 갔다. 그는 마르쿠스 아우렐리우스 Marcus Aurelius 황제의 군대에서 치료를 맡아 유명해졌고 황제의 시의(侍醫)가 되었다.

갈레노스는 검투시합(劍鬪試合)에서 부상자를 치료했고 이것은 해부학, 외과 실습의 좋은 기회였다. 그는 플라비우스 Flavius가 마련해 준 해부학실험실에서 해부에 열중했다. 시체의 해부가 허용되지 않았으므로 주로 원숭이의 해부에 의존했고, 그것을 인체에 응용했다. 따라서 그의 해부학은 빈약할 수밖에 없었고 착오도 적지 않았다. 그의 해부학 책은 베살리우스 Vesalius 까지 표준교과서였다.

갈레노스의 생리학은 원소설에 근거를 두었으나 그는 아리스토텔레스로부터 관찰과 실험이 중요함을 배웠기 때문에 실험생리학을 건설할 수 있었다. 그는 근육의 수축과 신경에 관해 연구했다. 갈레노스는 목소리가 심장에서 나온다는 아리스토텔레스의 주장을 반박하고 언어를 지배하는 신경이 뇌에 있음을 추적했다.

갈레노스는 간, 심장, 뇌를 인체에 세 주요기관으로 보고 피는 간에서 만들어진다고 믿었다. 소장에서 흡수된 음식물은 유미(乳糜)가 되어 문맥(門脈)을 통해 간에 이르러 피로 바뀐다. 피는 다시 문맥으로 올라가 대정맥을 거쳐 우심실로 간다. 피는 우심실에서 정화되고 노폐물은 폐동맥에 의해 제거

되어 폐로 배출된다. 정화된 피의 일부는 좌심실로 들어가고 대정맥과 우심실 사이를 왔다 갔다 한다. 갈레노스는 격막(膈膜)에 곰보자국이 있음을 보고 그것을 피가 우심실과 좌심실을 넘나드는 구멍이라 생각했다.

두 우주체계

정확한 관측기구는 없었어도 서구 천문학은 이미 B.C. 5세기에 몇 가지 우주체계를 내놓을 수 있을 정도로 발달했다. 플라톤은 별들을 영원, 신성, 불변의 것으로 보고, 그들이 매일 지구 주위로 완전한 원운동을 한다고 했다. 불규칙하게 운동하는 듯이 보이는 행성들은 여러 원운동 조합의 결과라고 했다. 에우독소스 Eudoxo 는 달, 태양, 행성들이 지구의 주위를 동심원(同心圓)으로 돈다는 동심천구설(同心天球說)을 내놓았으며 칼리포스 Kallippos 에 의해 수정되었다. 에우독소스가 7개의 천체들에 대해 26개의 등속운동을 도입했고, 아리스토텔레스는 29개의 등속운동을 추가했다.

그런데 지구중심설에는 한 가지 큰 결함이 있었다. 별의 밝기가 때에 따라 달라졌는데, 이것은 달 위의 세계가 변하지 않는다는 아리스토텔레스의 우주관과 모순되는 현상이었다. 여기에 대안으로 나온 것이 태양중심설(太陽中心說)이었다. 헤라클레이데스 Herakleides(B.C. 4세기)와 아리스타르코스 Aristarchos(B.C. 3세기)는 달, 지구, 5행성들이 태양 주위를 도는 우주체계를 제안했다. 지구의 자전도 동시에 고려되었다.

이 체계의 장점은 지구와 별들 사이의 거리가 달라지므로 밝기의 변화가 설명되는 것이었다. 그러나 태양중심설은 많은 약점을 가지고 있었다. 우선 지구가 움직이지 않음으로써 다른 별들과 구별된다는 철학에 위배되었고 상식이나 관찰과도 맞지 않았다. 게다가 그것은 행성궤도의 계산과 양적 예측을 하지 않은 순전히 질적(質的)인 체계였다. 끝으로, 연주시차(年周視差)가 관측되지 않는 것은 태양중심설의 치명적인 약점이었다. 만일 지구가 움직인다면 항성을 보는 각도가 달라져야 할 텐데 이것은 19세기까지 발견되지 않았기 때문에 두고두고 태양중심설을 괴롭혔다.

한편, 지구중심설은 아폴로니오스 Appolonis(B.C. 3세기)와 히파르코스 Hipparchos(B.C. 2세기)에 의해 발전되었다. 그들은 소원(小圓)epicycle과 이심(離心)eccentric을 도입해서 복잡한 수학적 이론을 만들어갔다. 이것을 이어받아 수정된 지구중심설을 완성한 것이 프톨레마이오스 Klaudios Ptolmaios(90-168)였다.

굳혀진 지구중심설(地球中心說)

150년쯤에 쓰인 것으로 생각되는 프톨레마이오스의 「알마게스트」Almagest는 아랍판의 라틴말 번역이며 아랍말로 '가장 위대한 책'이라는 뜻이다. 이 책은 고대천문학의 결정판(決定版)으로서 수리천문학(數理天文學)과 관측천문학을 종합한 것이다. 여기서 그는 이미 나와 있던 이심(離心), 소원(小圓), 대원deferent의 이론을 더욱 발전시키고 새로 대심(對心)equant의 이론을 만들었다.

이심은 행성궤도의 중심이 지구에서 약간 떨어져 있다는 것으로 행성과 지구 사이의 거리의 변화를 보여 줌으로써 행성의 밝기가 달라짐을 설명했다. 행성들은 대원을 드리면서 동시에 다른 방향의 축으로 소원을 그린다고 함으로써 후퇴운동 같은 행성의 복잡한 겉보기운동을 설명했다. 이로써 원운동과 정지해 있는 지구는 변함이 없었으나 동심천구(同心天球)의 개념은 깨졌다.

결국 프톨레마이오스의 지구중심설은 관측현상을 더욱 정확하게 설명하는 데 성공했으나 행성들이 지구를 중심으로 등속원운동(等速圓運動)을 한다는 원칙을 깨뜨리는 대가를 치렀다. 그래서 '수정된'이란 수식어가 붙은 것이다.

　프톨레마이오스의 기본 가정은 첫째, 하늘은 공과 같고 공으로서 돌며 둘째, 지구도 공과 같은 모양을 하고 있고 셋째, 지구는 하늘의 한가운데 있으며 어떤 종류의 운동에도 끼지 않는다는 것이었다. 그는 지구의 운동 가능성을 고려하지 않은 것은 아니나 몇 가지 이유를 들어 그것이 부당함을 주장했다. 곧 만일 지구가 돈다면 지구 위의 물건들과 생물들은 공중으로 날아갈 것이며 지구 자체도 견디지 못해 깨져버리리라는 것이었다. 그는 아리스토텔레스의 천구의 개념을 믿은 증거가 있으며 그의 책 대부분을 행성운동의 수학에 할애했다.

　프톨레마이오스의 체계는 크게 환영을 받았는데, 그것이 잘 받아들여진 이유는 다음과 같다. 첫째, 당시의 기구로 관측할 수 있었던 것들을 정확히 기술할 수 있었다. 둘째, 복잡한 계산에 의해 천체의 미래의 위치를 잘 예측할 수 있었다. 셋째, 행성이 연주시차를 보이지 않음을 설명할 수 있었다. 넷째, 지구와 천체들에 관한 그리스의 철학, 물리학과 대부분 일치했다. 중세에 와서는 여기에 신학적(神學的) 의미까지 첨가되었다. 다섯째, 상식에 호소력을 가졌다.

　고대의 태양중심설은 흐지부지 자취를 감추고 프톨레마이오스의 수정된 지구중심설은 아리스토텔레스의 우주관과 결합되어 공인된 우주체계로서 코페르니쿠스가 나올 때까지 서구 천문학을 지배하게 된다.

06 | 아랍 과학

아랍사람들은 완전한 야만 유목민(遊牧民)은 아니었지만, 잡다한 종교를 가진 부족들로 이루어져 주목을 끌지 못했었다. 그러나 마호메트 Mahomet (570?-632)가 이슬람교를 가지고 통일에 성공한 뒤, 그들은 7세기에서 8세기 사이에 피레네 산맥에서 중국 국경에 이르는 방대한 제국을 건설했다. 서구가 캄캄했던 중세 초기에 아랍사람들은 그리스 과학을 보존, 소화하고 서구에 넘겨주는 중요한 몫을 수행했다.

그리스와 서구의 다리

우마야드 Umayyad 부족은 661년 다마스쿠스에 첫 할리프 Khaliph 제국을 세웠다. 로마에 종속되었던 그들은 일찍부터 그리스의 영향을 받았고, 과학에 관심이 없었으나, 8세기 초 다마스쿠스에 과학자들을 모으고 천문대를 건립했다. 749년에 우마야드 부족은 망하고, 아바시드 Abbasid 부족이 바그다드에 할리프제국을 세웠다. 그들은 과학에 관심이 많아 5세기에 준디샤푸르 Jundishapur에 의학 및 천문학교를 세운 페르시아를 본받아 과학자들을 모으기 시작했다. 2대(代) 할리프 알 만수르 Al-Mansur 때에 인도의 과학책인 「시단타스」Siddantas, 「차라카」Charaka, 「수스라타」Susrata 등이 번역되었다.

3대 할리프 하룬 알 라시드 Harun Al-Rashid 는 그리스 원전(原典)의 수집을 명령고, 4대 할리프 알 마문 Al-Mamun은 이것들의 번역을 위해 828년에 '지혜의 집'을 세웠다. 여기서 번역한 사람들은 이집트에서 박해를 피해 아랍세계로 망명해 온 네스토리우스 Nestorius 교파 그리스도교도들이었다. 그들은 3개 국어에 능통해서 그리스 책을 시리아말 Syriac로 옮긴 다음 이것을 아랍말로 중역(重譯)했다. 그 가운데 대표적인 번역가가 후나인 이븐 이샤크 Hunayn ibn Ishaq(약 809-877)였는데, 그는 아들 야쿱 Yaqub과 함께 갈레노스, 프톨레마이오스, 에우클레이데스 등의 책을 번역했다. 10세기 초까지는 그리스 과학의 대부분이 번역되었다.

알 마문은 또한 829년 바그다드에 천문대를 세웠고, 여기서 알 파르가니 Al-Farghani(?-약 850), 알 바타니 Al-Battani(약 858-929), 타비트 이븐 쿠라 Thabit ibn Qurra(826-901) 등이 활약했다. 알 바타니는 메소포타미아 출신으로서 프톨레마이오스보다 더욱 정확한 황도(皇道)의 경각(傾角)과 세차(歲差)의 값을 얻었다.

알 화리즈미 Al-Khwarizmi(?-약 835)는 인도의 숫자(지금의 아라비아숫자)와 계산법을 도입했다. 아랍의 대수학은 인도보다는 못했지만, 2차방정식을 푸는 정도까지 갔다. 영어의 대수학을 뜻하는 algebra는 일(一)항을 이항(移項)해 십(十)항으로 만드는 al djabr에서 온 말이다. 아랍사람들은 아직 기호를 쓰지 않고 말로 수식을 기술했다. 알 화리즈미는 대수문제를 기하학적으로 증명했는데, 이것은 그리스 사람들이 별도로 다룬 기하학에 대수학을 합치기 시작한 것을 뜻한다.

아랍의 아리스토텔레스

의학에 관해 독창적인 저술을 한 첫 사람은 알 라지 Al-Razi, 라틴이름 Rhazes (865-925)였다. 그는 100여 권의 책을 썼는데, 가장 유명한 「종합서(綜合

書)」Comprehensive Book 는 그리스, 인도, 중동의 의학 전부를 포괄한 것이다. 알 라지는 중국 의학도 접촉한 것 같다. 당시 아랍은 당(唐)과 활발한 교류를 했다. 바그다드에는 중국학자가 머무르면서 갈레노스를 번역하기까지 했다고 알 나딤 Al-nadim 은 말하고 있기 때문이다. 다음에 나온 아비케나 Avicana (아랍이름 Abu Ali ibn Sina, 980-1037)는 '아랍의 아리스토텔레스', '의사의 왕자'라는 명예로운 호칭이 붙어있는 아랍 최대의 학자이다. 그의 방대한 저작 가운데 「의학정전(醫學正典)」 Qanun 은 백과전서적인 책이며, 중국의학에 고유한 맥박(脈搏) 이야기가 나온다. 알 라지나 아비케나는 갈레노스의 의학에서 더 나가지는 못했으나, 실질적인 측면에서 훨씬 더 많은 약을 알고 있었다.

연금술은 아랍과학에서 가장 발달한 분야의 하나이다. 9세기에 자비르 Jabir ibn Hayyan (라틴이름 Geber)는 황수은설 sulfur-mercury theory 을 발전시켰고, 알 라지는 황수은에 제 3의 요소 염성(鹽性)을 추가했으며 불로장생(不老長生)의 개념을 도입했는데, 이것은 아마도 중국의 영향일 것이다. 아비케나는 금속 변화의 가능성에 회의를 표함으로써 연금술 자체를 거부했다.

아랍과학이 자랑할 수 있는 또 하나의 분야가 광학이다. 알 하이탐 Ibn al-Haytham (라틴이름 Al-hazen, 965-1038)은, 본다는 것은 눈이 물체에 광선을 보내는 것이라는 에우클레이데스, 프톨레마이오스의 설에 반대하고, 광선은 물체에서 온다고 주장했다. 확대경에 관한 그의 실험적인 연구는 근대적인 볼록렌즈의 이론에 거의 도달했다. 그는 또한 주어진 계면(界面)에서 입사각(入射角)이 반사각에 비례한다는 프톨레마이오스의 조잡한 법칙은 작은 각에만 적용됨을 보여 주었다.

11세기부터 셀주크 Saljuk 의 터키가 동부 할리프제국을 점차 지배함에 따라 바그다드의 문화적 중요성이 쇠퇴하게 되었다. 터키 치하에 남은 학자들도 있었는데, 페르시아의 시인·수학자인 오마르 하이얌 Omar Khayyam (?-1123)은 알 화리즈미의 수학을 발전시켜 3차방정식에까지 갔다.

소순환(小循環)의 발견

한편 이집트에 온 유대인 철학자·의사 마이모니데스Maimonides(1135-1204)는 갈레노스의 이론에 대해 비판적이었다. 뒤에 카이로의 나시리Nasiri 병원을 맡게 된 이븐 알 나피스Ibn al-Nafis(1210-88)는 갈레노스 비판에 더욱 적극적이었다. 그는 심장의 격막은 단단하고 구멍이 없으며, 피는 폐를 통해 우심실에서 좌심실로 간다고 보았다. 이것은 소순환(폐순환)의 발견이라 할 수 있으나, 번역이 안 되었기 때문에 20세기에야 밝혀졌다.

이렇게 아랍은 그리스 과학에서 한 걸음 더 나아가 독자적인 과학을 발전시켜 서구에 전했다. 그런데 출신을 보면 아랍사람보다는 외지사람이 많았다. 곧, 아베로에스Averroës(1125-1198)는 에스파냐의 코르도바Cordova 출신이었고, 알 라지, 아비케나는 페르시아에서 왔으며, 마이모니데스, 마샬라Mashallah는 유대인이었다. 할리프들의 지원이 있은 데다 이와 같은 보편성(普遍性)이 아랍과학의 개화를 가져온 것이다.

07 중세의 신학·철학·과학·기술

5세기 로마제국이 망한 때부터 15세기 르네상스까지의 1000년을 중세라고 한다. 흔히 중세는 '암흑시대'로 불린다. 그러나 최근의 연구는 중세를 그렇게 간단히 규정하기 어렵게 만들고 있다. 중세를 둘로 나누어 보면, 전반에는 확실히 어두웠다. 그리스정교 아래의 비잔티움 Byzantium 제국에는 그리스 문물이 보존되어 달랐지만, 로마 가톨릭 교회 지배 아래 있는 서방 라틴 세계는 그리스 과학이 완전히 차단되어 있었던 것이다.

그러나 서구에도 11세기부터 먼동이 터 왔다. 교황 실베스터 2세 Sylvester II 치하에 있던 10세기 말 서구가 최초의 지적 각성을 하게 되었다. 여기에 전기를 만든 것이 1085년 십자군에 의한 에스파냐의 톨레도 Toledo 함락이었다. 이곳에서 그리스도교권과 이슬람권의 문화적 접촉이 시작되었다. 130년 동안의 이슬람 통치 끝에 1091년 함락된 시칠리아 Sicilia 도 옛 헬레니즘 세계에서 유럽으로 들어오는 또 하나의 루트가 되었다.

번역은 홍수처럼

7세기에 아랍에서 그랬던 것처럼, 번역의 홍수가 일어났다. 아랍말로 된 그리스 과학 책들이 라틴말로 옮겨졌는데, 그 전성기는 1125~1280년이었다. 각각 상대방 문화권에 사는 소수민족이 양쪽 말에 능통하기 때문에 중요한 몫을 했다. 라이문두스Raymundus 대주교는 톨레도 점령 직후 그곳에 번역학교를 세웠고, 유럽 각지의 학자들이 이슬람 과학을 배우러 몰려들었다. 죽을 때까지 「알마게스트」를 비롯한 80여 권의 책을 번역한 제라르도 다 크레모나 Gerardo da Cremona 가 그 대표자였다.

13세기에는 번역이 일단락되고, 기존 지식을 집대성하는 백과전서파 Encyclopedists 가 나왔다. 그 가운데는 로저 베이컨 Roger Bacon, 알베르투스 마그루스 Albertus Magnus, Albart der Groβe (1206-80), 빈센트 드보배 Vincent de Beauvais, 라이문두스 룰루스 Raymundns Lullus 등이 있다. 일부 학자들은 약간의 독창성을 보이고, 권위에 반항하는 기세마저 보였다. 14세기에는 임페투스 impetus 역학 같은 서구의 독자적인 과학이 나타났다.

중세 후기 서구의 가장 큰 사건은 13세기에 대학이 탄생한 것이다. 10세기부터 여기저기 성당학교들이 생겨났다. 여기서는 주로 플라톤을 가르쳤고, 아리스토텔레스는 거의 소개되지 않았으며, 기술교육이 강했다. 중세사회가 크게 발전하면서 많은 전문가를 필요로 하게 되어 성당학교들이 자연스럽게 대학으로 진화했다.

'중세'라고 하면 모든 것을 신학자들이 독점했던 것으로 생각하기 쉬운데, 사실은 그렇지 않았다. 대학의 신학부는 물론 신학자들이 지배했지만, 문학부는 철학자(자연 과학 포함)들이 맡았다. 둘 사이에는 서로 간섭하지 않겠다는 묵계가 있었던 것 같다. 그러나 철학이나 과학도 원리의 문제를 다루기 때문에 신학과의 충돌은 불가피했다.

신학자들과 철학자들의 알력이 점점 심해가다가 드디어 폭발한 것이 1210년의 아리스토텔레스 단죄(斷罪) Condemnation 였다. 그때 막 소개된 아리스토텔레스는 대학에서 폭발적인 환영을 받았고, 단시일에 확고한 자리를 굳혔다. 그런데 문제된 것은 아리스토텔레스 자체보다 그 해석이었다. 중세 대학을 휩쓴 것은 그리스도교에 불리한 아베로에스의 자연주의적 아리스토텔레스 해석이었다. 예컨대, 아리스토텔레스주의자들이 진공이나 하나 이상의 우주는 아무리 신이 전지전능하다 해도 만들 수 없다고 떠든 것이 교회를 크게 자극했던 것이다. 아리스토텔레스를 읽지 못하게 한 조처는 다소 완화되었다가 1270년대에 가서는 다시 강화되었고, 소르본의 교수 전원이 파리 교구 주교에게 불려가 신학에 간섭하지 않겠다는 서약을 하기에 이르렀다.

그러나 이런 소동 끝에 토마스 아퀴나스 Thomas Aquinas(약 1225-74)의 그리스도교에 유리한 해석이 나와, 그때 이래 오늘까지 가톨릭교회의 공식 철학이 되었다. 교회의 아리스토텔레스 탄압은 아이러니컬하게도 과학에 유리한 결과를 가져왔다고 평가된다. 당시의 과학자들에게 아리스토텔레스는 신과 같은 권위였는데, 교회의 조처가 과학자들로 하여금 다시 생각해 볼 여유를 만들어 주었기 때문이다. 아리스토텔레스에 대한 회의가 싹트고, 그것이 마침내 비판으로 발전했던 것이다.

단순하지 않은 자연

중세철학사에서 가장 큰 논쟁은 보편 universals 을 둘러싼 것이었다. 보편(普遍)이 실제로 존재한다고 믿는 실재론과, 보편은 없고 다만 이름에 지나지 않는다는 유명론(唯名論)의 싸움은 오래 끌었다. 14세기에는 극단적인 유명론자 오캄 Okham, William of Occam(약 1285-1349)이 나왔다.

오캄은 철저한 경험론자·회의론자로서 우주 안의 모든 것은 우연적이며, 따라서 그 사이에 필연적인 인과관계는 있을 수 없다고 주장했다. 그는 오늘날까지도 경제원칙으로 남아 있는 '오캄의 면도날' Occam's Razor 은 자연에는 적용되지 않는다고 보았다. 다시 말해서, 자연은 복잡하다는 것이었다. 그럴 수밖에 없을 것이, 자연에서 인과관계를 인정하지 않으므로 자연의 제일성(齊一性)이라든지 간단한 자연법칙은 존재하지 않을 것이기 때문이다.

오캄의 유명론은 과학에 불리한 영향을 주었으리라는 해석이 있다. 자연이 단순하지 않다고 함으로써 그것을 탐구해 보겠다는 의욕을 꺾었으리라는 것이다. 17세기의 과학자들의 예외없이 독실한 신앙을 가졌던 사람들이었다. 그들은 신이 내려 준 정연한 법칙이 자연에 있다고 믿었기 때문에 그것을 밝히는 어려운 직업에 뛰어들 힘을 얻었다는 것이다. 그러나 반대로, 오캄이 과학에 유리한 영향을 주었다고 보는 견해도 있다. 오캄의 격렬한 공격으로 드디어 스콜라 철학이 무너지는데, 이것은 아리스토텔레스의 붕괴를 뜻하며, 따라서 근대과학이 나오는 데 도움이 되었다는 이야기다.

중세과학사가 크롬비 A. C. Crombie 에 따르면, 중세는 과학과 기술, 그리고 과학의 방법에서 모두 진전을 보였다. 먼저 합리적 설명의 개념, 특히 수학 이용의 회복은 어떻게 이론을 세우고 검증(檢證) 또는 반증하는가의 문제를 제기했다. 이 문제는 스콜라적인 귀납이론과 실험적 방법에 의해 해결되었다. 그 보기는 13, 14세기의 광학과 자기학(磁氣學)에서 볼 수 있다.

임페투스 역학(力學)의 성립

또 다른 중요한 공헌은 수학을 전 물리과학으로 확장했다는 것이다. 원인에 관한 형이상학적인 문제보다는 실험적 검증의 한도 안에서 수학이론으로 답해질 수 있는 문제에 대한 관심이 높아갔다. 이 방법의 보기는 13, 14세기의 정역학(靜力學), 광학, 천문학에서 볼 수 있다.

13세기 말에는 공간과 운동의 문제에 관한 전혀 새로운 접근이 시작되었다. 정역학의 발전에 이어 14세기에는 변화와 운동의 수학을 건설하려는 첫 시도가 있었다. 새로운 동력학(動力學)에 기여한 여러 요소 가운데 공간은 무한하고 진공일지 모른다는 생각과 중심 없는 우주는 아리스토텔레스의 우주를 파괴하고, 상대적 운동의 개념이 나오게 했다. 아리스토텔레스의 역학을 비판하고 나온 임페투스 역학은 근대역학으로 넘어가는 다리 구실을 했다.

11세기 초만 해도 수학은 간단한 계산, 피타고라스 이전 기하학의 명제, 분수에 한정되어 있었다. 그러나 13세기 말에 이르면 피타고라스 기하학의 고등문제, 원추의 교점에 의한 3차방정식의 해(解), 구면삼각법의 논의에 이르고, 미분법도 거의 발견하게 되었다.

　같은 기간에 점성술사들은 프톨레마이오스 천문학을 흡수했을 뿐 아니라, 항성과 행성의 궤도를 알게 되어 코페르니쿠스 혁명을 준비했다. 연금술사들은 금속과 기체의 성질에 관한 새로운 발견을 했다. 「동물우화집(動物寓話集)」,「식물지」의 편찬들은 근대의 과학적 분류학에 이르는 길을 닦았다. 동물해부로 해부학 지식은 늘어났고, 인체생리학에 대한 어느 정도의 지식도 얻게 되었다. 상이한 지역의 동·식물상에 관한 기재가 행해졌고, 자연주의적인 미술에 의해 정확한 도해(圖解)가 도입되었다.

농업기술의 혁신

　그러나 가장 볼 만한 것은 기술이다. 크롬비는 중세가 선사 시대(先史時代) 이후 기술에서 가장 빠른 진보를 보였다고 주장한다. 6세기 전반부터 9세기 말 사이에 북부유럽에서는 농업기술의 일대 혁신이 일어났다. 망해가는 로마제국을 침략한 야만인들 튜튼 Teuton 족은 발명에 재간이 있어 많은 새로운 물건들을 가지고 왔는데, 그 가운데는 바퀴달린 무거운 쟁기가 있었다.

　원래의 쟁기, 곧 로마식 가벼운 쟁기는 사람이 땅에 박히는 일정한 깊이를 유지해 주어야 했으므로 힘이 들었고, 땅은 겉만 살짝 긁힐 뿐이었다. 그런데 새 쟁기는 깊이를 조절하는 바퀴가 달려 있어 힘을 절약하게 했을 뿐 아니라 땅을 깊게, 그리고 반듯하게 갈 수 있었다. 또한 그들은 밭가는 데 쓰던 소를 빠르고 효율적인 말로 바꾸어 놓았다. 새로운 마구와 잉여곡물이 이것을 가능하게 했다. 그들은 삼포농법 three field system 에 의한 윤작(輪作)을 함으로써 수확을 늘렸다.

  그 결과 북유럽의 농업은 차츰 협업체제를 갖추게 되고, 소출의 증대가 농촌의 발전을 가져와 유휴(遊休) 노동력은 도시로 진출해서 상공업이 일어났다. 한편, 남부유럽은 여전히 재래식 쟁기와 소와 이포농업을 쓴 까닭에 농업이 정체되었다. 농업기술의 혁신으로 샤를대제 Charlemagne 때 유럽문명의 중심은 지중해연안으로부터 북부평원으로 옮겨지게 되었다.

  중세기술사가 화이트 2세 Lynn White, Jr는, 중세에는 "지금까지 주로 스콜라 철학 논쟁과 고딕성당 건축에만 바빴으리라고 알려져 온 유럽이 동력기술의 시대로 용감하게 뛰어들었다"고 말한 바 있다. 고대에 발명된 도구와 기계는 사람 또는 동물의 근육의 힘으로 움직였었다. 유럽은 11세기부터 자연동력, 곧 수력과 풍력을 이용함으로써 인간을 힘든 노동에서 해방할 수 있었다. 마을마다 수차, 풍차가 있어 독특한 전원풍경을 이루었다. 1086년의 토지대장에 따르면, 당시 영국에는 인구 400에 하나 꼴로 5,000여개가 있었으며, 13세기에는 벨기에의 이프르 Ypre 근방에만도 120개의 풍차가 세워졌다고 한다.

새 동력기술 시대로

  노예나 소가 돌리던 연자매는 수차, 풍차에 연결되어 손쉽게 탈곡, 제분을 할 수 있었다. 자연동력은 그 밖에도 여러 공정에 이용되어 기술에 커다란 변화를 일으켰던 것이다. 그것으로 염료와 광석을 빻았고, 가죽이나 천을 질기게 하기 위해 두드리는 해머를 움직였으며, 광산, 염전에 괸 물을 빼냈다. 영국의 직물공장들이 서북부로 이동한 것은 그곳의 풍부한 수력을 이용하기 위해서였다. 가장 중요한 결과는 그것이 용광로의 풀무를 움직여 성능 좋은 쇠를 만들 수 있게 해주었다는 것이다. 이와 같이 새로운 동력의 파급효과는 매우 컸다.

중세에는 여러 가지 작업기계가 나타나 무엇보다도 직물공업의 면모를 바꾸었다. 채광기술이 진전을 보았고, 잇따른 전쟁은 무기의 개선을 가져왔다. 플란더스Flanders와 동부 독일에서의 대규모 간척사업은 도시계획, 배수법 등 토목공학을 발전시켰다. 교역이 증대됨에 따라 대양을 항해하는 배가 건조되었고, 화려한 고딕성당 건축 붐은 건축기술의 향상을 따르게 했다.

특히 기계시계의 발명이 주목을 끈다. 물시계, 해시계, 모래시계는 오래전부터 이미 사용되었지만, 최초의 기계시계는 1344년 파도바Padova의 카라라Carrara궁에 세워진 것이다. 이때 만들어진 기계시계는 추와 톱니바퀴에 의해 움직였다. 그것은 비록 크고 무겁고 조잡하기는 해도 당시로서는 가장 복잡한 기계였고, 근대 정밀기계 기술의 기초를 다졌다.

중세에 유럽에서 발달된 기술 가운데 상당한 부분은 중국에서 건너간 것이다. 이것은 중국과학사가 니덤Joseph Needham에 의해 역설되어 온 것인데, 이제는 서구학계에서 대체로 받아들여지고 있다. 11세기부터 서유럽은 팽창일로를 걸었고, 이슬람과 비잔티움은 쇠퇴기에 들어갔다. 이 세 지역을 훨씬 앞지르고 있던 중국의 우수한 기술이 이슬람, 비잔티움 또는 이슬람 지배 아래 있던 에스파냐를 거쳐 서유럽에 전해졌는데, 그 확실한 루트는 아직 알 수 없다.

중국에서 간 기술에는 광철(鑛鐵), 화약, 나침반, 인쇄술 등이 있다. 처음 들어온 것은 제지술(製紙術)로서 몽골과 이슬람의 전장에서 전해져 사마르칸드Samarkand, 바그다드, 카이로를 경유해 에스파냐까지 도달한 것 같다. 인쇄술을 보면 중국의 목판인쇄술이 몽골사람들에 의해 유럽에 전달되었다.

자연관과 노동관

화이트 2세는 중세의 서유럽에서 기술이 발전한 원인을 그리스도교와 관련시켜 두 가지로 분석하고 있다. 첫째는, 자연에 대한 태도의 변화이다. 그리스의 자연개념은 물활론적인 것이었다. 자연이 살아 있고, 동식물에도 영혼이 있다고 함으로써 인간과 자연의 구분이 모호해졌다. 그런데 그리스도교 교회는 이를 거부하고 정령숭배(精靈崇拜)를 성자숭배로 돌려 놓음으로써, 인간이 자연을 지배, 착취할 수 있는 근거가 마련되었다는 것이다. 더구나 「창세기」에 보면, 신은 모든 것을 다 만든 다음에 마지막으로 인간을 창조했다. 그것은 인간이 살 수 있도록 만반의 준비를 갖추려는 의도였으며, 따라서 자연은 인간에 봉사할 운명을 타고난 것이다.

둘째는, 노동에 대한 태도의 변화이다. 그리스·로마의 전통은 육체노동을 천하게 여겼으나, 유대·그리스도교적 전통에는 이런 편견이 전혀 없다. 많은 유대 율법박사들은 비천한 노동자였다. 그리스도교도 4세기까지는 프롤레타리아 신앙이었다. 중세의 수도원에서 교리를 연구한 수사들은 노동을 신성한 것으로 보고 땀 흘리며 일했다. 이렇게 해서 "학자는 일하지 않고, 장인은 배우지 않는다"는 그리스 이래의 전통이 깨졌다. 수도하면서 일하는 수사는 수도원 주변에 사는 농민, 장인들의 노동에 대한 자부심을 고취했고, 그 결과 기술의 발전이 촉진되었다는 것이다.

중세 말에 발전된 인쇄술과 화약, 총포는 청동기 시대에 들어와 문자와 철의 제법이 발명된 것과 비슷한 효과를 나타냈다. 인쇄술은 장인들의 문자해독을 가능하게해서 그 가운데는 자기의 경험을 기록하는 사람이 나왔다. 이것은 기술이 학자적인 전통과 접촉할 길을 터 주었다. 총포는 기사(騎士)와 성시대(城時代)의 종언을 고하게 하고, 봉건체제의 붕괴를 촉진하는데 큰 몫을 했다.

회의(懷疑)로 찌든 시대

중세과학을 부정적으로 보는 견해도 있다. 경제사가 포스튼 Michael Postan 은 중세과학의 정체요인을 세 가지로 분석한다. 첫째, 중세에는 지적 자극이 없었다. 과학은 자연을 이해하겠다는 지적 호기심의 소산이라 할 수 있는데, 압도적인 신앙의 시대에 자연에 관한 의문의 답은 이미 성서에 나와 있었다. 따라서 과학이 금지되었던 것은 아니나, 탐구의 분위기는 이루어지지 않았다.

둘째, 실질적 자극도 없었다. 중세의 폐쇄적인 경제정책이 기술의 발전을 저해했다. 온갖 까다로운 법과 규칙에 의해 경제활동이 제약을 받았고, 보호정책 때문에 기술이 비밀로 다루어져, 모처럼 기술 혁신이 이루어져도 전파되지 않았다. 예컨대, 1272년 볼로냐 Bologna 에서 발명된 명주실 꼬는 기계는 1538년까지 외부에 알려지지 않았으며, 영국에는 17세기에야 도입되었다.

제지술만 해도 그렇다. 1150년 에스파냐에서 시작해 프랑스의 에로 Hérault (1180), 이탈리아의 몬테파노 Montefano (1276), 독일의 뉘른베르크 Nürnberg (1391)를 거쳐 영국(1494)에 도달하는 데 무려 344년이 걸렸다. 중세사회가 얼마나 폐쇄적인가를 단적으로 말해주는 보기이다. 중세의 건축기술이 볼 만한 것은 지방정부의 간섭을 받지 않은 떠돌이 기술자들의 손으로 이루어졌기 때문이며, 14세기 영국 직물공업의 기술 혁신도 정부의 영향권을 벗어남으로써 가능했다고 분석된다.

셋째, 과학과 기술의 상호작용이 없었다. 오늘날 과학 기술은 상승작용에 의해 서로 자극을 주기 때문에 발전한다. 그런데 중세에는 이 둘이 따로따로 자체의 고유한 영역을 지켰고, 서로 영향을 미치지 못했다. 예를 들면, 중세 초에 철의 주요 성질이 발견되었으나, 용수철은 17세기에야 만들어졌다. 반대로, 산업에서는 펌프가 사용되었으나, 역학은 진공개념을 쓰지 못해 과오를 범했다. 공기나 증기의 팽창을 이용한 기계는 쓰였지만 공기팽창, 대기압에 관한 이론은 그 영향을 받지 않았다.

이런 요인들 때문에 중세는 헬레니즘이나 근대에 비하면 보잘 것 없는 과학을 낳았을 뿐이라는 얘기다. 그러나 과학적 르네상스로 불리는 12, 13세기의 과학 활동의 가속화는 번역의 홍수 때문에 일어난 것만은 아니다. 중세의 지적 분위기가 변했던 것이다. 문학과 철학에서 세속적이고 현세적인 편견이 종교적인 문화로부터 갑자기 생겨났다. 중세 학문의 복판에서 견해의 불일치가 일어났고, 철학논쟁이 교의(教義)의 근본을 흔들었다. 수사들 가운데서도 사상의 획일성을 깨뜨리려는 움직임이 싹텄다. 이 모든 것에서 심각한 회의론이 나왔다. 문학비평가 탠 Hippolyte Taine 이 말한 것처럼, '중세는 회의로 찌든 시대'였다. 고대의 철학과 과학의 부흥은 필연적인 것이었다.

08 르네상스 과학

르네상스 휴머니스트들은 대체로 과학에 무관심하거나 무지했다는 점에서 인문주의자(人文主義者)라는 말이 잘 어울린다. 따라서 흔히 근세로 오인되고 있는 르네상스는 실은 근대 이전이라고 해야 옳다. 그런데 여기에 중요한 예외가 한 사람 있으니 그가 바로 레오나르도 다 빈치 Leonardo da Vinci (1452-1519)이다.

레오나르도는 「최후의 만찬」과 「모나리자」를 그린 빼어난 화가로 알려져 있지만, 발명가·기술자·해부학자이기도 했다. 그는 르네상스의 모든 찬란한 요소를 자신 속에 담고 있었다.

불우한 만능천재

빈치에서 태어난 레오나르도는 18살에 피렌체 최대의 화가 베로키오 Andrea del Verrocchio 의 도제(徒弟)로 들어갔다. 베로키오는 그에게 수학, 해부학, 시각생리학, 원근법 등을 공부하라고 권했다. 참으로 훌륭한 예술가가 되려면 이런 것들을 반드시 연수해야 된다는 것이 스승의 생각이었다.

이탈리아의 여러 왕국들은 끊임없이 서로 싸우고 있었다. 레오나르도는 군사장비를 고안하는 데로 관심을 돌렸다. 그는 밀라노를 통치하고 있던 스포르차 Sforza 공작(公爵)에게 취직을 부탁한 편지에서, 자기의 능력 가운데 특히 공작의 마음을 끌 수 있으리라고 생각되는 장점만을 골라 설명했는데, 그 대부분이 군사기술자로서의 능력에 관한 것이었다. 그는 또한 토목기술자로서 공작에게 고용되어 있는 동안 질병이 휩쓸고 지나간 도시들을 대치할 새 도시의 계획을 세웠다. 그는 도시의 하수도를 어떻게 배치하는가가 중요함을 알고 있었으며 운하, 갱도(坑道), 성을 설계했다.

레오나르도는 얼마 동안 폭군 보르지아 Borgia 의 지도제작자로 고용되기도 했다. 보르지아는 이탈리아 전체를 정복할 계획이 있었으므로 그에게 토스카나와 움브리아의 지도를 만들도록 시켰다. 이 지도들은 레오나르도 자신이 측량한 자료를 기초로 한 것이었다.

레오나르도의 발명은 참으로 다양한 것이었다. 그가 만든 총은 미국-에스파냐 전쟁에서 쓰인 개틀링 Gatling 기관총의 전신이라고 할 수 있다. 그것은 여러 개의 총신을 3각대 위에 올려놓은 것인데, 한 무리의 총들이 발사되는 동안 다른 총들은 장전되고, 셋째 무리들의 총들은 식혀지게 되어 있었다. 그가 만든 전차는 대포를 싣고 어느 방향으로든지 돌 수 있었다. 또한 그는 선체가 2중으로 된 배도 발명했다. 적의 포화가 바깥 선체를 꿰뚫어도 배는 여전히 떠 있을 수 있는 것이었다.

레오나르도는 오늘날 과학기구라고 할 수 있는 것의 고안에도 빠지지 않았다. 그가 만든 풍속계에는 바람개비가 있어, 그것이 돌아간 각도로 바람의 속력을 알 수 있었다. 그의 시계는 처음으로 시간과 분을 가리키도록 되어 있었고, 추에 의해 가며, 태엽으로 조정되는 것이었다. 오늘날의 자동차에는 노정계(路程計)가 있는데, 이것은 바퀴의 회전수를 세어 차가 얼마나 달렸는지를 나타내는 것이다. 그에게는 자동차가 없었지만, 지도를 만들기 위해 거리를 잴 필요가 있었다. 그의 노정계는 바퀴하나 달린 손수레로서 길을 따라 밀고 가면 바퀴가 돌면서 기어를 움직이고, 그 끝에 달린 다이얼이 수레가 움직인 거리를 보여 주는 것이었다.

해부학과 우주탐구

레오나르도가 발명한 기구들은 현재 쓰이는 것들과 비슷하거나 적어도 원리는 같은 것들이 많다. 그는 무거운 돌을 들어 올리는 기중기도 만들었다. 그의 롤러 베어링도 시대에 앞선 것이었다. 수리학, 유체동력학은 그가 특별히 관심을 두었던 분야이다. 그는 흐르는 물의 힘을 이용한 펌프를 고안해서 물을 끌어올렸다. 이것은 흐르는 물에 놓인 노처럼 생긴 바퀴가 큰 수레바퀴를 돌려 피스톤 펌프를 돌리게 되었고, 그 크기는 20미터를 넘었다. 그 밖에 레오나르도는 물고기의 모양을 연구해 유선형 배를 고안했다.

하늘을 나는 문제에 관한 철저한 연구는 역학에서의 최대 업적으로 꼽히고 있다. 우선 그는 새와 박쥐의 날개의 구조와 기능을 연구했다. 곧 바람을 어떻게 이용하며 날개, 꼬리, 머리를 어떻게 쓰는가를 알아보았다. 그 결과를 토대로 그는 여러 가지 인공날개를 만들었다. 이 날틀은 끝내 날지는 못했으나, 조종사가 발을 움직여 거대한 날개를 펄럭이게 되어 있었다. 그는 또한 헬리콥터, 낙하산 비슷한 것도 만들었다.

그러나 레오나르도는 무엇보다도 해부학자로 유명했다. 그가 해부학에 흥미를 느끼기 시작한 것은 꽤 일찍부터였는데, 스포르차 공작 밑에 있을 때는 아주 본격적이었다. 그는 유명한 해부학자들을 찾아 일하는 것을 관찰하고 또 직접 해부를 하기도 했다. 그의 해부도(解剖圖)가 우수한 것은 바로 이 때문이다. 그의 그림은 그가 해부학을 얼마나 깊이 이해했는가를 보여 주고 있다.

레오나르도는 인체를 정확하게 그림에 옮기려면 해부학 지식이 필요하다는 것을 느꼈다. 그는 외부근육만 다루는 예술적 해부학에 만족하지 못했고, 실제로 기관들을 해부해서 해부도를 그렸다. 그는 인체 해부와 동물해부를 비교했으며, 병리학적 해부도 했다. 인체 전체를 그린 일은 없으나, 그가 그린 부분들은 아주 탁월하다. 두개골 그림은 처음으로 이마와 턱에 구멍이 뚫린 것을 나타냈고, 척추가 겹으로 굽은 것이 정확하게 그려져 있다. 모체 속에 있는 태아의 위치도 놀랄 만큼 정확하다. 혈관 그림은 별로 쓸모없지만, 심장은 기막히게 그려 놓았다. 특히 사지의 운동을 조절하는 근육의 그림이 훌륭하다. 이것은 지금도 확대경을 쓰지 않고는 그리기 어려울 정도로 세밀하다.

레오나르도는 자연과 인간의 해부가 근본적으로 같은 것이라고 생각했던 듯하다. 다시 말해서, 그는 '자연은 큰 인간, 인간은 작은 우주'라는 르네상스의 자연관을 가졌던 것이다. 그가 그린 식물 그림을 보면 그 자신이 상당한 식물학자임을 알 수 있다. 그는 식물의 향일성과 향지성, 곧 태양 또는 땅으로 향하든지 피하는 성질을 알았던 것이 분명하다. 그는 나무의 나이테에 주목했으며, 식물에도 암수의 성(性) 구별이 있음을 알았다.

시대를 앞서 간 사람

왼손잡이인 레오나르도는 오른쪽에서 왼쪽으로, 거울대칭으로 쓴 5,000여 페이지의 노트를 남겼다. 그것은 작은 글씨로 빽빽이 차 있고, 여러 가지 관찰과 발명을 설명한 그림들이 들어 있다. 이 방대한 노트는 그가 살아 있는 동안 세상에 공개되지 않았다. 그것은 그가 죽은 뒤 여러 사람 손으로 넘어갔고, 파란곡절 끝에 밀라노의 도서관에 보관되었다.

일부가 없어지기도 한 이 원고가 출판된 것은 19세기 말에 이르러서였다. 따라서 17세기에 근대과학이 일어나는데 레오나르도가 거의 영향을 줄 수 없었다는 것은 확실하다. 다만 부분적으로는 영향이 있었던 것 같은데, 베살리우스의 해부도가 레오나르도의 것을 퍽 닮았음은 그 한 보기이다. 그의 노트에 기록된 것은 이미 알려져 있었던 것이고, 새로운 것은 별로 없다는 부정적 평가가 없는 것은 아니나, 여러 가지 면에서 그는 그가 살았던 15세기를 훨씬 앞지른 18세기 사람처럼 보인다.

매우 단편적이기는 해도, 레오나르도의 생각은 근대과학의 많은 요소를 예견한 통찰력을 보여 주고 있다. 역학에서 그는 투사체 운동에 대해 중세와 근대의 중간쯤 되는 견해를 가졌으며, 자유낙하 하는 물체의 속도가 커진다는 것, 곧 가속도를 알고 있었다. 낙체의 속도가 시간과 거리에 다 비례한다고 잘못 본 것은 나무랄 것이 못된다. 그는 뉴턴의 운동의 제1법칙(관성의 법칙)과 제3법칙(작용·반작용)을 이해했다는 흔적도 남기고 있다.

레오나르도가 영구운동(永久運動)이 불가능하다는 것을 알았다고 하니, 열역학의 법칙도 예상했다고 볼 수 있을 것이다. 다른 분야에서도 그는 앞선 생각을 가지고 있었다. 반사현상이나 그림자 같은 특성에 비추어 빛과 소리는 파동으로 전파된다고 생각했다. 또 그는 소리의 속도는 반향에 든 시간에서 추산될 수 있다는 것을 알았다. 뿐만 아니라, 그는 가열된 물체가 팽창하며, 그 표면 가까이 있는 공기는 위로 올라간다는 것도 관찰했다.

방법론의 선구자

레오나르도는 과학과 기술의 소질을 아울러 갖추고 있었다. 그는 날카로운 지성에 비범한 장인기질과 기술적 경험을 결합시켰다. 이것은 과학방법에 관한 그의 견해에도 잘 나타나 있다. 그는 자연현상을 연구할 때는 실험이 중요하며, 경험에 의해 일반적 규칙, 곧 이론이 나오는 것임을 역설했다. 그러나 이론을 무시한 경험이 위험하다는 것을 지적하기를 잊지 않았다.

"과학을 모르고 실제로만 무장되어 있는 사람은 키(방향타)와 나침반도 없이 배에 오른 선원과도 같아서 어디로 갈 것인지 알지 못한다." 레오나르도의 이 말은 이론과 실제 사이에 뗄 수 없는 관계가 있음을 강조한 것이다. 그에 따르면, 실제와 이론은 함께 발전해야 하는 두 자매이며, 실천 없는 이론은 무의미하고, 이론 없는 실천은 희망이 없다. 그는 프랜시스 베이컨 Francis

Bacon의 귀납철학을 1세기 반 앞서 제시했다고 하지만, 그보다는 경험과 이론의 균형을 중요시한 근대의 과학방법을 예견한 사람으로 보아야 할 것이다.

또한 레오나르도는 역학은 수학이 열매를 맺는 낙원이라고 함으로써 수학과 물리학의 협력을 강조하고 있다. 그러나 전체로 보아 그는 늘 특정의 구체적인 문제에 매혹되었고, 어떤 지식의 체계를 세우는 데는 크게 관심이 없었다. 따라서 그는 과학보다는 기술에 기울어진 사람이며, 현대인으로는 아인슈타인보다 에디슨과 닮은 점이 많다고 할 만하다. 그래서 그가 지금 살아있다면 아마도 IBM회사에서 일할 것이라고 말하는 사람도 있다.

레오나르도의 학문적 배경은 빈약하다. 그가 자란 곳은 화실(畫室)과 실험실이며, 중세도서관의 인공적인 분위기가 아니었다. 나중에 책을 읽었지만, 그렇게 철저한 것은 아니었다. 그가 피렌체에 있을 때도 그곳의 문학적·철학적인 분위기가 잘 맞지 않았다. 그래서 전통에 얽매이지 않고 독창적이면서도 자유분방한 사고를 할 수 있었는지 모른다. 그러나 실질적 문제들을 다루면서 차츰 그 자체를 위한 연구로 끌려들어간 것 같다.

예술과 기술과 과학

레오나르도 말고도 공장(工匠)전통에 의해 학자들의 학문을 소화한 르네상스 때의 예술가 겸 기술자들로서는 보티첼리 Sandro Botticelli(1444-1510), 뒤러 Albrecht Dürer (1471-1528), 미켈란젤로 Michelangelo Buonarroti(1475-1564) 등이 있다. 그들은 모두 해부학을 연구했다. 뒤러는 광학을 연구하고, 천체를 관측했다. 그는 독일 화가 대다수가 기하학을 잘 모른다는 것을 개탄하고, 1525년 기하학 책을 내기도 했다.

르네상스는 고전으로의 복귀에 그치지 않고, 자연으로 돌아감을 뜻한다는 점에서 중요하다. 이때까지 미의 영역에만 머물렀던 공장전통이 갑자기 과학의 영역으로 연장되었다. 이런 방향으로 일한 많지 않은 르네상스 휴머니스트들의 관심은 넓고 포괄적인 성격을 띠어서 비조직적이었고, 따라서 눈부신 과학적 발견은 없었다.

09 과학 혁명

　과학 혁명이 일어난 16, 17세기는 서양 과학사상 특별한 시기를 긋는다. 이 기간 중 기존 체제 안에서의 점진적인 발전은 찾아볼 수 없다. 낡은 과학이 완전히 다른 새로운 구조의 과학으로 대치되는 것이다. 역사가들은 '혁명'이란 말을 남용하는 경향이 있는데, 이런 뜻에서 과학 혁명의 경우는 정당화된다고 하겠다.

아리스토텔레스의 파탄

　고대 및 중세과학은 아리스토텔레스의 테두리 안에서 발전해 왔다. 아리스토텔레스의 체계는 논리적 정합성(整合性)을 특색으로 갖는다. 그것은 잡다한 것의 집합이 아니라, 하나의 이론을 이루고 있다. 이런 체계는 동시에 강점과 약점을 지닌다. 곧, 전체로서의 정합성 때문에 세부적인 것에 의문을 품기가 어렵다. 어느 한 부분을 문제 삼으면 전체가 딸려 나온다. 그러나 이것은 곧 약점이 되기도 한다. 한 요소가 틀린 것이 판명되면 온 체계가 무너진다. 전체적 맥락에서 개별적 의미를 분리할 수 없는 까닭이다.
　과학 혁명은 천문학에서 시작된다. 코페르니쿠스의 「천구(天球)들의 회전에 관하여」는 아리스토텔레스 우주론의 한 요소를 의심한 데 지나지 않는다. 다른 것은 모두 그대로 두고, 그 부분만 분리해서 공격하려 했으므로 수

월한 싸움이 아니었다.

　그러나 그의 후계자들에 의해 이 공격이 요행히 성공하자 아리스토텔레스 과학의 전체 구조에 결정적인 영향을 주었다. 코페르니쿠스가 준 충격은 마치 잔잔한 호수에 떨어진 돌의 파문이 전 수면에 번져가듯 역학, 광학, 생리학 등 각 부문에 걷잡을 수 없이 파급되었다. 이렇게 해서 만신창이가 된 아리스토텔레스의 과학체계는 전혀 새로운 체계로 대치되어 19세기까지 과학의 틀을 이룬다.

　근대 유럽문명은 8, 9세기의 격심한 혼돈을 겪은 뒤 10세기에 출현했다. 끊임없는 만족의 침입과 전쟁으로 폐허가 된 곳에 홀로 살아남은 것이 그리스도 교회였다. 이때부터 유럽문명은 교회를 중심으로 조직되었다. 교회는 신앙생활뿐 아니라 국가, 경제를 포함한 생활의 모든 측면을 그 강력한 통제 아래 두었다. 16세기에 이 문명의 성공은 그 근원에 대한 도전으로 바뀌었다.

　그 결과 유럽문명은 세속화의 길을 걸었다. 종교개혁과 종교전쟁은 아이러니컬하게도 세속화를 촉진했다. 또한 이때는 근대 자본주의가 대두한 중요한 시기이기도 했다. 거대한 경제적 팽창이 진행되었다. 신흥 부르주아는 장원에 바탕을 둔 봉건경제 체제를 무너뜨리고 실권을 탈취했다. 그리고 무력했던 국왕들은 교황으로부터 정치 권력을 되찾았다.

　이런 움직임과 병행해서 일어난 근대과학은 세속화의 지적 측면이었다. 17세기 말까지는 과학이 유럽문명의 구심점으로서의 그리스도교 교회를 대치했다. 코페르니쿠스의 책이 성서 몇 구절로 반박될 만큼 과학은 처량한 신세였는데, 뉴턴에 이르러서는 성서가 과학에 의해 정당화될 정도로 과학과 그리스도교의 몫은 완전히 전도(顚倒)되었다. 이것이 불과 1세기 반 동안에 일어난 변화임을 볼 때 과학 혁명이 얼마나 충격적이었던지 알 수 있다.

새로운 지식관

　중세에 지식의 목표는 영원한 진리를 명상하는 것이었다. 지식은 신에 의해 계시(啓示)되는 것으로서, 인간은 이를 수동적으로 받아들이면 그만이었다. 따라서 지식은 고정된 것이며, 확장의 개념은 없었다. 그러나 프랜시스 베이컨에서 우리는 지식 개념의 뚜렷한 변화를 본다. 그는 지식의 목표는 명상이 아니라 행동이라고 함으로써 과학의 새로운 목표를 제시했다. 곧 지식은 소극적으로 받아들이는 것이 아니라, 행동을 통해 전취(戰取)하는 것으로 되었다. 그가 강조한 '힘으로서의 지식'은 물질적 편익과 인류의 복지에 기여하는 지식을 가리키는 것이다. 이로써 인간은 구경꾼으로부터 자연의 주인으로 탈바꿈하는 계기가 마련되었다. 이와 같은 지식관, 자연관의 변화는 과학 혁명의 주요한 배경을 이루고 있다.

　과학 혁명의 기간을 어떻게 잡을 것인가에 대해서는 과학사가들의 의견이 일치된 것은 아니지만 대개 16, 17세기로 보는 것이 타당한 듯하다. 이 기간 중에도 과학 혁명의 시작과 끝을 상징하는 두 해를 부각하는 것이 좋겠다. 1543년은 코페르니쿠스의 「천구(天球)들의 회전에 관하여」와 베르살리우스의 「인체의 구조에 관하여」가 발간된 해이다. 이 두 책은 그 자체로는 별로 혁명적인 내용을 담지 못했으나, 각각 물리과학과 생물과학에서 뒤따른 혁명의 불씨가 된 책으로서 주목할 만하다. 1687년은 「프링키피아」Principia 로 흔히 불리는 뉴턴의 「자연철학의 수학적 원리」가 나온 해이다. 이 책에서 뉴턴은 갈릴레오, 데카르트, 케플러 등의 산발적 업적을 종합하여 과학 혁명을 일단 매듭지은 것이다. 이 144년 동안에 과학은 근본적인 변혁을 치렀으나, 주요한 진전은 17세기 중엽에 이루어졌다.

르네상스의 반동성

과학 혁명을 그에 앞선 르네상스, 종교개혁과 비교해 볼 필요가 있다. 르네상스가 절정에 이른 16세기 초 유럽이 세계사의 주도권을 잡기 시작한 것은 사실이다. 그러나 그것은 잃어버린 그리스·로마의 고전을 회복하려는 운동이었으므로 근대보다는 낡은 세계, 곧 중세에 속한다고 보아야겠다. 더욱이 르네상스 휴머니스트들은 레오나르도 다 빈치를 빼놓고는 과학에 대해 관심을 갖지 않았다. 비슷하게 종교개혁도 종교계의 큰 변화임에 틀림없으나 새로운 종교의 탄생은 아니며, 잊혀졌던 원시 그리스도교로 돌아가는 것이었다. 종교개혁의 주역들은 모두 코페르니쿠스에 반대했으며, 과학에 대한 이해는 프로테스탄트가 가톨릭보다 더 약했다. 따라서 바터필드Herbert Butterfield의 말처럼, 과학 혁명은 그리스도교가 일어난 이래 모든 것의 빛을 잃게 했으며, 르네상스와 종교개혁을 중세 그리스도교 체제 안에서의 한 에피소드, 내적 변위(變位)에 지나지 않는 지위로 떨어뜨렸다고 하겠다. 이렇게 르네상스와 종교개혁이 과거지향적인 데 비해, 과학 혁명은 과감히 전통과 결별하고 전진적인 자세를 취했으므로, 근대는 과학 혁명과 함께 시작되었다고 보아야 한다.

플라톤과 원자론(原子論)의 승리

웨스트폴Richard S. Westfall에 따르면, 과학 혁명의 특징은 다음과 같은 다섯 가지로 요약된다.

1) 감관경험(感官經驗)에 의거한 상식을 거부하고 추상적인 이성(理性)을 채택했다. 이것은 상식적인 아리스토텔레스 과학이 이성적인 플라톤 과

학에게 자리를 내주었음을 뜻한다.
2) 질적인 것을 양적인 것으로 대체했다. 다시 말하면, 과학이 수학화 되었다는 것인데, 역시 질적인 아리스토텔레스 과학이 양적인 플라톤 과학에 눌렸다는 것이다.
3) 기계적인 자연개념이 발전되었다. 곧, 목적론적·유기체적 사고가 물러가고, 기계적·인과론적 사고가 지배하게 되었다. 이것은 오랫동안 망각되었던 그리스의 원자론이 부활한 것이며, 모든 현상을 물질과 그 운동에 의해 설명하려는 '기계적 철학'Mechanical Philosophy 의 결과로 나타났고 뉴턴에서 그 절정을 볼 수 있다.
4) 새로운 과학방법이 발달했다. 베이컨은 사실 수집에서 시작해 일반화에 도달하는 귀납적 방법을 내놓았고, 데카르트는 명석(明晳)하고도 판명(判明)한 진리로부터 수학적 연역에 의해 결론을 얻으려 했다. 한편, 갈릴레오는 수학과 실험을 교묘하게 결합한 근대적인 과학방법을 만들어 냄으로써 자연연구를 위한 가장 효과적인 무기를 제공했다.
5) 궁극적 설명을 버리고 즉각적(卽刻的) 기술(記述)을 선택했다. 곧, 왜 why가 어떻게 how로 바뀐 것이다. 아리스토텔레스는 돌이 땅으로 떨어지는 이유는 그 속에 신비한 것이 그 고향인 땅으로 가고 싶어하기 때문이라고 했었다. 그러나 갈릴레오는 무거운 물체가 왜 떨어지는지는 모르며, 알 필요도 없다고 했다. 그의 관심은 낙체가 떨어지되 어떻게 떨어지는지를 알아보는 데, 곧 가속도 측정에 있었다.

실제로 과학 혁명의 기수(旗手)들, 코페르니쿠스, 갈릴레오, 케플러, 데카르트, 뉴턴 등은 예외없이 플라톤주의자들이었으며, 갈릴레오, 데카르트, 뉴턴 등은 모두 기계적 철학의 신봉자들이었던 것이다. 결국 과학 혁명은 아리스토텔레스에 대한 플라톤과 원자론자들의 승리라고 말할 수 있다.

천재냐 대중이냐

과학 혁명이 어떻게 해서 일어날 수 있었던가는 매우 중요한 역사적 문제이다. 과학 혁명에 관한 해석은 외적 및 내적 접근으로 나누어진다. 외적 접근은 미국의 사회학자 머튼 R. K. Merton 이 「17세기 영국의 과학, 기술, 사회」(1938)에서 17세기 영국의 과학의 발전은 퓨리터니즘의 가치관과 기술, 항해, 전쟁 등 당시의 사회적 요구에 말미암은 것이라고 주장함으로써 제기되었다. 이에 앞서 일본의 오구라 긴노스케(小倉金之助)는 수학의 발전과 계급투쟁을 연결시켰으며(1929), 소련의 게슨 Boris Gessen 은 뉴턴의 「프링키피아」가 당시의 항해술이 제기한 문제들을 해결하기 위해 쓰였다는 충격적인 주장을 한 바 있다(1931). 갈릴레오가 대포의 탄도(彈道)문제를 해결하려고 투신체 운동을 연구했다든지, 토리첼리 E. Torricelli 가 산골의 물의 흐름을 조정하기 위해 수력학(水力學)에 손댔다는 것도 비슷한 주장이다. 이 접근은 극단적 결정론의 입장에 서는 마르크스주의자들과 필연적 인과관계의 수립을 주저하는 온건론자들 사이에 견해차가 있으나, 1930년대의 학계를 휩쓸었던 것이다.

한편, 내적 접근은 소르본의 철학 교수 코이레 Alexandre Koyré 에 의해 시작되는 바, 그는 획기적인 저서 「갈릴레오 연구」(1939)에서 과학 혁명은 외적인 조건과는 무관하게 근대 과학자들의 지적 태도의 변화의 결과 일어난 것이라고 단정했다. 그것은 공간의 기하학화와 중세적 우주 Cosmos 의 해체(解體)이다. 우주가 기하학적으로 이루어졌다는 것을 확신하게 되고, 중세적인 유한한 계층적(階層的) 우주가 무한한 우주로 바뀐 결과 과학이 근본적으로 변했다는 것이다. 이 책은 외적 접근에 기울었던 학계의 대세를 역전시키는 계기를 만들었다. 이렇게 해서 1940~50년대는 내적 접근이 외적 접근을 완전히 압도했다.

외적 접근에 따르면, 과학 혁명은 종교개혁과 자본주의의 부산물로서 과학사가의 몫은 사소한 지엽적 문제의 해결로 전락하고 만다. 그러나 내적 접근에서는 과학 혁명을 근세에 일어난 가장 중요한 사건으로 봄으로 과학사의 비중이 매우 크게 되는 것이다. 과학사가들이 외적 접근에 흥미를 잃게 된 것은 그것이 과학 자체에 대해서는 거의 아무것도 말해 주지 않기 때문이다. 과학사의 학문으로서의 독자성이 위협받는 점도 간과될 수 없음은 물론이다. 그러나 1960년대에 들어와 사회적 관심이 높은 젊은 과학사가들에 의해 외적 접근이 다시 고개를 들기 시작했으며, 역사학계에서는 얼마 전까지 해묵은 머튼 명제(命題)를 둘러싸고 치열한 논쟁이 계속되었다.

  내적 접근은 과학 혁명에서 소수의 천재들의 몫에 대해 결정적인 중요성을 부여한다. 곧, 사회로부터 독립된 과학의 자율성이 강조된다. 반면, 외적 접근에서는 자본주의가 일어나면서 형성된 부르주아가 주동적인 몫을 해서 과학 혁명이 일어난 것으로 본다. 이 경우 몇몇 개인이 담당한 몫은 전체적으로 볼 때 대수로운 것이 아니다. 지난 30년 동안 과학사가 이룩한 찬란한 성취는 내적 접근이 기본적으로 타당함을 증명한 듯이 보인다. 그러나 최근 부쩍 활발해진 기술사와 과학 혁명의 사회적 측면의 연구는 내적 접근이 불충분함을 드러내 주고 있다. 결국 어느 한 접근을 극단으로 밀고 갈 때 불가피하게 독단을 범하게 되는 것이다.

10 코페르니쿠스 혁명

스스로는 대수롭지 않게 생각하고 한 일이 뜻밖에 엄청난 결과를 낸 경우를 역사에서 가끔 볼 수 있다. 과학 혁명의 테이프를 끊은 코페르니쿠스 Nicolaus Copernicus(1473-1543)가 그 좋은 보기이다. 그의 새로운 우주체계는 과학 혁명의 불씨가 되었지만, 본의는 천문학의 조그만 개혁을 넘어서는 것이 아니었다. 만일 그가 150년 뒤의 무서운 변화를 보았다면, 공포에 질려 몸을 떨었으리라.

1400년 동안 잘 내려온 프톨레마이오스의 지구중심 우주체계가 새삼스럽게 문제된 데는 두 가지 이유가 있었다. 첫째, 프톨레마이오스 체계를 토대로 해서 만든 역(曆)은 1년의 길이가 일정하지 않아 크게 불편했다. 둘째, 프톨레마이오스의 지구중심설은 많은 결함을 지니고 있었는데, 당시의 천문학자들이 이를 해결하기 위해 제멋대로 고쳐 우주체계가 걷잡을 수 없이 복잡해졌다.

되살아난 태양중심설(太陽中心說)

코페르니쿠스는 이탈리아에 유학할 때 마침 붐이 일어난 신(新)플라톤주의의 영향을 받아, 우주가 단순하며 수학적 조화를 이루고 있다고 확신하고 있었다. 철저한 플라톤주의자인 그의 눈에 비친 프톨레마이오스 체계는 괴물 바로 그것이었다. 도대체 신이 만든 우주가 이렇게 복잡할 리가 없다는 것이었다. 그래서 좋은 대안이 없을까 궁리한 끝에 옛날의 책들을 뒤지게 되었다. 아닌게 아니라 플루타르코스 Plutarchos 와 키케로 Cicero 의 책에서 여러 사람이 일찍이 태양을 중심으로 한 우주를 생각했다는 사실을 발견하고 놀랐다. 이 엉성한 아이디어를 기초로 코페르니쿠스는 지구중심설에 맞설 수 있는 우주체계를 꾸미기 시작했다. 그것은 오래고도 힘든 작업이었다. 그는 새 우주체계 위에서 행성의 위치가 어떻게 결정되는가를 수학적으로 풀어갔다.

드디어 태양중심(太陽中心) 우주체계가 완성되었다. 30대에 착수했던 것인데, 코페르니쿠스는 어느덧 예순에 가까워져 있었다. 그러나 그는 원고를 넣어 두고 가끔 꺼내 고칠 뿐, 세상에 알리려 하지 않았다. 그가 발표를 꺼린 것은 가톨릭교회가 그를 박해(迫害)할지도 모른다는 두려움 때문이었다고 많은 사람들이 믿고 있다. 그러나 사실은 교황의 비서가 그의 체계에 대해 이야기했고, 어떤 추기경은 그에게 출판을 권하기까지 했다. 그는 세상의 비웃음을 겁냈던 것이다. 누구나 지구가 우주의 중심이라고 믿고 있는데, 홀로 지구가 움직인다고 주장하면 미친 놈 소리 듣기 꼭 알맞았기 때문이다.

그러나 코페르니쿠스는 그의 학설을 간추린 원고 「코멘타리올루스」 Commentariolus 를 천문학자들에게 회람시켰으므로 학계에서는 새 우주설을 대충 알고 있었다. 1537년 봄 젊은 독일의 천문학자 레티쿠스 Rheticus 가 코페르니쿠스를 찾아왔다. 그는 프롬보르그에 두 달 남짓 머무르면서 코페르니쿠스의 체계를 면밀히 검토한 끝에 열렬한 지지자가 되었다. 레티쿠스는 자진해서 코페르니쿠스의 체계를 프톨레마이오스의 그것과 비교한 요약을 쓰는 한편, 코페르니쿠스에게 묵혀둔 원고를 출판하자고 졸랐다. 끈질긴 압력에 못이겨 마침내 코페르니쿠스는 원고를 넘겨주었다. 그런데 원고는 다시 레티쿠스로부터 루터파 목사 오지안더 Osiander 의 손으로 넘어가, 숱한 곡절 끝에 1543년 뉘른베르크에서 햇빛을 보았다.

임종(臨終) 때 발표

오지안더는 코페르니쿠스의 양해도 얻지 않고 서문을 써 넣었는데, 코페르니쿠스의 이론은 사실을 적은 것이 아니라 계산상 편의를 위한 가설에 지나지 않는다고 했다. 그리고 이 책에는 교황 바오로 3세 Paulus III 에게 바친다는 헌사가 있다. 이렇게 해서 출판된 책이 코페르니쿠스에게 도착했을 때 그는 죽어가고 있었다고 전해진다.

코페르니쿠스의 「천구(天球)들의 회전에 관하여」 De revolutionsibus orbium caelestium 는 우선 우주와 지구가 둥글다는 얘기부터 시작된다. 우주와 지구를 비롯한 행성들이 둥근 이유는 공이 가장 완전한 것이며, 모든 것이 공 모양으로 되려는 데서 찾아볼 수 있다. 이탈리아와 이집트에서 보이는 별들은 서로 다르며, 남반구에서 보이는 별을 북반구에서 볼 수 없다. 배에 탔을 때 갑판에서는 보이지 않는 육지가 돛대 위에서는 보인다. 그리고 돛대 위에 달린 등은 육지에서 멀어질수록 점점 가라앉아 마침내 보이지 않게 된다. 이것은 지구가 둥근 증거이다.

코페르니쿠스에 따르면, 지구는 스스로 돌면서 태양 주위를 1년에 한 번 도는 행성에 지나지 않는다. 프톨레마이오스도 지구가 돌 가능성을 생각하지 않았던 것은 아니다. 하지만 만약 지구가 움직인다면 모든 떨어지는 물체에 앞서 갈 것이며, 지구 위의 동물과 물체들은 떨어져 나갈 것이라고 그는 생각했다. 코페르니쿠스는 이에 대해 대기권 안의 모든 것은 지구와 함께 돈다고 주장했다. 또한 지구와 같은 큰 땅덩어리가 돈다면 원심력 때문에 산산조각이 나리라는 우려에 대해서는 더 빨리 도는 천체들은 무사할 리가 있겠느냐고 반문했다. 이와 같이 코페르니쿠스는 지구가 운동한다는 명백한 증거를 가졌던 것은 아니고, 간접적인 방법으로 보다 있음직한 일로 만든 것이다.

혁명 낳은 보수주의자

코페르니쿠스의 체계는 후퇴운동, 곧 행성이 뒷걸음질치는 것처럼 보이는 것을 훌륭히 설명할 수 있었다. 수성과 금성의 궤도는 지구에서 보면 이 행성들을 태양으로부터 일정한 거리 이상으로 가지 않게 할 것이 뻔하다. 왜냐하면, 두 행성의 궤도는 지구궤도보다 태양에 가깝게 있기 때문이다. 한편, 지구는 화성, 목성, 토성보다 작은 궤도로 움직이는 것같이 보이게 한다. 다시 말하면, 후퇴운동이란 자신이 서 있다고 생각한 인간이 행성 탓으로 돌린 것이다.

세차(歲差)는 기원전 2세기에 히파르코스 Hipparchos 가 발견한 것으로 춘분점(春分點), 추분점(秋分點)이 서쪽으로 조금씩 이동하는 현상이다. 이것은 전에는 하늘의 뒤틀림으로 설명했었는데, 이제는 지구가 자체의 축을 중심으로 돌면서 일어나는 흔들림 때문임이 밝혀졌다. 그리스 때부터 태양중심설에 대한 주요 반대 이유로 들먹여진 연주시차는 행성이 지구에서 너무 멀리 떨어져 있어 관측되지 않는다고 했다. 그러나 이것은 1838년 베셀 Friedrich Bessel 이 드디어 발견함으로써 해결된다.

프톨레마이오스는 복잡한 수학이론을 써서 행성들을 따로따로 다루었다. 이에 견주어 코페르니쿠스는 행성이론들의 공통점을 알았고, 이것을 하나의 체계로 만들었다. 예를 들어, 프톨레마이오스체계에서 거리는 모두 상대적이었는데, 코페르니쿠스 체계에서는 태양과 지구의 공통요소에 관련되고, 따라서 행성들은 서로 관계를 갖게 되었다.

그러나 코페르니쿠스는 몇 가지 점에서 비판을 받고 있다. 그는 프톨레마이오스를 따라 행성의 불규칙한 운동을 여러 원들의 결합에 의해 설명하려고 했다. 물론 프톨레마이오스가 쓴 원의 수를 일부 줄였으나, 다른데서 오히려 더 늘어난 경우도 있다. 뿐만 아니라, 코페르니쿠스는 지구와 태양의 몫을 바꾼 것을 빼놓고는 아리스토텔레스의 물리학과 프톨레마이오스의 수학을 그대로 썼다. 또한 그는 모든 천체가 붙어 있는 투명한 수정구들이 겹겹이 둘러싸였다는 것을 의심해 본 적이 없다. 더욱이 그는 원운동에 매달렸다. 따라서 코페르니쿠스는 보수주의자로 불릴 만하다.

깨어진 중세(中世) 체제

그가 애초에 목표로 했던 단순성이나 정확성에 있어서는 별로 나아진 게 없다. 코페르니쿠스 체계의 우월성은 사실상이라기보다는 개념적인 것이다. 그러기에 쿤 Thomas S.Kuhn 은 코페르니쿠스가 최초의 근대 천문학자인 동시에 마지막 프톨레마이오스 천문학자였다고 주장한다. 이것은 부인하기 어렵지만, 지구와 태양이 서로 바뀌었다는 사실 하나가 굉장한 의미를 갖는 것이다. 그것은 천문학을 완전히 뒤엎는 결과를 가져왔다. 다시 말하면, 「천구들의 회전에 관하여」 자체는 그다지 혁명적인 책이 아니었으나, 그것은 천문학 혁명을 유발한 것이다. 그리고 혁명은 티코 브라헤 Tycho Brahe(1546-1601), 케플러 Johannes Kepler(1571-1630), 갈릴레오 Galileo Galilei(1564-1642), 뉴턴 Issac Newton(1642-1727)에 의해 이루어졌다.

코페르니쿠스의 영향은 천문학에만 그친 것이 아니다. 중세의 우주관과 그것에 바탕을 둔 사고방식은 밑둥부터 무너지게 되었다. 지구는 우주의 중심이고, 인간은 그 위에 사는 가장 존엄한 존재였는데, 이제 인간은 여러 행성들 가운데서도 비교적 작은 별에 거꾸로 매달려 돌아가는 존재임이 드러났다. 인간은 우주 안에서의 자신의 위치를 다시 생각해야 했으며, 부질없는 꿈에서 깨어나야 했다. 이렇게 해서 중세 체제는 차츰 깨어지고 근대로 넘어오게 되었으니, 코페르니쿠스야말로 이 변화의 첫 신호를 올린 사람이었던 것이다.

코페르니쿠스의 우주체계는 상식에 대한 반발이었다. 그것이 과학계의 상식으로 받아들여지는 데는 1세기 이상이 걸렸다. 새 우주체계는 코페르니쿠스가 죽고 50년이 지나는 동안 거의 지지자를 얻지 못했다. 유일하게 달라진 것이 있다면, 코페르니쿠스 체계를 토대로 새로 만들어진 천문표(天文表) 프로이슨 표 Prutenic Table 가 그 우수성을 인정받아 채택된 정도였다. 오랜 정적(靜寂)을 깨뜨리고 나타난 거인이 티코 브라헤였다.

수정구(水晶球)를 뚫고

귀족의 아들로 태어난 티코는 막대한 유산과 왕의 도움을 받아 흐벤 Hveen 섬에 '하늘의 도시' Uraniborg 를 세우고 근대적인 관측천문학을 발전시켰다. 그는 이 종합연구센터의 지하에 정밀한 기기(器機)를 갖추고 20년 동안 관측을 했다. 티코는 천문학사상 전무후무(前無後無)한 관측의 천재로, 망원경도 없이 얻은 그의 관측값은 오늘날의 값과 거의 일치한다. 케플러의 말대로 그는 '천문학의 불사조(不死鳥)'였다.

티코는 코페르니쿠스 체계의 수학적인 간결성에 호감을 가졌으나, 그것이 물리학적으로 불합리하고 성서와 맞지 않는다고 해서 거부했다. 그렇다고 그가 프톨레마이오스 체계에 만족한 것도 아니다. 그래서 그는 스스로 제 3의 체계를 만들었다. 티코 체계에 따르면, 행성들은 태양의 주위를 돌고, 다시 태양은 행성들을 거느리고 지구 주위를 돈다. 그것은 전반은 코페르니쿠스, 후반은 프톨레마이오스에서 딴 절충 체계였다. 이 체계는 과학적으로는 가치가 없는 것이었으나, 지구중심설에는 불만이면서도 태양중심설을 받아들일 용기는 없었던 당시의 천문학자들에게 반가운 대안이 되었다. 그 결과 티코 체계는 프톨레마이오스에서 코페르니쿠스로 넘어가는 징검다리 구실을 함으로써 천문학 혁명에 이바지했다.

1572년 어느날 저녁, 티코는 연금술 실험실에서 일을 하고 나오다가 문득 하늘을 올려다보았다. 카시오페이아 별자리 속에 유난히 밝은 별이 있었다. 다시 내려가 밤새도록 살폈고, 몇 달 동안 관찰해 보니, 그 빛깔이 흰색에서 노란색으로, 그리고 붉은색으로 변하는 것이었다. 그가 신성 Nova 이라 이름 붙인 이 별은 달 위의 세계가 변하지 않는다는 아리스토텔레스의 우주론이 틀렸음을 말해 주는 것이었다. 티코는 1577년 유럽 상공에 나타난 혜성도 관측했다. 그는 혜성이 아리스토텔레스의 주장처럼 대기현상일 수 없으며, 달 너머 먼 곳에 있다고 확신했다. 별이 불을 뿜고 하늘을 가로질러 갔다는 것은 달 너머 세계가 변할 뿐 아니라, 수정천구를 뚫고 갔다는 것을 뜻했다. 이 별들의 의미를 명확히 깨닫지는 못했으나, 이제 전통적인 우주론은 잘못되었음이 분명해졌고, 결과적으로는 수정천구도 깨뜨린 셈이다.

11 새우주론

 코페르니쿠스의 보수적 요소를 거부하고 근본적으로 태양중심체계를 바꾸어 놓은 것은 케플러 Johannes Kepler(1571-1630)였다. 그는 튀빙겐에서 신학을 공부했으나, 천문학으로 관심을 돌렸다. 그에게 천문학을 가르친 매스틀린 Michael Mästlin 은 지구중심 우주체계를 강의했지만, 사석에서는 코페르니쿠스가 맞다고 했다. 그래서 케플러는 이미 학생시절에 열렬한 코페르니쿠스주의자가 되어 있었다.
 케플러는 루터파 신교도(新敎徒)로서 우주에서 삼위일체를 보았다. 곧, 태양은 성부(聖父), 별들은 성자(聖子), 중간의 공간은 성신(聖神)이었다. 그는 우주가 살아있으며, 행성들과 지구는 영혼을 가지고 있다고 믿었다. 이것은 아마도 당시에 크게 유행한 신비주의의 영향인 듯하다. 케플러는 철저한 피타고라스·플라톤주의자였다. 그는 우주가 수학적 조화를 이루고 있고, 신은 위대한 기하학자이며, 인간은 신의 이미지를 따서 만들어졌다고 보았다. 따라서 인간은 수학을 통해 우주를 이해할 수 있다는 생각이었다.

루터파 플라톤주의자

 케플러는 피타고라스처럼 태양숭배자였다. 그에게 태양은 빛과 운동과 힘의 근원으로서 가장 중요한 존재였다. 코페르니쿠스는 태양중심 우주체계를 만들었지만, 엄밀한 뜻에서 태양중심이 아니었다. 곧, 지구궤도의 중심은 태양에서 약간 떨어져 있었으며, 이것을 중심으로 행성들이 원운동을 한다는 것이었다. 그것은 지구의 지위를 갑자기 1개의 행성으로 떨어뜨리기가 안되어 다소 특전을 부여했던 것 같다. 케플러는 이것을 참을 수 없어 궤도의 중심을 태양과 일치시켜 버렸다.

케플러에 따르면, 행성들은 서로 지나칠 때 그 각속도에 따라 다른 소리가 난다. 이것이 천구의 음악이다. 토성은 베이스, 수성은 소프라노이며, 화성은 도·솔, 지구는 미·파 소리를 낸다. 이 여러 가지 소리가 모여 심포니를 이루는데, 이 교향악단의 지휘자가 바로 신이다. 그러므로 신(神)은 위대한 기하학자인 동시에 음악가이기도하다.

케플러가 25살 때인 1596년에 나온 첫 번째의 책 「우주의 신비」Mysterium Cosmographicum는 그야말로 신비로 가득 찬 책이다. 그는 여기서 왜 행성이 6개인가 하는 어처구니 없는 질문을 던졌다. 신이 5개도 7개도 아닌 6개의 행성을 만든 데는 반드시 까닭이 있으리라는 생각이었다. 이 의문이 그의 생애를 결정지은 것이다. 그는 5개의 정다면체를 가지고 6개의 천구를 정의할 수 있다고 생각했다. 곧, 피타고라스의 다면체들, 4면체, 6면체, 8면체, 12면체, 20면체의 사이사이에 공을 끼워 넣었다. 예를 들면, 지구는 20면체에 외접하며, 12면체에 내접하는 공에 붙어있다는 것이다.

티코와의 만남

케플러는 1600년 프라하에 도착, 미리 와 있던 티코의 조수가 되었다. 티코는 믿을 수 없을 만큼 우수한 관측자로 알려져 있다. 그런데 그는 계산은 딱 질색이었다. 반대로 케플러는 수학의 천재였지만, 관측에는 무지했다. 둘은 서로를 이용할 속셈으로 손을 잡았다. 티코는 케플러의 계산 솜씨를 탐냈고, 케플러는 티코의 관측자료에 눈독을 들였다. 둘은 출신배경이나 성격이 너무나 대조적이었다. 그래서 만나자마자 싸움이 시작되었다. 두 사람의 관계가 파국 직전에 갔을 때 티코가 갑자기 병으로 죽었다.

이렇게 해서 금싸라기 같은 티코의 관측자료가 케플러의 손으로 굴러들어 왔다. 이것이 없었다면 케플러의 업적은 사실상 불가능했을 것이다. 티코는 그의 자료를 써서 자기의 체계를 증명해 달라고 유언했다. 그러나 케플러는 이것을 오히려 코페르니쿠스의 체계를 발전시키는 데 썼다.

케플러의 주요관심은 행성의 궤도 자체에 있었다. 물론 지구의 궤도를 아는 것이 그의 1차적인 목표였다. 그는 가설을 세웠다. 첫째, 지구궤도는 완전한 원이다. 둘째, 지구의 각속도는 일양(一樣)하다. 셋째, 지구는 180일에 태양 주위로 반원을 그린다. 티코의 자료를 가지고 궤도를 그려보니 완전한 원이 아니라, 좀 일그러진 듯한 인상을 받았다. 그는 지구를 일단 포기하고 화성으로 넘어갔다. 화성의 궤도를 알아내기 위해 케플러는 5년을 꼬박 바쳤다. '화성의 전투'라는 별명이 붙은 이 지난(至難)한 작업에서 거의 미칠 것 같았다고 그는 고백하고 있다. 로가리즘 logarithms이 있기 전이라 일일이 계산을 해야했으니까 엄청난 수학적 일이었을 것이다.

화성의 속도가 일정하지 않았기 때문에 케플러는 코페르니쿠스가 버린 대심(對心)을 다시 썼다. 이것은 원과 단절하게 된 시초라 할 수 있다. 행성은 태양으로부터 가장 멀리 있을 때 가장 늦게 운동하고, 가장 가까이 있을 때 가장 빨리 운동한다고 그는 생각했다. 그래서 행성의 속도는 태양으로부터의 거리에 반비례한다는 속도의 법칙을 전 궤도에 적용했다. 이것은 틀린 것이지만, 멋진 연역임에 틀림없었다.

드디어 사라진 원

케플러는 화성의 궤도를 결정하기 위해 유명한 '임시가설(臨時假說)'을 세웠다. 첫째로 궤도는 완전한 원이며, 둘째로 속도는 일양하지 않다는 것이었다. 지구의 경우에 견주어 속도가 변한다는 것이 달랐다. 계산을 해 보니 각도로 8분의 오차가 나왔다. 당시는 이런 정도의 오차를 그대로 넘길 수도 있었으나, 케플러는 도저히 그렇게 할 수 없었다. 그는 티코가 얼마나 정확한 관측자인가를 너무나 잘 알고 있었기 때문이다. 다른 사람이라면 몰라도, 티코가 그렇게 큰 오차를 낼 리가 없었다. 그렇다면 가설이 틀렸다는 결론밖에 나오지 않는다.

케플러는 결국 가설을 버리기로 했다. 밤낮을 가리지 않고 계속한 2년 동안의 노동이 허사가 되는 순간이었다. 이것은 굉장한 용기를 요하는 일이었다. 다음에 그는 궤도가 달걀꼴이라는 가설을 세우고 계산해 보았다. 원의 경우에는 반지름이 너무 컸었는데, 이번에는 너무 짧았다. 그는 한 가설에서 다른 가설로 시행착오를 계속한 끝에, 마침내 타원궤도를 발견했다. 1605년의 일이었다.

이 해는 서양 과학사에서 길이 기념해야 할 해이다. 플라톤 이래 천체의 궤도가 완전한 원이라는 것은 어떤 천문학자도 의심해 본 적이 없는 철칙(鐵則)이었다. 케플러의 경우에도 원이 그의 사상에서 그토록 큰 몫을 했으나 깨뜨리지 않을 수 없었던 것이다. 원을 깨뜨린 케플러는 기쁘기는커녕 몹시 기분이 언짢았다. 플라톤주의자로서 그는 화성궤도가 제발 원이기를 바랐다. 그런데 그게 아니었다.

실현된 플라톤의 꿈

이렇게 해서 원형 우주로 둘러싸인 타원형 태양계가 시작된 것이다. 이것이 바로 케플러의 제1법칙이다. 곧, 행성의 궤도는 태양을 한 초점으로 한 타원이다. 타원궤도를 발견하기까지의 과정은 관측자료에 의해 가설을 엄격하게 증명한 모범적인 예이다. 그리고 여기서 케플러가 보여준 지적 성실성은 높이 평가되어 마땅하다.

제2법칙은 실은 제1법칙보다 먼저 발견된 것이지만, 속도 변화의 수학적 표현이라 할 수 있다. 이것은 태양과 행성을 연결하는 선은 행성이 궤도의 움직임에 따라 같은 시간에 같은 넓이를 쓴다는 것이다. 그러므로 행성이 태양에 가까울수록 더 빨리 움직인다는 얘기가 된다. 이 법칙은 행성의 운행속도의 불규칙성을 해결한 것이며, '면적속도의 법칙'이라고 한다.

제3법칙은 1618년에 발표되었다. 1·2법칙이 개개의 행성에 관한 것인데 대해, 이 법칙은 행성계 전체를 지배하는 것으로, 궤도 사이의 비(比)를 문제 삼고 있다. 행성의 공전주기의 제곱은 태양으로부터의 거리의 3제곱에 비례한다는 것이다. 이 법칙이 어떻게 유도되었는지는 밝히고 있지 않으나, 우주에 통일성을 주었다는 점에서 일명 '조화(調和)의 법칙'이라고도 하며, 케플러 자신이 가장 좋아한 법칙이라고 한다.

이렇게 케플러는 프톨레마이오스가 도입한 소원(小圓), 대원, 이심(離心), 대심 등 거추장스런 개념을 쓰지 않고도 간단한 수식으로 행성의 궤도 문제를 해결하는 데 성공했다. 플라톤 이래 천문학의 목표가 '현상을 구(救)하는' save the phenomena 데 있었다면 케플러야말로 그것을 실현한 사람이라 할 수 있을 것이다.

그리스 천문학자들은 별들이 우주공간에 떠다니는 것은 불합리하다고 해서, 투명한 수정구에 붙어 돈다고 했었다. 티코에 의해 수정구가 깨지고 나니 무엇이 행성을 궤도에 잡아 두느냐가 심각한 문제였다. 케플러는 이 문제에 대해서도 답을 가지고 있었다. 우선 태양에서 나오는 신비스러운 힘 아니마 모트릭스 anima motrix 가 행성들을 접선방향으로 밀어낸다. 한편, 케플러는 길버트 William Gilbert 의 자기적(磁氣的) 힘을 받아들였다. 길버트는 지구를 거대한 자석으로 보았거니와, 케플러는 이것을 전 태양계에 확장했다. 질량과 크기에 따라 다른 자기적 힘을 가진 행성들과 태양 사이에 인력이 작용한다. 이것은 뉴턴이 생각한 중력(重力)은 물론 아니다.

어쨌든 행성을 밀어내는 힘 아니마 모트릭스와 그에 반대되는 힘 인력이 균형을 이루어 행성을 궤도 위에 붙들어 두는 것이라는 생각이다. 이런 뜻에서 케플러는 코페르니쿠스 체계를 물리학적으로 증명하려했으며, 천체 역학의 창시자라 할 수 있겠다.

망원경과 새 역학(力學)

한편 갈릴레오 Galileo Galilei(1564-1642)는 파도바 대학에 있을 때 천문학에 관심을 가졌고, 코페르니쿠스의 이론을 믿게 되었다. 1609년 그는 네델란드에서 망원경이 발명되었다는 말을 들었다. 그는 직접 렌즈를 갈아 대통에 두 개 끼워 최고 배율(倍率) 30인 망원경을 만들었다. 당시 망원경은 장난감 또는 군사목적에 쓰이고 있었지만, 갈릴레오가 위대한 점은 이것을 가지고 하늘을 관찰했다는 것이다.

망원경을 통해 본 하늘은 놀랄 만한 것이었다. 생각한 것보다 하늘은 훨씬 넓었고, 별도 많았다. 은하는 무수한 별들로 되어 있음이 확인되었다. 그러나 무엇보다도 놀라운 것은 달의 모습이었다. 알고 보니, 달은 매끈한 천체가 아니라 지구와 같이 산과 골짜기가 있는 추한 얼굴을 하고 있었다. 갈릴레오는 골짜기가 전에 바다였던 곳이라는 결론을 내리고 그림자를 재어 산의 높이를 계산해 냈다. 또한 그는 태양의 흑점을 관측했으며, 그것이 움직이는 것은 태양이 자전하는 탓이라고 풀이했다. 달의 산과 태양의 흑점은 아리스토텔레스의 우주론이 틀림을 명백히 보여주는 사실이었다.

더욱 극적인 발견은 목성의 위성들이었다. 위성들을 거느린 목성은 태양계의 축도(縮圖)로 생각되었다. 그것은 모든 천체가 지구의 궤도를 도는 것이 아니라는 간접적 증거였다. 뿐만 아니라, 금성이 위상(位相)을 보여 준다는 것, 곧 달처럼 차고 기우는 것을 밝혀냈다. 그것은 행성이 반사된 햇빛에 의해 빛나는 사실을 증명했으며, 코페르니쿠스 체계가 당연히 요구하는 결과였다.

또한 갈릴레오는 지구를 우주공간에 던져진 투사체로 봄으로써 지구 위에 있는 모든 것, 예컨대 대기, 나는 새, 떨어지는 돌이 어떻게 지구의 자전에 참여하면서 겹친 운동을 할 수 있는가를 설명해 주었다. 이것은 코페르니쿠스 체계를 강력히 지지했다. 그러나 그는 케플러와의 접촉에도 불구하고 끝까지 천체의 원운동에 집착했다. 갈릴레오가 원을 버렸다면, 뉴턴과 같은 종합을 할 수 있었을지도 모른다.

12. 갈릴레오 재판

근대과학을 낳는데 가장 중요한 몫을 한 갈릴레오는 우연히 망원경을 만든 것을 계기로 천문학에 끼여들었다. 망원경에 의한 천체 관측은 2000년 동안 끄떡없던 아리스토텔레스의 우주론이 틀렸음을 보여주었다. 1609년 달의 정체가 밝혀지고 목성의 위성들이 발견되자 대중의 열광은 극에 이르렀으며 갈릴레오는 일약 유명해졌다.

가톨릭 교회는 갈릴레오의 발견을 크게 환영했다. 그는 로마에 불려가 교황 바오로 5세 Paul V(1552-1621)의 환대를 받고 성대한 축하행사에 참석했다. 예수회 소속 천문학자들도 갈릴레오를 찬양했다. 유일한 반대세력은 대학에 자리잡고 있는 아리스토텔레스주의자들이었다. 갈릴레오가 옹호한 코페르니쿠스 체계에 대한 최초의 공격은 평신도(平信徒)와 하급 성직자들에게서 나왔다.

환영받은 망원경 관측

지구가 돈다는 것이 성서와 부합하지 않는다는 이의가 제기되었다. 성서에 지구가 움직이지 않는다는 말은 없다. 반면, 태양의 움직임을 강하게 암시하는 구절들이 구약의 곳곳에 있다. 갈릴레오는 이런 것을 대범하게 넘길 위인이 아니었다. 그는 신경질적인 반응을 보였다. 그래도 비판이 여전하자

쓴 책이 「크리스티나 대공작부인에게 보내는 편지」였다.

이 책은 코페르니쿠스 체계에 대한 신학적 반대를 침묵시키기 위한 것이었으나 그 효과는 정반대로 나타나 코페르니쿠스의 금지와 갈릴레오의 몰락을 가져왔다. 길릴레오는 태양중심설을 가설이라고 했으나 건방지게도 성서는 글자 그대로가 아니라 비유적으로 해석되어야 한다고 주장했다. "성령은 하늘나라에 가는 방법을 가르칠 뿐, 하늘이 어떻게 가는가는 말해 주지 않는다"고 재치있는 얘기를 하기도 했다.

이 책에서 자극을 받은 몇몇 성직자들이 갈릴레오를 고발했다. 교황청에서 가톨릭 교의(敎義)에 크게 어긋남이 없다고 해서 이를 기각했다. 그러나 이것이 교회의 경각심을 크게 불러일으켜 갈릴레오의 혐의가 풀린 지 석 달 만에 코페르니쿠스의 책은 금서(禁書) 목록에 오르게 되었다. 1600년 브루노 Giordano Bruno(1548?-1600)를 불태워 죽이기로 판결한 종교재판에서 9명의 심판관 가운데 하나였던 벨라르미노 Bellarmino 추기경은 코페르니쿠스 체계를 인정할 수 없다는 태도를 밝히고 갈릴레오를 후퇴시키려 했다.

갈릴레오는 이미 이성을 잃었다. 로마에 가서 담판을 하겠다고 날뛰었다. 친구들이 말리는 것을 뿌리치고 로마에 간 그는 곳곳에서 싸움을 걸어 많은 적을 새로 만들었다. 그는 만나 주지 않는 교황에게 간접적으로 그의 뜻을 전했다. 교황은 갈릴레오가 포기하도록 설득하라고 지시했으나 말을 안 듣자 벨라르미노와 의논해서 갈릴레오의 견해를 이단으로 규정했다.

갈릴레오의 도전

며칠 뒤 교령(敎令)이 나왔다. 코페르니쿠스의 책이 금서가 되었고 갈릴레오의 저서들은 무사했다. 여기에 태양중심체계가 이단이란 말은 없었다. 갈릴레오는 코페르니쿠스의 견해를 지지하지 않을 것이며 글이나 말로 그것을 가르치지 않겠다고 서약했다. 일종의 근신처분을 받은 셈이다. 1616년 3월 5일이었다. 5년 동안 갈릴레오의 거동에 주목하면서 은밀히 보고를 받아온 교회가 마침내 행동을 취한 것이다.

실의에 빠진 갈릴레오는 7년 동안 아무 것도 쓰지 않고 보냈다. 1623년 교황이 죽고 바르베리니 Maffeo Barberini 추기경이 새 교황에 선출되었다. 갈릴레오는 뛸듯이 기뻤다. 우르바누스 8세 Urbanus Ⅷ(1568-1644)는 전에 각별히 친한 사이였기 때문이다. 그는 로마에 올라가 교황의 취임을 축하하고 코페르니쿠스 체계를 선전했다. "교회는 이 체계를 규탄한 일이 없다. 그것은 이단이 아니라 다만 경솔했을 뿐이다." 우르바누스 8세는 이렇게 말하면서 갈릴레오를 격려했다. 그러나 갈릴레오의 압력에도 불구하고 교황은 교령이 아직도 유효하다고 말했다.

갈릴레오는 우주체계에 관한 책을 쓰기를 희망했고 교황은 그가 최종 결정을 교회의 지혜에 맡기도록 어느 쪽도 편들지 않는 이론적인 책을 쓰는데 동의했다. 이렇게 해서 「두 대우주체계에 관한 대화」 Dialogo dei massimi sistemi del mondo(1632)가 집필되었다. 4년에 걸려 탈고한 것이 1630년이었다. 2년 동안 복잡한 검열을 거쳐 1632년 책이 나왔다. 이 책은 대화편의 형식을 취하고 있다. 등장인물은 아리스토텔레스와 프톨레마이오스를 옹호하는 심플리치오 Simplicio, 갈릴레오의 대변자 살비아티 Salviati, 그리고 중립을 표방하나 살비아티 편을 드는 사그레도 Sagredo 의 세 사람이다. 그러나 이 책이 프톨레마이오스와 코페르니쿠스의 우주체계를 공정하게 소개한 것은 결코 아니다. 누가 보아도 갈릴레오가 어느 편을 드는가는 분명히 알게 되어 있었다.

무릎 꿇은 지성

책을 받아본 우르바누스 8세는 노발대발했다. 그는 갈릴레오에게 속았음을 깨달았다. 더욱이 책의 어떤 부분에서는 심플리치오가 바로 자기를 모델로 한 것이라는 오해마저 했다. 이 문제를 조사할 특별위원회가 조직되었다. 위원회는 갈릴레오가 첫째, 코페르니쿠스 체계를 가설로 다루지 않았고, 둘째, 조석(潮汐)을 지구의 운동 탓으로 돌렸으며, 셋째, 1616년의 교령(敎令)을 무시했음을 지적하고 이를 종교재판소에 넘겼다.

갈릴레오는 그해 12월 소환되었으나 건강을 핑계로 응하지 않다가 이듬해 2월 로마교황청에 출두했다. 4월 12일 첫 심문이 있었다. 정식 심문은 사실상 한 번으로 끝났다. 그렇게도 자신만만하던 갈릴레오는 고문의 위협에 그만 소신을 굽히고 말았다. 그는 1616년 이전에는 프톨레마이오스나 코페르니쿠스가 다 맞을 수 있다고 생각했었는데 그 이후에는 프톨레마이오스의 생각, 곧 지구의 정지를 의심치 않게 되었다고 말했다. 나아가서 그는 코페르니쿠스를 반박하는 것이 「대화」를 쓴 의도였다고 하면서 이를 분명히 하기 위해 한 장(章)을 더 쓰게 해달라고 두 번이나 간청했다.

심판관들은 갈릴레오가 거짓말을 한다는 것을 잘 알고 있었다. 그러나 그것은 문제가 아니었다. 교회는 갈릴레오를 죽일 생각이 아니었으므로 그의 굴복 이상을 바랄 까닭이 없었다. 심문은 형식에 지나지 않는 것이었다. 6월 16일 판결이 났다. 무기징역이었다. 3년 동안 1주일에 한 번 7편의 회개하는 시편(詩篇)을 읽어야 한다는 것도 판결문에 포함되어 있었다. 취소가 조건이었기 때문에 부드러운 판결을 내린 것이다. 그리고 그는 신앙고백문을 읽어 내려갔다. "…나는 내가 말한 오류와 이단을 포기하며 저주하고 거부합니다…"

판결과는 달리 갈릴레오는 하루도 감방에서 잔 일이 없다. 그는 로마에서 방이 다섯 개나 되는 아파트에 있으면서 하인을 부리고 포도주를 즐겼다. 뒤에 아르체트리 Arcetri 의 농장에 있다가 피렌체 Firenze 의 자택에 연금(軟禁)되었다. 그러나 그는 죽은거나 다름없는 폐인이었다. 그는 오래간만에 본연의 영역으로 돌아가 혼신의 힘을 기울여 역학(力學)을 집대성하는 책을 쓰기 시작했다. 눈이 하나씩 멀어가는 가운데 완성된 「두 새 과학에 관한 수학적 논증」 Discorsi e demonstrazioni mathematiche intorono à due nuove scienze(1638)의 원고는 밀수출되어 레이든 Leyden 에서 출판되었다. 갈릴레오에게 죄가 있다면 이것으로 사죄가 될 만한 불후의 명저였다.

상처뿐인 교회

당시의 상황으로 보아 갈릴레오가 법정을 나서며 "그래도 그것은 움직인다" Eppur si muove. 고 중얼거렸다는 것은 사실일 가능성이 희박하다. 물론 마음 속으로는 신념에 변화가 없었을 것이나 그는 그런 말을 할 용기가 없었다. 이 말은 그의 묘비명으로 새겨 있는데 아마도 뒤에 누가 말들어낸 말인 것 같다.

이해가 전혀 가지 않는 것은 아니다. 갈릴레오는 70이 다 된 병든 몸이었다. 더욱이 그는 독실한 가톨릭교도로서 죄를 못 벗은 채 죽고 교회 묘지에 묻히지 못한다는 두려움이 있었다. 그러나 그는 막강한 권력 앞에 무릎을 꿇은 허약한 지식인으로 진리수호의 순교자이기를 기대하는 사람들을 실망시킨다.

갈릴레오 재판은 케슬러 Arthur Koestler(1905-83)의 말처럼 계몽적 이성과 맹목적 신앙의 단순한 대결만은 아니다. 거기에는 여러 가지 착잡한 요인이 들어 있다. 우선, 갈릴레오와 우르바누스 8세의 성격의 충돌적인 장면이 강하다. 둘 가운데 한 사람만이라도 다른 성격의 사람이었다면 결과는 달라졌을 수도 있었을 것이다. 또한 갈릴레오의 처벌은 프로테스탄트에 대한 간접 경고로 볼 수 있다. 트렌토 Trento 종교회의는 성부(聖父)들의 합의에 반대되게 성서를 해석함을 금지했거니와 루터 Luther 파의 멋대로의 해석을 견제할 필요가 있었던 것이다. 코페르니쿠스의 「천구들의 회전에 관하여」가 금서목록에 올랐던 기간은 실제로 4년밖에 안 된다. 그러나 그 뒤 300년 동안 아무도 감히 이 책을 출판할 생각을 하지 못했다. 그것이 비록 과학의 진보에 심각한 악영향을 주지는 않았다 할지라도 문화의 풍토를 버려 놓은 것을 틀림없는 일이다. 갈릴레오 재판은 유럽의 가톨릭 국가들에서 과학의 위축을 가져왔고 가톨릭교회로서도 오래 아물지 않을 상처를 입었다.

코페르니쿠스는 어느틈엔가 과학자 사회의 공인(公認)을 받게 되었고 교회도 이를 흐지부지 받아들였다. 1965년 교황 바오로 6세 Paul Ⅵ(1900-78)는 갈릴레오의 교향 피사 Pisa를 방문, 갈릴레오를 높이 평가하고 교회의 잘못을 시인했다. 1979년에는 교황 요한 바오로 2세 John Paul Ⅱ가 갈릴레오 재판에 대해 유감을 표시하는 발언을 했다. 갈릴레오의 위대함은 아인슈타인에 비겨졌고 교회의 처사를 뉘우쳤다. 가톨릭교회는 뒤늦게 이 사건의 재심(再審)을 하기로 한 모양이다.

되풀이된 역사

「갈릴레오의 죄」The Crime of Galileo(1960)를 쓴 산티야나 Giorgio de Santillana는 갈릴레오 재판을 오픈하이머 J. Robert Oppenheimer(1904-67) 사건과 비교하고 있다. 2차대전 중 원자탄개발 총책임자였던 오픈하이머는 수소폭탄 개발에 반대했는데, 원자간첩(原字間諜)과 접선한 혐의를 받고 1954년 미국 원자력위원회AEC 청문회에서 불명예스러운 처분을 받게 되었던 맥카시즘 MaCarthyism의 희생자이다. 그에게는 뒤에 페르미상 Fermi Award이 주어졌고 사실상의 복권이 이루어졌다.

갈릴레오와 오픈하이머는 똑같이 사회에 대해 유용함이 인정되었지만 고위정책(高位政策)에 대한 영향력을 행사하려 했을 때 문제가 일어났던 것이다. 두 경우 모두 권력은 사회적 불명예를 주어 다른 사람들이 다시는 그런 행동을 하지 못하도록 만들려 했다. 갈릴레오의 경우 교회가 오픈하이머의 경우 국방성이라 할 수 있다. 수폭(水爆)개발 책임자 텔러 Edward Teller(1908-2003)는 벨라르미노에 해당한다. 갈릴레오에게는 변호사가 없었다. 그래서 자기의 과학적 업적을 옹호할 수 없었고, 코페르니쿠스 이론에 대한 토론도 없었다. 오픈하이머에게 변호사는 있었으나 보안상 이유로 그의 견해에 관련된 충분한 토의는 없었다. 두 사람 다 반항 없이 권력에 항복했고 죽은 뒤에야 명예가 회복되었다.

갈릴레오 재판은 권력 앞에서의 지성의 자유라는 되풀이되는 문제를 깊이 생각하지 않을 수 없었다. 2세기가 지난 뒤 과학과 종교는 다윈의 진화론을 둘러싸고 격돌을 벌이나 교회는 약화된 다음이었고, 따라서 갈릴레오 때와는 퍽 양상을 달리했다.

13 | 역학의 근대화

지난 1500년 동안 인간정신이 극복한 지적 장애 가운데 가장 놀랍고 그 영향이 엄청났던 것은 운동의 문제라고 근대사학자 버터필드는 말한다. 운동의 문제에 관한 아리스토텔레스의 가르침은 중세 스콜라 사상을 강하게 지배해서 17세기 전반 갈릴레오 때까지 위세를 발휘했다. 그러나 아리스토텔레스의 물리학에 대한 반대는 일찍부터 시작되었다.

필요없게 된 천사

6세기에 그리스도교 신플라톤주의자 필로포누스 Philoponus 는 공기 중에서 떨어지는 물체의 속도가 무게에 비례하지 않고, 낙하시간의 차는 무게의 차보다 훨씬 적다고 주장했다. 그는 또한 매질(媒質)이 투사체 운동의 원인이라는 아리스토텔레스의 주장에도 반대, 화살은 진공 상태에도 날 수 있다고 했다. 공기는 운동을 촉진하기는커녕 방해한다는 것이다.

필로포누스에 따르면, '임페투스'라 불리는 추진력이 공기 아닌 투사체 자체에 주어져 운동이 가능하게 한다. 그런데 임페투스는 차츰 없어지는 성질이므로 물체는 마침내 정지한다. B.C. 5세기에 디오니시우스 Dionysius 는 천체의 운동이 신에 의해 직접 통제되지 않고 천사들에 의해 계층적으로 조정된다고 주장했었다. 그러나 필로포누스는 천체를 움직이는 여러 천사들을 가정할 필요가 없다고 보았다. 왜냐하면, 태초에 신이 천체에 임페투스를 주어 영원히 없어지지 않게 했을지도 모르기 때문이었다. 필로포누스의 견해에 대해서는 같은 시대에 아리스토텔레스 주석가(註釋家) 심플리키우스 Simplicius 가 반박했다.

　10세기에 아랍의 아비케나는 새겨진 힘 impressed force 또는 경향을 뜻하는 마일 mayl, inclinatio 이란 개념을 썼다. 자연(自然)마일 natural mayl 은 자연위치로 물체가 떨어지는 경향이고, 강제(强制)마일 violent mayl 은 자연위치 아닌 곳으로 물체가 가게 하는 경향이다. 강제운동에서는 물체가 움직이면 마일이 옮겨져 운동을 계속하게 한다. 이때 마일은 빌린 힘으로서, 불이 물에 준 열과 비슷한 것이다. 그것은 외부의 힘에 의해서만 약화되고 파괴되는 영원한 힘이므로, 방해물이 없는 곳에서 강제운동은 무한히 계속한다. 아비케나는 추진력을 양적으로 표시하려 했으며, 무게가 클수록 마일이 크다고 했다. 아랍에서는 이 밖에도 아불 바라카트 Abul Barakat, 아벰파체 Avempace, 아베로에스 등이 역학을 크게 발전시켰다.

　12세기에 티에리 Thierry of Chartres 가 임페투스란 말을 썼으나 뜻은 달랐다. 13세기에도 새겨진 힘이 논의되었지만, 토마스 Thomas Aquinas 와 베이컨 Roger Bacon 은 이를 거부했다. 임페투스 이론의 시초는 14세기라 할 수 있다. 임페투스 역학은 파리대학에서 크게 발전해 영국과 이탈리아로 퍼져나갔다. 옥스퍼드에서는 오캄의 동의를 얻고 임페투스 논의가 계속되었으나, 곧 힘을 잃었다. 15세기에 이르러 옥스퍼드 대학에 전파된 임페투스 역학은 르네상스 때 크게 꽃피었다.

임페투스 역학의 도전

　뷔리당 Jean Buridan 은 아리스토텔레스의 투사체 운동의 설명에 반대했다.

팽이는 위치를 바꾸지 않고 운동하므로 교란된 공기에 의해 움직여질 수 없다. 뒤 끝이 편편한 창은 앞뒤가 뾰족한 창보다 더 빨리 날아가지 않는다. 만일 공기가 밀고 간다면 더 빨라야 할 것이다. 이 경우에 운동을 지속하게 하는 힘이 임페투스이다. 오렘 Nicolle Oresme 은 임페투스를 운동체에 주어진 부가적(附加的) 성질로 보았다. 물체가 힘으로부터 받는 임페투스의 양은 물체의 밀도, 부피, 초속도(初速度)에 비례한다. 또한 임페투스는 여러 가지 외부의 저항에 의해서만 감소되는 영구한 성질이다. 따라서 물체는 저항이 없으면 직선으로 무한히 운동해야 한다. 이것이 관성일까? 우주는 유한하기 때문에 그럴 수는 없다. 그들은 임페투스를 강제운동, 자유낙하, 천체의 원운동 등 온 우주에 적용했다.

알버트 폰 작슨 Albert von Sachsen 은 자유낙체(自由落體)가 일양하게 가속되는 데 주목했다. 그에 따르면, 낙체의 계속적으로 증가하는 속도는 얻은 임페투스에 그것이 본래 갖고 있는 코나투스 conatus (자연위치에 도달하기 위한 노력)가 부가됨으로써 생긴다. 물체가 떨어지는 동안 코나투스가 갑자기 없어진다 해도 임페투스는 그것을 일정한 속도로 떨어뜨리게 할 것이다. 그러나 코나투스가 운동하고 있는 물체에 운동의 원인으로서 작용하기 때문에 더 빨리 떨어진다. 알버트는 또한 순간적인 속도는 경과한 시간이나 통과한 거리에 비례한다고 했는데 이것은 불완전한 개념이다.

갈릴레오는 피사 Pisa 대학에서 임페투스 역학자 보나미코 Francesco Bonamico 에게서 수학의 본질과 역학, 그리고 플라톤과 아리스토텔레스의 차이에 대해서 배웠다. 임페투스 이론은 14세기 이후 그때까지 별로 진전이 없었지만, 갈릴레오는 아리스토텔레스를 버리고 이것을 택했다. 그는 16세기 말 임페투스 역학의 대표자 베네데티 Battista Benedetti 를 연구했다. 베네데티는 매질은 늘 저항요인이며 운동의 원인이 될 수 없다고 아리스토텔레스의 투사체 운동이론을 비판했다. 또 그는 아르키메데스의 영향을 크게 받았고, 매질 속에서의 운동에 아르키메데스의 수력학을 적용했다. 이렇게 해서 갈릴레오는 아르키메데스를 만나게 되었다.

원인에서 상태로

피사시절 갈릴레오가 쓴 「운동(運動)에 관하여」 De motu(1592)는 임페투스이론을 이용해서 아리스토텔레스 운동이론을 반박한 것이다. 이 책은 낙체나 투사체가 보여주는 운동의 성질을 설명했으나 정확한 힘, 속도, 가속도의 정의는 하지 못했다. 그는 자유낙하에서의 가속도의 영구성을 부인하면서 가속도는 임시적인 것, 처음에만 한정되는 것이라고 했다. 곧, 물체가 자연속도에 도달하면 그 다음에는 일정한 속도로 떨어진다는 것이다. 이로써 갈릴레오는 계속적인 힘이 계속적인 가속도를 준다는 현대 역학의 공리를 부인한 셈이다.

갈릴레오는 임페투스의 개념을 끝까지 추구한 결과 그 한계를 발견하고 비판하기 시작했다. 따지고 보면, 임페투스 역학은 아리스토텔레스 역학의 한 측면이었다. 운동의 원인이 매질에서 물체로 옮아갔을 뿐, 원인은 원인이었기 때문이다. 이런 데서 수학적인 역학은 나올 수 없었다. 임페투스가 운동의 원인이라면, 갈릴레오의 임페토 impeto는 측정 가능한 운동의 결과였다. 아리스토텔레스에게 운동은 계속적인 동력원이 필요한 생성의 과정이었다. 그러나 갈릴레오에게는 운동이 물체의 상태에 불과했으며, 수학적 표현으로 기술되는 순수한 관계였다. 다시 말해, 운동에는 아무 의미도 없고, 다만 양만이 있을 뿐이다.

갈릴레오 이전에는 아무도 자유낙하에서 시간, 속도, 거리 사이의 일반적 관계를 연역해 내지 못했다. 낙체의 속도가 경과한 시간에 따라 변하는가, 아니면 통과한 거리에 따라 달라지는가의 문제는 16세기 운동학의 발전에 큰 장애였다. 일찍이 레오나르도 다 빈치는 낙체의 속도가 어떤 순간에 떨어진 거리와 지난 시간에 비례한다고 함으로써 혼란에 빠졌었다. 에스파냐의 신학자 데 소토 Domenico de Soto 는 일양하게 달라지는 운동(등가속운동(等價加速運動))은 시간에 비례한다고 정의하고, 이 운동은 자유낙체와 투사체에 적합하다고 했다. 그러나 그는 이것을 증명하거나 시간, 속도, 거리에 관한 식을 내놓지 못했다. 그는 가속도를 시간에 따른 운동의 변화속도라 했고, 위로 올라가는 강제운동에서는 가속도가 마이너스라고 연역함으로써 자연운동과 강제운동의 이분법(二分法)을 공격했다.

되풀이된 과오

1604년 갈릴레오는 사르피 Paolo Sarpi 에게 보낸 편지에서, 낙체가 같은 시간 간격에 통과하는 거리는 1에서 시작되는 홀수의 비례를 갖는다고 말했다. 처음에는 속도가 거리에 비례한다고 했다가, 뒤에 잘못을 깨닫고 시간에 비례한다고 고쳤다. 이것의 발표는 1609년 「두 새 과학에 관한 수학적 논증」 Discorsi e demonstrazioni mathematiche intorono à due nuove scienze 에서 했다. 데 소토 한 사람만 빼놓고 베네데티, 레오나르도, 데카르트 René Descartes, 베크만 Issac Beekman, 가상디 Pierre Gassendi 도 같은 과오를 범했고, 끝내 과오를 깨닫지 못했다. 왜 그랬을까? 코이레는 시간은 형상화하기 어려우나, 거리는 가시적(可視的)인 것이기 때문이었을 것이라고 추측한다. 그런데 재미있는 것은 갈릴레오가 잘못된 가정으로부터 잘못된 추리에 의해 옳은 결론에 도달했다는 사실이다.

투사체의 경로도 중요한 문제였다. 아리스토텔레스는 투사체가 강제운동을 하고 나서 자연운동을 해서 땅에 떨어지며, 이 두 운동은 절대로 섞이지 않는다고 했다. 임페투스 역학자들 가운데는 이 두 운동이 만나는 부분이 부드러운 곡선을 이룬다고 본 사람도 있었다. 레오나르도는 나아가서 투사체

운동은 강제운동에서 시작해 강제운동과 자연운동이 섞이는 단계를 거쳐 순수한 자연운동으로 끝난다고 보았다. 갈릴레오는 투사체가 수평방향으로 등속운동을 하며, 동시에 수직방향의 등가속운동을 하는데, 이 둘은 처음부터 섞여 포물선을 그린다고 했다. 이로써 포탄의 탄도 문제가 해결되었다.

낙체(落體)실험은 가짜?

갈릴레오는 낙체의 가속도를 측정하기 위해 사면(斜面)에 공 굴리는 실험을 했다. 낙체의 속도를 직접 재는 것이 불가능했으므로 특별한 장치를 고안했다. 긴 막대를 만들고 끝에서 홈을 팠다. 막대를 기울여 사면을 만들고 홈을 통해 공이 굴러 내려가게 했다. 공이 구르는 시간은 작은 구멍으로 떨어지는 물방울을 그릇으로 받아 무게를 잼으로써 알았다. 사면을 90°가까이 가파르게 세우고, 홈이 매끈해서 거의 마찰이 없다고 보면 이것은 공중에서 공이 떨어지는 경우와 다름없을 것이다. 이렇게 해서 그는 낙체의 속도와 가속도를 잴 수 있었다.

갈릴레오는 또 하나의 재미있는 실험을 했다. 곧, 밑에서 연결된 두 개의 홈파진 사면을 만들어 공이 한쪽을 굴러내려 다른 쪽으로 기어오르도록 했다. 반대쪽 사면을 가파르게 하면 공의 속도는 줄고 낮추면 늘었는데, 어느 어느 경우든지 공이 올라가는 높이는 같았다. 그러면 사면을 수평으로 만들 때 공은 쉬지 않고 굴러 가리라고 생각할 수 있다. 이것은 관성 같지만 실은 거기까지는 가지 못했다. 갈릴레오는 공이 영원히 움직이는 것을 생각할 수는 없었다. 그런 평면이란 지구 위에 있을 수 없기 때문이었다. 갈릴레오는 원운동이 보존된다는 원의 관성 개념을 가졌을 뿐이고, 직선적인 완전한 관성의 개념에 도달한 것은 데카르트였다.

전하는 얘기로는, 갈릴레오가 어려서 피사의 대성당에 갔을 때 천장에 매달린 샹들리에가 흔들리는 것을 보고 맥박을 세어 시간을 재본 결과, 샹들리에가 한 번 흔들리는 데 걸리는 시간은 진동의 크기에 관계없이 일정하다는 것을 발견했다. 이것이 이른바 진자의 주기성이다. 그런데 알려진 바에 따르면, 그 성당에 샹들리에가 장치된 것은 그가 간 지 몇 해 뒤라고 한다.

또 하나의 유명한 전설이 피사의 사탑(斜塔)에서 공을 떨어뜨렸다는 실험이다. 아리스토텔레스의 주장과 다른 결과가 나와 많은 사람들을 당황하게 했다는 이 실험은 실제로 있었다는 증거가 없다. 이 이야기가 더욱 미덥지 않은 이유는, 공기저항 때문에 무거운 물체가 가벼운 물체보다 약간 빨리 떨어진다는 갈릴레오의 주장과 어긋나는 데 있다. 설사 그가 이 실험을 했다 해도 처음은 분명히 아니다. 낙체실험은 1586년 네덜란드의 역학자 스테핀 Simon Stevin 이 드 흐로트 Johan de Groot 와 함께 한 것이 확실하기 때문이다. 10m 상공에서 무게가 10배 차이나는 납공 두 개를 떨어뜨렸을 때 소리가 한 번 났던 것이다.

14 | 근대의 과학방법

과학방법에 관한 체계적인 연구는 멀리 아리스토텔레스까지 올라가지만, 17세기처럼 방법론에 대한 관심이 두드러졌던 때도 찾아보기 어렵다. 이때 나온 베이컨 Francis Bacon(1564-1642), 데카르트 René Descartes(1596-1650), 갈릴레오 갈릴레이 Galileo Galilei(1564-1642)는 아리스토텔레스의 방법을 거부한 데서 공통점을 보였으나 서로 퍽 다른 과학방법을 내놓았다.

베이컨의 「새 기관」 Novum organum(1620)은 책 제목부터 아리스토텔레스의 낡은 논리 Organon를 버리고 새 과학방법을 제시한다는 패기가 엿보인다. 그의 경험적 방법은 두 가지 면을 가지고 있다. 소극적 측면은, 인간을 그릇된 판단으로 이끌기 쉬운 위험한 요소를 지적하는 것으로서, 유명한 네 가지 우상(偶像) idola이 바로 그것이다. 적극적 측면은 과학자가 따라야 할 올바른 방법을 주는 것인데 그것이 귀납적(歸納的) 방법이다.

아리스토텔레스 비판

귀납적 방법을 처음 만든 것을 베이컨이 아니다. 아리스토텔레스와 그의 후계자들이 이미 과학을 하는 데 그 방법을 썼다. 베이컨은 아리스토텔레스가 몇 가지 불충분한 관찰로부터 가장 넓은 일반화(一般化)로 비약했다고 비판한다. 베이컨은 아래로부터 위로 비약하는 것이 아니라, 특별한 것으로부터 더 일반적인 것으로 서서히 내려감으로써 관찰과 이성 사이의 균형을 구한다. 따라서 베이컨의 표준에서 보면 아리스토텔레스 과학은 실재사물(實在事物)이 아닌 추상을 다루는 텅 빈 구조이다.

베이컨에 따르면, 자연에 관한 모든 자료가 수집, 분류, 도표화된 다음에야 그로부터 결론이 나올 수 있고 일반화가 이루어질 수 있다. 여기서 사실들은 경험, 믿을 만한 보고, 장인(匠人)의 전승, 계획된 실험으로부터 수집된다. 사실들을 정리하는 방법은 예컨대 다음과 같다.

첫째, 존재표 tabula essential et praesentiae 는 연구하고자 하는 현상이 나타나는 사례들을 수집하는 적극적 방법이다. 둘째, 부재표(不在表) tabula absentiae 는 연구하고자 하는 현상이 나타나지 않는 사례들을 모으는 소극적 방법이다. 셋째, 정도표(程道表) tabula gradum 는 연구하고자 하는 현상이 정도의 차를 가지고 나타난 사례를 정리하는 비교방법이다.

과학자는 벌이 돼야

베이컨의 방법은 지나친 형식화가 그 결함으로 지적된다. 그 자신이 과학 연구에서 복잡한 규칙을 엄밀히 못 지킬 정도였던 것이다. 그러나 더욱 본질적인 비판은 그가 과학 혁명 초기에 그토록 성공적으로 이용된 수학적 추론을 이해하지 못했고, 가설의 중요성도 알지 못했다는 것이다. 이것은 부당한 비평이라는 이론이 없지 않으나, 대체로 납득할 수 있는 평가인 듯하다. 베이컨은 경험주의자들이 자료만 모으는 개미이고, 자연철학자들이 안으로부터 줄을 내어 짜는 거미인 데 견주어, 과학자들은 꽃에서 짜내서 노력으로 다시 꿀을 만드는 벌이됨으로써 중도(中道)를 가야 한다고 말한바 있다. 그러나 그가 이 말을 제대로 실천했는지 의심스럽다.

베이컨은 박물학자(博物學者)처럼 맹목적인 사실 수집만 했지 창조적 통찰력이 들어갈 여지를 두지 않았다. 그러나 베이컨 체계의 첫 단계인 사실 수집은 과학 연구에서 가장 중요한 것이다. 그런데도 불구하고 사실 수집이 경시되어 왔었는데, 베이컨이 처음으로 그것을 중요시한 것은 높이 평가되어야 한다. 갈릴레오의 새 물리학에서 사실 수집은 별로 중요하지 않았으나, 관념의 조직화가 덜 발달되고 자료가 훨씬 복잡 미묘한 다른 과학에서는 정확한 정보를 충실히 얻는 것이 어설픈 개념화의 노력보다 더 효과적이다. 따라서 베이컨의 방법은 과학 혁명 후기에 생물학, 지질학에 매우 유용했다.

데카르트는 모든 것을 의심하는 데서 출발했다. 그러나 다 의심해도 의심하는 나와 의심한다는 사실까지 의심할 수는 없다. "나는 생각(의심)한다. 그러므로 나는 있다." Cogito ergo sum 이렇게 해서 나의 존재가 증명된다. 그 다음 완전성의 개념을 써서 신의 존재를 증명하고, 차례로 외계의 존재를 증명한다.

데카르트의 회의는 방법적 회의(懷疑) la doute méthodique 이다. 첫째, 세계에 관한 인식의 기초로서의 감각적 경험이 가치가 있는가 하는 회의이다. 감각은 사람을 속이며 주관적이다. 따라서 감각적 경험은 마음의 이미지에 지나지 않으며, 그것이 외계의 사물과 같은지는 알 수가 없다. 도대체 우리 마음 밖에 사물이 존재한다는 증거도 없다. 둘째, 마음이 감각적 경험의 주관성을 넘어서서 외부세계에 관한 지식에 도달할 수 있는 힘을 가졌을까 하는 회의이다.

감관경험을 철저히 불신하는 데카르트가 믿는 것은 이성이다. 왜냐하면 이성은 신이 준 '자연의 빛' lumen naturale 이기 때문이다. 그는 '명석하고 판명하게' clair et distinct 참이라고 생각된 것은 진리라고 한다. 곧, 직관에 의해 자명하다고 생각된 것은 확실한 지식이다. 그 대표적인 것은 수학 지식, 그 가운데서도 기하학적 공리이다. 이 전제에서 출발해서 연역에 의해 결론을 얻는다. 그렇다면 아리스토텔레스나 스콜라 철학과 다른 것이 무엇이냐는 의문이 나올 법하다. 물론 다른 점이 있다. 데카르트의 연역은 수학적 연역이다.

공상과학 소설가

 이렇게 얻어진 결론을 데카르트는 경험에 비추어 확인하려 들지 않는다. 전체가 참이므로 연역추리 과정에 오류가 없는 한, 결론도 참일 수밖에 없는 것이다. 연장(延長)에 의한 물질의 정의, 진공의 불가능함, 관성법칙, 입자들 사이의 충격법칙 등 데카르트의 자연법칙들은 모두 명석·판명하게 참인 것으로 생각된 관념으로부터 도출된 것이다. 이 가운데는 운 좋게 적중한 것도 있다. 신이 준 운동량이 보존되어야 한다는 전제에서 연역된 직선적 관성법칙이 바로 그 보기이다. 그러나 이것은 우연이고 실험과학이 정착해 감에 따라 데카르트 과학의 허구성이 여지없이 드러났다. 데카르트의 제자 호이겐스Christiaan Huygens 는 그러기에 스승을 '공상과학 소설가'라고 비꼬았던 것이다.

 데카르트 방법의 장단점은 베이컨의 그것과 상보관계(相補關係)를 이룬다. 곧, 데카르트가 가설과 수학적 추론을 십이분 활용한 것은 그의 방법의 강점이다. 그러나 경험을 전적으로 무시한 결과 독단적인 과학을 낳았다. 그래도 데카르트의 방법은 과학 혁명 초기에 물리과학 연구에서 무서운 위력을 발휘했고, 그 뒤에도 계속 유용한 것으로 남았다. 그의 「방법론」Discours de la méthode (1637)은 그것이 서문 구실을 한 「굴절광학」, 「기상학」, 「기하학」이 거의 잊혀진 오늘까지도 불후의 고전으로 남아 있다는 사실이 이를 증명한다.

 갈릴레오는 데카르트보다는 덜하지만, 역시 철저한 수학 신봉자이다. 그는 "자연의 책은 기하학적 기호로 씌어 있다"고 단언한다. 자연이라는 책의 낯선 페이지를 해독(解讀)하는 방법은 그 속의 알파벳을 찾는 것이며, 그것을 수학용어로 분석하는 것이다. 자연은 무자비한 불변의 법칙에 의해 운행하는데, 자연의 엄격한 필연성은 본질적으로 그 수학적인 성격에서 오는 것이다.

갈릴레오는 실재적(實在的) 진리와 수학적 진리 사이에 구별이 없다고 생각하며, 그런 의미에서 플라톤주의자이다. 그는 플라톤을 따라 잘 선택된 수학적 논증은 기하학의 전통적인 주제인 길이, 넓이, 부피의 공간적 측정을 넘어 시간, 운동, 물질의 양 등 측정 가능한 성질을 포함하는 물리 세계의 어떤 문제에도 적용될 수 있다고 믿는다.

수학은 발견의 도구

갈릴레오는 자연의 비밀을 여는 열쇠는 수학적 논증이지 스콜라 논리가 아니라고 한다. 논리학은 이미 발견된 논증, 결론에 모순이 없는가를 알게 해 주나, 모순 없는 논증이나 결론을 찾는 방법을 가르쳐 줄 수는 없다. 곧, 그에 따르면 논리학은 비판의 도구이고, 수학은 발견의 도구이다.

갈릴레오의 자연에 대한 접근은 3단계로 나누어 볼 수 있다. 그는 경험의 직관적인 분석에 의해 일반화에 도달하는데, 우선 감각의 세계에서 본질적인 요소를 분리하는 추상화(抽象化)의 방법을 쓴다. 갈릴레오의 저서 「시금자(試金者)」 il Saggiatore(1655)는 그 제목부터 이 방법을 단적으로 나타낸 것이다. 이것은 현상이 가장 쉽게, 그리고 가장 완전하게 수학적 형태로 번역될 수 있게 하기 위해서이다. 이 단계가 끝나면 감각적 사실은 더 이상 필요 없게 된다.

이렇게 해서 얻어진 현상의 본질적 요소의 수학적 관계를 분석한 다음 가설을 세우고, 그로부터 수학에 의한 연역적 논증을 하는 것이다. 여기서 결과가 나왔을 때 데카르트라면 끝이 나는 것인데, 갈릴레오는 한 단계 더 간다. 마지막으로, 수학적 연역의 결과를 실험적으로 분석한다. 이것은 연역된 결과를 관찰과 비교함으로써 가설을 검증하기 위한 것이다. 실험은 베이컨에게는 모르는 것을 발견하기 위한 것이었지만, 갈릴레오에게는 이미 알려진 것을 확인하는 것이 된다. 다시 말하면, 갈릴레오에게는 실험의 필요성이 크게 약화된다.

갈릴레오는 '실험 과학의 아버지'로 널리 알려졌으나, 실은 별로 많은 실험을 한 것 같지는 않다. 그는 많은 실험을 한 듯이 말하고 있지만, 내놓은 수적 데이터가 조잡한 것으로 보아 실제로 그런 실험을 한 증거가 희박한 경우가 많다. 만일 그 데이터가 측정의 결과가 아니고 가공적(架空的)인 것이라면, 마하 Ernst Mach 가 이른바 사고실험(思考實驗) Gedankenexperiment 임을 알 수 있다. 실상 그가 가진 기구로는 실험이 불가능한 경우도 적지 않았다. 당시에는 진공펌프나 정밀한 시계도 없었던 것이다. 측정이 정확하지 않으면 실험은 하나마나라는 것을 갈릴레오는 누구보다도 잘 알고 있었다.

근대는 갈릴레오부터

갈릴레오는 그의 결론이 참됨을 반대자들에게 증명하기 위해 여러 가지 실험을 하지 않을 수 없었으나, 자신의 만족을 위해서는 전혀 실험을 할 필요가 없는 것으로 믿었던 듯하다. 그러나 그가 고의로 실험을 회피한 것 같지는 않다. 이미 결론이 나 있기는 했지만, 그는 많은 실험을 했고, 그 가운데는 놀라운 기술을 발휘한 것도 있다. 그는 초년에 기술적인 환경에서 자랐으며, 그 자신이 기술자였으니만큼 실험을 멸시했을 이유는 찾기 어려울 것이다.

갈릴레오가 경험보다 이성에 기울어진 것은 의심할 수 없는 사실이다. 아마도 우주의 수학적 구조에 대한 확신이 작용했기 때문이었을 것이다. 그의 저서에서 보면, 아리스토텔레스의 대변자 심플리치오 Simplicio 가 경험을 강조하는 데 반해, 갈릴레오의 대변자 살비아티 Salviati 는 늘 이성에 호소하고 있다. 그렇다고 해서 그가 전적으로 경험을 불신한 것도 아니다. 그가 거부한 것은 다만 아리스토텔레스가 의존한 상식적 경험이었다.

갈릴레오의 방법에서 중요한 몫을 하는 실험은 단순한 경험과는 달리 '자연에 던져진 질문'이다. 여기에 답하기 위해서는 자연을 일정한 언어로 정식화해야 한다. 곧, 수학적인 분석을 위한 준비 태세를 갖추어야 한다. 따라서 갈릴레오에게 실험은 수학적 추론과 불가분의 관계를 맺고 있는 특수한 경험이다. 이것은 분명히 베이컨의 그것보다는 한 걸음 더 나아간 경험이다. 더욱이 그는 데카르트와 같이 이성(理性) 일변도(一邊倒)로 나가지 않고, 약하게나마 실험을 통제함으로써 독단적인 과학을 피할 수 있었다.

요컨대, 갈릴레오의 과학방법은 수학적 추리를 주축으로 하고, 실험적 검증을 보충한 종합적인 성격의 것이었다. 이것은 아리스토텔레스 과학에는 치명적인 동시에, 물리과학에는 다시없이 좋은 무기였다. 근대과학이 갈릴레오와 더불어 시작되었다는 말은 결코 과장이 아님을 알 수 있다.

15 | 빛과 빛깔과 피

과학 혁명의 새로운 세계관은 코이레의 이른바 '과학의 수학화(數學化)'로 특징지어진다. 근대과학의 이와 같은 새 경향은 아리스토텔레스의 과학을 다루는 태도에 대한 케플러의 비판에 잘 나타나 있다. 그는 아리스토텔레스와 자기의 근본적 차이는 전자가 사물을 질적인 것으로 추적하는데 견주어, 자기는 사물들 사이의 양적 비례를 발견하는 수단을 발견한 데 있다고 선언했다. 이런 점에서 광학도 과학 혁명의 기본 견해를 반영한다. 광학은 17세기에 놀라운 발전을 보였다. 그것은 수학적인 방법이 쉽사리 직접적으로 응용될 수 있는 분야였기 때문이다.

기하광학(幾何光學)의 재건

케플러 Johannes Kepler는 근대광학을 건설한 사람으로 인정받고 있다. 그는 렌즈의 행동과 시각의 과정을 연구했고, 이것은 고대·중세에 활발했던 기하광학의 부활을 뜻했다. 고대에는 상(像)이 대상으로부터 튀어나온다고 설명하려 했는데, 케플러는 점광원(點光源)으로부터 눈의 망각 뒤의 초점으로 점상(點像)을 추적했다. 그는 굴절현상을 깊이 연구했으나, 정확한 법칙에 도달하지는 못했다.

아리스토텔레스는 빛은 투명한 매질의 순간적 활동이며, 빛깔은 보이는 물체의 표면이라고 했었다. 그는 또한 빛은 그것이 통과하는 매질에 의해 빛깔로 변하는 물질이라고 하기도 했었다. 그리말디 Francesco Maria Grimaldi (1618-63)는 빛은 무한한 속도로 퍼져가는 유체(流體)라고 하면서 아리스토텔레스를 공격했다. 그에 따르면, 빛깔의 감각은 유체의 진동에 의해 일어나며, 빛깔은 빛의 변형이다. 그는 아리스토텔레스의 실재하는 빛깔의 개념을 거부했으며, 실재하는 빛깔과 겉보기 빛깔의 구별을 파괴했다. 그리말디는 처음으로 빛의 회절현상을 발견했다.

데카르트 René Descartes 는 한 걸음 더 나아가 광학을 질적 과학에서 양적 과학으로 만들었다. 그는 빛을 발광체로부터 매질을 통해 우리 눈에 전달되는 압력으로 보았다. 데카르트는 빛을 다룰 때 기계적인 분석을 한다. 첫째, 그것은 장님이 길의 장애물을 보는 지팡이와 같은 것이다. 발광체의 물질이 충격을 전달해서 눈에 감각을 일으킨다. 둘째, 충격은 포도주통에서 포도는 가만히 있는데, 밑바닥의 구멍으로 포도물이 흘러나오는 것과 같다. 셋째, 압력은 운동을 일으키며, 빛은 움직이는 공에 비유된다.

데카르트는 일찍이 스넬 Willebrord Snell(1591-1626)과 해리어트 Thomas Hariot(1560-1621)가 발견한 사인굴절법칙을 1638년 처음으로 발표했다. 이것은 합리적 광학의 출발점이었다.

결정적(決定的) 실험

데카르트는 빛깔을 물체표면에 실재하는 성질로 본 아리스토텔레스의 견해를 거부하고, 빛깔의 기계적인 기원을 찾았다. 따라서 빛깔의 문제는 기계적 철학의 테스트 케이스가 되었다. 빛깔은 자연에 존재하는 것이 아니라, 주관적인 감각이라고 데카르트는 생각했다. 그것은 발광체가 매질에서 굴절, 반사할 때 얻는 빛의 입자의 회전속도가 다른 데서 오는 것이다. 각속도가 높은 것은 붉고, 낮은 것은 푸르다. 요컨대, 빛깔의 감각은 미묘한 물질의 운동이 신경에 전달되어 일으키는 운동에 지나지 않는다는 것이다.

아리스토텔레스는 빛깔이 빛에 의해 볼 수 있게 되는 성질이나 빛 그 자체는 아니라고 하면서, 실재하는 빛깔과 무지개나 프리즘에서 보는 겉보기 빛깔을 구별했다. 데카르트는 이 구별에 반대하고 빛과 빛깔을 동일시했다. 그는 흰 빛의 변형이라는 아리스토텔레스의 생각을 받아들였지만, 처음으로 빛깔에 관해 기계적인 설명을 했다.

데카르트가 빛을 회전하는 입자들이라고 한 데 반해, 그리말디는 진동하는 유체라 했고, 후크 Robert Hooke(1635-1703)는 에터 ether 와 같은 맥동(脈動)이라고 했다. 이것들은 표면상 다른 것 같지만 비슷한 가설이다. 그리말디가 최초의 파동설(波動說)을 제안한 다음 본격적인 파동이론을 내놓은 것은 호이겐스 Christiaan Huygens(1629-95)였다. 그는 발광유체, 곧 에터는 정지해 있고, 파동으로 된 빛이 이 매질을 통해 종(縱)으로 전파된다고 주장했다. 호이겐스는 빛이 유한한 속도로 여행한다는 생각과 빛이 파동의 형태를 한 운동이라는 생각을 결합했다. 공간에는 단단한 탄성입자로 된 발광에터가 연속적으로 있어 이것이 자신은 움직이지 않은 채 충격을 전달한다고 보았다.

끝으로, 뉴턴 Issac Newton 은 빛깔은 흰 빛의 변형이라는 전통적인 개념에 정면 도전했다. 변형은 분석으로 대치되었다. 이것은 엄격한 기계적 원리의 적용이었다. 그는 흰 빛이 발광체에서 돌진해 오는 모든 종류의 빛깔을 가진 광선의 집합이라는 것을 증명했다. 그는 이것을 유명한 '결정적(決定的) 실험' experimentum crucis 으로 확인했다. 이렇게 해서 빛깔은 다른 양적인 용어로 측정될 수 있는 광선을 가리키는 또 다른 이름이 되었다. 광학에서 감관지각을 초월하는 양적 접근을 쓴 것은 뉴턴의 특징이다. 굴절과 반사의 성질에 관한 그의 정확한 실험적 결정에 의해 빛깔의 과학도 수학적인 것으로 될 수 있었다. 케플러에서 시작된 17세기 광학의 수학화는 뉴턴에 와서 절정에 이른 것이다.

파도바 학파

한편, 생리학은 갈레노스 이후 16세기에 베살리우스 Andreas Vesalius (1514-64)가 나타날 때까지 별 진전이 없었다. 생리학은 더 이상의 해부학 지식 없이 갈레노스를 넘어 발전할 수 없었다. 그러나 정확한 해부학 지식이 있다 하더라도 그것만 가지고 그 이상의 발전은 기대하기 어려웠다. 갈레노스의 책은 르네상스에 이르기까지 여전히 표준교과서로서 군림하고 있었다.

베살리우스는 갈레노스가 오류 투성이임을 발견했다. 그는 갈레노스가 말한 격막(膈膜)의 구멍을 찾지 못했으나, 그것이 없다고 말할 용기가 없어 어물어물 넘겼다. 결국 그는 심장, 동맥, 폐의 구조에 관한 갈레노스의 견해를 그대로 두는 데 만족한 셈이다. 베살리우스는 파도바 Pdova대학의 해부학 및 외과학교수로서 근대 해부학의 창시자이며, 그의 「인체의 구조에 관하여」 De humani corporis fabrica (1543)는 서술이 명료하고 정확한 명저(名著)로 당대와 후세에 큰 영향을 주었다.

에스파냐의 과격한 유니테리언 신학자(神學者) 세르베토 Michael Serveto (1511-53)는 「그리스도교의 부흥」 Christianismi restitutio(1533)에서 삼위일체를 다루면서 생리학을 문제 삼았다. 세르베토는 화기(火氣) fiery spirit가 폐안에서 공기와 우심실이 좌심실로 전한 피의 혼합물로부터 생긴다고 생각했다. 그에 따르면, 이 전달은 격막을 통해 이루어지지 않으며, 피는 폐를 통해 긴 행로를 간다. 곧, 피는 폐에 의해 적황색이 되어 폐동맥으로부터 폐정맥으로 부어진다. 그 다음 폐정맥에서 공기와 섞여 그을음 같은 증기가 청소된다. 마지막으로, 이 혼합물은 심장의 확장에 의해 좌심실을 빠져나간다.

이것은 폐순환(肺循環)(소순환(小循環))의 명확한 설명이다. 일찍이 13세기에 이븐 알나피스가 소순환을 말했지만, 유럽에 알려졌을 가능성은 거의 없다. 세르베토가 어떻게 해서 이토록 정확한 결론에 도달했는지는 알 수 없다. 더구나 그의 결론은 해부나 실험에 기초한 것도 아니었다. 그의 책을 해부학자들이 읽을 기회가 없었을 것이므로 그를 소순환의 보급자로 보기는 곤란하다.

소순환(小循環)의 재발견

파도바대학에서 베살리우스의 후임이 된 콜롬보 Realdo Colombo(1516-59)는 사후 출판된 「해부학에 관하여」De re anatomica(1559)에서 피가 우심실에서 좌심실로 가는 폐의 루트를 밝혔다. 그는 심실 사이에 좌우로 뚫린 격막이 있다고 믿는 것은 잘못이라고 했다. 피는 폐동맥에 의해 폐로 옮겨져 거기서 엷게 되어 공기와 함께 폐정맥에 의해 심장의 좌심실로 돌아온다. 이 사실은 아무도 관찰 또는 기록한 일은 없으나, 누구나 쉽게 알 수 있다고 그는 말했다. 콜롬보가 세르베토를 통해 폐순환을 알았다고는 믿어지지 않는다. 이렇게 이븐 알 나피스, 세르베토, 콜롬보가 폐순환을 독립적으로 발견한 것은 갈레노스의 책이 그 출발점이 된 것으로 요즘에는 해석되고 있다.

체살피노 Andrea Cesalpino(1519-1603)는 교황의 시의(侍醫)를 지냈으며 「식물에 관하여」De plantis(1583)를 쓴 식물학자였다. 이탈리아의 민족주의는 체살피노가 하비보다 30년 앞서 혈액순환을 발견했다고 주장한다. 그러나 그의 설명은 불충분하고 모순을 내포하고 있다. 사실 그는 피의 원운동을 가정할 뻔한 논증을 했다. 그는 정맥을 붙들어 맸을 때 부풀어 오르는 것을 보고, 이로부터 피가 심장에서 여러 기관으로 가지만은 않는 것이라고 옳은 추리를 했다. 그러나 그의 결론은 아리스토텔레스의 잠에 관한 견해를 설명했을 뿐이다.

파도바대학을 중심으로 한 해부학의 전통을 배경으로 하비 William Harvey(1578-1657)가 나타났다. 하비는 케임브리지대학에서 갈레노스 의학을 배우고 파도바대학에 유학하여 파브리치오 Girolamo Fabrizio, Hieronymus Fabricius

(1533-1619) 밑에서 해부학 학위를 받았다. 그는 귀국해서 런던왕립의과 대학의 펠로우가 되었고, 성(聖)바솔로뮤 병원에 근무하면서 해부학 연구에 열중했다.

하비의 책 「동물의 심장과 피의 운동에 관한 해부학적 연구」 Exercitatio anatomica de motu cordis et sanguinis in animalium(1628)는 근대적 의학의 시작이라는 평가를 받고 있다. 이 책은 실험적 증거에 토대를 둔 과학적 추리를 하고 있다. 그것은 직접적인 관찰과 실험이라는 새로운 자연연구의 방법을 최초로 응용한 보기의 하나이다. 하비는 문제를 해부학적 관점에서 다루고 있다. "나는 해부학을 책에서가 아니라 해부에서, 철학자의 교의에서가 아니라 자연의 구조에서 배우고 가르치겠다"고 한 하비의 이 말은 새로운 과학정신을 의욕적으로 나타낸 것이다.

중요한 것은 수축(收縮)

하비는 파브리치오의 영향 아래 심장의 우위(優位)를 강조함으로써 간(肝) 우위의 갈레노스를 버리고 아리스토텔레스로 돌아갔다. 그는 심장을 찬양했다. 심장은 소우주의 태양이고, 태양은 세계의 심장이다. 심장은 태양과 같이 생명과 소화에 긴요한 열을 준다. 심장은 몸의 수호신이고, 생명의 기초이며 만물의 근원이다.

하비는 갈레노스의 동맥계, 정맥계의 완전분리를 거부하고, 피는 전에 몰랐던 원형행로(圓形行路)를 따라 순환한다고 주장했다. 그는 심장의 기능에 관심을 기울였다. 그래서 80여 종의 동물, 특히 냉혈동물을 해부해서 심장의 운동과 특징을 분석했다. 갈레노스 이래의 생리학에서는 심장은 수동적으로 확장되어 피가 들어오게 하며, 생기(生氣) vital spirit를 공급하는 것이었다. 그러나 하비에 따르면, 피의 운동은 순전히 심장의 기계적 기능 때문에 일어난다.

그에게 중요한 것은 확장 diastole 이 아니라, 수축 systole 이다. 심장은 근육이므로 수축할 때 활동적이다. 곧, 심장의 행동은 피의 흡수가 아니라, 배제이다. 심장이 긴장상태에 수축하면 동맥이 확장되어 맥박을 일으킨다. 이 메커니즘은 우심실과 대동맥 사이에도 적용된다. 그 결과 피는 심장으로부터 동맥을 거쳐 전신에 전달된다.

하비가 피가 순환하는 증거로 제시한 것은 다음과 같다. 우선, 확장상태에서 좌심실이 갖고 있는 피의 양과 수축상태에서 심장이 갖고 있는 피의 양을 계산한다. 심장이 박동(搏動)할 때마다 피가 몸으로 나가는데, 심장에서 동맥으로 나간 피의 양은 전신에서 발견되는 피의 양보다 훨씬 많다. 이 엄청난 양의 피가 음식으로부터 만들어진다는 것은 있을 수 없는 일이다. 따라서 피는 순환해서 출발점으로 되돌아와야 한다. 또 다른 증거로는, 해부할 때 피가 정맥에 다량 있으나, 동맥이나 좌심실에는 조금 있는 사실을 들 수 있다. 이것은 심장이 폐의 운동이 끝난 뒤에도 계속 움직여 피를 보내지만, 폐가 피를 보내지 못하기 때문이다.

다음으로, 팔을 동여매는 유명한 실험이 있다. 결찰(結紮)을 단단히 했을 때는 그 위의 동맥이 부풀고 맥박이 뛰나, 아래쪽은 아무런 변화가 없다. 그런데 약간 느슨한 결찰을 하면 반대로 아래쪽 정맥이 부풀어 오르고, 위는 그대로 있다. 이 실험은 체살피노가 엉뚱하게 해석했던 것인데, 하비는 그것을 피가 동맥으로부터 정맥으로 흐르는 결정적 증거로 포착한 것이다.

판막(瓣膜)의 기능

어느 땐가 늙은 하비가 젊은 보일 Robert Boyle 을 만났을 때 어떻게 피의 순환을 생각하게 되었느냐는 질문을 받고 한 답변이 있다. "모든 정맥피를 심장으로 보내는 정맥 안의 판막valve을 생각한 데서." 판막에 대해서는 파리의 실비우스Sylvius(1478-1553)를 비롯한 16세기의 여러 해부학자들이 언급한 바 있다. 그리고 판막의 구조와 기능에 관한 상세한 설명은 하비의 스승인 파브리치오의 「정맥의 판막에 관하여」De verarum ortiolis(1603)에 나와 있다.

파브리치오는 모든 정맥을 조사해서 판막을 발견했다. 그는 판막을 물레방아와 비교하면서, 그것이 정맥 속에서 수문(水門)과 비슷한 작용을 한다고 보았다. 이 설명의 중요성은 그가 동맥 및 정맥계를 수리학(水理學)적으로 보아서 판막이 피의 공급을 조정함을 인식했다는 것이다. 하비도 이 유추를 다시 썼다. 그러나 그는 피의 문제를 단순한 수리학의 문제로 다루었고, 흐르는 방향을 조정하기 위해 판막이 필요하다는 것을 이해하지 못했다. 그는 판막의 기계적 기능을 알았고, 그것이 피의 운동과 관계있음을 알았으나, 판막과 심장의 활동 사이의 관계를 몰랐다. 아마 판막이 동맥에서 발견되었다면 사정은 달랐을지도 모른다.

하비는 판막이 피가 폐로부터 심장의 왼쪽으로 가도록 하나, 반대 방향으로는 열리지 않게 되어 있는 것에 주목했다. 따라서 그것은 피가 늘 동맥으로부터 정맥으로 원을 그리며 가고, 심장과 폐로 돌아오게 함을 알았다. 곧, 판막은 대정맥으로부터 정맥으로의 피의 역류(逆流)를 막는 보장이 된다. 그러므로 하비는 판막의 참다운 발견자라 할 수 있다.

하비의 한계

마지막으로, 추리(推理)에 의한 증거를 들고 있는데, 이것은 철저히 관찰과 실험에 의존한 하비답지 않은 주장이다. 심장은 생명열이 위치하는 곳으로 피가 사지로 감에 따라 식고 탁해져서, 열과 생기를 얻기 위해서는 심장으로 돌아와야 한다는 것이다. 이런 생각은 하비가 아직도 지니고 있는 전통적인 잔재라 할 수 있다. 그러나 하비는 심장을 펌프로, 정맥을 운하로 보았다. 데카르트의 충격을 연상케 하는 심장의 수축은 기계적 사고방식이며, 과학 혁명의 상징적 설명이라 할 만하다.

하비의 피의 순환이론에는 몇 가지 미해결 문제가 있다. 그는 피가 아주 가는 동맥으로부터 아주 가는 정맥으로 어떻게 가는지를 알 수 없었다. 그래서 그 사이에는 폐에서처럼 스폰지 같은 조직이 있어, 그것을 통해 피가 스며가는 것으로 보았다. 이것은 현미경이 나오기 전이므로 이해가 되는 결함이다. 뒤에 말피기 Marcello Malpighi (1628-94)와 레우븐후크 Antony van Leeuwenhoek(1632-1723)는 피가 모세혈관을 통과함을 관찰했다.

또한 하비는 폐에서 어떤 일이 일어나는지도 알지 못했다. 그는 호흡에 관한 책을 쓰겠다고 했으나, 내란으로 좌절되었다. 이것은 얼마 안 가 로워 Richard Lower(1632-91)가 피의 색깔의 변화는 심장이 아닌 폐에서 일어남을 밝힘으로써 해결되었다.

16 | 근대의 과학학회들

 17세기는 과학의 개념이 다시 정식화되었다. 그러나 그 이상의 일도 일어났다. 조직화된 사회활동으로서의 과학이 나타난 것이다. 과학은 아직 철학과 얽혀 있었으므로 17세기 말에도 구획(區劃)이 완전하지 않았다. 그러나 이제는 서슴치 않고 과학자라는 레테르를 붙일 수 있는 사람들의 집단을 볼 수 있었다. 더욱이 그들은 개인으로서 고립된 채 일하는 사람들이 아니었다. 과학자들은 학회를 조직해서 같은 일에 종사하는 많은 사람들과 효과적인 교류를 하기 시작했다.

근대 과학의 요람

 중세에는 과학을 포함한 모든 지적 활동이 대학의 담 안에서 이루어졌고, 현대에는 대학은 과학 연구의 중심이다. 그런데 17세기에는 사정이 전혀 달랐다. 근대유럽의 대학은 과학 활동의 중심이 아니었다. 과학은 대학과 독립적으로 활동 중심을 발전시켰다. 오히려 대학은 근대과학의 건설과 새 자연개념에 반대한 본거지(本據地)였다. 갈릴레오가 몸담았던 파도바대학을 떠나 피렌체로 가서 주저(主著)를 발표한 것은 상징적이다. 뉴턴도 대학에서 연구했지만, 업적이 발표된 것은 학회와의 접촉을 통해서였다. 과학 운동은 교육기관이 아닌 학회를 만들었고, 학회는 과학을 사회현상으로 만들었다.

17세기 2·4분기에 영국의 과학 운동은 점차 정합성(整合性)을 띠고 범위가 넓어갔다. 새 우주론을 보급하는데 크게 힘쓴 퓨리턴 목사 윌킨스 John Wilkins 는 과학의 조직화에도 뛰어났다. 그는 1644년 말 런던에서 정기적으로 모이기 시작한 젊은 과학자들의 그룹 '철학(哲學)대학' Philosophical College 의 지도자였다. 여기에는 퓨리턴 성직자, 천문학자, 의학자들의 포함되었고, 나중에는 보일 Robert Boyle 도 가담했다. 그들은 매주 모여 실험하고 과학 이론에 대해 토론했는데, 처음에는 볼헤드 술집 Ball Head Tavern 에서 뒤에는 그레셤 칼리지 Gresham College 가 집회 장소였다. 10명이 된 이 그룹은 '보이지 않는 대학' Invisible College 이라 불리게 되었다.

  1646년 크롬웰 Oliver Cromwell 이 옥스퍼드를 점령하고 왕당파(王黨派)를 의회주의자들로 대치하게 되자 '철학대학'이 빈 자리를 메꾸어야 했다. 윌킨스는 왜덤 Wadham 칼리지의 학장이 되었고, 왈리스 John Wallis 는 기학학교수, 페티 William Petty 는 해부학교수에 취임했다. 윌킨스는 옥스퍼드에 우수한 학생들을 끌어 1960년까지 계속된 과학클럽 '철학회' Philosophical Society 를 세웠다. 왜덤에는 새 실험철학의 열렬한 지지자인 렌 Christopher Wren, 시드넘 Thomas Sydenham, 메이요우 John Mayow, 스프래트 Thomas Sprat 등이 있었다. 10년 동안 왜덤은 가장 집중적인 과학 활동이 전개된 곳이 되었다.

  1660년 찰스 2세 Charles II 가 복위(復位)함에 따라 공화정에 의해 임명된 많은 과학자들이 옥스퍼드를 떠나거나 자리를 물러나 런던이 다시 과학 활동의 중심이 되었다. 공화정 기간에 과학에 관심 있는 사람의 수가 크게 늘어나, 공적인 과학기구를 창립할 필요성이 커졌다. 1660년 11월 런던의 과학자들은 그레셤 칼리지에 모여 '물리·수학적 실험학문의 진흥을 위한 대학' College for the Promoting of Physico-Mathematical Experimental Learning 을 창립했다. 윌킨스가 의장에 당선되었고, 41명의 회원명단이 작성되었다.

베이컨의 깊은 영향

2년 뒤 찰스 2세는 '자연의 지식을 향상시키기 위한 왕립학회'The Royal Society for the Improvement of Natural Knowledge를 정식 발족시키는 헌장에 서명했다. 조신(朝臣) 브로웅커 Lord Brouncker가 초대회장에, 윌킨스와 올든버그 Henry Oldenburg가 공동간사가 되었다. 회원수는 창립 당시 약 100에서 1670년대에는 200을 넘었다. 세기말에는 과학에의 관심이 떨어져 1700년에는 125명이 남았다. 회원 수는 다시 불어 1800년에 500에 이르렀으나 반 이하가 과학자였고, 나머지는 명예회원이었다. 윌킨스와 그 제자 스프래트는 과학자가 아니었지만, 학회를 발전시키고 과학을 보급하는 데 크게 진력했다.

왕립학회의 회원들은 초기에 베이컨의 영향을 크게 받았다. 페티는 조선(造船), 의류제조, 염색공업에 관한 서술들을 편찬했고, 보일은 장인들이 쓰는 방법을 널리 조사했다. 1663년 후크 Robert Hooke가 기초한 학회의 규약도 이를 반영하고 있다. "왕립학회의 임무와 계획은 자연의 사물에 관한 지식과 모든 유용한 기술, 제조, 기계적 숙련, 엔진 및 발명을 실험에 의해 향상시키는 것이다(신학, 형이상학, 도덕, 정치학, 문법 , 수사학 또는 논리학을 다루지 않고)."

1664년 왕립학회는 전문적 문제들을 검토하는 8개의 위원회를 구성했는데, 기계의 문제에 69명이 몰려 가장 인기를 있었고, 천문학에는 불과 15명이 지원했다. 1670년에 베이컨의 영향은 줄어들고, 갈릴레오적인 경향에 의해 보충되었다. 이것이 1671년에 회원이 된 뉴턴의 저작에서 분명하게 드러난다. 「왕립학회회보」Philosophical Transactions에 실린 논문 가운데 응용과학부문은 1665~78의 10.3%에서 1681~99에 6.6%로 떨어졌다. 그러나 18세기 1680년대의 수학적 경향이 쇠퇴하고 회원들은 보다 경험적·실험적으로 되었다.

왕립학회 초기 회원들의 다수가 퓨리턴이었다는 사실은 왕정복고 기간의 불안한 정치상황에서 미묘한 문제였다. 1663년 현재 회원 68명 가운데 42명이 퓨리턴 및 의회주의자였고, 26명이 왕당파였다. 이와 같은 퓨리턴 출신의 우세는 왕립학회 반대파들의 좋은 공격 목표였다. 그러나 창립회원의 대부분은 국교(國敎)를 받아들였다. 윌킨스는 한때 퓨리턴이었으나 체스터의 주교(主敎)로 전신했고, 스프래트도 로체스터의 주교가 되었다. 물론 비정통적인 견해를 가진 회원도 있었다. 로크 John Locke와 뉴턴은 유니테리언 Unitarian이었으나, 그들의 견해를 공공연히 알리려 하지는 않았다.

단명(短命)의 대륙 학회들

16, 17세기에는 대륙에도 과학학회가 생겼다. 가장 오래 된 것은 이탈리아의 학회들이다. '자연의 신비 아카데미' Academia Secretorum Naturae 는 1560년대에 나폴리의 델라 포르타 Baptista della Porta 집에 모였으나, 얼마 안 가 무술(巫術)과 관련된 혐의로 폐쇄되었다. 다음 '스라소니 아카데미' Accademia dei Lincei 는 1601~30년 로마에서 활발했다. 그것은 체시 Federigo Cesi 공작의 후원을 받았고, 32명의 회원 가운데는 델라 포르타와 갈리레오가 있었다. '린체이 아카데미'는 비공식적인 구조를 가졌고, 이탈리아 휴머니스트들의 문학 그룹을 본뜬 것이었으며, 뜻맞는 친구들이 모여 자연철학에 관해 토론했다. 그러나 1615년 코페르니쿠스가 금지되면서 분열했고, 1630년 후원자 patron가 죽자 끝났다.

마지막으로 '실험 아카데미' Accademia del Cimento 는 1657년 피렌체에서 탄생했다. 메디치 Medici 가의 형제 페르디난드 2세 Ferdinand II 대공과 레오폴드 Leopold가 후원자였고, 회원은 비비아니 Vincenzo Viviani, 보렐리 Giovanni Alfonso Borelli, 레디 francesco Redi 등 약 10명이었다. 코페르니쿠스가 금지되었기 때문에 '실험 아카데미'는 주로 실험적인 문제들을 다루었다. 예외는 이론역학을 파고든 보렐리 정도였다. 1667년 레오폴드 메디치가 추기경이 되었고, 아카데미는 10년 만에 해산되었다.

독일의 과학학회들은 이탈리아만도 못했다. 1622년 식물학자 융Joachim Jung, 그리고 1672년 수학자 슈투름Christopher Strum에 의해 각각 로스톡Roskock과 알트로르프Altdort에 학회가 창립되었으나, 둘다 창설자들이 죽기 전에 없어지고 말았다. 독일에 안정된 과학 아카데미가 세워진 것은 18세기에 이르러서였다. '베를린 아카데미'는 주로 라이프니츠Gottfried Wihelm Leibniz의 노력의 결과로 1700년 프리드리히 1세Friedrich I에 의해 설립되었다.

그의 영향을 받아 '성페체르부르그 아카데미'가 1724년 표트르대제에 의해 창립되었다. 이 두 학회의 어느 쪽도 즉각적인 성공을 거두지 못했다. 당시 독일과 러시아에서 과학은 뿌리가 깊지 못했기 때문이다. 이 학회들의 최초의 주요회원들은 아카데미의 진용을 갖추기 위해 온 외국 과학자들이었다. 18세기에 '베를린 아카데미'의 간부는 프랑스의 계몽철학자들로 채워졌는데, 그 가운데는 프리드리히 2세에 의해 아카데미의 간사로 임명된 모페르튀Pierre Louis Moreau de Maupertuis와 라메트리Julien Offray de la Mettrie, 볼테르Voltaire, 라그랑주Joséph Louis Lagrange 등이 있다. 실제로 1745년에 프랑스 말은 '베를린 아카데미'의 공용어가 되었다. 비슷하게 '성페체르부르크 아카데미'도 니콜라 베르누이Nicola Bernoulli, 다니엘 베르누이Daniel Bernoulli, 오일러Leonard Euler 같은 스위스 과학자들이 이끌었다.

상공업 진흥과 과학

프랑스의 과학기관도 영국과 비슷한 경로로 발전했으나, 중요한 차이점도 몇 가지 있다. 프랑스는 영국보다 과학이 훨씬 더 후원에 의존했고, 지리적으로 도시에 집중된 정도가 낮았다. 파리에도 런던의 '그레셤 칼리지' 비슷한

'콜레주 드 프랑스'Collège de France가 있었다. 이것은 프랑수아 1세François I가 휴머니즘의 본거지로 창설한 것인데, 파리대학의 반발을 받았다. 가상디Pierre Gassendi, 로베르발G. P. de Roberval 등 '콜레주 드 프랑스' 교수들은 그레셤의 교수들처럼 과학운동에 적극 참여했다.

프랑스에서 가장 일렀던 과학그룹은 1620년경 액스Aix의 돈 많은 성직자이며 프로방스Provence 의회 의원인 페이레스크Claude de Peiresc 집에서 모인 것이다. 가상디는 파리로 가기 전 액스의 교수였고, 이 그룹의 회원이었다. 파리에서는 메르센Marin Mersenne 신부의 집이 과학자들의 집회장소였고, 과학교류의 중심지가 되었다. 메르센은 갈릴레오, 데카르트, 홉스Thomas Hobbes와 교통(交通)했고, 그의 집에 모인 학자는 페르마Pierre de Fermat, 로베르발, 가상디, 파스칼Blase Pascal 등이었다. 그는 갈릴레오의 책을 북유럽에 소개했고, 토리첼리Evangelista Torricelli의 진공실험 소식을 퍼뜨렸으며, 데카르트의 대외창구(對外窓口) 구실을 했다. 1635년 리슐리외Richelieu가 '프랑스 아카데미'Académie Fancaise를 세운 뒤 프랑스 과학은 공식기구의 필요성을 느끼게 되었다. 그들은 뒤에 정부고문 몽모르Habert de Montmor의 파리 집에서 모였고, 이 모임은 1654년에 공식화되었다.

'몽모르 아카데미'는 재정난에 빠졌고, 내부 분열로 붕괴 직전까지 갔다. 영국을 방문해 왕립학회회원이 된 소르비에르Samuel Sorbière는 1663년 루이 14세의 재무장관 콜베르Jean Baptiste Colbert에게 과학의 진보가 프랑스 경제에 유리하다는 것을 내세워 원조를 청했다. 콜베르는 자기의 상공업 진흥정책에 과학의 응용이 도움될 것으로 믿어 왕의 후원으로 새 학회를 조직하기로 했다. 3년 뒤인 1666년 '왕립과학 아카데미'Académie Royale des Sciences가 정식으로 발족했다.

자율(自律)과 어용(御用)

　과학 아카데미의 회원은 16명을 넘지 않았고, 모두 직업적인 과학자들이었다. 회원자격은 프랑스 사람에 한정되지 않아, 네덜란드에서 호이겐스 Christiaan Huygens, 덴마크의 뢰머 Olaus Roemer, 이탈리아의 카시니 Giovanni Domenico Cassini 등을 파리로 불러왔다. 그들은 왕에게서 월급을 받았고, 대신들이 내 준 문제들을 연구했다. 그것은 정부의 특허국(特許局) 비슷한 기능을 했다. 교육받은 대중에게 과학을 보급하는 일은 그들의 관심 밖이었다. 왕립학회는 이와는 대조적으로 자기들의 연구문제를 갖고 일하는 아마추어 과학자들의 집단이었다. 왕립이라는 이름과는 거리가 먼 순수한 자립적인 기관이었다.

　콜베르는 과학 아카데미 회원들에게 대체적인 원칙만 내주는 진보적인 정책을 썼으나, 후계자 로봐 Lauvois 는 왕궁의 분수, 궁중의 도박 같은 사소한 세부적인 문제들도 연구하도록 명령했다. 로봐는 위그노 Huguenot 과학자들을 추방한 낭트 Nantes 칙령(1685)에도 관여했다. 위그노의 대부분은 스위스에 망명했으나, 수학자 드 뫄브르 de Moivre 와 물리학자 파팽 Denis Papin 은 영국으로 갔다. 로봐의 후계자는 퐁샤르트랭 Pontchartrain 이었는데, 그는 과학 아카데미를 조카 비뇽 Bignon 에게 맡겼다.

　과학 아카데미는 창립 이래 상당한 발전을 해서 1666~99년에는 30명의 회원이 추가로 임명되었다. 비뇽은 회원을 70명으로 증원하고, 회원들의 특전과 권한에 상당한 차이를 두는 계층(階層)제를 두었다. 과학 아카데미 회원들은 여전히 정부로부터 봉급을 받았고, 장관들의 지배 아래 있었다. 프랑스혁명까지 이런 체제가 계속되다가, 혁명 후 왕립이 떨어져 나가고 재편되어 회원들은 완전 평등자격을 얻었다.

　과학 아카데미는 초기에는 왕립학회처럼 회원 호이겐스를 통해 베이컨의 영향을 크게 받았다. 회원들은 자연현상의 역사와 공장과정(工匠過程)을 편찬하라는 베이컨의 제안을 채택해 동식물의 자연사와 거창한 기계, 발명의 목록을 만들었다. 또한 그들은 프랑스의 지도를 만들고, 바다의 경도(經度)를 결정하는 데 노력을 기울였다. 그러나 왕립학회의 경우와 같이 베이컨의 영향은 급속히 줄어들었다. 특히 로봐는 지도제작과 경도를 제작하는 일을 보류시켰다. 그 다음에는 데카르트의 영향이 커졌다. 프랑스 사람들의 관심은 실질적인 문제에서 과학의 문학적·철학적 측면으로 옮아갔다. 이런 경향은 1699년부터 40년 동안 과학 아카데미의 간사(幹事)였던 퐁트넬 Bernard le Bovier de Fontenelle 의 글에 나타난다.

부심(浮沈)하는 지방학회

비공식적이고 때로는 혼란을 빚은 왕립학회가 재정형편은 나았으나 엄격하게 짜여진 과학 아카데미보다 17세기 과학의 요구에 잘 부응했다는 것은 흥미있는 일이다. 지구의 크기를 결정하는 것과 같은 돈 많이 드는 프로젝트는 왕립학회의 능력을 넘어서는 것이었지만, 이런 종류의 프로젝트는 주로 상수(常數)의 측정에 한정된 것이었다. 양적인 과학의 진보는 그런 결과를 필요로 했으나, 측정 자체가 과학의 이해에 주요단계는 아니었다. 왕립학회가 이런 프로젝트를 맡을 돈이 없기는 했어도, 그것은 훨씬 중요한 일을 고무할 수 있었다. 느슨한 구조를 가진 왕립학회는 회원들의 연구를 명령 또는 지배할 수 없었다. 왕립학회는 그것이 존재한다는 사실과 깊은 관심만으로 부드러운 고무의 분위기를 만들었다. 이렇게 함으로써 그것은 현미경 학자 훅, 박물학자(博物學者) 레이 John Ray, 물리학자 뉴턴, 그리고 화학자 보일의 발표를 도왔다. 과학 아카데미는 이런 기능을 했다고 볼 수 없다.

17세기와 18세기 초에 프랑스의 지방에는 몇 개의 문학 또는 과학학회가 생겨났다. 1760년까지는 37개의 중요한 지방 아카데미가 설립되었다. 주로 과학에 관심을 갖는 학회는 남부에 몰려 있었다. 1706년에 탄생한 몽펠리에 Montpellier 학회, 그리고 1716년과 1746년에 각각 세워진 보르도 Bordeaux 와 툴루즈 Toulouse 의 학회는 모두 파리 과학 아카데미에 가입되었다. 18세기에는 주요한 과학 연구가 지방학회에서 많이 이루어졌다. 그러나 프랑스 혁명으로 지방학회의 중요성은 끝났고, 19세기에는 파리가 프랑스 과학의 중심지로 떠올랐다.

영국은 그 반대였다. 왕립학회를 낳은 런던은 영국 과학의 중심으로서의 지위를 점점 잃어갔다. 중심은 중부와 북부의 산업지대로 옮겨갔다. 그 결과 18세기 말과 19세기에는 지방학회들이 일어났다. '맨체스터 문학·철학회' Manchester Literary and Philosophical Society 와 '버밍엄달 모임' Lunar Society of Birmingham 등이 그것이다.

17 뉴턴의 종합

뉴턴 Isaac Newton(1642-1727)은 서양지성사(知性史)의 전환점을 이룬 과학자이다. 과학 혁명은 그가 마무리했고, 그로부터 근대과학이 궤도에 올랐다. 과학은 물론 다른 분야에까지 미친 거대한 영향과 19세기까지 계속된 권위는 아리스토텔레스에 견줄 만하다.

뉴턴은 1642년 크리스마스에 울즈숍 Woolsthorp 에서 태어났다. 그러나 이것은 율리우스역(曆)으로 친 것이고, 지금 우리가 쓰는 그레고리오역(曆)으로 그의 생일은 1643년 1월 4일이다. 뉴턴은 유복자(遺腹子)였는데, 팔삭동이여서 아주 작았고, 말할 수 없는 약질(弱質)이었다. 그를 받은 산파는 하루도 못 넘길 거라고 예언했지만 85살까지 살았고, 가죽을 댄 여린 머리는 세기의 과학적 두뇌임이 증명되었다. 뉴턴의 족보를 캐보면, 어떻게 이런 천재가 나왔는지 이해할 수 없다고 한다. 아버지는 소지주(小地主)였고, 어머니는 평범한 농부였다. 그의 재능은 늦게 나타나, 학교 성적은 거의 바닥이었다.

'기적의 해' 1666년

뉴턴이 케임브리지의 트리니티 칼리지 Trinity College 에 들어간 것은 18살 때였다. 대학에서 뉴턴은 에우클레이데스와 데카르트의 기하학을 공부했다. 그가 읽고 영향을 받은 사람들 가운데는 수학자 배로우 Isaac Barrow, 왈리스

John Wallis, 천문학자 케플러, 역학자 보레리 Giovanni Alfonso Borelli, 화학자 보일 등이 있다. 갈릴레오는 원전(原典)으로 읽은 증거가 없다. 대학 성적은 기록에 없지만, 별로 좋았던 것 같지는 않다. 그는 기하학 성적이 나빠, 장학금 시험에 떨어지기도 했다. 그러나 배로우가 뉴턴의 뛰어난 재능을 인정해 몹시 아껴 주었다. 천재를 알아본 스승 배로우도 평범한 사람은 아니었다.

1665년 영국에는 페스트가 유행해 전 국민의 10%가 희생되었다. 케임브리지는 문을 닫았고, 학생들은 집으로 돌아갔다. 뉴턴도 1년 반 동안 어머니의 농장에 머무르게 되었다. 여기서 그는 깊은 사색에 빠질 수 있었고, 이것이 뒷날 그의 연구의 기초를 이루었다. 1666년은 영국 해군이 네덜란드를 대파했고, 런던이 대화재(大火災)로부터 다시 일어선 '기적의 해' annus mirabilis 로 알려져 있다. 그러나 얼마 떨어지지 않은 곳에서는 23살 난 젊은이의 머리 속에서 또 하나의 기적이 일어나고 있었다. 믿어지지 않을지 모르나, 뉴턴은 바로 이때 운동의 법칙, 보편중력(普遍重力)의 법칙, 미적분법, 혜성의 궤도, 조석이론(潮汐理論), 빛의 성질 등을 착상했다고 한다. 이 18개월이야말로 과학사에서 가장 생산적이었던 기간이라 할 수 있다. 뉴턴은 남은 생애를 이 발견들의 설명, 확장, 응용에 보낸 셈이다. 그러나 그는 이때의 연구를 바로 발표하지 않았기 때문에 뒤에 큰 논쟁거리가 되기도 했다.

뉴턴은 대학으로 돌아와 펠로우 Fellow로 있다가 1669년 배로우가 그를 위해 물려 준 수학 교수에 취임했다. 이때 그의 나이 겨우 26살이었으니, 영국에서는 좀처럼 볼 수 없는 파격적인 일이었다. 이 자리에 그는 30년 동안 봉직했다. 그러나 뉴턴은 20년 뒤 「프링키피아」 Principia를 낼 때까지는 평범한 수학교수에 지나지 않았다. 교수가 된 다음 2년 동안 뉴턴은 그의 광학에서의 발견을 상세히 설명하는 공개 강연을 했다. 1672년 그는 왕립학회에 첫 광학 논문을 제출했는데, 그 해에 회원이 되었다.

라이프니츠와의 싸움

뉴턴은 빛에 관한 프리즘 실험으로 유명해졌다. 그는 자기의 망원경의 상에 빛깔을 띤 테두리가 생겨 뚜렷하지 않은 것이 마음에 걸렸다. 그래서 이 문제를 해결하려고 3각 프리즘을 써서 빛에 관한 본격적인 연구를 시작했다. 그의 프리즘 실험은 다음과 같은 것이었다. 뉴턴은 우선 암실(**暗室**)의 구멍을 통해 태양광선이 들어오게 했다. 거기에 프리즘을 놓았을 때 흰 광선이 무지개와 같이 나누어지는 것을 보았다. 그는 이것을 '스펙트럼'spectrum이 라 불렀는데, 빛깔은 빨강, 주황, 노랑, 초록, 파랑, 남색, 보라의 순서였다. 그는 보라를 빼놓고 모든 빛깔을 막아 보았다. 보라빛이 또 하나의 프리즘을 지나게 하니 휘었지만, 빛깔은 달라지지 않았다.

그는 다른 빛깔을 가지고 똑같은 실험을 되풀이했다. 빛깔들은 흰 빛의 경우처럼 나누어지지 않았다. 그러나 모든 빛깔이 둘째 프리즘을 지날 때 휘는 정도는 다 달랐다. 뉴턴은 여기서 간단하고도 놀라운 결론을 얻었다. 그것은 태양의 흰 빛이 실상은 스펙트럼의 여러 빛깔이 혼합된 것이라는 사실이었다. 프리즘의 유리는 빛깔의 굴절률을 다르게 함으로써 서로 분리시키는 것이다. 그가 '결정적 실험(**決定的 實驗**)'이라 부른 이 실험에서 뉴턴은 빛깔을 띤 테두리가 없는 렌즈를 만드는 것이 불가능하다는 결론을 내렸다. 한편, 그는 반사망원경(**反射望遠鏡**)을 고안했는데, 이것은 별빛을 집중시키는 사발 모양의 금속거울을 쓴 것이었다. 이 경우에는 빛이 유리를 통하지 않으므로 빛의 불균형한 굴절은 없었고, 따라서 빛깔 있는 테두리도 없었다.

뉴턴은 1672년부터 4년 동안 그의 광학 연구를 둘러싼 논쟁에 휘말려 큰 상처를 입었다. 칭찬도 많았지만, 날카로운 비판도 받았다. 특히, 그는 호이겐스와 후크의 집요한 공격을 막아내야 했다. 이때 하도 혼이 나서 그는 좀처럼 연구 결과를 발표할 생각을 하지 않게 되었다. 그는 일종의 피해망상증(**被害妄想症**)에 걸려 있었다. 뉴턴의 신경증세는 어려서 편모 슬하인 데다가 어머니에게도 떨어져 할머니 손에 자라났기 때문에 생긴 것으로 짐작된다.

그의 성격에 관련된 것으로 미분법의 발명을 둘러싼 논쟁이 있다. 뉴턴은 울즈숍에 있을 때 이미 미분법을 창안했다. 그런데 그는 이것을 스승 배로우에게만 알렸을 뿐 발표는 하지 않았다. 뒤에 독일에서 라이프니츠 Gottfried Wihelm Leibniz 가 미분법을 발명했다고 발표하자, 누가 먼저냐는 논쟁이 시작되었다. 라이프니츠는 독립적인 발견이라 해 두자고 양보할 뜻을 비쳤으나, 그를 따르는 사람들은 뉴턴이 라이프니츠의 논문을 표절한 것이라고 주장했다. 이에 뉴턴이 격한 반응을 보였고 싸움은 아주 추잡하게 되었다. 오늘날 미분법은 두 사람의 독립적인 발명으로 인정되고 있다.

「프링키피아」의 출간

1679년 뉴턴은 훅과의 서신교환을 통해 역학에 대한 관심을 다시 보여, 그 해에 케플러 운동의 문제를 해결했다. 균질동력권(均質動力圈)은 그 모든 질량이 중심에 있는 것처럼 밖의 점들에서 잡아당긴다는 것을 증명하는 정리(1685)는 「프링키피아」의 주요 기초를 이루었다. 이에 못지않게 중요한 것이 달의 운동에 대한 중력의 역제곱 법칙을 검증한 것인데, 이것은 그가 20대에 착수해서 미결이었던 것을 피카르 Jean Picard 에 의한 보다 정확한 지구 지름의 측정을 써서 성공했다. 그러나 역학에서 뉴턴의 가장 독창적인 공헌은 정확한 힘의 개념이며, 이것은 운동의 제2법칙으로 정식화되었다.

17세기 후반의 큰 문제는 행성이 어떤 힘의 법칙에 의해 타원궤도를 따르는가였다. 케플러의 법칙들로부터 태양이 어떤 형태로든지 행성의 운동에 영향을 준다는 것이 명백해졌으나, 그 이상은 알 수 없었다. 1684년 어느 날, 세 과학자가 런던의 한 다방에서 차를 들며 이 문제를 토론하고 있었다. 핼리 Edmund Halley 는 행성에 가해져서 그것을 궤도에 붙어 있게 하는 힘은 거리의 제곱에 반비례한다고 제안했다. 그러나 이 가설로부터 관측된 천체의 운동을 끌어낼 수 없었다. 렌 Christopher Wren 과 훅은 핼리의 가설에 동의했다. 훅이 이 가설로부터 천체운동의 법칙을 증명하겠다고 큰소리쳤지만 실패하고 말았다. 핼리가 뉴턴을 찾아가 이 문제를 상의하기로 했다. 중력이 거리의 제곱에 따라 준다면 행성의 궤도는 어떤 곡선이 되겠느냐는 질문에 뉴턴은 대뜸 '타원'이라고 대답했다. 전에 해 놓은 계산을 찾지 못한 뉴턴은 약속대로 뒤에 궤도를 다시 계산해서 보내 주었다.

뉴턴은 핼리의 방문에 자극을 받아 20대에 한 연구를 정리, 발전시켰다. 핼리는 그에게 연구 결과를 출판하라고 압력을 가하면서 비용까지 대겠다고 나섰다. 이렇게 해서 마침내 뉴턴은 「프링키피아」를 쓰기로 결심했다. 「자연철학의 수학적 원리」 Philosophiae naturalis principia mathematica 는 18개월 동안 총력을 기울인 끝에 탈고되어 1686년 왕립학회에 제출되었고, 이듬해 여름에 선을 보였다.

다시 하나가 된 우주

「프링키피아」는 '우주 체계의 틀' 이라는 부제가 붙어 있으며, 수학자도 이해하기 어려울 만큼 난해하게 쓰여졌다. 광학 논쟁의 기억이 생생한 뉴턴이 조무라기 비판자들에게 시달림을 받지 않기 위해 일부러 그렇게 한 것이다. 「프링키피아」는 3권으로 되어 있다. 제1권에는 운동하는 물체의 역학의 일반적 원리들이 다루어져 있다.

운동의 제1법칙은 관성의 법칙이다. 정지한 물체는 외부의 힘이 작용하지 않는 한 정지한 채로 남아 있고, 운동하고 있는 물체는 변화가 없는 한 같은 속도로 같은 방향으로 운동한다는 것이다. 뉴턴은 물체를 운동하게 하기 위해서는 그것이 나무에서 떨어지는 사과든 바닷물이 위로 올라오는 조석이든 힘이 필요함을 알았다. 이 개념은 뉴턴 이전에 데카르트가 알고 있었으나, 뉴턴이 완전히 정식화한 것이다. 제2법칙은, 힘의 양은 운동의 변화율, 곧 가속도로 측정될 수 있다는 것이다. 제3법칙은 작용이 반작용을 일으키며, 이 둘은 같고 방향만 반대라는 것이다. 보편중력의 법칙은 가장 놀라운 것이다. 뉴턴은 물질의 모든 입자가 다른 입자들을 끌어당긴다고 주장했다. 지구가 사과를 당길 뿐 아니라, 사과도 지구를 당긴다. 이 법칙은 모든 천체에도 적용된다. 그는 물체 사이에 작용하는 힘은 그 질량의 곱에 비례하고, 거리에 반비례함을 수학적으로 보여 주었다.

제2권은 제1권의 개념들을 발전시켰으나, 물체의 저항을 다루고 있다. 유체 역학, 예를 들면 가장 작은 저항을 받을 때의 배의 모양을 논하고 있다. 또한 파동운동도 수학적으로 다루었다. 제3권은 인간 지성의 위대한 승리로 평가된다. 뉴턴은 지구의 물체 운동에서 연역된 운동과 중력의 원리를 전 우주에 확대 적용했다. 그는 태양과 지구의 질량을 계산했다. 지구가 극지방에서 평평하고 적도에서 튀어나온 이유도 설명할 수 있었다. 달의 궤도가 태양 인력의 영향을 받는 것을 정확히 보여 주었다. 그는 또한 태양과 달의 인력이 바닷물에 미치는 영향을 설명했으며, 조석이론을 수학적으로 해결했다. 그러나 뉴턴은 중력이 존재한다는 것으로 충분하며, 그 원인을 알려고 할 필요는 없다고 했다.

천재의 끈기와 통찰력

이렇게 해서 뉴턴은 아리스토텔레스 이래 둘로 나누어졌던 우주를 하나의 물리학에 의해 완전히 통일하는 데 성공했다. 이제 낡은 물리학, 낡은 우주관은 종막을 고했다. 그렇지만 이 거대한 작업이 뉴턴 한 사람의 힘으로 이루어진 것은 결코 아니다. 다른 위인들처럼 뉴턴도 때를 잘 맞추어 태어났던 것이다. 때마침 왕립학회와 같은 과학학회가 설립되어 협동연구, 정보교환이 가능했고, 체계적 실험이 시작되었으며, 근대적 수학을 이용할 수 있었다. 뿐만 아니라 데카르트, 케플러, 갈릴레오가 중요한 일을 거의 다 해 놓은 뒤에 뉴턴은 나타났다. 거의 다 된 그림에 뉴턴이 마지막 붓을 들어 완성한 것이다. 그렇다고 해서 뉴턴을 별것 없는 사람으로 보아서는 안 된다. 그의 천체적인 능력이 아니었다면 이것은 단번에 이루어지기 어려운 거창한 작업이었다. 게다가 뉴턴은 무서운 집중력의 소유자였고, 옳은 답을 찾아내는 비상한 직관적 감각도 갖고 있었다. 천재, 끈기, 통찰력이 합쳐 뉴턴의 과학적 성취가 나왔다.

1704년에 출간된 「광학」 Opticks 은 여러 판을 거듭했으며, 가장 영향력이 큰 실험 과학책이 되었다. 이것은 철저히 경험적인 책이라는 점에서 수학적 방법으로 일관된 「프링키피아」와 대조적이다. 방법에 관한 뉴턴의 깊은 관심은 「광학」의 질문 Queries 과 「프링키피아」 2판(1713)의 서문에 잘 나타나 있다. 그는 과학방법의 기초를 이렇게 말한다. "과학 연구를 하는 가장 좋고 안전한 방법은 사물의 성질을 부지런히 조사하고, 실험에 의해 결정한 다음, 그것을 설명할 이론으로 천천히 나아가는 것이다." 그러나 "나는 가설을 만들지 않는다 Htypotheses non fingo."는 뉴턴의 유명한 선언은 오해를 일으키기 꼭 알맞은 말이다. 이것은 그가 가설을 전적으로 배척한다는 말이 아니다. 여기서 뉴턴이 싫어한 가설은 데카르트가 즐겨 쓴 가설, 곧 실험에 의해 검증될 수 없는 허황한 가설을 뜻한다. 실제로 그는 많은 가설을 썼다.

신비주의와 관직

뉴턴은 생물학에는 전혀 무관심했다. 그의 화학은 19세기 화학자보다는 고대 철학자의 그것에 더 가까웠다. 그러나 그는 연금술 연구에 심취했다.

발표한 것은 거의 없지만, 연금술에 사색과 실험에 소비한 시간은 막대했다. 근대 과학을 마무리한 사람이 이런 신비 과학에 열중했다는 것은 모순된 일로 보일지 모른다. 그러나 뉴턴의 연금술 연구는 그의 역학과 밀접한 관련이 있다는 것이 최근의 연구 결과로 밝혀졌다. 그는 신학에도 조예가 깊었고, 성서에 나오는 사건들의 연대를 결정하는 데 깊은 연구 기록을 남기고 있다. 따라서 뉴턴은 역사가로도 볼 수 있다.

「프링키피아」를 낸 다음 뉴턴은 신경증 때문에 거의 창조적인 연구를 할 수 없었다. 그 대신 그의 다채로운 공직생활이 시작되었다. 뉴턴은 킹스 칼리지 King's College 학장을 지냈고, 1703년 왕립학회 회장에 당선되어 죽을 때까지 그 자리에 있었다. 그에 앞서 케임브리지 출신 하원 의원이 되었으나, 활동은 거의 없었다. 뉴턴은 여러 차례 엽관운동 끝에 조폐국장(造幣局長) 자리를 얻었는데, 주화의 개혁 등 활약이 컸다.

1705년 뉴턴은 앤 Anne 여왕으로부터 작위(爵位)를 받았다. 과학자로서는 처음 얻는 영예였다. 그러나 개인적으로 뉴턴은 고독한 사람이었다. 1727년에 뉴턴이 죽자 영국 정부는 국장(國葬)으로 대접했고, 최고의 명사들만 갈 수 있는 웨스트민스터 성당에 묻어 주었다. 때마침 영국에 와서 뉴턴 물리학을 공부하고 있던 프랑스 철학자 볼테르 Voltaire 는 장례식에 참석하고 돌아가, 사과 이야기를 곁들여 뉴턴 물리학을 널리 소개했다. 18세기에 뉴턴은 대륙을 휩쓸었고, 지식인들에게 거의 신과 같이 떠받들어졌다.

이렇게 뉴턴은 2000년 동안 내려온 아리스토텔레스의 과학을 쓰러뜨리고, 근대 과학을 탄탄한 기반 위에 세워 놓았다. 그의 권위는 백년 이상 반석 같은 것이었다. 중력·빛·입자적 물질이론에서 뉴턴의 영향은 너무나 컸기 때문에 한 세기 동안 어떤 연구도 그의 틀을 넘어서지 못했다. 그 대신 뉴턴과 무관한 분야들, 곧 화학, 생물학, 그리고 물리학에서는 열과 전기분야가 18세기에 발전했다. 뉴턴 역학의 불가침성에 대한 의심은 19세기 말에야 일어나 조심스럽게 수정이 시도되었다.

그러나 세기(世紀)의 거인 뉴턴은 겸손한 말을 잊지 않는다. "내가 더 멀리 보았다면 그것은 거인들의 어깨 위에 올라섰기 때문이다." 그는 진리의 대양(大洋)에서 작은 조개를 주우며 노는 소년에 자기를 비유하고 있다.

근대 및 현대의 과학 PART 02

과학 혁명의 영향: 뉴턴 과학과 계몽 사조 | 01
화학혁명: 라부아지에와 근대 화학 체계의 형성 | 02
과학의 전문 직업화 : 프랑스 혁명기의 과학 | 03
다윈과 진화론 | 04
열역학의 성립: '에너지'와 '엔트로피' | 05
물리학 분야의 성립 | 06
미국 과학의 발전 | 07
과학과 산업 기술 | 08
생물학 분야의 발전 | 09
현대 물리학의 출현 | 10
원자탄: 제2차 세계대전과 과학 | 11
현대 사회의 과학 기술과 인간 | 12

01 과학 혁명의 영향 : 뉴턴 과학과 계몽 사조

 지금까지 우리는 16, 17세기 유럽에서 과학 혁명이라는 현상을 통해 '근대 과학'modern science 또는 '고전 과학'classical science이 출현하는 과정을 살펴보았다. 그리고 여러 과학자들이 개입된 이 과정은 대체로 뉴턴Isaac Newton(1642-1792)에 의해서 완성되었다고 이야기된다. 뉴턴이 모든 물체들 사이에 작용하는 보편중력(普遍重力)이라는 한 가지 힘을 도입하고 몇 개의 운동 법칙에 바탕을 둔 수학적 방법을 써서, 지구를 포함한 천체들의 운동을 정확히 기술해 내었기 때문이다.

 물론 이것은 과학의 모든 분야의 문제들의 해결은 아니었다. 자연 세계를 다루는 여러 분야들에 있어서 그 해결을 요구하는 문제들은 뉴턴 이후에도 계속 쌓여 있었던 것이다. 그러나 뉴턴의 성공은 이들 다른 여러 과학 분야들에 문제해결의 방법을 예시해 주었다. 곧 천체 역학celestial mechanics — 또는 더 넓게 말해서 고전 역학classical mechanics — 이라는 한 분야의 문제를 성공적으로 해결해 줌으로써 다른 분야도 같은 식으로 해 나가면 될 것이라는 자신감을 주게 된 것이다.

뉴턴 과학의 방법

 뉴턴 과학의 방법은 그의 대표적 저서인 「프링키피아」Principia 완전한 제목은 Philosophiae naturalis principia mathematica '자연철학의 수학적 원리'(1687)와 「광학(光學)」Opticks(1705)에 담겨 있었다. 그런데 「광학」에서 보게 되는 한 가지 특징은 뉴턴이 색깔에 관해 눈으로 볼 수 없는 미시적 microscopic 차원의 메커니즘 mechanism을 제공하지 않고 거시적 macroscopic 차원의 현상 phenomenon에 대해서만 이야기하고 있다는 점이다. 뉴턴은 빛을 입자라고 이야기하면서도, 그러한 빛 입자의 구체적 운동과 작용을 통해서 색깔을 설명하지는 않았던 것이다. 이 점은 빛이 통과하는 공간의 물질 입자의 회전 속도의 차이에 따라 서로 다른 색깔이 나타나는 것으로 설명했던 데카르트 René Descartes (1596-1650)와는 크게 대조가 된다. 뉴턴이 그러한 미시적 메커니즘을 다루지 않는 이유는, 그것이 눈에 보이지 않는 미세한 입자들에 관한 것이어서 옳은지 그른지를 경험적으로 검증할 수가 없는 것이기 때문이었다. 뉴턴은 이같이 실험이나 관측에 의해 경험적으로 검증할 수 없는 설명을 '가설' hypothesis이라고 불렀고, 과학에 있어서 이 같은 '가설'의 개입을 배격했다. 그리고 현상의 기술(記述)로 만족하고, 그 본질이나 원인 등에 대해서 다루지 않으려는 이 같은 생각은 뉴턴 과학의 기본 입장이 되었다. 「프링키피아」의 제2판에서의 "나는 가설을 설정하지 않는다"라는 뉴턴의 유명한 구절은 바로 이러한 생각을 표현한 것이었다.

한편, 자신의 과학의 방법에 대한 뉴턴의 생각은 「프링키피아」의 서문(序文)에 다음과 같이 좀 더 구체적인 형태로 표현되어 있다.

…나는 이 책을 철학의 수학적 원리들로서 제시한다. 왜냐하면, 철학의 임무 전체가 이것 — 운동의 현상들로부터 자연의 힘들을 탐구하고, 그 힘들로부터 다시 현상들을 보여 주는 — 으로 이루어져 있는 것으로 보이기 때문이다.

현상들(케플러의 법칙들)로부터 그 현상들을 생기게 한 힘인 보편중력(普遍重力)을 알아내고, 그 힘을 사용해서 수학적인 취급에 의해 원래의 현상들

뿐만 아니라, 다른 현상들까지 얻어낼 수 있다는 것이다. 이것을 곧 뉴턴과학의 방법의 골자로 인식되었고, 18세기 여러 과학 분야들이 본받으려 했던 방법은 바로 이것이었다.

그러나 이 방법의 첫 단계, 곧 현상들로부터 그 현상들을 일으키는 힘을 알아내는 과정은 다분히 상상적(想像的)이고 가정적(假定的)이었다. 어떤 경우에도 관측된 현상들이 구체적인 한 가지 힘을 명백히 제시해 줄 수는 없었기 때문이다. 결국 이 과정은 — 뉴턴이 보편중력을 상정(想定)했던 과정도 그러했을 것이 틀림없지만 — 일단은 가정적인 힘을 상상해서 도입하고, 그로부터 수학적인 방법에 의해 원래의 현상들을 추론해 낼 수 있나를 검증해 보는 형태를 취할 수밖에 없었다. 물론 이렇게 해서 원래의 현상들을 추론해 낼 수 있으면, 그렇게 도입된 힘의 존재는 충분히 증명된 것으로 간주하고, 그 힘을 이용해서 새로운 현상들을 예측해 낼 수도 있었으며, 결국은 이것이 위의 인용문에서 뉴턴이 의미한 바였다. 그러나 처음 힘을 상정하는 일이 가정적이고 상상적인 성격을 띠는 것은 피할 수 없는 일이었다. 실제로 「광학」의 끝부분에 포함된 '질문들'Queries에서 뉴턴은 중력, 전기, 자기, 열, 불, 화학현상 등 각각에 해당되는 고유한 '힘'들이 있으며, 그것들의 수학적 형태를 찾아내면 이런 모든 현상들을 수학적으로 — 「프링키피아」에서 행성의 운동을 다루던 방법으로 — 설명해 낼 수 있지 않을까 하는 생각을 피력하고 있다. 그리고 그처럼 성공적이었던 「프링키피아」의 저자의 입으로부터 이런 언급이 나왔기에 그 영향력은 18세기를 통해 크게 떨치게 되었다.

18세기 과학에 미친 뉴턴 과학의 영향

그러한 영향은 '질문들', 특히 31번에서 가장 자주 언급된 화학현상의 설명에서 특히 강하게 나타났다. 18세기의 많은 화학자들은 서로 다른 물질들 사이의 화학 결합의 차이를 '화학적 친화도'chemical affinity 의 차이로써 설명할 수 있다고 생각했으며, 이 친화도가 화학 물질들 사이의 '근거리 인력'short range force 의 세기를 나타낸다고 보았다. 따라서 그들은 이러한 화학적인 힘을 보편중력처럼 수학적으로 표현하려고까지 했으며, 그러한 표현을 사용해 화학 현상의 수학적 설명을 얻어내려고 시도했다.

물론 18세기 화학의 이 같은 시도는 성공하지 못했다. 그러나 전기·자기 현상 등 화학 이외의 분야에서 비슷한 시도는 성공으로 이어진 것도 있었다. 특히 전기 분야는 역학과 거의 같은 형태의 성공으로 낳아서 쿨롱Charles Augustin de Coulomb(1736-1806)은 전기를 띤 물체들 사이에 보편중력과 마찬가지로 거리의 제곱에 반비례하는 전기력이 존재함을 보이고 그 바탕에서 전기현상을 수학적으로 다룰 수 있는 기초를 닦았다.

한편, 정확하게 뉴턴 역학의 형태를 취한 것은 아니지만, 각각의 현상에 고유한 '무게 없는 입자'imponderable 들을 가정해서 그것들의 작용을 통해 열현상, 연소(燃燒) 현상 등을 설명하려는 시도들도 '뉴턴 과학'을 표방하면서 행해졌고, 이 같은 시도들은 비록 성공하지는 못했지만 19세기 초까지 계속되었다. 또한 이러한 일들은 비단 물리과학 분야들에만 국한된 것이 아니었다. 생명 현상에 대해 다루는 생명과학 분야, 그리고 사회 현상에 대해 다루는 사회 과학 분야들에까지도 이들 현상에 기본이 되는 힘이나 작용을 얻어내고, 그로부터 현상들을 설명하려는 뉴턴 과학의 방법이 열렬히 적용되었던 것이다.

그러나 18세기에 이처럼 널리 유행했고 자주 언급되었던 '뉴턴 과학', '뉴턴 과학의 방법' 또는 '뉴턴주의'Newtonianism 라는 말들은 뚜렷한 하나의 경향을 나타내 주지는 않는다. 사실 그런 이름을 표방하고 행해진 과학 분야들을 실제로 살펴보면 서로 아주 다른 두 가지 경향들을 찾아볼 수 있다. 한편으로는 아주 정확하고 수학적이며 기계적mechanical 인 연구들이 있는 반면, 다른 한편으로는 경험적이고 상상적인 '힘'들을 포함하는 사색들이 발견되는 것이다. 이들 중 전자는 「프링키피아」의 영향을, 그리고 후자는 「광학」의 영향을 주로 보여 주는데, 이 두 가지 경향은 뉴턴에 의해서 완전히 하나로 융합되지 못했고, 18세기 뉴턴의 추종자들은 시기나 문제, 분야에 따라 그때그때 적합한 경향을 취했다. 따라서 18세기를 통해서 여러 가지 공상적인 '인력(引力)'과 '반발력(半撥力)'을 가정한 공론(空論)과 사색, 추측이 많이 있었지만, 다른 한편으로는 특히 프랑스에서 뉴턴 역학이 받아들여지기 시작한 1730년경부터는 해석학calculus의 방법에 바탕한 뉴턴 역학의 수학적 체계화도 이루어지고 있었던 것이다.

또한 18세기의 '뉴턴 과학' 또는 '뉴턴주의'라는 말은 이 같은 과학의 내용이나 방법의 구체적 경향 못지않게 과학에 대한 하나의 이미지를 나타내주었다는 점에서도 중요한 의의를 지닌다. 서로 분리된 채 존재하던 자연 세계에 대한 지식의 여러 분야들이 이제는 단일한 방법, 단일한 관점으로 접근할 수 있는 '과학'이라는 단일한 분야가 되었다는 생각이 자리를 잡게 된 것이다. 그리고 그러한 새로운 '과학'이라는 분야가 그 분야 자체의 문제해결에 크게 성공을 거두었고 다른 분야의 문제 해결에 본보기를 제시해 주었다는 점에서, 전체 문화와 사회에서의 그것의 중요성이 크게 증대되어 인식되게 되었다. 그 동안 사회와 문화의 여러 분야들의 변두리에서 보잘 것 없이 존재하던 자연 세계에 대한 여러 행태의 지식들이 이제는 '뉴턴 과학'이라는 기치 아래 하나의 단일한 분야가 되었다는 인식이 생겨난 것이다. 현대 사회에서 막대한 중요성을 차지하게 된 과학의 단일화된 이미지는 이렇게 형성되었다.

계몽 사조(啓蒙思潮)의 등장

앞 절에서는 뉴턴 과학이 18세기의 과학 분야들에 미친 영향에 대해서 살펴보았다. 그러나 뉴턴 과학은 과학만이 아닌 18세기 유럽사상 전반에 영향을 미쳐서 18세기의 많은 철학자, 사상가, 문인들에게서 그 영향을 찾아볼 수가 있다. 그리고 이 같은 경향은 주로 뉴턴 과학이 '가설'이나 '독단(獨斷)' dogma 없이 수학적·합리적·경험적·실험적 방법만을 사용했다는 믿음을 통해서, 그리고 그렇게 함으로써 획기적인 성공을 거두었다는 믿음을 통해서 작용했다. 똑같은 성공을 위해서 사회의 다른 모든 분야들도 그와 같은 식으로 나아가야 할 것이라는 생각을 하게 되고, 이에 따라 자연히 철학적·공론적·독단적·형이상학적인 면을 배격하고 합리적·경험적·실험적인 면, 한마디로 '과학적'인 면을 존중하는 경향이 지배적이 된 것이다. 또한 이 같은 방식으로 여러 가지 문제들을 해결해 낼 수 있는 인간의 능력에 대한 믿음이 퍼지게 되고, 이것은 더 나아가서 이 같은 능력을 지닌 인간들로 구성된 사회도 억압이나 구속 등의 제약이 없으면 제대로 발전해 나갈 것이라는 낙관론 optimism 으로 나타나게 되었다.

뉴턴 과학의 영향으로 볼 수 있는 이 같은 경향들은 18세기 유럽의 사조를 특징짓는 '계몽 사조' Enlightenment 의 중요한 요소들이 되었다. 이 시기의 '계몽 철학자' philosophe 들이 과학을 중요시하게 된 이유가 바로 이것이었으며, 이런 면에서 서양 현대 사조의 기원인 계몽 사조의 큰 원천 한 가지가 과학 혁명에 의한 근대 과학의 형성이었다고 할 수가 있는 것이다. 그렇다면 계몽 사조에 있어서 과학의 영향은 구체적으로 어떻게 나타났는가? 이 질문에 대답하기위해서는 우선 계몽사조 자체에 대해서 간단히 살펴볼 필요가 있다.

'계몽 사조'란 한마디로 18세기 유럽의 문화와 사고방식에서 드러나는 특성을 지칭한다. '계몽'이라는 말 자체가 18세기의 지식인들이 그들 자신에 대하여 사용한 말이었다. 그들은 자신들이 '계몽되었고' enlightened, 자신들의 시대가 그 이전의 미신, 무지, 독단 등으로부터 깨어난 '계몽된' 시기라고 생각했던 것이다. 계몽 사조의 주역은 '계몽 철학자들'이었는데, 그들의 구체적 견해들에는 서로 차이가 많았고, 따라서 그들 사이에 논쟁도 잦았지만, 그들은 자신들이 이성과 지식에 바탕해서 사고하고 행동하는 '계몽된' 지식인이라는 점에서 일체감을 가지고 있었다. 물론 이 같은 일체감 외에도 이들에게 공통된 특성은 있었다. 우선 '계몽 철학자'들은 철학자라기보다는 사상가, 문인, 저술가들이라고 부르는 것이 옳을 정도로, 그들이 주로 관심을 가졌던 문제는 철학이나 형이상학보다는 윤리(倫理)의 문제였다. 그리고 윤리 중에서도 개인의 윤리에 관해서보다는 사회 전체의 윤리에 더 관심을 두었으며, 예를 들어 '최대 다수의 행복'과 같은 문제가 이들에게는 큰 관심의 대상이었다. 그들의 문학도 예술적·창조적이기보다는 비판적이었으며, 도덕적·윤리적인 면에 치중되었다. 또한 그들은 대체로 낙관적인 생각을 지니고 있었다. 만약 현재 비리가 행해지고 있다면, 그것은 사회나 제도의 잘못이지 인간의 본성 탓은 아니고, 따라서 이성에 의해 제대로, 곧 '계몽'되어서 행동하면 고쳐질 수 있다고 믿었다. 그리고 이 같은 경향들에 의해 그들은 인간의 이성이나 개인의 능력에 대해서는 긍정적인 태도를 지녔던 반면에, 집단이나 권위에 대해서는 강한 부정적 태도를 보였던 것이다.

과학과 계몽 사조

그러면 먼저의 질문을 다시 되풀이해서, 이 같은 계몽 사조에 과학이 어떻게 관련되어 있었는가? 이에 관한 답으로서 과학과 계몽 사조의 연관을 보이기 위해 우리는 두 가지 예, 곧 계몽사조기의 대표적인 사상가인 볼테르 Voltaire(1694-1778)와 계몽사조기의 가장 중요한 사회운동이었던 「백과전서」Encyclopédie 의 편찬에 나타난 과학의 역할을 살펴보겠다.

볼테르는 그의 가장 활동적인 시기의 거의 15년 동안(1736~51)을 과학을, 특히 뉴턴의 과학을 공부·연구·번역·소개하는 데 바쳤다. 볼테르의 저서 「뉴턴 철학의 요소들」Elements de la philosophie de Newton 은 프랑스에서 일반지식인들을 대상으로 뉴턴에 관해 쓰여진 최초의 책이었다. 물론 거기에 담긴 뉴턴 물리학의 내용이 훌륭했다고 할 수는 없고, 「프링키피아」의 어려운 수학적 내용보다는 「광학」의 내용이 더 강조되었지만, 18세기의 일반지식인들에게 비춰진 뉴턴 과학의 이미지 형성에 이 책은 크게 기여했다. 또한 그가 뉴턴과학에 관심을 쏟던 시기에 볼테르의 동거 애인이었던 샤틀레 부인 Mme. du Chatelet (1706-49)은 「프링키피아」를 프랑스어로 훌륭하게 번역했으며, 볼테르는 이것을 읽었을 뿐만 아니라 그에 대해 쓰기도 했다.

볼테르가 뉴턴 과학에 이처럼 큰 관심을 쏟은 이유는 그의 생애를 살펴보면 어느 정도 짐작할 수 있다. 그는 법학을 전공했지만 일찍부터 작가가 되기를 희망했는데, 로앙 Rohan 이라는 귀족과의 충돌 때문에 1725년 영국으로 망명하게 되었다. 영국은 30대 초의 볼테르에게 자신의 조국 프랑스와는 퍽 다르게 보였다. 그의 눈에는 ― 물론 억울하게 조국을 떠나야 했던 그의 처지 때문에 미화되어 보이기는 했지만 ― 영국에서는 종교적 박해가 없었고, 과학자나 학문을 갖춘 사람이 존경을 받았으며, 과학자들이나 실제 일에 종사하는 사람들이 귀족들과 대등하게 어울리는 것으로 보였다. 또한 영국에 머무르는 동안 그는 왕의 장례식처럼 성대한 뉴턴의 장례식을 목격하고 감동을 받았으며, 경험주의적인 뉴턴 과학의 우수성을 인식하게 되었다. 뉴턴의 영향을 받았던 로크 John Locke(1632-1704)의 저술을 읽은 것도 이 때였으며, 특히 로크의 자유주의적인 입헌 정치관에 감명을 받았다. 이처럼 종교의 자유, 자유주의, 입헌 정치, 경험주의 과학(뉴턴과학)이 공존하는 사실로부터 볼테르는 이들이 서로 연결된 것이라는 믿음을 갖게 되었다. 물론 이 같은 요소들의 공존은 당시 영국 사회의 독특한 상황 때문에 빚어진 특수한 역사적 현상에 지나지 않았지만, 볼테르는 이들 요소들이 본질적으로 서로 관련되어 있다고 생각한 것이다. 프랑스로 돌아온 볼테르는 이 같은 생각을 「철학적 편지들」 Lettres philosophiques 이라는 제목으로 출판했다. 그리고 계속해서 뉴턴의 과학과 저술들을 이해하려고 노력했다.

결국 볼테르는 프랑스의 나쁜 요소들을 비난하고 그것을 대체할 좋은 요소들을 옹호하는 일에 뉴턴 과학을 사용한 셈이다. 그가 보기에 프랑스의 상류 계층은 편견과 독단에 젖어 있었고, 하류 계층은 무지와 미신에 싸여 있었다. 그리고 그는 이런 나쁜 요소들이 교회와 관습에 바탕한 것으로 생각했다. 반면, 볼테르가 보기에 뉴턴 과학에는 이런 것들이 없었다. 뉴턴 과학은 단순히 세상이 어떻다는 것을 경험적으로, 그리고 이성에 바탕해서 보여 줄 뿐이었고, 따라서 사실이 독단에 명백히 우선했으며, 이런 점에서 당시까지 프랑스를 풍미했던 데카르트나 라이프니츠 Gottfried Wilhelm Leibniz(1646-1717)의 철학 체계와는 대조적으로 보였다. 볼테르는 이처럼 편견이나 독단 없이 경험과 이성에 바탕해서 성공적인 설명을 내리는 본보기로서 뉴턴 과학을 소개하려 한 것이다.

앞서 말한 또 하나의 예인 「백과전서」는 '책'이라기보다는 하나의 사회 운동이었다. 디드로 Denis Diderot(1713-84)와 달랑베르 Jean Le Rond d'Alembert(1717-83)가 주동이 되긴 했지만, 당시의 지식인들 거의 모두가 1751년부터 1765년까지에 걸친 이 방대한 규모의 출판 사업에 참여했던 것이다. 「백과전서」의 저술과 출판 사업이 계몽 사조기의 사상에서 지녔던 중요성은 막대해서 '백과전서파' Encyclopédistes 라는 말이 '계몽 철학자' philosophe 와 거의 동의어로 쓰일 정도였다. 물론 '백과전서'라는 제목이 가리키는 대로 그것이 지식의 집합인 것은 사실이었지만, 그것을 그 이전의 백과전서들과는 근본적으로 달랐다. 그 이전의 것들의 목적이 지식을 수집해서 보전하는 것이었는 데 반해서, 이 「백과전서」는 그에서 한 걸음 더 나아가 그러한 지식에 바탕해서 '인간의 사고의 형태를 바꾸고', '세상을 바꾸는' 것을 추구했던 것이다. 곧 단순한 이해만이 아니라, 이해에 바탕한 변화를 추구하는 미래 지향적인 성격을 띤 것이다. 그리고 이런 면에서 「백과전서」는 프랜시스 베이컨의 프로그램을 실제로 수행해 낸 것이라고 볼 수가 있다.

「백과전서」의 이 같은 색채는 그 속에 담긴 여러 항목들에 나타났는데 과학, 특히 뉴턴 과학의 정신을 표방해서 주장되는 일이 많았고, 과학이나 기술과 관계가 있는 항목들에 자주 표현되었다. 그리고 「백과전서」의 바로 이런 부분들이 이 책을 그 이전의 백과전서들과는 근본적으로 다른 것으로 만들었다. 한편, 이에 따라 「백과전서」는 이념적 색채를 띤 책으로 여겨졌고, 당국에 의해 금지되기까지 했지만, 그것은 이 책이 이미 거두기 시작한 성공을 막을 수는 없었다. 18세기 말까지에는 당시로서는 유례가 없는 25,000질이 판매되었고, 그 속에 담긴 과학적 지식에 바탕한 변화와 개혁의 이념이 유럽사회에 큰 영향을 미치게 된 것이다.

과학 지상(至上)주의에 대한 반작용

과학 혁명의 산물인 뉴턴 과학은 이처럼 근대 유럽사회와 그 사조의 향방에 중요한 영향을 미쳤고, 일단 그 같은 중요성을 얻어낸 후에는 그것을 지속해서 지녔다. 물론 앞서 본 과학을 선호하는, 또는 과학 지상주의적 태도가 계속된 것은 아니었으며, 역사상 어떤 사조가 극단적으로 심화되었을 경우에는 항상 그러하듯이 그에 대한 반작용도 나타났다. 계몽사조기의 과학 선호의 태도에 대한 반작용은 대체로 두 갈래로 나타났다. 하나는 문화, 예술 전반에 걸친 낭만주의 romanticism 의 일환으로서 과학에 대한, 특히 수학화되고 기계론적이 된 과학이 인간의 욕구와 감정 등과는 무관해지고 자연으로부터 조화, 생명, 신비, 멋 같은 것들을 제거해버린 데 대한 반응이었다. 다른 한 가지는 이와 어느 정도 연결된 것으로서, 과학이 너무 어려워지고 전문화되어서 지적 엘리트의 전유물이 되었을 뿐만 아니라, 권력과도 결탁해서 통제와 억압의 수단으로 사용되게 되었다는 생각에서 생겨난 정치적 과격파들의 반과학적 태도였다.

18세기 말에서부터 19세기 전반에 이르는 시기에 여러 갈래로 나타난 이러한 반작용은 과학 혁명의 결과로 대두한 과학의 사회적 중요성에 대한 반작용이었다는 데서 과학 혁명이 근대 서양 사회에 끼친 영향의 또 다른 깊은 일면을 보여 준다고 할 수 있다. 한때 몇몇 자연 철학자, 대학 교수, 부유한 아마추어 호사가(好事家), 의사, 점성가(占星家), 기술자, 장인(匠人) 등 사회의 여러 구석들에서 아무런 중요성을 지니지 못한 채 행해지던 과학이라는 활동이 이제는 사회의 중요한 요소로 등장했고, 근대 사회의 구성원들은 어떤 방향으로든 그것에 대해 반응하지 않을 수 없게 된 것이다.

02 | 화학혁명 : 라부아지에와 근대 화학 체계의 형성

1660, 1670년대를 통해서 보일 Robert Boyle(1627-91)과 그의 뒤를 이은 학자들에 의해 동물이 호흡할 때 공기 중의 어떤 성분을 흡수한다는 것과 그 성분은 물질의 연소를 위해서도 필요하다는 것이 밝혀졌다. 메이요우 John Mayow (1645-79) 같은 사람은 이 성분을 '니트로 공기' nitro-aerial 입자라고 부르기까지 했다. 그러나 이들의 관심은 어디까지나 동물의 호흡 현상에 주어져 있었고, 연소 현상에 대한 그들의 생각은 더 이어지지 못하고 잊혀져 갔다. 17세기 말쯤서부터는 이들과는 별도로 파라켈수스 Paracelsus(1493-1541)의 3원리설에 바탕한 연소현상의 설명이 자리를 잡게 되었다.

3원리 이론에 의하면, 물질의 모든 성질은 세 가지 근본 원리들, 곧 가연성을 나타내는 황 sulphur, 유동성과 휘발성을 나타내는 수은 mer-cury, 그리고 고체성과 안정성을 나타내는 염 salt을 통해 설명할 수 있다. 그리고 이에 따르면 물질이 타는 연소 현상은 다른 원소와 결합된 상태의 가연성 원리인 황이 그 물질로부터 분리되어 나오면서 일어나는 것이다. 플로기스톤 Phlogiston 이론은 이 같은 생각을 발전시킨 것으로서, 연소할 때 분리되어 나오는 이 부분을 플로기스톤이라고 명명한 슈탈 Georg E. Stahl(1660-1734)에 의해 주장되었다.

플로기스톤 이론

플로기스톤 이론에 따르면 기름, 나무, 숯과 같은 가연성 물질은 모두 플로기스톤을 포함하고 있고, 이것들이 탈 때 이 플로기스톤이 빠져 나오게 된다. 그리고 연소만이 아니라, 금속의 하소 calcination — 오늘날 우리가 금속이 공기 중의 산소와 결합하는 현상으로 이해하는 — 도 플로기스톤 이론에 의하면 금속이 포함하고 있던 플로기스톤을 내어놓고 금속재 calx 가 되는 현상인 것이다. 오늘날의 이론에 젖어 있는 우리로서는 플로기스톤 이론에 바탕한 이 같은 설명은 받아들이기가 쉽지 않다. 그러나 일상 경험에 비추어 보면, 이 설명은 연소와 하소를 물질과 산소의 결합으로 보는 설명보다 훨씬 더 수긍이 간다. 나무나 숯이 타서 생기는 재는 원래 나무나 숯에 무엇이 결합된 것으로 보이기보다는 그것들로부터 무엇이 빠져나온 것으로 보이기가 쉽고, 쇠가 하소되어서(녹슬어서) 생기는 녹도 원래의 쇠로부터 무엇인지가 빠져 나온 것으로 보이기 때문이다.

이처럼 일상 경험도 부합되는 플로기스톤 이론은 18세기를 통해 화학 전반을 설명해 주는 이론 체계로서 화학자들 사이에 폭넓게 받아들여져 있었다. 그러나 플로기스톤 이론에 아무런 어려움이 없었던 것은 아니었다. 무엇보다도 당시 점점 더 정확하고 정량적(定量的)이 되어 가던 실험들에 의해 하소의 결과로 생겨난 금속재가 원래의 금속보다 무게가 더 나간다는 것이 밝혀졌고, 플로기스톤이 빠져나갔는데도 무게는 오히려 증가한다는 것은 이 이론의 중요한 문제점으로 인식되었다. 물론 플로기스톤이 음(陰)의 무게를 갖는다는 식의 설명이 가능했지만, 왜 하소의 경우에는 무게가 증가하고 연소의 경우에는 감소하는가라는 질문은 그대로 남았다. 아직 연소시 생성되는 기체 물질의 무게를 고려하지 못했던 상황에서 연소의 경우에도 무게가 증가한다는 사실은 알지 못했기 때문이었다.

기체 화학자들

이런 시기에 스코틀랜드를 중심으로 해서 여러 가지 기체들과 그 성질들에 대해서 연구하는 기체 화학pneumatic chemistry의 전통이 형성되어 있었고, 헤일즈 Stephen Hales(1677-1761), 블랙 Joseph Black(1728-99), 캐번디시 Henry Cavendish(1731-1810), 프리스틀리 Joseph Priestleym(1733-1804) 등이 이 전통의 중요한 기체 화학자들이었다. 이들은 1750년대서부터 기체는 한 가지만이 아니라 여러 가지가 있다는 것과, 그것들이 서로 다른 물질들이라는 것을 알게 되면서 모든 기체를 '공기'air 라는 한 가지 물질이라고 여겼던 당시까지의 믿음으로부터 벗어났다. 그들은 또한 공기 중에 들어 있는 보통의 공기와는 화학적 성질이 다른 기체들을 분리해 내었다. 헤일즈가 처음 분리해 낸 '고정된 공기'fixed air(오늘날의 탄산가스)를 비롯해서, 캐번디시에 의한 '가연성(可燃性) 공기'inflammable air(수소), 프리스틀리가 찾아낸 '나빠진 공기'vitiated air(질소), '초석(硝石)의 공기'nitrous air(일산화탄소) 등이 그 예들이었다.

1770년대에 들어서면서는 보통의 공기가 주로 두 가지 기체, 곧 '불의 공기'fire air(오늘날의 산소)와 '나빠진 공기'로 이루어져 있음이 알려지게 되었다. 그리고 프리스틀리와 셸레 Carl Wihelm Scheele(1742-86)는 공기 중의 이들의 부피의 비(比)가 대략 1:3이라는 것, 이중 '불의 공기'가 물질이 탈 때 필요한 기체라는 것도 알고 있었다. 그러나 이들은 플로기스톤 이론을 받아들이고 있었고, 그들의 실험 결과를 플로기스톤 이론에 바탕해서 설명했다. 밀폐된 공간 속에서 물질을 태우면 어느 정도까지만 연소가 진행된 후 멈춘다는 사실에 대한 그들의 설명이 그것을 잘 보여 준다. 물질이 연소하기 위해서는 물질로부터 플로기스톤이 나올 수가 있어야 하는데, 밀폐된 공간이 받아들일 수 있는 플로기스톤의 양에는 한도가 있기 때문에 연소가 어느 정도 진행된 후에는 그 공간이 '플로기스톤으로 포화된'phlogisticated 상태에 이르러 플로기스톤의 방출이 멈추게 된다는 것이다. 똑같은 사실을 밀폐된 공간의 산소가 모두 소모되어 더 이상 연소가 진행되지 않는 것으로 해석하는 우리의 설명과 비교해 볼 수가 있다. 라부아지에Antoine Laurent Lavoisier (1743-94)가 화학의 연구를 시작한 것은 바로 이러한 상황에서였다.

라부아지에의 새 연소이론(燃燒理論)

라부아지에는 1743년에 파리에서 태어났고, 법학 전공으로 대학을 졸업했으나, 그 과정에서 접하게 된 여러 과학 분야 과목들에 흥미를 가지게 되었다. 처음에 그는 주로 지질학에 관심을 가졌지만, 암석이나 흙 등에 관한 화학적 지식을 추구하게 되면서 1760년대 말부터는 화학 연구를 시작했고, 이때부터 프랑스 혁명의 와중에서 처형될 때까지 활발한 화학 연구 활동을 수행했다.

1772년 라부아지에는 생성되는 기체 물질의 무게까지를 고려하는 정확한 실험을 통해 금속이 하소할 때만이 아니라 비금속물질의 연소시에도 무게가 증가한다는 사실을 밝혔고, 이 무게의 증가가 공기를 흡수하기 때문에 일어나는 것이 아닌가 하는 의문을 지니게 되었다. 그리고 1773년에서 그 이듬해까지 수은을 가열하여 수은의 금속재(오늘날의 산화수은)를 만드는 과정에 대한 유명한 실험을 통해서 이 과정이 수은과 공기의 일부인 특정한 '공기'와의 결합임을 확인했다. 이제 그에게 주어진 문제는 이 특정한 '공기'가 어떤 기체인가 하는 것이었다. 처음 그는 새로운 기체가 그때까지 가장 잘 알려져 있던 '고정된 공기' — 곧, 탄산가스 — 가 아닌가 생각했지만, 그 기체는 연소를 지탱해 주지 못하면 그 속에서는 연소가 일어나지도 않는다는 점 때문에 이내 그 생각을 버려야 했다.

라부아지에가 계속 이 문제를 풀지 못하고 있던 1774년 프리스틀리가 파리를 방문했고, 라부아지에에게 자신이 발견한 새로운 '공기'에 대해 이야기해 주었다. 프리스틀리가 이 '공기'를 얻어낸 과정은 바로 앞서 본 실험에서 라부아지에가 행했던 것과 정반대 과정이었다. 프리스틀리는 수은의 금속 재를 라부아지에의 실험에서보다 훨씬 높은 온도로 가열함으로써 수은금속과 이 '공기'를 얻어내었던 것이다. 물론 우리는 이 과정을 산화수은이 수은과 산소로 분해된 것으로 설명하고, 따라서 이때 생긴 기체는 바로 산소이다. 그러나 프리스틀리는 이것을 플로기스톤 이론을 통해서 설명했다. 수은 금속재가 공기 중에 있던 플로기스톤을 흡수해서 수은이 되었다는 것이다. 그렇다면 새로 얻어진 기체는 바로 공기에서 플로기스톤이 빠져나가고 남은 부분이 될 것이고, 따라서 프리스틀리는 이것을 '플로기스톤이 없는 공기' dephlogisticated air 라고 불렀다.

프리스틀리는 이 반대 과정, 곧 라부아지에가 행한 과정도 실험했고, 그 과정 역시 플로기스톤 이론을 통해 설명했다. 수은이 '플로기스톤이 없는 공기'와 반응해서 금속재가 되는 것은 이때 내어놓은 플로기스톤을 '플로기스톤이 없는 공기'가 받아서 보통의 공기가 되기 때문이라는 것이다. 그는 또한 이 반응을 공기 중에서 일으키면 그 부피의 약 $\frac{1}{4}$ 가량이 흡수되고 '플로기스톤이 없는 공기' 중에서는 전부가 흡수되는 것도 알아냈다.

이 같은 사실로부터 라부아지에는 이내 이 '플로기스톤이 없는 공기'가 바로 자신이 찾고 있던 새로운 기체임을 알게 되었고, 실험을 통해 이를 확인할 수 있었다. 그리고 이 기체가 비금속 물질들과 반응해서 산 acid 을 만드는 것도 알아냈다. 그는 이 기체를 '산(酸)을 만드는 원리'라는 뜻의 그리스어인 'oxygène'이라고 불렀고, 이것이 바로 산소(酸素)이다. 이렇게 해서 연소와 하소 현상은 물질과 산소와의 결합이 되었다. 그것들이 단순히 플로기스톤을 내어놓은 과정이 아니라, 다른 화학반응들과 마찬가지로 산소와 화학 결합을 하는 과정임을 확실히 한 것이다.

이처럼 라부아지에의 새로운 연소 이론이 얻어지는 과정에서 흥미있는 점 한 가지는, 같은 실험적 사실에 대해 두 가지 해석 — 라부아지에의 해석과 플로기스톤이론의 해석 — 이 가능했다는 것이다. 특히, 라부아지에가 새로운 이론적 설명을 얻어낸 것은 직접 자신이 처음 행한 실험으로부터가 아니라, 프리스틀리가 행한 실험으로부터였다는 것은 주목할 만하다. 프리스틀리가 행한 또 하나의 실험이 이의 또 다른 예를 보여 준다.

1781년에 프리스틀리는 산소와 수소를 반응시켜 물을 얻어내는 실험을 했다. 물론 그는 계속 플로기스톤 이론을 고수했기 때문에 수소를 플로기스톤과 물과의 결합물로 해서 이것을 설명했다. 산소는 '플로기스톤이 없는 공기'이므로 '플로기스톤과 물의 결합물'인 수소로부터 플로기스톤을 받아서 보통의 공기가 되고 물이 남는 것을 쉽게 설명할 수 있었던 것이다. 오히려 어려운 것은 두 기체를 반응시켜 물이 생겨나는 것을 확인하는 실험 자체였다.

사실 라부아지에는 프리스틀리의 이 같은 실험에 대해 알지 못하고서, 비금속인 수소가 산소와 결합해서 만들어내는 산이 무엇인가를 알아내려고 노력하고 있었다. 물론 라부아지에도 프리스틀리와 같은 실험을 했지만, 생성되는 기체를 물을 통과시켜 수집하려 했기 때문에 성공할 수가 없었던 것이다. 그러나 1783년 프리스틀리의 실험에 대해 전해들은 라부아지에는 이내 물이 수소와 산소의 화합물로서 바로 자신이 찾고 있던 수소의 산(酸)임을 인식하게 되었다. 그리고 이에 따라 라부아지에의 새로운 화학이론 체계의 골격이 완성되었다.

화학 혁명

이상에서 살펴본 것이 화학 혁명의 대략적인 내용을 이룬다. 그러나 화학 혁명은 이 같은 내용의 변혁과 함께 화학이 행해지던 행태, 방법, 스타일상의 변혁도 수반했다.

먼저 그 동안 성질을 중요시하던 정성적(定性的) 화학이 정량적(定量的)이 되었다. 이러한 정량적 방법은 이미 라부아지에 이전서부터 주로 독일과 스웨덴 지역의 화학자들 사이에서 발전되어 화학에 자리를 잡아가고 있었다. 사실 라부아지에의 새로운 연소 이론이 얻어지던 과정 자체도 반응의 결과 생겨나는 기체의 무게까지 정확히 고려하는 정확한 정량적 방법을 통해서 연소와 하소가 항상 무게의 증가를 수반한다는 것을 확인했기에 가능했다. 라부아지에는 이 같은 생각을 일반화시켜서, 반응에 참여하는 물질의 무게의 합은 생성된 물질의 무게의 합과 같다는 '물질 보존의 법칙'을 제시했고, 이것은 화학에 있어서의 정량적 방법, 특히 무게 측정법 gravimetric method 의 중요성을 증대시켜 주었다.

라부아지에는 새로운 연소 이론뿐만 아니라, 새로운 명명법(命名法) nomencla-ture 을 통해서도 새 화학 이론 체계의 형성에 기여했다. 과학사학자들 중에는 라부아지에가 당초 목적했던 것이 바로 새롭고 체계적인 화학 명명법이었고, 그것을 알아내는 과정에서 연소 이론을 포함한 화학 이론 체계 전체가 바뀌게 되었다고 보는 이들도 있다. 라부아지에의 새로운 명명법은 일단 원소들의 이름을 정해 준 후 화합물의 이름은 그 자체로서 화합물의 구성성분을 나타내 줄 수 있도록 되어 있어서, 화합물의 성질, 출처, 용도 등 다양한 요소들을 별 기준 없이 사용하던 당시까지의 명명법과는 대조적이었다. 예를 들어, 탄산염들 속에 들어 있다가('고정되어' 있다가) 가열하면 나오는 기체라는 의미에서 '고정된 공기'로 일컬어지던 물질이 이제는 '산화탄소'carbon oxide 라는 이름으로 탄소와 산소의 화합물임을 분명히 보여 주었고, '비트리올'vitriol 이라는 이름은 황이 산소와 결합하여 이루는 산임을 나타내는 '황산'sulphuric acid 으로 바뀌었으며, 그 외에도 '초석(礎石)의 공기'nitrous air 는 '산화질소'가, 그리고 '홈베르크의 진정시키는 염'Homberg's sedative salt 은 '붕산'이 되었다. 라부아지에는 이렇게 화합물의 이름이 그 구성성분을 나타내게 해 주었을 뿐 아니라, 더 나아가서 화합물을 기호로 나타낸 후 화학 반응을 방정식으로 표현하는 등 화학의 기술(記述)을 당시 가장 정확한 언어형태로 여겨지던 대수학을 본받도록 했다.

또한 화학이 체계적인 분야가 되었다. 모든 물질들이 산소, 질소, 수소, 탄소 등의 원소들과 각 원소들의 화합물들로 체계적으로 정리되었고, 이들에 대한 화학적 지식도 이로부터 체계적으로 얻어낼 수가 있게 되었다. 1789년 출판된「화학 원론」Traité elémentaire de chimie은 바로 이 같은 체계적 화학이론을 담은 교과서의 성격을 띠게 되었다. 화학의 내용만이 아니라, 화학 분야의 활동도 체계적이고 조직적이 되었다. 화학자들이 새로운 이론 체계에 바탕해서 서로 교류하면서 조직적인 협동연구를 하게 되었다. 역시 1789년에 창간된「화학 연보」Annales de chimie는 주로 라부아지에의 새 이론 체계와 명명법을 사용한 화학자들의 연구 결과들을 게재했고, 새로운 체계의 수용에 결정적으로 기여했다. 이 잡지는 화학 분야에 있어서 최초의 전문 학술지의 역할을 했으며, 같은 해에 출판된「화학 원론」과 함께 화학이 독자적인 하나의 전문 과학 분야가 되었음을 보여 주었다.

화학 혁명의 원인들

그러면 이 같은 내용, 방법, 성격상의 변화를 수반한 화학 혁명을 일으킨 원인들은 무엇이었을까? 무엇이 라부아지에로 하여금 그와 같은 새로운 이론 체계와 명명법을 얻어내게 했으며, 특히 무엇이 그로 하여금 프리스틀리와 같은 실험 결과 — 때로는 프리스틀리부터 알게 된 실험 결과 — 로부터 프리스틀리와는 전혀 다른 결론을 주장할 수 있게 했을까?

우선 라부아지에가 파리 과학 아카데미의 회원이었다는 사실이 중요했다. 그는 과학 아카데미에서 여러 수학자, 물리학자들과 함께 활동했으며, 특히 라플라스 Pierre Simon Laplace(1749-1827)와는 열에 관한 공동연구를 수행하는 등 긴밀한 관계를 유지했다. 이런 과정에서 라부아지에는 수학자, 물리학자들의 영향으로 정량적·체계적 방법의 중요성을 인식하게 되었다. 따라서 그에게는 단순히 새로운 물질들, 새로운 '공기들'을 발견하고 그 성질들을 살피는 것이 아니라, 이들 구체적 지식을 포괄하는 설명과 이론의 체계가 중요했다. 실험을 행할 때도 무작정 여러 가지 물질들의 갖가지 성질과 반응을 살펴보는 것이 아니라, 뚜렷이 무엇을 검증해 보겠다는 목적을 지닌 조직적이고 체계적인 계획을 바탕으로 하게 되었다.

당시 화학의 주변 분야들의 발전도 화학 혁명에 영향을 미쳤다. 18세기를 통해 물리학은 꾸준히 발전했으며, 특히 뉴턴 역학의 수학적 체계화가 라플라스에서 완성을 봄에 따라 화학도 그 같은 체계화를 추구하게 되었다. 그런 상황에서 음(陰)의 무게를 지닌 플로기스톤 같은 개념이나 그 이전의 정성적·기술적 화학에서는 용인되던 그 밖의 이론적 모순들이 더 이상 지탱될 수 없었을 것은 쉽게 알 수 있다. 그리고 이와 어느 정도 관련된 일로, 화학의 위치를 '기예(技藝)'art의 지위로부터 18세기 화학자들의 욕망의 역할도 생각할 수 있다. 그 때까지의 제약, 의료 및 생산기술 등에의 의존에서 벗어난 독자적 과학 분야로 만들기 위한 화학자들의 욕망이 그들로 하여금 이론적·체계적·정량적 방법을 선호하도록 했다고 볼 수가 있는 것이다.

라부아지에 이후

물론 라부아지에의 새로운 이론과 명명법이 근대 화학의 이론 체계를 완결지은 것은 아니었다. 사실 라부아지에의 「화학 원론」은 여러 가지 모순과 한계를 지니고 있었다. 예를 들어, 라부아지에는 화학 원소들을 아직도 과거 화학 전통의 용어인 '원리'principle란 이름으로 불렀으며, 아직 원자의 개념은 존재하지 않았다. 또한 그의 목록에는 열의 원소인 '칼로릭'caloric이 포함되어 있었고, 모든 산(酸)이 산소를 포함한다는 그의 이론도 잘못이었다. 따라서 라부아지에는 근대 화학 이론 체계의 골격만을 제공했다고 말하는 것이 오히려 더 타당할 것이다. 라부아지에 이후로도 여러 화학자들이 라부아지에가 제공한 골격에 많은 일반적 이해와 구체적 사실들을 집어넣어 주었던 것이다.

라부아지에 이후 화학의 시급한 문제는 알려져 있는 수많은 물질들 중 어느 것이 원소이고 어느 것이 화합물인지를 구별하는 것과 화합물의 조성(造成)을 밝히는 것이었다. 그리고 이 중 조성의 문제와 관련해서 화합물을 구성하는 원소의 성분비가 일정하게 정해져 있는가, 아니면 변할 수 있는가에 관한 논쟁이 일어났다. 베르톨레 Claude Louis Berthollrt (1748-1822)가 성분비가 여러 가지 변하는 값을 가질 수 있음을 주장한 데 반해, 프루스트 Joseph Louis Proust (1754-1826)는 '일정 성분비' definite proportion 의 법칙을 주장한 것이다.

성분비(成分比)에 관한 이 논쟁은 곧 프루스트의 승리로 끝났다. 그러나 그것이 옳은 이유는 돌턴 John Dalton(1766-1844)에 의해서야 제대로 설명되었다. 그리고 그것을 위해서 돌턴이 제안한 원자론 atomic theory 이 라부아지에의 골격의 틈을 채우는데 중요한 이론적 도구의 역할을 하게 되었다. 결국 라부아지에의 이론이 돌턴의 원자론에 의해 보완되어 새로운 이론체계가 갖추어졌고, 베리첼리우스 Jöns Jacob Berzelius(1779-1848)의 광범위한 업적이 이루어졌던 1820년경까지는 라부아지에에 의해 시작된 화학 혁명의 완성을 이야기할 수 있게 되었다.

03 과학의 전문 직업화 : 프랑스 혁명기의 과학

과학 혁명기를 통해 성립된 과학 단체들 중 가장 성공적이었던 두 단체, 곧 런던의 왕립학회 Royal Society 와 파리의 왕립 과학 아카데미 Académie royale des sciences 는 18세기에도 그 활동이 지속되었다. 특히 이들 두 단체는 서로 대조적인 형태로 발전하면서 영국과 프랑스의 과학을 대표하게 되었다.

왕립학회와 왕립과학 아카데미

1660년에 창립된 왕립학회는 창립 후 회원의 숫자가 점점 증가했으나 '왕립'이라는 것은 이름뿐이고, 왕실로부터 아무런 재정적 도움도 받지 못하는 상황에서의 경제적인 필요 때문에 과학적 업적이나 능력이 없는 회원들도 받아들여야 했다. 그리고 그처럼 아마추어 회원은 많고 재정은 어려운 상태에서 학회의 과학 활동은 자연히 조직적이지 못했고, 구심점이 없었다. 주로 회원 개개인이 자신의 경비와 기구, 시설 등을 사용해서 수행한 실험을 왕립학회에서 발표하고, 때로는 되풀이해 보이는 식의 활동이 계속되었던 것이다.

물론 과학 단체로서의 왕립학회의 지위는 적어도 영국 내에서는 확고했으면, 18세기 후반에 들어서서는 많은 지방 도시들에도 이를 본뜬 단체들이 조직되었다. 이들 중 어떤 것들은 단체의 이름 자체에 '왕립학회'라는 말을 집어넣어서 에딘버러 왕립학회Royal Society of Edinburgh, 뉴캐슬 왕립학회Royal Society of New Castle 등으로 불리기도 했다. 그러나 이들 지방 '왕립학회'들 역시 왕실로부터 도움 없이 독자적인 재정으로 운영했으며, 따라서 런던의 왕립학회와도 아무런 연결을 갖지 않았다. 다만 그 과학 활동에 있어서 아마추어적이고 비조직적이며 이론보다는 실험 위주의 런던 왕립학회의 특성을 그대로 본받았다.

반면에 파리의 왕립과학 아카데미는 창립 후 증원된 회원들을 모두 과학적 업적과 능력을 갖춘 과학자들로 충원함으로서 점점 과학 활동도 활발해졌다. 특히 1699년 조직의 대대적 개편 이후에는 큰 활기를 띠게 되었으며, 그와 함께 창립 당시 강력했던 베이컨의 영향은 점점 퇴조하고, 그 대신 창립 당시에는 지나치게 가설적이라고 해서 배척받았던 데카르트주의와 라이프니츠주의가 오히려 힘을 지니게 되었다. 이에 따라 아카데미의 과학 활동의 성격은 왕립학회의 과학 활동과는 차츰 큰 차이가 나게 되었고, 더욱 더 조직적·체계적으로 되었으며, 수학적·이론적 방법이 중요시되었다.

이 같은 경향은 1730년대부터 프랑스의 학자들이 뉴턴 역학을 본격적으로 도입하고 해석학calculus의 방법을 사용해서 이것을 수학적으로 체계화해 가는 과정에서 잘 나타났다. 과학 아카데미는 이 과정에서 논란이 되거나 해결이 안 되는 어려운 문제들이 있을 때, 그것들을 거의 매년 정기적으로 실시된 공개 경쟁에서 문제로 제시하여 해결을 꾀했다. 아카데미가 직접 뉴턴 역학의 수학적 체계화 과정의 추진 방향을 제시하고 그것을 조직적으로 주도한 것이다. 당시 뉴턴 역학의 가장 어려운 문제들 중의 하나였던 '삼체 문제'three-body problem가 이런 식으로 다루어졌으며, 오일러Leonhard Euler(1707-83)나 달랑베르 같은 유명한 과학자들이 이러한 공개 경쟁에 참여하여 입상(入賞)함으로써 과학계에 등장하기도 했다.

파리 과학 아카데미는 곧 유럽 대륙의 과학 활동에 구심점을 제공하게 되었다. 1700년에 창립된 베를린 아카데미를 비롯해서 유럽의 여러 도시들에 파리의 과학 아카데미를 본뜬 과학 아카데미들이 생겨났으며, 프랑스 내에도 많은 지방 도시들에 과학 아카데미들이 설립되어서 1760년까지에는 그 숫자가 60개에 이르렀다. 또한 이들 아카데미들은 모두 파리의 과학 아카데미를 그 모델로 삼았으며 파리 아카데미를 본산으로 하고, 그것과 밀접한 연결하에 활동했다. 심지어는 이들 아카데미들이 파리 과학 아카데미의 지방 분회의 역할을 했다고까지 말할 수 있을 정도였다. 또한 당시 프랑스 사회에서 파리 과학 아카데미와 그 회원이 누렸던 명예와 지위는 아주 드높아서 많은 젊은 과학자들이 파리 과학 아카데미의 회원이 되는 것을 열망했고, 그러한 영예를 얻기 위해 과학 활동에 정진하는 등 파리 과학 아카데미는 당시의 과학에 커다란 유인(誘因)을 제공한 셈이었다.

한편, 영국과 프랑스의 이들 두 과학 단체의 차이는 두 나라의 과학 활동의 특성의 차이로 나타났다. 영국의 과학 활동이 경험적·실험적이었고 산발적이며 개인적 천재들에 주로 의존했던 데 반해, 프랑스의 과학 활동은 이론적·수학적이었고, 조직적·체계적이었던 것이 바로 위의 두 과학 단체의 대조적 특성들을 반영한 것으로 볼 수 있는 것이다. 앞 장에서 본 라부아지에와 프리스틀리의 과학 활동의 차이는 두 나라의 이 같은 차이를 보여 주는 좋은 보기라고 할 수 있다.

그런데 이 같은 차이를 가진 과학 활동이 수행되어 오던 18세기를 통해서 프랑스의 과학이 점차로 영국보다 크게 앞서게 되었고, 18세기 말과 19세기 초에 이르면서 프랑스의 과학과 과학자 사회 scientific community 는 유럽 전체에서 거의 압도적인 우위를 점하게 되었다. 물론 데이비 Humphry Davy(1779-1829), 돌턴, 영 Thomas Young(1773-1829), 패러데이 Michael Faraday(1791-1867) 등과 같은 천재적 영국학자들의 존재에서 알 수 있듯이, 경우에 따라서는 영국, 독일, 이탈리아 및 북유럽 여러 나라에서의 뛰어난 개인적 업적이 있었던 것은 사실이었지만, 프랑스의 과학은 모든 분야에서 한결같이 압도적 우위와 주도적 위치를 차지하고 있었던 것이다.

'전문 직업'과 프랑스 과학

이처럼 프랑스 과학이 우위를 점하고 있던 18세기 말과 19세기 전반을 통해서 주로 프랑스를 중심으로 과학자와 과학 활동의 성격에 있어서 커다란 변혁이 일어났다. 그리고 어떤 과학사 학자들은 이러한 변혁을 16~17세기의 과학 혁명에 이은 '제2의 과학 혁명'The Second Scientific Revolution 이라고 부른다.

우선 이 시기를 통해서 현재 우리가 보는 과학 전문 분야scientific discipline 들이 형성되었다. 물리학, 화학, 생물학, 지질학과 같은 현대 과학의 분야들이 바로 이 시기에 전문 분야로서 자리를 잡은 것이다. 그런데 이들 분야들이 형성되었다는 것은 여러 가지 일을 의미했다. 그 분야들의 핵심이 되는 과학적 지식의 내용과 그 분야들에 독특한 방법들이 확립되었을 뿐만 아니라, 그 분야들을 전문으로 하는 전문 과학자들, 곧 '물리학자', '화학자', '생물학자'들이 생겨났다. 그리고 이들 분야의 전문 학술 단체들과 학술 잡지들이 또한 이 시기에 출현했다.

한편, 이 시기에 일어난 현상 중 이 같은 과학 전문 분야들의 출현과 어느 정도 연관된 일로서 과학의, 더 정확하게 말하자면 과학자들의 '전문 직업화'professionalization 를 이야기할 수 있다. 다시 말해서, 과학이 '전문 직업'profession 이 된 것이다. 그러면 이제 '전문 직업'이 되었다는 것이 무엇을 의미하는지 알아보기 위해서 '전문 직업'이란 개념에 대해 살펴보자.

'전문 직업'이란 대체로 다음의 몇 가지 요소들을 포함한다. 첫째로, 그것은 단순한 '직업'occupation 이 아니라 체계를 갖춘 학문적 지식의 습득을 전제(**前提**)로 하는 작업이다. 단순히 필요한 일을 해낼 수 있는 능력만이 아니라, 그것을 위한 학문적 기반을 지니고 있다는 뜻이다. 이 점에서 전문 직업은 숙련 기술이나 육체 노동과는 구분이 되며, '학문적' 지식에 바탕했다는 사실에서 연유한 우월성(**優越性**) — 예를 들어, 육체 노동과 비교했을 때의 — 을 자타가 공인하고 있기도 하다. 또 체계적·학문적 지식은 도제(徒弟)apprentice 제도에 의해 개인적·비공식적으로 전수(傳授)되기가 힘들기 때문에 공식 기관에서의 정규적·조직적 교육이 필요해지게 된다. 둘째는, 전문 직업이 다른 모든 '직업'들과 공유하는 요소인데, 어떤 전문 직업의 구성원이 그 전문 직업에 종사함으로써 얻게 되는 수입에 의해 생활을 영위할 수가 있어야 한다는 것이다. 그리고 끝으로, 전문 직업은 그 자체에 대한 배타적(排他的) 권한을 지닌다. 예를 들어, 그 전문 직업의 활동을 하기 위해 필요한 교육의 기준을 전문 직업 스스로 정하며, 특히 그 전문 직업에 종사할 수 있는 자격을 부여하는 권한을 전문 직업 자체가 지닌다. 그 밖에 전문 직업의 직업 윤리 professional ethic나 규범 norm 같은 것도 전문 직업 자체가 정한다. 어떤 면에서는 거의 국가 내에서 정부가 지니는 것과 같은 권한을 전문 직업 내에서는 그 전문 직업 자체가 지니는 것이다. 전문 직업의 이 같은 권한은 물론 사회로부터, 더 직접적으로는 정부로부터 부여받은 것이다. 그리고 정부가 그 같은 권한을 전문 직업에 부여하는 것은 그렇게 하는 것이 공공의 이익을 위한다는 이유에 바탕한 것이다. 전문 직업은 이 권한에 의해 그 전문 직업에 속한 활동을 수행하는 데 있어서 외부의 간섭이나 압력으로부터 — 정치적 압력만이 아니라 일반 법률, 시장 경쟁의 압력 등으로부터 — 보호를 받는다.

18세기 말에서 19세기 전반을 통해서 프랑스 과학은 이런 요소들을 지니게 되어 '전문 직업'이 된 것이다. 그러면 그 같은 일은 어떻게 해서 일어났을까? 이에 대하여는 현재로서는 완전한 답을 얻기가 힘들며, 아직도 많은 연구가 진행되고 있다. 그러나 과학이 전문 직업이 되기 이전인 18세기 말까지의 프랑스 과학의 상황을 돌이켜보고, 당시의 과학이 위의 요소들 중 어느 것을 얼마만큼 결여하고 있었는지를 살펴봄으로써 위의 질문에 대한 어느 정도의 해답을 얻을 수 있다.

18세기 프랑스 과학은 우선 첫 번째 요소는 갖추고 있었다. 이미 17세기에서부터 과학 활동에 종사하기 위해서는 체계를 갖춘 학문적 지식의 습득이 필요해진 것이다. 두 번째 요소도 어느 정도는 갖추어져 있었다. 여러 기관들에서의 정식 급여(給與) 이외에도 각종의 비공식 소득과 특혜(特惠)들이 많은 과학자들로 하여금 생활을 영위할 수 있도록 해주었기 때문이다. 그렇다면 18세기 프랑스 과학에서는 위에서 살펴본 요소들 중 세 번째 요소가 가장 약했다. 물론 파리의 과학 아카데미는 비록 조직상으로는 왕과 정부의 지배하에 있으면서도 실제 운영에 있어서는, 특히 전문 과학적인 면에서는 상당한 정도로 자체에 대한 권한을 지니고 있었지만, 프랑스 과학 전체를 두고 볼 때 이것은 예외에 속했던 것이다.

따라서 18세기 말에 이르기까지 프랑스 과학은 아직 완전히 '전문 직업'이 되지 못했고, 이 시기에 '전문 직업'이라고 부를 수 있었던 것은 성직(聖職), 법률직(法律職), 의사직(醫師職)의 세 가지뿐이었다. 이들 세 가지 분야만이 국가에 의해 전문 직업으로서의 권한이 주어졌던 것이다. 그리고 그것은 이들 분야의 지식과 활동만이 국가 권력에 의해 그 중요성이 실질적으로 인식되었음을 의미했다. 이런 면에서 전문 직업은 전문지식과 국가 권력과의, 더 일반적으로는 지식과 권력과의 상호작용의 매체(媒體)였다. 그리고 정부가 전문 직업에 권한을 부여한 이유가 지식에 바탕한 그들의 활동이 공공의 이익을 위한 것이라는 이유였다는 것도 이 점을 뒷받침해 준다. 한편, 여기서 또 한 가지 주목할 점은 18세기에 전문 직업으로 존재했던 위의 세 분야들의 중세 이래 대학의 세 개의 고급학부에 해당되는 분야들, 곧 신학, 법학, 의학이었다는 것이다. 다시 말해서, 전문 교육이 행해지던 분야들이 '전문 직업'으로 존재했던 것이다. 그렇다면 이런 점에서 볼 때 과학의 '전문 직업화' 과정을 제대로 이해하기 위해서도 당시 프랑스에서의 과학과 정부와의 관계, 그리고 전문 과학 교육에 대해 살펴볼 필요가 있음을 알 수 있으며, 다음 두 절은 그에 대해 다룰 것이다.

과학과 정부

위와 같은 시각으로 18세기 말에서 19세기 초에 이르는 시기의 프랑스의 사회, 정치, 과학을 살펴보았을 때 우선 눈에 띄는 현상은 이 시기가 정치적 격동기였다는 점이다. 이 시기 동안 구체제(舊體制)ancien régime 말기의 혼란과 결국 실패로 끝난 개혁의 움직임, 대혁명, 공포정치와 공화정, 나폴레옹 집정, 제정(帝政), 그리고 다시 왕정 복구의 커다란 정치적 변혁들이 줄을 이었을 뿐만 아니라, 이 시기의 대부분을 통해 프랑스는 유럽의 여러 나라들과 전쟁을 치렀다.

그런데 주목되는 것은 이 같은 정치적 격동기를 통해서 과학자들이 정부와 공공의 정책 입안 및 업무 수행에 활발히 참여했다는 점이다. 실제 행정 및 정책 결정에의 과학자들의 참여는 이미 왕정(王政) 말기부터 시작되었다. 재상 튀르고 Anne Robert Jacques Turgot(1727-81)가 뒤늦게 마지막 개혁을 시도하면서 여러 과학자들을 동원했고, 그때에 화학자 라부아지에는 프랑스의 화약(火藥) 행정을 맡아 화약의 생산과 보급을 책임졌는데, 여기서 그는 탁월한 능력을 보여 주었다. 대혁명기(大革命期) 동안에는 이러한 일이 더욱 잦아졌다. 예를 들어, 열렬한 자코뱅 당원으로서 혁명 정부의 해군 장관을 맡은 몽주 Gaspard Monge(1746-1818)는 유명한 수학자이자 화학자로서 전쟁 준비 및 전쟁 물자 수급 계획을 맡아서 그의 추종자들과 함께 이를 수행했는데, 시민들의 눈에 띄는 장소에서 드러내 놓고 무기와 전쟁 물자를 생산하고 전시함으로써 애국심을 고취하는 효과를 내기도 했다. 과학자들은 또 실제 생산 작업에 종사하는 작업수(作業手)들에게 도움이 될 과학의 개요서(槪要書)들을 집필하기도 하고, 속성 강의들을 개설해서 그들에게 초보적 과학 교육을 시키기도 했다. 이 외에도 미터법(法)으로의 도량형(度量衡) 개혁, 교육 제도 개혁, 공중보건 체제 개혁 등의 일에도 과학자들이 활발히 참여했다.

물론 과학자들이 참여한 이들 실제 업무가 모두 완결되었거나 성공한 것은 아니었다. 그러나 과학자들은 이런 일들을 대체로 효과적으로 수행하여 좋은 결과를 냈으며, 그것은 사람들로 하여금 과학자들이 실제 업무를 수행해 내는 능력이 있다는 느낌을 갖도록 해 주었다. 그리고 그에 따라 과학이, 그리고 과학자들이 지닌 '힘'과 '효율'이 사람들에 의해 인식되게 되었던 것이다.

그러면 이렇게 드러난 과학의 '힘'이란 구체적으로 어떤 것이었는가? 그것이 과학 지식의 힘이었는가? 특히 당시 유럽의 과학에서 최첨단에 서 있던 프랑스 과학 지식의 힘이었는가? 그렇지 않았다는 것은 위에서 본 라부아지에와 몽주의 예로부터 쉽게 알 수 있다. 라부아지에가 화약 행정에 발휘한 탁월한 능력이 그가 얻어낸 새로운 화학 이론 체계로부터 얻어진 것이 아니었고, 몽주의 전쟁 업무 수행에 그의 해석기하학 analytical geometry 이론이나 화학의 이론적 지식이 직접 사용될 수 없었으리라는 것은 누구나 쉽게 알 수 있을 것이다. 그리고 그런 점은 위에서 든 다른 여러 업무들에서도 마찬가지였다.

과학자들이 보여 준 힘은 과학 지식 자체에 의한 것이 아니라, 오히려 과학자들이 지닌 사고방식, 태도, 그리고 과학적 방법이 발휘한 힘이었다. 과학자들이 실제 업무에서 성공적이고 효과적일 수 있었던 것은 그들이 일을 추진함에 있어 조직적·체계적·합리적이었고, 효율과 새로운 것을 중시하는 경향을 지녔기 때문이었던 것이다. 그리고 이런 태도와 방법은 과학 지식으로부터 직접 얻은 것이 아니라, 과학자가 되기 위해 그들이 받은 교육의 과정에서, 그리고 실제 과학 활동에 종사하면서 체득(體得)하게 된 것이었다.

물론 국가가, 더 구체적으로는 정부가 과학자들을 실제 행정이나 정책 업무에 종사시킨 데에는 당시 프랑스 과학의 우수함에 대한, 그리고 그 같은 우수함을 얻어낸 과학자들에 대한 신뢰감이 큰 역할을 했을 것임은 사실이다. 그리고 그런 과학과 과학자들을 지녔다는 사실이 빚어 주는 국가적 우월감도 작용했을 것이다. 그러나 이 역시 직접 과학 지식이 만들어낸 힘은 아닌 것이다. 이에 덧붙여서 과학자들이 힘을 지닌 정부 당국으로부터 신뢰를 받고 업무를 위임받았을 때 생기는 다분히 정치적인 '힘'도 무시할 수 없다. 또한 이로부터 한 걸음 더 나아가서, 나폴레옹의 지극한 신임과 애호에 바탕해서 프랑스 과학자 사회를 완전히 움직일 수 있었던 라플라스 같은 사람이 지녔던 '힘'도 생각해 볼 수 있는데, 그는 이 같은 힘을 사용해서 과학과 직접 관련이 없는 문제에까지도 영향력을 행사할 수 있었다.

이런 식으로 과학과 국가, 과학자와 정부 권력의 연결이 굳어지면서 당초 그 같은 연결을 가능하게 했던 과학과 과학자의 '힘'은 점점 더 증대되었다. 결국 이 같은 힘이 과학이 그 자체에 대한 배타적 권한을 지니면서 전문 직업화하는 과정에서 중요한 역할을 했다. 그리고 이에 따라 과학과 국가 사이의 밀접한 상호관계가 자리잡게 되었다. 과학은 국가가 필요로 하는 과학의 지식, 방법, 인적 자원을 국가에 제공하고, 그 대신 국가는 과학에 대해 정치적·법률적·경제적 지원을 제공하고 권한을 부여하게 된 것이다.

과학 전문 교육

앞에서 '전문 직업'의 세 가지 요소 중 첫 번째로 그것이 체계를 갖춘 학문적 지식의 습득을 전제로 하며, 그에 따라 정규 교육기관에서의 조직적 교육을 필요로 한다는 것을 언급했다. 이로부터 우리는 과학도 전문 직업이 되기 위해서 전문 과학 교육을 필요로 했을 것임을 생각할 수 있다. 그리고 기존의 세 가지 전문 직업들인 성직, 법률직, 의사직이 대학의 세 학부에 해당된다는 것은 이러한 생각을 더욱 뒷받침해 주었다. 그러면 18세기의 과학 교육은 어떠했는가?

18세기의 대학에서도 여러 과학 분야들의 강의는 행해지고 있었다. 그러나 그것은 그 분야의 학위를 주고 일정한 자격을 부여하기 위한 것이 아니었다. 과학이 전공 교육이 아니라 교양 과목으로서, 또는 의사를 양성하기 위한 교육의 일환으로서 과학 분야들의 강의가 행해졌던 것이다. 사실 18세기까지, 그리고 19세기에 들어서서도 한참 동안 많은 과학자들이 의사였거나 의사가 되기 위한 의학 교육을 받았다는 것은 이 점을 잘 보여준다.

그러나 1780년대부터, 특히 대혁명(大革命)기 동안, 교육 제도 개혁을 위한 노력의 일환으로 전문 과학 교육기관들이 생겨났다. 그리고 이들 중 가장 성공적이었던 곳은 1794년에 전문 기술 교육을 목적으로 창립된 에콜 폴리테크닉 Ecole polytechnique이었다. 그때까지 프랑스에서 전문 기술교육을 받을 수 있었던 곳은 군사 공병학교뿐이었는데, 대혁명 발발(勃發) 후 일반사람들에게도 그 같은 교육의 기회를 주기 위해 이 학교가 설립되었다. 물론 거기에는 대규모 전쟁을 수행하던 비상 시기에 있어서 기술 교육의 긴박한 필요성도 작용했을 것이다. 그러나 그 같은 목적을 표방하고 설립된 에콜 폴리테크닉이 일단 생겨난 후에는 전문 과학 교육의 기능을 수행하게 되었다.

에콜 폴리테크닉에 입학하기 위해서는 수학, 역학, 작문 등의 과목들에 엄격하고 경쟁이 심한 입학 시험을 통과해야만 했다. 그리고 일단 입학을 하게 되면 당대 일류의 과학자들로 이루어진 교수진 — 라플라스, 몽주, 라그랑주 Joseph Louis Lagrange(1736-1813) 등이 모두 에콜 폴리테크닉의 교수였다 — 으로부터 조직적인 과학과 수학 교육을 받게 되었다. 비록 전문 기술자의 양성을 위해 세워진 학교였지만, 그 속에서는 과학과 수학의 전문 교육이 행해진 것이다. 입학하는 학생들의 질도 또한 매우 우수했다. 그리고 그들은 엄격한 시험과 상벌제도 하에서 공부하면서 사기가 드높았고, 지적인 활력이 넘쳐 있었다. 특히 이들은 자신들이 그전의 교양이나 취미로 과학을 공부하고 연구하던 사람들과는 부류(部類)가 다르다는 자부심을 지니고 있었다. 결국 에콜 폴리테크닉은 학생들이 졸업한 후 조직적·체계적·전문적 과학 활동에 종사하기에 적합한 교육을 시키고 있었다. 다시 말해, '전문 직업화'된 과학 활동을 수행할 수 있는 전문 과학 교육을 시키고 있었던 것이다. 실제로 19세기 초 전문 직업화된 프랑스 과학의 우수한 과학자들이 대부분 에콜 폴리테크닉 출신이었으며, 또 그 곳에서 강의를 하기도 했다.

과학의 전문 직업화

과학의 전문 직업화는 이런 식으로 프랑스에서 처음 시작되었다. 그 후 19세기 중엽쯤에는 각각 다른 과정을 거쳐서 독일과 영국의 과학도 이를 뒤쫓았다. 특히 독일에서는 과학 연구가 대학에 확고하게 자리를 잡게 되었다. 대학교수가 강의만이 아니라 과학의 연구를 중요시하게 되었고, 학생들에 대한 교육에 있어서도 단순히 지식의 전수(傳受)가 아니라 연구 방법의 훈련에 치중하게 되었다. 어떻게 보면 프랑스에서의 과학의 전문 직업화는 아직 과학 연구 자체의 전문 직업화였다고 말할 수는 없다. 과학자들이 과학 연구를 수행한 것은 사실이었지만 그들이 지녔던 직책들은 교육, 행정 등을 위한 것이었고, 과학 연구를 목적으로 그들에게 주어진 것은 아니었다. 그들은 그러한 직책을 수행하면서 과외로 과학 연구를 행했던 것이다. 그렇다면 과학 연구 전문 직업화는 과학 연구를 위한 직책이 생기고 과학 연구가 그 중요한 기능이 된 19세기 중엽의 독일의 대학에 와서야 이루어졌다고 할 수 있다.

이 같은 과학의 전문 직업화와 대학에서의 과학 연구의 제도적 정착 과정은 그 후 19세기 말에 20세기 초에 이르는 시기에 미국 및 유럽의 기타 지역으로 퍼졌고, 일본, 소련 등도 이를 뒤쫓아 전문 직업화된 과학을 지니게 되었다. 이들 과정은 미국을 예로 들어 제7장에서 더 살펴보게 될 것이지만, 결국 그 같은 과정을 통해서 오늘날에 와서는 전문 직업으로서의 과학이 현대 사회의 과학의 한 중요한 특징이 된 것이다.

04 | 다윈과 진화론

18세기까지 사람들은 '종'species 의 '안정성'stability, '불변성'immutability 또는 '고정성'fixity 을 믿었다. 곧, 모든 생물체는 서로 명확히 구별되는 '종'들로 이루어져 있고, 이 종들이 변하지 않는다는 것이었다. 이러한 믿음은 사람들의 경험과 잘 부합되었다. 사실 "콩 심은 데 콩 난다."는 우리의 속담이 가리키듯이, 한 가지 종의 생물체가 그 자손으로 이어지면서 계속해서 같은 종을 낳는 것은 자연 세계에서 관측되는 가장 확고한 규칙성 중의 하나인 것이다. 그러나 19세기에 들어서면 이런 생각이 크게 흔들려서, 종이 변화할 수 있다는 생각이 자라나게 되었다. 그리고 그 배경으로 우리는 몇 가지 측면을 살펴볼 수 있다.

진화론의 배경

먼저 18세기에 활발히 추구되었던 분류학taxonomy 의 배경을 들 수 있다. 18세기까지의 분류학자들은 생물체들을 분류하는 기본단위로서 '종'을 사용했으며, 종들 사이의 경계가 엄격하다고 믿었다. 그러나 지리상의 발견 이후 잦아진 여행과 탐험들을 통해 그 동안은 알려져 있지 않던 새로운 종들이 많이 발견되었다. 그리고 이미 존재하는 분류체계 속에 이 종들을 집어넣으려는 노력들이 계속 실패함에 따라 분류학상의 문제들이 쌓여 갔다. 이러한 분류학상의 문제는 점점 심각해져서, 1735년 「자연의 체계」Systema Naturae 를 집필하여 새로운 분류의 체계를 세웠던 유명한 식물학자 린네Carl von Linné (1707-78)마저도 종들 사이에 구별이 엄격하지도 않으며, 종이 변화하는지도 모른다는 생각을 하게 되었다.

여기에 더해서 한 종과 다른 종의 중간에 해당되고, 따라서 어느 종에도 속할 수 없는 '잡종'hybrid의 존재가 문제를 더욱 심화시켰으며, 실제로 잡종이 인공적으로 얻어지기도 했다. 또한 18세기를 통해서 식물로도 볼 수 있고 동물로도 볼 수 있는 생명체가 발견되는 등 종과 종 사이의 구분만이 아니라 식물과 동물의 구분의 엄격함마저도 흔들리게 되기도 했다. 당시 널리 받아들여져 있던 '존재의 큰 사슬'the great chain of being이라는 철학적 관념도 위의 분류학상의 문제에 기여했다. 이 관념에 따르면, 자연 세계의 모든 생명체는 가장 하등의 것으로부터 가장 고등인 인간에 이르기까지 하나의 사슬(연쇄連鎖)을 이루고 있다. 그런데 이 사슬은 완전히 연속적이어서 종과 종 사이의 빈 공간을 허용하지 않고, 따라서 그 사이에 드는 종이 있을 수 있다는 생각도 가능해지는 것이다.

이처럼 자라나고 있던 '종의 변화'라는 생각에 라마르크Jean Baptiste de Lamarck(1744-1829)가 '시간'의 차원을 도입했다. 1809년에 출판된 「동물철학」 Philosophie Zoologique에서 그가 종은 시간이 지남에 따라 변화한다고 주장했던 것이다. 라마르크는 위에 든 분류학상의 문제들 외에도, 동물의 신체부분 중 사용하지 않는 부분 퇴화하는 현상, 그리고 동물의 길들이기에 의해 그 성질을 인공적으로 변화시킬 수 있는 점 등에 바탕해서 그 같은 주장을 했다. 특히 그는 이 같은 변화가 외부의 물리적 환경에 대한 생물체의 적응 adaptation을 통해 일어남을 강조했다. 물론 라마르크의 이 같은 생각은 생물학자들에 의해 받아들여지지는 않았지만, 종의 진화라는 생각이 더 넓게 퍼지게 하는 데 기여했다.

19세기 초에 이르러 독자적인 과학 분야로 본격적으로 자리잡아 가던 지질학의 배경 또한 중요했다. 물론 당시의 대다수 지질학자들의 종의 변화를 받아들인 것은 아니었다. 그 초창기부터 지질학 분야 내에서 지표면의 역사가 급격한 대격변들로 이루어졌다고 주장하는 격변설 cata-strophic theory과 지표면상의 모든 과정이 과거부터 동일했음을 주장하는 동일과정설 uniformitarian theory과의 논쟁이 이어졌는데, 논쟁에서 동일과정설이 우세한 위치를 차지하게 되면서, 특히 라이엘 Charles Lyell(1797-1875)의 극단적인 동일과정설(同一過程說)이 당시 지질학의 주류를 이루게 되면서 많은 지질학자들이 종의 안정성을 선호했던 것이다.

한편, 18세기 후반부터 발견되기 시작한 생물체의 화석들은 지질학자들과 고생물학자들에게 이와는 반대방향의 영향을 미쳤다. 현재 살고 있는 것과는 크게 다른 형태의 종들(예를 들어, 현재의 코끼리보다 훨씬 큰 맘모스), 그리고 현재는 전혀 존재하지 않는 종들의 화석에 접한 그들은 시간이 지남에 따라 종이 변하는 가능성을 생각하지 않을 수 없었던 것이다. 특히 화석이 종과 현재의 종과의 차이가 아주 크다는 사실은 그러한 종의 변화가 가능한 만큼 아주 긴 시간이 경과했으리라는 생각을 하도록 했다. 또한 그러한 변화들은 점점 완전한 형태를 향하는 것으로 보였고, 이로부터 사람들은 종의 변화, 그리고 일반적으로 자연의 변화에 있어서의 '방향성'directionality 을 이야기하기도 했다.

물론 화석에 바탕한 이 같은 생각들에 반대하는 주장도 있었다. 예를 들어, 라이엘 같은 사람은 화석의 종들의 형태가 현재의 종들과 다른 것은 화성의 종들이 변화하여 현재의 종이 되어서가 아니라 이들이 원래 서로 다른 종들이기 때문이라고 설명했다. 그러나 이 같은 라이엘마저도 이른바 '지질학적 시간'geological time, 곧 지표면이 변화하여 온 시간이 굉장히 길다는 데에 대해서는 반대하지 않았고, 이것이 종의 변화라는 관념을 받아들이기 쉽게 했다. 그리스도교의 성경이 천지 창조를 6000년 정도 전의 사실로 이야기하는데 반해, 지구의 역사가 이보다 훨씬 길었다는 것이 이미 18세기부터 받아들여지고 있었고, 뷔퐁 Georges-Louis Leclerc Buffon(1707-88)과 같은 사람은 18만년이라는 숫자를 제시했다. 그리고 몇 천년 동안에는 가능하지 않을 것으로 생각되는 변화들이 그보다 훨씬 긴 몇 만년, 몇 십만년 동안에는 얼마든지 가능하리라고 믿을 수 있었던 것이다.

이 같은 학문적 배경 이외에 18세기와 19세기 전반에 걸쳐 영국에 만연해 있던 자연 신학 natural theology 의 배경 또한 중요했다. 자연 신학자들은 자연 현상에서 신의 지혜와 능력이 나타내는 사례들을 지적했고, 동식물의 형태와 구조에서 신의 의지와 '설계' design 에 대한 증거를 찾았다. 특히 주어진 환경에 아주 적합하게 되어 있는 동식물의 형태는 그러한 적응이 있게 한 신의 선견지명을 보여 주는 것으로 받아들여졌다. 적응에 대한 이 같은 자연 신학적 관심은 자연히 종과 종의 진화 문제에 많은 관심을 불러일으켰다. 더구나 위에서 본 것처럼 종의 변화가 방향성을 지니고 있다는 것은 신이 창조한 자연 세계의 여러 피조물(被造物)이 완전한 형태를 향하여 변하려 한다는 의미에서 자연스럽게 신의 설계에 대한 믿음과 연결되기도 했다.

다윈 : 진화와 자연 선택

다윈 Charles Darwin(1809-82)은 이런 상황에서 과학 활동을 시작했다. 그리고 다윈의 전기에는 훗날 그가 진화론을 얻어내는 데 영향을 미쳤을 수도 있는 개인적 요인들도 발견된다. 특히 그의 조부(祖父)였던 이래즈머스 다윈 Erasmus Darwin(1731-1802)은 당대에 중요한 자연 학자였으며, 라마르크에 동조해서 진화를 받아들였다. 그의 아버지는 그리스도교에 대해 회의적인 입장을 지닌 의사였는데, 이러한 집안의 분위기가 그에게 영향을 미쳤으리라는 것은 쉽게 생각할 수 있다.

그러나 그의 생애에서 훗날 그의 이론을 두고 가장 중요했던 기간은 그가 비글Beagle호의 선상 자연 학자로서 남아메리카를 여행한 기간(1831~36년)과 그 후의 한두 해였다. 먼저 비글호선상의 여행에서 그는 다음과 같은 사실을 관찰했다. 첫째, 그 동안 화석으로만 보던 동물들을 실제로 관찰할 수 있었다. 둘째, 지역에 따라서 같은 종들이 서로 차이가 나는 것을 보았다. 그리고 셋째가 유명한 갈라파고스 Galapagos 군도의 관찰로서, 겨우 수십 마일 정도 떨어진 여러 섬들로 이루어진 이 군도의 섬 각각에 각각 다른 종류의 동물상과 식물상이 분포되어 있음을 본 것이었다.

이 관찰들로부터 다윈은 몇 가지 결론을 내릴 수 있었다. 우선, 첫째와 둘째 사실들은 종이 시간과 지역에 따라 서로 다름을 보여주었고, 이것은 그로 하여금 종의 진화를 사실로서 받아들이게 했다. 그리고 지역에 따른 종의 차이는 진화가 주위 환경에의 적응을 통해서 일어남을 말해 주었다. 각각 다른 환경에 적응하는 과정에서 다른 형태의 진화가 일어날 것이기 때문이었다. 그러나 같은 지역의 기후, 풍토가 같은 섬들에 서로 다른 종들이 분포되어 있다는 세 번째 사실은 종의 진화에 영향을 미치는 환경이라는 것이 기후, 풍토 등의 물리적 조건들만은 아님을 보여 주었다. 진화가 단순히 기후, 풍토에 의해 기계적으로 정해지는 것은 아니었던 것이다. 그렇다면 비글호의 여행에서 돌아온 다윈에게는 진화가 일어난다는 것은 분명한 사실이었고, 이제 문제는 진화를 일으키는 '적응'이 어떻게 일어나는가 하는 것이 되었다.

이 문제에 대한 해답을 얻어내는 과정에서 다윈은 먼저 원예가(園藝家), 동물 사육가 등의 품종 개량의 경험에 의존했다. 그들은 자신들이 기르는 동식물 중에서 원하는 성질을 지닌 것들만을 선택해서 번식시킴으로써 그런 성질을 가진 것들을 많이 얻어내고, 품종개량을 이루었다. 다시 말하면, '인위선택(人爲選擇)'artificial selection 을 통해서 인간의 필요성에 '적응'하는 품종으로의 종의 진화를 이루어낸 것이었다. 그러나 그때까지 다윈은 자연에 대해서는 이러한 '선택'이 어떻게 일어나는지 설명할 방법이 없었다.

다윈이 맬서스 Thomas Robert Malthus(1766-1834)의 「인구론」 Essay on the

Principles (1798년 출판을 읽은 것은 바로 이때였다. 그리고 다윈 자신의 말에 의하면 '흥미삼아' 읽은 이 책의 내용이 다윈이 직면하고 있던 문제에 대한 실마리를 제공했다. 인간 사회의 치열해져 가는 생존 경쟁에서 이기고 환경에 잘 적응하는 사람만이 살아남는다는 맬서스의 이야기는 다윈으로 하여금 '적응'을 두고서의 '경쟁'의 중요성을 인식하도록 해 주었다. 곧, 이 같은 '경쟁'이 어떤 종의 여러 개체 중에서 환경에 잘 적응되는 성질을 가진 것만이 살아남을 수 있도록 하는 선택의 수단으로 작용한다는 것이었다. 그리고 오랜 세월이 지나면 그 같은 성질을 가진 개체들만이 살아남아서 종의 성질이 그 같은 방향으로 변화하도록 '선택'할 것이다. 또한 다윈은 「인구론」에서 이야기하는 인간이라는 하나의 종 안에서의 이 같은 '경쟁'을 같은 지역 내의 여러 종들 간의 경쟁으로 확장해서, 적응의 대상이 되는 환경에 한 종과 경쟁하고 있는 주위의 다른 종들도 포함되도록 했다. 기후, 풍토 등의 물리적 환경이 똑같은 갈라파고스군도의 서로 다른 섬들에서의 각각 다른 동식물 분포는 이 같은 종들 간의 경쟁에 의해 설명될 수 있었다. 이렇게 해서 '자연 선택'natural selection 이 진화의 메커니즘이라는 다윈 이론의 핵심이 형성되었다.

   그러나 대략 1873년 말까지는 이미 이 같은 생각을 하고 있었던 다윈은 후커 Joseph Dalton Hooker(1817-1911)를 포함한 주위의 몇몇 사람들에게만 그것을 알렸을 뿐, 20년이 지나도록 발표하지 않았다. 1858년 왈라스 Alfred Russel Wallace(1823-1913)로부터 자신의 생각과 거의 같은 내용을 담은 논문이 도착한 후에야 그 동안의 연구 결과를 정리해서 이듬해에 「종의 기원」 Origin of Species 을 출판했던 것이다.

다윈과 왈라스 : 동시 발견

다윈과 왈라스에 의해 같은 생각이 서로 독자적으로 얻어졌음을 말해주는 위의 이야기는 과학의 역사상 흔한 '동시 발견'simultaneous discovery, 또는 '복수 발견'mutiple discovery의 전형적인 예이다. 그리고 이에 대한 이해는 과학 활동의 일반적 특성에 대한 이해를 증진시켜 줄 것이기 때문에, 지금까지의 이야기를 잠시 중단하고 그에 대해 살펴볼 가치가 있다.

왈라스는 일찍부터 주로 지질학적 증거들에 바탕해서 진화를 받아들이고 있었으나, 역시 남아메리카를 여행하게 된 1848년부터 그것을 더욱 더 강력히 믿게 되었다. 그리고 1858년에는 다윈과는 독자적인 과정을 통해 자연 선택을 진화의 메커니즘으로 제시한 논문을 썼고, 그것을 다윈에게 보냈던 것이다. 이 논문에 접한 다윈은 큰 고민과 좌절감에 빠졌다. 물론 같은 내용을 자신이 훨씬 전에 얻어낸 것은 사실이었지만, 그것을 발표하지 않고 있던 상황에서 이제 그것은 왈라스의 업적으로 인정될 수 밖에 없게 되었고, 오랜 기간 동안의 자신의 연구는 제대로 인정받을 수 없게 되었기 때문이었다. 결국 이미 다윈의 연구 내용을 알고 있던 측근들이 개입해서 이 논문은 다윈과 왈라스의 공동 명의로 발표되었다.

다윈과 왈라스에 대한 위의 이야기는 앞서도 말했듯이, 동시 발견의 고전적인 예이다. 그리고 과학의 역사상에는 그 밖에서도 수많은 동시 발견의 예들이 있다. 뉴턴과 라이프니츠에 의한 미적분법의 발견, 켈빈 Lord Kelvin (1824-1907)과 클라우지우스 Rudolph Clausius (1822-88)에 의한 열역학 제2법칙의 발견 등은 그 가장 유명한 예들이다. 심지어 과학 사회학자 머튼 Robert K. Merton 은 동시 발견이 과학상의 발견이 일어나는 더 보편적이고 통상적인 형태라고까지 이야기한다. 머튼의 이 같은 주장은 과학의 역사상의 수많은 동시 발견의 예를 이외에도 남이 발견한 것을 알고 거의 발견에까지 다다른 자신의 연구를 중단한 사례들, 그리고 많은 과학자들이 항상 자신보다 먼저 다른 사람이 같은 결과를 발견할 가능성을 염두에 두고 있다는 사실 등이 뒷받침해 준다.

이처럼 동시 발견이 과학사상 잦을 뿐만 아니라, 단독 발견보다도 더 보편적인 형태로 볼 수 있다는 사실은 우리로 하여금 과학적 발견의 성격에 대해 새로운 방향에서 생각해 볼 것을 요구한다. 흔히 어떤 역사적 사실을 두고, "시기가 무르익었다"는 말을 하는데, 이것이 과학상의 발견에도 적용될 수가 있다는 점이다. 다시 말해서, 과학적 발견이 과학자 개인의 천재적 능력에 의해서나 행운에 의해서만 이루어지는 것이 아니라, 그 시기에 이르기까지 과학의 개념·이론·방법 등의 발전에 힘입게 되고, 사회·경제·사상 등의 과학 외적 요건에도 좌우된다는 것이다. 어떤 과학적 발견을 위해 이런 조건들이 갖추어졌을 경우에는 실제로 그것을 발견한 한 과학자만이 아니라, 다른 과학자에 의해서도 그 발견은 이루어질 수가 있다. 과학사상의 무수한 발견들이 동시 발견이었다는 사실이 이를 말해 준다.

한편, 다윈과 왈라스에 의한 위의 동시 발견은 다른 동시 발견들과 비교했을 때 아주 이례적인 면을 보였는데, 그것은 이 동시 발견이 '우선논쟁' priority controversy 을 낳지 않았다는 점이다. 앞에서 본 뉴턴과 라이프니츠, 켈빈과 클라지우스의 경우를 포함해서 대부분의 복수 발견의 예들에서 이에 개입된 과학자들은 서로 자신이 상대방보다 먼저 발견했음을 내세웠고, 경우에 따라서는 상대방이 자신의 생각을 표절했다고 비난까지 하기도 했다. 심한 경우에는 이 논쟁이 당사자들만이 아니라 그들의 추종자들, 그리고 그들의 국가간으로까지 번지기도 했다. 다윈과 왈라스의 경우에 그러한 일이 없었던 것은 이들이 같은 사회에 속해 있었다는 사실 외에, 두 사람의 겸손함, 그리고 이들과 공동의 동료 관계에 있었던 몇몇 과학자들의 지혜로운 중간 역할 때문이었다.

그런데 이 같은 우선 논쟁이 잦고 격렬하다는 사실로부터 우리는 과학자들이 남보다 먼저 어떤 과학적 발견을 해내는 일을 얼마만큼 중요시하는지를 알 수 있다. 그리고 그 이유는 과학적 발견을 이루어낸 과학자가 발견으로부터 얻어낼 수 있는 이익은 자신이 그것을 발견했음을 다른 사람이, 특히 동료 과학자들이 인정해 주는 것뿐이라는 점이다. 과학적 발견은 동시에 모든 과학자의 공유물이 되며, 기술상의 발명처럼 이를 특허에 의해 보호받거나 매매하거나 할 수 있는 방법이 없기 때문이다. 따라서 과학자들은 남보다 먼저 과학적 발견을 해내고 그것을 다른 과학자들로부터 인정받기 위해 큰 노력을 경주하는 것이며, 그러한 노력이 과학 활동의 중요한 특성인 것이다.

「종의 기원」이 야기한 문제들

「종의 기원」은 출판과 동시에 큰 파문을 일으켰다. 종의 진화라는 사실 자체는 당시로서는 상당히 퍼져 있었고, 따라서 크게 새로울 것은 없었지만, 그것을 위해 자연 선택이라는 메커니즘을 제시했다는 데서 사람들의 이목을 집중시켰다. 특히 다윈은 「종의 기원」에서 자연 선택에 의한 종의 진화를 뒷받침하는 방대한 증거들을 제시했고, 이것이 진화의 주장에 커다란 과학적 무게를 부여했다. 사실 거의 20년 전부터 다윈의 주장을 알고 있었던 측근들도 결국은 「종의 기원」의 방대한 증거에 접하고 나서야 이를 받아들일 수 있게 되었던 것이다.

물론 「종의 기원」에 의해 모든 사람이 다윈의 이론을 받아들이게 된 것은 아니었고, 그것은 오히려 여러 면에서 문제들을 제기했다. 그리고 우리는 이 문제들을 다음과 같이 몇 가지 차원에서 나누어 생각할 수 있다. 우선 첫째는 다윈의 이론에 따르면 종이 고정되어 있는 것이 아니라 진화가 일어난다는 사실이 제기하는 문제였고, 둘째는 '자연 선택'이 진화의 메커니즘이라는 것과 관련된 문제였다. 셋째는 이 두 가지 사실과 신의 '설계'와의 관계에 관한 문제, 곧 다윈의 주장을 받아들이게 되면 진화가 순전히 자연적 과정일 뿐 신의 설계를 볼 수 없는 것이 아닌가 하는 문제였다. 그리고 넷째는 인간에 관한 문제로 인간도 진화했는가, 그리고 그렇다면 다른 종들과 인간의 차이는 무엇인가 하는 문제, 곧 자연 세계에서의 인간의 위치에 관한 문제였다. 「종의 기원」의 출판 이후에도 이 문제들 각각에 대해서 서로 다른 견해들이 있었고, 오히려 「종의 기원」의 출판이 그것들을 뚜렷이 부각시키는 효과를 내기도 했다. 이에 따라 많은 논쟁이 뒤이었는데, 물론 가장 격심했던 것은 진화론에 격렬히 반대한 교회와 헉슬리 Thomas H. Huxley(1825-95)로 대표되는 진화론자들 사이의 논쟁이었다.

1870년대에는 대부분의 지식인들은 그리스도 신자인 것에 상관없이 진화가 사실임을 받아들였다. 드리고 두 번째 문제인 자연 선택에 대해서도 많은 사람들이 수긍하는 편이었다. 그러나 오히려 생물학자들은 자연 선택에 대해 더 회의적이었다. 그것이 많은 생물학적인 문제들을 계속 남겨두었기 때문이었다. 예를 들어, 환경에 잘 적응하는 변이(變異)가 발생하면 그것이 전승된다는 것은 받아들인다고 하더라도 그러한 변이가 당초에는 어떻게 발생하는가, 적응에 아무 쓸모없는 생물체의 기관들은 왜 계속 존재하는가 등의 문제가 그러했고, 종이 변화하는 실제 과정을 볼 수 없다는 문제였다. 위의 셋째, 넷째 문제들에 대해서는 더욱 더 의견들이 엇갈렸고, 앞서 말한 진화론과 교회와의 논쟁은 진화라는 사실 자체보다는 오히려 이들 문제들과 관련해서 더 격렬하게 전개되었다.

한편, 과학적으로 가장 큰 문제는 변이가 어떻게 계승되는가 하는 유전(遺傳)의 문제였다. 1866년 멘델 Johann Gregor Mendel(1822-84)이 콩을 사용한 실험을 통해 얻어낸 '멘델의 법칙'은 바로 이에 대한 실마리를 제공했으나, 생물학자들의 관심을 끌지 못하고 묻혀졌다. 결국 이것이 1915년 모건 Thomas H. Morgan(1866-1945)에 의해서 재발견되어 현대의 유전학 genetics 으로 이어지고 나서야 다윈의 이론이 제기한 문제들이 완전히 해결될 수가 있었던 것이다.

05 | 열역학의 성립: '에너지'와 '엔트로피'

17세기에는 기계적 철학의 영향으로 열의 본질을 물질 입자의 운동으로 보는 사람들이 있었고, 베이컨, 보일, 뉴턴 등이 그 보기였다. 그러나 18세기에 와서는 이들의 생각은 잊혀지고 열이 '칼로릭'caloric이라고 불리는 '무게가 없는 물질 입자'imponderable 라는 이른바 '칼로릭 이론'이 받아들여졌다.

칼로릭 이론

칼로릭 이론에 의하면, 어떤 물체가 뜨거운 것은 그 물체 속에 칼로릭이 많이 들어있기 때문이었고, 열의 출입에 의해 일어나는 물체의 온도의 변화는 그 물체가 칼로릭을 흡수하거나 방출해서 생기는 것이었다. 따라서 고체가 열을 받아 액체가 되는 것은 고체를 이루고 있던 물질 입자와 칼로릭을 결합하는 현상이며, 칼로릭이 더 많이 결합하면 그만큼 부피가 더 커져서 기체가 되는 것이다. 또 두 물체가 마찰해서 열이 생기는 것도 그렇게 서로 마찰하면서 두 물체들 속에 들어 있던 칼로릭이 빠져나오는 것으로 설명되었다.

물론 이 같은 칼로릭 이론에는 문제가 있었다. 가령 마찰열의 발생에 있어 한쪽 물체가 뾰족한 끝을 가지고 있으면, 그에 의해 다른 쪽 물체가 긁혀서 칼로릭이 더 많이 빠져나올 텐데, 실은 두 물체가 다 평평한 면을 가져 마찰

면적이 큰 경우가 더 많은 열을 발생시킨다는 사실이나, 그러한 마찰열의 발생은 두 물체 속에 들어 있는 칼로릭이 다 빠져나오면 끝나야 할 텐데도 무한정 계속해서 일어난다는 사실 등이 칼로릭 이론에 대한 문제점으로 제기되었던 것이다.

그리고 이런 문제점들은 몇몇 사람들에게 열이 칼로릭이 아니라 단순히 물질 입자의 운동이 아닌가 하는 의문을 가지게 했으며, 럼퍼드Count Rumford (원명Benjamin Thompson) (1753-1814)나 데이비 같은 학자들은 1798~1801년 사이에 이 같은 생각을 발표하기도 했다. 그러나 이들의 생각은 체계적이지 못했고, 거의 일시적으로 지나가는 생각의 수준을 벗어나지 못했으며, 이들이 이러한 생각에 바탕해서 열에 관한 탐구를 계속한 것도 아니었다. 결국 이러한 생각은 다른 과학자들에게 별 영향을 미치지도 않았고, 다른 과학자들에 의해 받아들여지지도 않았으며, 1830년대까지는 대부분의 사람들이 열은 '칼로릭'이라는 '무게가 없는 물질 입자'라고 믿었던 것이다.

카르노의 원리

이런 상황에서 19세기 초에 주로 에콜 폴리테크닉에서 과학 교육을 받은 프랑스 기술자들과 실제 기술의 문제에 관심을 가졌던 과학자들 사이에 점점 열 현상에 관한 이론적 취급에 대한 관심이 퍼지게 되었다. 물론 열의 본질이 칼로릭이라는 점 자체는 누구나 받아들여서 문제가 되지 않았지만, 그러한 칼로릭 이론에 바탕해서 열의 전달과 흡수, 이에 수반되는 온도의 변화와 온도 기울기 등에 관한 수학적 이론을 얻어내려고 했던 것이다. 실제로 푸리에Joseph Fourier (1768-1830) 같은 사람은 칼로릭 이론에 바탕한 열전달 이론의 수학적 체계를 세워내기까지 했다. 이 같은 문제들 중에서 가장 큰 흥미를 자아내었던 것은 당시에 널리 사용되기 시작하던 열기관heat engine

— 증기기관이 그 대표적인 보기인데 — 의 열효율heat efficiency에 관한 문제였다. 다시 말해서, 열기관이 일정량의 열을 사용했을 때 얼마만큼의 '일'work, 즉 역학적 에너지를 얻어낼 수 있는가 하는 것이다. 그리고 이 문제에 기초를 놓아 준 것이 카르노 Sadi Carnot(1796-1832)의 연구였다.

카르노는 열기관의 열효율을 다룸에 있어 열기관과 수력기관과의 유비관계(類比關係)로부터 시작했다. 물이 높은 곳에서 낮은 곳으로 이동하면서 일을 하듯이 열, 곧 칼로릭도 높은 온도에서 낮은 온도로 이동하면서 일을 하게 된다는 생각이다. 따라서 일정한 양의 물이 할 수 있는 일의 양이 두 위치만의 함수이듯이, 일정한 양의 열이 하게 될 일의 양도, 곧 열기관의 열효율도, 그 열기관의 작동 물질 working substance에 관계없이 그 열기관을 구성하는 두 온도만이 함수가 된다는 것이 그의 생각이었다. 카르노는 1824년 '열의 동력에 대한 고찰'Reflexions sur la puissance motrice de feu 이라는 제목의 논문에서 이를 이론적으로 증명했다.

그러나 훗날 '카르노의 원리'라고 알려지게 될 이 같은 생각을 담은 카르노의 이 논문은 발표 당시에는 별 주목을 끌지 못했다. 기술자들이 주로 읽는 공학 전문학술지에 발표되었기 때문에 물리학자들에 의해 읽혀지지 않은데다가, 열기관에 관한 실제 문제가 아닌 이론적 문제를 다루었기 때문에 기술자들도 별 관심을 쏟지 않았던 것이다. 결국 이 논문은 카르노 사후(死後)인 1840년대에 가서야 물리학자들 사이에서 읽혀지고 논의되기 시작했다.

일과 열의 상호변환 : 열역학 제1법칙

물리학자들이 카르노의 결과에 관심을 가지고 그에 대해 논의하게 되었을 즈음에는 이미 열에 대한 칼로릭 이론은 퇴조(退潮)를 시작하고 있었다. 1830년대부터 여러 가지 형태의 '에너지', '힘', 또는 '효과'들이, 특히 역학적 에너지와 열, 그리고 화학적 에너지 등이 서로 같은 종류의 물리적 양이고, 따라서 서로 변환될 수 있다는 생각이 자라났던 것이다.

여기에는 18세기 말부터 독일을 중심으로 퍼졌던 자연철학주의 Naturphilosophie의 영향이 컸다. 영국과 프랑스 중심의 계몽 사조가 지나치게 기계적·실험적·수학적 자연관을 강조한 나머지 자연으로부터 생명, 신비함, 통일성, 감성 등을 빼앗아 버린 데 대한 반발로 나타난 자연철학주의는 자연에 이런 것들을 다시 부여하고자 했다. 자연철학주의자들은 특히 자연 세계의 통일성을 강조했고, 기계적 자연관이 자연을 조각내고 분해해서 그 통일성을 보지 못함을 비난했다. 예를 들어, 자연철학주의의 대표적 인물인 셸링 Friedrich Schelling(1775-1854) 같은 사람은 기계가 아니라 생명체를 자연 세계의 통일성을 나타내주는 모델로 제시하기도 했다. 따라서 이들은 다양한 형태로 나타나는 여러 가지 자연현상들의 밑에는 그 같은 현상들 모두를 포괄하고 거기에 통일성을 부여하는 단일한 그 무엇 — 양(量), 관념 — 이 있다고 믿었다. 이것을 그들은 '힘', 또는 '에너지'라고 불렀고, 이것이 전기, 자기, 빛, 소리, 열, 화학 및 역학 현상 등 여러 형태로 나타난다고 생각했다. 이 같은 일반적 분위기의 영향 하에서 몇몇 사람들이 에너지 보존의 원리, 또는 열역학 제1법칙을 발견하게 되었다. 그리고 이것 역시 여러 사람들이 개입된 복수 발견이지만 대체로 마이어 Robert Mayer(1814-78), 헬름홀츠 Hermann Helmholtz(1823-94), 줄 James P. Joule(1818-89) 세 사람을 그 발견자로 든다.

마이어의 발견은 의사로서 1842년 열대 지방에서 선상(船上) 근무 중 열대인들의 정맥피가 유럽인보다 매우 빨간 것을 보고 그 이유를 설명하는 과정에서였다. 사람들이 음식물을 먹으면 그것이 산소와 반응해서 몸의 열이 되고 그 열이 다시 역학적 에너지로 소모되는데, 열대인들은 역학적 에너지의 소모가 작아서 정맥피 속에 산소가 더 많이 남아 있기 때문에 더 빨간색이라는 것이었다. 그리고 이것이 마이어로 하여금 음식물의 화학적 에너지, 열, 역학적 에너지(일) 등이 상호변환(相互變換)이 가능한 같은 종류의 양임을 결론짓게 해 주었다. 헬름홀츠도 동물체의 열의 근원에 관한 탐구 끝에 비슷한 결론에 이르렀는데, 그는 이를 열, 일, 화학적 에너지만이 아닌 모든 형태의 에너지들에도 적용해서 역학에서의 에너지 보존의 법칙이 다른 모든 에너지를 포함하는 형태로 확장되어야 함을 주장했다.

한편, 줄은 영국 과학의 특징을 드러내서 에너지가 보존되고 그 여러 형태가 서로 변환이 가능함을 실험을 통해 보여 주려고 노력했다. 그는 주어진 양의 열을 내는 각종 에너지의 양을 재는 실험을 했고, 특히 역학적 에너지가 전기 에너지로, 그리고 그것이 열로 바뀌는 과정에 대한 실험을 통해 일과 열 사이의 상호변환계수의 정확한 측정에 성공했다. 이들의 의해, 특히 줄의 정확한 실험을 통해, 열과 일이 서로 같은 종류의 양이고 서로 변환되며 그 합은 보존된다는, 이른바 열역학 제1법칙이 받아들여지게 되었다. 그리고 그에 따라 열이 칼로릭이라는 생각은 더 이상 지탱할 수가 없게 되었던 것이다.

열역학 제2법칙과 '엔트로피'

1847년 카르노의 논문을 검토하고 있던 톰슨(William Thomson, 후에 Kelvin 경이 됨 (1824-1907))은 옥스퍼드에서 열린 학회에서 줄의 논문 발표를 듣고 줄의 생각과 카르노의 생각이 서로 모순됨을 인식하게 되었다. 카르노에 의하면, 열기관은 높은 온도에서 흡수한 열 전부를 낮은 온도로 보내고 일을 하는데, 이것은 열이 일과 같은 종류의 물리적 양이고 서로 변환될 수 있으며, 이 때 열과 일을 합친 양이 일정하게 보존된다는 줄의 생각과 어긋났던 것이다. 그리고 톰슨이 지적한 이 모순을 해결하려는 노력이 클라우지우스와 톰슨 자신으로 하여금 열역학 제2법칙을 얻어내도록 했다.

먼저, 1850년에 클라우지우스가 열과 일의 합이 보존된다는 줄의 결론을 받아들이면 열의 칼로릭 이론은 포기해야 하지만, 카르노의 원리는 그대로 유지되어 열기관의 열효율이 두 온도에만 관계함을 증명했다. 그러기 위해 클라우지우스는 만약 그렇지 않다면 열이 다른 아무런 변화 없이 낮은 온도에서 높은 온도로 흐르는 일이 생기게 될 것임을 추론했고, 그것이 불가능함에 바탕해서 카르노의 원리를 증명할 수 있었다. 이듬해에는 톰슨도 카르노의 원리를 증명했는데, 그는 그 증명을 다른 아무런 변화 없이 주위로부터 열을 흡수해서 일을 하는 것이 불가능함에 바탕했다.

만약 그런 일이 있을 수 있다면, 주위의 바다로부터 무진장의 열을 흡수해서 이것을 일로 바꿔 움직일 수 있는 배를 만드는 것과 같은 일이 있게 될 것이기 때문이었다.

위의 증명들에서 클라우지우스와 톰슨이 사용한 경험적 사실들, 또는 사실들의 경험적 불가능성 — 아무런 다른 변화 없이 열이 낮은 온도에서 높은 온도로 흐를 수 없다든지, 주위로부터 열을 흡수해서 그대로(낮은 온도로 내보내지 않고) 일로 바꿀 수 없다는 — 이 바로 열역학 제2법칙의 내용이었다. 그리고 제1법칙이 열과 일을 포함한 변화에 있어서 그 합이 보존됨을 말함으로써 그 양적인 관계를 규정한 데 반해, 제2법칙은 그러한 변화가 일어날 수 있는 방향에 대해 제한했다. 열은 높은 온도에서 낮은 온도로 흐를 수 있지만 낮은 온도로부터 높은 온도로는 저절로 흐르지 않으며, 일은 열로 바뀔 수가 있지만 열은 일로 바뀔 수가 없다는 것이다.

자연 세계에서 어떤 특정한 종류의 현상이 일어날 수 없다는 형태로 이 같이 표현된 열역학 제2법칙은 클라우지우스에게는 불완전해 보였다. '법칙'이라고 불리는 것이 흔히 지니는 보편성·규칙성을 포함하지 않았고, 제1법칙과 같은 보존성을 보이지도 않았으며, 정확한 표현도 아니었기 때문이다. 또한 클라우지우스에게는 이렇게 불완전하게 표현된 열역학 제2법칙은 그 정확한 의미도 이해하기 힘든 것으로 느껴졌다. 따라서 그는 1850년 이후 오랫동안 열역학 제2법칙의 더 일반적이고 완전한, 그리고 수학적으로 정리된 표현을 얻어내려고 노력했다. '엔트로피'entropy 라는 개념은 그 후 15년간 걸친 이 같은 클라우지우스의 노력의 결과로 얻어졌다.

클라우지우스의 이 같은 노력에 방향을 제시해 주었던 것이 1852년에 발표된 톰슨의 짧은 논문이었다. 이미 지구의 나이에 대한 관심에서 지표면과 지구 내부의 열이 식어 가는 과정에 대해 탐구하면서 자연 세계의 변화의 결과 에너지의 사용될 수 있는 부분, 즉 유용한 부분이 감소한다는 생각을 하고 있었던 톰슨은 이 논문에서 이것을 에너지의 '낭비'dissipation 라고 불렀다. 그는 그 같은 에너지의 '낭비'를 포함하는 과정의 예들로서 일로부터 열의 생성, 열의 전도conduction, 열의 복사radiation 등의 세 가지 비가역적irreversible 과정들을 논의한 후 "현재 물질세계에는 역학적 에너지의 낭비를 향한 일반적 경향이 존재한다"고 결론지었다. 클라우지우스는 톰슨의 이 같은 언급의 간결함과 일반적인 점이 주는 힘과 매력을 인식했고, 톰슨이 이처럼 단순히 언급한 것을 수학적 계산과 논리적 추론을 통해 얻어내려고 노력했던 것이다.

따라서 클라우지우스의 노력은 한 가지 방향으로만 변화하는 물리적 양을 수학적으로 정의하는 일에 집중되었다. 그리고 15년간에 걸친 끈질긴 노력 끝에야 비로소 그는 그처럼 항상 증가하는 양을 정의할 수 있었고, 그것을 '에너지'라는 단어와 되도록 유사하게 만들려는 의도에서 '엔트로피'라고 불렀던 것이다. 1865년의 그의 논문은 이 단어들을 사용해서 '우주의 두 가지 기본 법칙들'을 다음과 같이 표현했다.

1. 우주의 에너지는 일정하다.
2. 우주의 엔트로피는 항상 증가한다.

엔트로피 개념에 대한 이해

엔트로피의 개념은 일단 정의가 된 후에는 이처럼 중요한 역할을 하게 되었다. 우주의 모든 변화를 통해서 항상 보존되는 것이 '에너지'인 반면에, 이런 변화가 방향성을 나타내 주면서 항상 증가하는 양이 '엔트로피'였기 때문이다. 그러나 이렇게 태어난 엔트로피의 개념이 사람들에 의해 쉽게 받아들여졌던 것은 아니었다.

우선 1865년 클라우지우스에 의해 처음 제시된 이래 한참 동안 엔트로피의 개념은 제대로 이해되지 못하고 많은 오해를 불러일으켰다. 클라우지우스 자신도 그 자신이 정의한 개념을 완전히 파악하지 못한 면이 있을 정도였다. 이 같은 오해가 있었던 것은 클라우지우스에 의해 엔트로피가 정의된 형태가 지극히 간접적이었기 때문이었다. 그것은 그 자체로서가 아니라 그 미분량(微分量)으로서 정의되었으며, 그것은 이상적(理想的)인 가역적(可逆的) 과정의 제한 하에서의 정의였다. 따라서 실제 비가역적 과정에 대한 엔트로피의 변화는 계산하기도 힘이 들었고, 그것이 계산될 수 있었다고 해도 물리적으로 어떤 의미를 지녔는지 이해하기가 극히 힘들었다. 그리고 그 점은 물리적 의미가 어느 정도 직관적으로 파악되었던 에너지 개념과는 크게 대조적이었다.

따라서 엔트로피 개념이 등장하자 곧 그것에 물리적 의미를 부여해 보려는 노력이 나타났다. 그리고 클라우지우스 자신에 의해 시작된 그 같은 시도가 성공한 것은 확률적인 방식을 통해서였다. 그것은 열역학 제2법칙이 수학적 추론에 의해서나 이론적 증명을 통해서 얻어진 것이 아니라 경험적인 사실이라는 점으로부터 시작했다. 클라우지우스와 톰슨이 불가능하다고 했던 일들, 곧 열이 낮은 온도에서 높은 온도로 흐르거나 아무런 다른 변화 없이 열이 일로 바뀌는 것은 사람들의 경험을 통해 과거에 한 번도 일어나지 않았고, 따라서 앞으로도 일어나지 않을 것으로 사실상 확신할 수 있는 일들이지만, 그것들은 이론적으로 불가능함이 증명된 일들은 아니었다. 이런 일들은 일어날 수는 있지만, 그 확률이 극히 낮아서 경험적으로 그것이 일어나는 것을 관측하기가 불가능한 일들이었던 것이다.

그렇다면 열역학 제2법칙이 제시하는 변화의 방향성 — 예를 들어, 열의 높은 온도에서 낮은 온도로의 흐름 — 은 그 방향의 변화의 확률이 지극히 높음을 이야기하는 것이 된다. 그리고 우주의 모든 변화가 엔트로피가 증가하는 방향으로 일어난다는 것은 엔트로피가 증가하는 변화가 일어날 확률이 지극히 높다는 것이 된다. 어떤 한 상태(상태1)에서 다른 한 상태(상태2)로의 변화가 항상 일어나기 위해서는 상태2가 상태1보다 확률이 지극히 높은 상태여야만 한다. 그런데 이 변화에서 상태2는 상태 1보다 엔트로피가 높은 상태이므로, 결국 엔트로피가 확률과 직접 연결되어 있고, 어떤 상태에 대한 엔트로피가 그 상태에 대한 확률의 척도가 될 것임을 알 수 있다. 실제로 볼츠만 Ludwig Boltzmann(1844-1906)은 1877년의 논문에서, 주어진 상태에 대한 엔트로피가 그 상태에 해당되는 분자들의 배열 방법 수의 로그 log 에 비례함을 보일 수 있었고, 확률이 배열 방법 수에 비례하기 때문에 이는 엔트로피가 확률의 로그에 비례함을 의미했다.

어떤 상태에 대한 엔트로피는 그 상태에 대한 확률에 척도일 뿐만 아니라, 또한 그 상태의 무질서함의 척도이기도 하다. 어떤 계 system 의 무질서한 상태(예를 들어, 기체 상태)에 해당하는 분자들의 배열 방법 수는 퍽 많고, 그에 대한 확률이 큰데 반해, 질서가 있는 상태(예를 들어, 고체 상태)에 대한 배열 방법 수와 그 확률은 극히 작기 때문이다. 따라서 어떤 용기(用器) 속에 담겨 있는 기체 분자들의 가능한 배열 방법들을 모두 찾아볼 수 있다면(예를 들어, 순간순간마다 분자들의 스냅사진을 찍어서) 그 중에 거의 모든 배열이 분자들이 아무렇게나 섞여 있는 무질서한 상태에 해당되고, 극히 드문 경우에만 질서가 있는 상태(예를 들어, 모든 분자들이 용기의 한쪽에만 모여 있거나, 속도가 빠른 분자들은 모두 한쪽에 있고 느린 분자들은 모두 다른 쪽에 있는)가 얻어질 것이다. 이로부터 볼츠만은 어떤 기체계(氣體系)의 분자들이 질서 있는 배열로부터 시작해서 움직여 간다면 시간이 지나면서 점점 무질서한 배열들로 가게 되리라는 것을 쉽게 일찍 예측할 수 있었다. 무질서한 배열들이 훨씬 숫자가 많고, 그에 따라 확률이 높기 때문이다.

볼츠만의 이 같은 논의는 카드놀이의 예를 들어 보면 이해가 쉬워진다. 아무렇게나 카드를 섞어서 놓으면 가능한 대부분의 카드 배열은 무질서한 것이 될 것이고 무늬나 숫자가 마구 섞여 있는 것이 될 것이다. 무늬가 같은 것끼리 모여 있거나 숫자가 순서대로 되어 있는 질서가 있는 배열은 아주 드물게 얻어질 것이다. 따라서 질서가 있는 배열로부터 시작해 카드를 섞으면 거의 틀림없이 줄어든 배열이 얻어질 것이다. 무질서한 상태가 확률이 높기 때문이다. 물론 무수히 많은 배열들 중에서 아주 드물게는 질서가 있는 배열이 얻어질 수도 있다. 그러나 섞기를 오래 되풀이한다고 해도 52장의 카드가 완전히 처음과 같이 질서 있는 배열로 얻어지는 일이 생길 것을 기대하는 사람은 아무도 없을 것이다. 그리고 52장의 카드의 배열에서 무질서한 배열의 확률의 크기가 이러하다면, 10의 20제곱이 훨씬 넘는 숫자의 분자들로 이루어진 기체계의 분자 배열에서는 그 정도가 얼마나 심하겠는가 하는 점에서 볼츠만의 논의의 힘을 짐작할 수가 있다.

따라서 볼츠만의 이 같은 논의로부터 분자들로 이루어진 계(系)가 겪게 될 어느 물리적 과정에서나 무질서함(엔트로피)이 증가할 것은 거의 확실했다. 그리고 열역학 제2법칙은 많은 숫자의 분자들로 이루어진 계에 적용되는 이 같은 거의 확실한 사실에 대한 확률적인 법칙이었다. 물론 확률적 법칙인 까닭에 엔트로피가 감소하는 것과 같은 극히 드문 경우가 일어날 수 있는 것은 사실이다. 예를 들어, 컵 속의 물의 분자들은 보통 아무 방향으로나 무질서하게 움직이지만, 한 순간에 모든 분자들이 한 방향으로만 — 예를 들어, 위로만 — 질서 있게 움직인다는 것이 절대적으로 불가능한 일은 아니며, 그러면 물은 저절로 컵 위로 용솟음쳐 올라 올 것이다. 이 경우에는 무질서한 움직임이 저절로 질서 있는 움직임으로 된 셈이며, 엔트로피는 감소한다. 그러나 이런 일이 일어날 확률은 극히 작아서 거의 불가능에 가깝고, 엔트로피가 항상 증가한다는 열역학 제2법칙은 바로 그것을 말해주는 것이다.

엔트로피를 이처럼 확률을 통해 정의해 줌으로써 볼츠만은 열역학 제2법칙을 확률 법칙의 직접적인 표현으로 만들어 주었다. 어떤 상태에 대한 엔트로피는 그 상태의 확률을 나타내주는 척도이며, 계(系)는 확률이 낮은 상태에서 높은 상태로 이동하려 할 것이기 때문에 엔트로피가 증가한다. 그리고 이제 엔트로피와 확률과의 관계, 그것들과 분자 배열의 무질서함과의 관계가 명확히 주어짐으로써, 엔트로피는 열(熱)의 출입이 수반되는 변화에 대해 간접적으로 주어진 정의로부터 벗어나서 모든 물리적 상태에 대하여 적용 가능해진 정의를 지니게 되었다.

06 | 물리학 분야의 성립

앞 장에서 살펴본 것과 같은 과정을 통해서 에너지와 엔트로피라는 개념들이 열 현상을 다루는 기본 개념으로 자리잡게 되자, 이를 바탕으로 해서 열 분야의 지식이 '과학화(科學化)'하고 '열역학(熱力學)'이라는 하나의 전문 과학 분야가 생겨났다. 그 동안은 주로 화학자, 의사, 기술자들, 그리고 자연철학주의자들이나 갖가지 실험을 하던 사람들의 경험적 지식의 종합에 지니지 않던 열에 관한 지식이 이론적 기초를 갖추게 되고, 체계화·수학화된 하나의 과학 분야가 된 것이다.

열역학 분야의 성립

이처럼 열(熱) 분야의 지식이 과학화한 데에는 몇 가지 요소들이 기여했다. 먼저, 19세기 초반에 널리 퍼져 있던 독일 자연철학주의의 영향에 대해서는 앞 장에서 이야기했다. 다음으로 들 수 있는 것은, 이 시기에 열기관이 널리 사용되고 있었고, 이에 따라 열과 관련한 많은 경험적·실험적 지식들이 쌓여 있었다는 사실이다. 또한 수학적 기법의 발전도 이에 기여했고, 그런 면에서는 수학적 기법을 교육시켰던 에콜 폴리테크닉의 영향도 컸다. 그러한 교육의 결과로 열 현상을 수학적으로 정연하게 정식화하려는 경향이 있었고, 또 직관적으로 이해하기 힘든 물리적 양(量)이라도 수학적인 간단함을 가져오거나 수학적으로 편리한 것을 정의해서 사용하려는 경향이 퍼졌다. '엔트로피'라는 개념의 도입은 그 좋은 보기라고 할 수 있다.

한편 열 분야에서의 이러한 발전은 열역학이라는 전문 분야의 성립으로 그친 것이 아니라, 그것을 새로 형성된 '물리학'physics이라는 분야의 일부가 되도록 했다. 이미 존재하던 역학 분야와 함께 빛, 전기, 자기, 소리, 기체 등에 대해 다루는 분야들이 각각 체계화과학화되어 물리학이라는 하나의 과학 분야를 형성했고, 열 분야도 이에 포함되었던 것이다. 다음 절(節)들에서는 이 같은 물리학 분야의 형성 과정에 대해서 살펴본다.

이처럼 물리학 분야의 형성 과정을 살펴보는 것은 그 자체로서만이 아니라, 과학 분야 형성의 한 보기를 보여준다는 의미에서도 의의가 있다. 이를 추적함으로써 우리는 따로따로 각각 다른 형태, 다른 방법으로 내려온 여러 갈래의 지식이 하나의 분야가 되고, 그에 따라 같은 사람들이 같은 원리에 바탕하고 같은 방법을 사용해서 이에 종사하게 되는 과정을 이해하게 될 것이다.

수학적 분야와 실험적 분야의 통합

오늘날 물리학은 자연 과학의 대표적인 분야로 들 수 있을 만큼 정립되어 있는 분야이다. 자연 과학에 대해 이야기하면서 물리학을 빼어놓는다는 것은 생각하기도 어려우며, 많은 경우에 자연 과학의 여러 분야들을 열거하면서 첫 번째로 물리학을 꼽게 된다. 물리학이 다루는 범위도 확립되어 있고, 그에 대해서는 거의 이론(異論)이 존재하지 않는다. 예를 들어, 대학의 물리학 교과서들은 저자가 다르더라도 다루는 내용은 거의 같으며, 대개는 같은 순서에 맞춰 같은 예제들을 풀기까지 한다. 그리고 물리학과들의 교육과정은 거의 예외 없이 같은 과목들을 포함하고 있다.

그러나 물리학이 이처럼 확고하고 안정된 분야로 정착된 것은 아주 근래의 일이다. 물론 고대에도 '물리학'physica이라는 말은 있었고, 아리스토텔레스는 「물리학」이라는 제목의 책을 쓰기도 했다. 그러나 당시의 '물리학'이란 오늘날의 '물리학'physics과는 큰 거리가 있어서, 자연 세계를 이해하고 기술하는 데 기본이 되는 개념들을 다루는 분야로서 '자연철학'이라고 부르는 것이 더 적합한 성격이었으며, 오늘날의 '물리학'보다는 오히려 '과학 철학'에 포함될 내용들이 주종을 이루었다. 그리고 이러한 상황은 과학 혁명의 시기까지도 계속되었다.

그렇다면 언제부터 오늘날의 '물리학'이 다루는 것과 같은 내용을 다루는 물리학이 출현했는가? 언제부터 '물리학'이라는 말과 '물리학자'라는 말이 오늘날과 같은 범위를 지니고 같은 뜻으로 사용되었으며, 오늘날의 내용과 같은 내용들에 해당되는 물리학의 교과서와 전문 학술잡지들이 생기고 물리학 분야의 전문학회들이 생겨났는가? 그것은 아무리 거슬러 올라가도 19세기 중엽 이전이 될 수 없다. 그러면 이런 일이 생기게 된 과정을 살피기에 앞서, 먼저 그 같은 물리학이라는 분야가 형성되기 이전의 시기에는 어떠했는지를 살펴보자.

18세기에는 오늘날 물리학에 속하게 된 분야들이 대체로 두 갈래로 존재한다. 그 한 갈래는 역학, 천체 역학, 유체 역학 등과 같이 수학의 한 부분으로 간주되었던 분야들로서, 거의 오늘날과 같은 정도로 고도로 수학화되고 체계화된 형태에 이르러 있었다. 다른 한 갈래는 열, 빛, 전기, 자기, 소리, 기체 등에 대한 지식으로, 아주 초보적이고 산만한 상태에 머물러 있었으며, 대부분 아직 '실험 과학'이라고 부를 수 없는 경험적 지식의 수준이었다. 이는 당시 유럽 과학의 본산(本山)이었다고 할 수 있는 파리 과학 아카데미의 3부로 나누어진 조직에도 잘 나타나 있다. 제1부인 수학부에는 천문학, 역학 등의 수학화된 분야들이 수학의 일부로서 속해 있는 데 반해, 제2부인 실험 과학부에서는 열, 빛, 전기, 자기, 소리, 기체, 화학 등에 있어서의 실험이 행해지고 있었던 것이다(제3부는 '자연사(自然史)'부(部)다).
 이 중 제1부에 속한 분야들은 '수학'이라는 하나의 분야인 것으로 생각되었고, 19세기 초에 이르러서야 겨우 서로 다른 분야들로 나누어져서 수학, 천문학, 역학 등으로 분리되기 시작했다. 한편, 제2부에 속한 분야들은 18세기 중에는 정성적 qualitative 인 차원에 머물러 있었고, 별 체계 없이 산만한 실험이 행해지고 있었다. 그런데 물리학 분야의 형성을 두고서 중요했던 것은 이들 제2부에 속한 분야들이 18세기 말 이후 19세기를 거치면서 점점 정량적 quantitative 으로 되고 수학적으로 되었다는 것이다. 그리고 그렇게 되는 과정에서 이 중 앞서 본 열, 빛, 전기, 자기, 소리, 기체 등에 관해 다루던 사람들이 자신들의 분야를 역학이나 천체 역학 등과 같은 분야로 생각하게 되었고, 점점 이들 여러 분야에 종사하던 사람들이 자신들이 사실을 크게 보아서 한 분야에 속한다고 인식하게 되었다. 이 현상이 바로 '물리학'이라는 하나의 통합된 분야의 형성을 나타내 주는 것이다.

물리학 분야의 통합에 기여한 요인들

 그러면 무엇이 이 같은 변화를 일으켰는가? 다시 말해서, 각각 별개로서 전혀 다른 형태로 내려오던 분야들을 하나로 뭉치게 한 것은 무엇이었는가?
 이 질문에 대한 답으로 먼저 쉽게 생각할 수 있는 것은 당시의 여러 과학 분야들에 있어서의 새로운 제도적(制度的) 유형의 영향이다. 이미 18세기 말부터 화학, 동물학, 식물학, 천문학, 지질학 등은 과학 분야로서 정립되고, 독자적인 전문 학회를 세우고, 전문 학술잡지들을 내기 시작했다. 그리고 이에 따라 그 동안 과학의 모든 분야를 통틀어 관장해 오던 과학 아카데미 같은 종합 과학 단체는 더 이상 실제 연구기능을 지니기는 힘들게 되었고, 각각의 분야에서 수행된 연구들의 종합발표장이 되거나 그것들을 심사, 평가

하는 기관이 되었다. 이런 상황에서 '물리학' 분야도 위의 분야들과 같은 종류의 독자적 과학 분야가 되고, 그들과 같은 종류의 독자적 학술 단체와 학술잡지가 필요해졌을 것을 쉽게 생각할 수 있다.

그러나 그렇다면 이런 일이 어째서 열, 빛, 전기, 자기 등 각 분야에서 각각 독자적으로 진행되지 않고, 이들 분야들이 합쳐져서 '물리학'이라는 하나의 분야가 생기게 되었을까? 예를 들어, 앞 장에서 살펴본 열역학이 독자적 분야로 남지 않고 다른 분야들과 함께 물리학을 이룬 것은 어째서였을까? 이것이 결국 이 장의 핵심이 되는 질문인데, 이에 대한 답은 앞에서처럼 제도적 측면, 또는 더 넓게 과학 외적 측면에서만 찾아볼 수는 없다. 결국은 물리학이라는 한 분야로 합쳐진 위의 여러 분야들의 내용 자체가 이 같은 일에 영향을 미쳤을 것이기 때문이다. 그러면 이들 분야들의 내용에서의 특성들을 먼저 살펴보자.

먼저 들 수 있는 것이 19세기 중엽에 이르면서 자리 잡기 시작한 '에너지'라는 개념으로서, 이 에너지 개념이 물리학의 여러 분야들을 통일시켜 주는 역할을 했다. 특히 여러 형태의 에너지들 — 열, 전기에너지, 자기에너지, 빛 에너지, 역학적 에너지 등 — 이 사실을 본질적으로 같은 물리적 양으로서 서로 변환될 수 있다는 생각은 이것들을 대상으로 하는 분야들 — 열, 전기, 자기, 광학, 역학 등 — 이 사실은 같은 종류의 분야라는 생각을 하게 해 주었다. 이에 따라 이들 현상들을 같은 종류의 물리적 원인과 물리적 양들을 통해서 설명하려는 시도들이 생겨났다. 실제로 '열역학thermodynamics', '전기동역학electrodynamics' 등의 분야 이름들은 그 같은 시도들을 증거해 주며, 또한 19세기 후반을 통해서 완결된 전기 분야와 자기 분야의 통합, 그리고 빛이 전자파electro-magnetic wave라는 인식 등은 그 같은 시도가 고도로 진행된 결과였다고 할 수 있다.

한편 18세기를 통해 널리 퍼져 있던 '무게가 없는 입자'들에 대한 믿음들이 깨어지는 과정도 통일된 물리학 분야의 형성에 기여했다. 위의 갖가지 현상에 대한 각각 다른 종류의 '무게가 없는 입자'들을 가정해서 빛입자, 열에는 '칼로릭' 입자, 그리고 연소(燃燒)에는 '플로기스톤' 등을 따로 생각해 주는 일이 더 이상 지탱되기 힘들어지게 되면서, 이런 여러 분야들에 새로운 이론들이 자라나고, 그런 이론들이 서로 연결되게 되었던 것이다. 그리고 거기는 또한 위의 여러 현상들을 '에터'ether 라는 한 가지 매질(媒質)의 존재를 통해서 생각하는 습관도 큰 역할을 했는데, '빛입자'가 별도로 존재하는 것이 아니라 에터의 진동에 의하여 빛이 전달되는 것이라는 프레늘Augustin Jean Fresnel (1788-1827)의 '빛의 파동이론(波動理論)'이 여기에 큰 영향을 미쳤다.

이들 분야에서의 방법상의 변화도 무시할 수는 없다. 특히 그 동안 실험 위주였고 경험적 지식 위주였던 이들 분야들의 지식이 '수학화mathematization'되었던 사실은 중요했다. 그러한 '수학화'의 과정을 거침으로써 이들 분야들은 모두 서로 거의 같은 방법들을 사용하게 되었다. 많은 경우에는 각각 다른 분야가 다루는 현상이나 물리적 양들은 달랐고, 사용하는 기호도 달랐으면서도, 그것들에 대한 수식과 방정식들이 형태상으로는 같은 구조를 지니는 일이 생기게 되었다. 그리고 일단 이렇게 되면 똑같은 수학적 기법(技法)을 통해서 한 가지 방정식을 풀어냄으로써 여러 가지 분야들에 걸친 지식을 한꺼번에 얻을 수가 있게 되었다. 또한 그 결과 같은 종류의 수학적 기법을 교육받은 사람은 이들 모든 분야들을 함께 다룰 수 있게 되었다. 결국 이런 수학화의 과정이 더욱 진전되면서 이들 분야들은 한 가지 방법을 공유하는 하나의 과학 분야, 곧 수리물리학mathematical physics 분야가 되었던 것이다.

수학화의 요인들

그러면 이처럼 물리학 분야의 형성에 크게 기여한 '수학화'는 어떻게 해서 일어났을까?

이에 대한 답을 위해서도 역시 우선 제도적인 면을, 특히 수학화가 일어난 주무대였던 프랑스의 과학 제도를 살펴볼 필요가 있다. 먼저 들 수 있는 것이 과학 아카데미의 존재였다. 수학자들과 실험과학자들의 함께 과학 아카데미 안에서 과학 활동을 함으로써 이 두 종류의 과학자들이 서로 영향을 미쳤으며, 특히 실험과학자들이 수학자들로부터 영향을 받아 수학적 방법을 사용하게 되었던 것이다. 또한 원래 기술자들의 양성을 위해 설립되었던 에콜 폴리테크닉도 실제 교육 내용은 주로 수학과 이론적 과학에 치중해서, 이와 같이 수학화된 물리학 연구를 수행할 수 있는 교육 받은 인력(人力)을 제공했다.

한편, 18세기를 통해 진전되고 라플라스에 이르러 완성된 역학의 수학적 체계화도 역학 이외의 다른 분야들의 수학화에 큰 영향을 끼쳤다. 18세기 초 뉴턴 역학이 프랑스에서 받아들여지기 시작한 이후 역학은 미분, 적분, 미분방정식 등을 사용해서 완전히 수학적으로 정리되고 체계화되었는데, 이 같은 사실이 다른 분야들에 그것들이 모방할 수 있는 모델을 제시해 주었고, 자신들의 분야도 그 정도의 수준의 수학화를 이루어낼 것을 시도하고 기대하게 만들었던 것이다. 특히 라플라스는 그 자신이 역학의 수학적 체계화에 크게 기여했을 뿐만 아니라, 그 과정에서 자신이 이룩한 공헌과 그에 따른 나폴레옹의 총애에 의해 점하게 된 프랑스 과학계 내에서의 강력한 지위를 이용해서 다른 분야들에서의 이 같은 수학화 과정을 주도했다.

'라플라스 프로그램'Laplacian Program이라고도 부를 수 있는 이 과정에서, 라플라스는 자신이 역학 분야에서 행한 작업이 열, 전기, 빛 등의 분야에서도 이루어지도록 그의 추종자들을 유도했고, 과학 아카데미의 연례 현상공모 주제들의 선정을 그러한 목적으로 사용하기도 했다. 예를 들어, 빛의 입자 이론을 바탕으로 해서 복굴절double refraction 현상을 설명한 논문으로 1809년 입상한 말뤼Etienne L. Malus (1775-1812)는 라플라스의 그 같은 영향력을 잘 보여 주었다. 주로 이러한 라플라스의 노력에 힘입어 19세기 초 빛과 열 분야에서는 이것들이 빛 입자와 칼로릭입자라는 가정을 바탕으로 수학화된 체계가 얻어지기도 했다. 물론 이렇게 얻어진 체계들은 오늘날의 입장에서 볼 때 잘못된 결과들이었고, 얼마되지 않아 새롭게 오늘날의 입장과도 부합되는 이론 체계들 — 빛의 파동이론과 열역학 — 에 의해 대체되었지만, 그러한 시도들은 이들 분야의 궁극적인 수학화를 두고 볼 때 큰 의미를 지녔다.

그러나 이들 분야들의 내용 자체의 발전이 이들 분야의 수학화에 미친 영향도 무시할 수는 없다. 앞장에서 살펴본 열역학의 경우를 예로 들어도, 열기관(熱機關)의 보급과 그에 따른 많은 열 현상의 연구가 수학화의 대상이 될 많은 지식을 제공해 주었던 것이다. 그것은 또한 열의 출입이 없이 진행되는 '단열 과정(斷熱過程)adiabatic process, 또는 앞 장에서 본 '가역 과정(可逆過程)'과 같은 과정들에 대해 가르쳐 줌으로써 쉽게 수학화될 수 있는 이상적(理想的) 조건들을 제시해 주기도 했다. 또한 비열(比熱)specific heat과 같은 개념의 출현은 미분, 적분과 같은 수학적 개념과 방법의 사용을 필요하게도 하고 가능하게도 해 주었다. 이 밖에도 이들 분야에서의 실험 기기와 실험 기법의 발달이 정확한 측정을 가능하게 하고 정확한 데이터를 얻을 수 있게 해 주어서 정량화(定量化)를 촉진시켜 준 것도 이들 분야의 수학화에 크게 기여했다.

물리학 분야의 성립에 기여한 사람들

결국 앞 절들에서 살펴본 바와 같은 과정을 거쳐서 그 동안 실험 위주로, 정성적으로, 그리고 산만하게 여러 분야로 나뉘어서 행해져 오던 연구들이 이제는 수학적으로 체계적으로, 그리고 같은 사람들에 의해 행해지게 되고, 이것이 '물리학'과 '물리학자'의 출현으로 나타난 것이라고 말할 수 있다. 그러나 이렇게 물리학으로 통합된 분야들의 과학 내용을 추적하는 일은 매우 힘들다. 앞 장에서 살펴본 열 분야의 경우가 그것이 개략적으로나마 가능한 유일한 보기였고, 다른 분야의 경우는 그 내용의 전문성과 수학화의 정도가 너무 심해서 그것을 다루는 일이 거의 불가능하다고 할 수 있다. 따라서 이 절에서는 이들 분야의 전문 과학화에 중요한 기여를 한 물리학자들 중 오늘날의 물리학 교과서에도 많이 등장하는 이름들을 열거하는 정도로 만족할 수밖에 없겠다.

이미 몇 차례 언급되었듯이, 라플라스에 의하여 완성된 역학 분야에서는 라플라스 이전에 달랑베르, 오일러 Leonhard Euler(1707-83), 라그랑주 Joséph L. Lagrange(1736-1813) 등의 기여가 있었고, 19세기를 통해 앞에서 본 것처럼 다른 분야들에 영향을 미쳤다. 전기와 자기 분야는 초기에 쿨롱 Charles Augustin de Coulomb(1736-1806)의 역할이 중요했다. 보편중력의 법칙과 같은 형태의 쿨롱의 법칙에 바탕한 전기학의 정량화 및 수학화 또한 역학 분야와 마찬가지로 다른 분야들에 대한 모델의 역할을 했던 것이다. 그 후의 계속적인 발전에는 앙페르 André-Marie Ampère(1775-1857), 톰슨(켈빈경(卿)), 스톡스 George Stokes(1819-1903) 등이 기여했고, 맥스웰 James Clerk Maxwell(1831-79)이 유명한 맥스웰 방정식들을 통해 '전자기학' 이론체계를 완성했다. 그리고 역학과 전자기학 분야 양쪽 모두에 걸친 연구가 19세기 말 로렌츠 Hendrik A. Lorentz(1853-1928)와 아인슈타인 Albert Einstein(1879-1955)의 상대성 이론으로 이어졌다.

열 분야에서는 열역학 분야의 성립 이전에 칼로릭 이론의 입장에서 라플라스와 그에 영향 받은 푸리에 Joséph Fourier(1768-1930)의 노력이 있었다. 열역학 성립 이후에는 열 현상을 비롯한 거시적 현상을 미시적으로 다루는 것으로 통계 역학 statistical mechanics 의 방법이 맥스웰과 볼츠만 등에 의해 발전되었다. 그 밖에 빛에 대한 분야에서는 그 동안의 입자 이론에 대항해서 파동 이론에 바탕한 광학이 자리잡는 데 영 Thomas Young(1773-1829)과 프레늘이 기여했다. 그리고 19세기 말에 가서는 이들 여러 분야에 걸친 플랑크 Max Planck(1858-1947)와 아인슈타인 등의 연구가 새로운 양자

(量子)quantum 개념을 낳게 되었다. 이들 여러 물리학자들에 의해 오늘날의 물리학의 골격을 이루는 내용들이 형성된 것이다.

07 미국 과학의 발전

19세기 이전도 미국에도 과학과 과학자가 있었다. 예를 들어, 프랭클린Benjamin Franklin(1706-90)과 같은 과학자는 유럽까지 그 명성을 떨치기도 했다. 그러나 같은 시기의 프랑스나 영국과 비해 볼 때 미국 과학의 전반적인 수준은 보잘 것 없는 형편이었다. 프랭클린 같은 과학자도 미국의 과학자라기보다는 '유럽 과학자'라고 부를 수 있는 측면도 있었던 것이다. 당시 과학의 수준은 미국 대학에서 잘 드러난다. 남북전쟁 이전까지의 미국의 대학은 중세 대학을 그대로 답습하고 있어서 연구가 아닌 교육을 강조했으며, 그것은 전인적(全人的) 도덕 교육, 고전 교육(古典敎育), 인문학 교육을 중시했다. 과학 연구는 커녕 과학 교육도 당시 미국 대학에 정착하지 못하고 있었다.

19세기 미국의 과학과 대학

그러나 19세기 중엽 이후 대학 개혁의 움직임이 나타나기 시작했다. 특히 남북전쟁 이후 미국 사회가 새로운 공업 사회로 진입하면서 이에 부합하는 새로운 이상, 가치관, 제도 등이 요구됨에 따라 많은 사람들이 종래의 전통적인 교육과는 다른 새로운 교육의 필요성을 느끼기 시작했다. 당시 사람들은 과학 교육이 이 새로운 교육의 요구를 채워주며 진정한 가치관을 제공해 줄 것이라고 생각했다. 이러한 배경 아래서 남북전쟁 이후 거의 동시에 하버드 Harvard, 프린스턴 Princeton, 예일 Yale, 미시간 Michigan 대학에서 과학과 과학 교육을 강조하는 움직임이 일어났다.

이 중 과학에 관한 한 다른 대학의 모범이 된 대학은 1876년에 설립된 존 홉킨스 Johns Hopkins 대학이었다. 존 홉킨스대학의 초대 총장이었던 길먼 D.C.Giman(1831-1908)은 유럽을 여행하면서 독일 대학의 연구 활동에 강한 인상을 받았던 경험을 가지고 있었다. 그는 '연구의 지원'을 존 홉킨스대학의 이념으로 내걸었으며, 이 중 특히 과학 연구를 강조했고, 이를 위해 당시로서는 파격적이라고 할 수 있는 혁신적인 조치를 단행했다. 그는 존 홉킨스대학을 대학원 중심 대학으로 반전시키기 위해 처음부터 학부 과정을 만들지 않은 채로 대학의 문을 열었다. 그리고 교수의 임용 기준을 엄격하게 유지했을 뿐만 아니라, 독일식의 세미나, 실험실에서의 연구 등을 통한 교육을 선호했다. 이러한 조치는 존 홉킨스대학에 과학 연구를 정착시키는 결과를 낳았다. 또한 존 홉킨스대학의 이념과 교육 방법은 다른 대학에 좋은 모범이 되어서 1920년대까지 약 1,400명의 박사가 이 대학에서 배출되었으며, 이들이 다른 대학으로 진출하면서 이러한 연구 전통을 전파했다. 이런 과정을 거치면서 대략 20세기 초엽에는 미국의 대학에 과학 연구가 자리잡게 되었다.

그렇지만 20세기 전후까지도 미국 과학은 유럽에 비해 아직 낙후되어 있었다. 유럽에서도 명성을 인정받은 과학자는 마이켈슨 Albert Abraham Michelson(1852-1931)과 깁스 Josiah Willard Gibbs(1839-1903)가 고작이었다. 더욱이 마이켈슨이나 깁스의 무대는 미국이 아닌 유럽이었다. 1893년 「물리학 리뷰」 The Physical Review 가 창간되었고, 1899년 '미국 물리학회'가 창립되었지만, 그 수준이나 인원은 보잘 것 없었다.

19세기 후반기를 놓고 볼 때 미국이 유럽과 경쟁할 수 있었던 분야는 지질학이었는데, 이는 새로운 국토의 개척, 특히 서부 개척의 필요성 때문이었다. 남북전쟁 직후 연방 정부 내에 지질조사국 Geological Survey 이 만들어졌고, 이것은 주로 서부의 새로운 주들에 대한 지리, 농업, 광업, 수로, 생물 등에 대한 광범위한 연구를 수행했다. 그렇지만 지질조사국의 역할은 여기에만 국한되지 않았다. 1880년대에 들어와서 서부 주들의 힘이 커지면서 지질조사국은 화학 실험실을 갖추었으며, 탁월한 화학자와 물리학자들을 고용해서 순수 과학 연구까지 수행하기도 했다.

그러나 지질조사국 내의 과학 연구는 오래 가지 못했는데, 여기에는 몇 가지 이유가 있었다. 당시에는 과학이 과학자 개인의 취미, 호기심을 충족하는 활동으로 여겨졌으며, 의회는 이러한 개인적인 활동에 국민의 세금을 지원할 이유를 발견하기 어렵다고 생각했다. 유권자들은 과학자들에게 순수 연구보다는 구체적이고, 지역의 이익을 가져다 줄 문제를 풀어 줄 것을 원했다. 따라서 지질조사국의 순수 연구에 대해서는 점점 예산이 줄고 간섭이 많아졌다. 당시는 과학자들이 기초 과학의 유용성에 대해 구체적이고 실증적인 증거를 제시하지 못했던 시기였다. 연방 정부도 과학 연구를 지원해야 한다는 생각이 뿌리를 내리기 전이었으며, 대부분의 산업가와 기술자들도 순수 과학 연구에 대해서는 당혹감을 가지고 있었다.

제1차 세계대전과 미국 과학

20세기 초엽에는 몇 가지 새로운 변화가 나타났다. 먼저 미국 사회가 본격적인 공업 사회로 탈바꿈하면서, 강력한 연방 정부, 대규모 노동 조합, 전문 직업 단체 등이 등장하기 시작했다. 이 중 연방 정부 내에는 과학과 관련 기구들이 새롭게 만들어졌으며, 이에 따른 예산과 인원이 크게 증가했다. 국립 표준국 National Bureau of Standards (1901년 창립), 공중 보건국 Public Health and Hospital Service (1905), 산림국 Forestry Service 과 같은 이들 기구들은 과학 교육을 받은 대학 졸업생들이 취직해서 일할 수 있는 자리가 되었을 뿐만 아니라, 정부가 이런 기구를 만들어 운영하는 선례가 되었다. 그러나 이것들은 물리학이나 화학과 같은 기초 과학의 연구에는 거의 도움이 되지 못했다.

산업체에서도 두드러진 변화가 있었다. 19세기 말엽부터 미국의 전기 공업과 화학 공업은 빠르게 성장하기 시작했으며, 그 결과 이러한 산업체에서의 대학 출신 기술자들의 필요가 급증했다. 기술에의 요구는 과학에 유리하게 작용했다. 먼저 대학에서 기술자들에게 과학의 기초를 가르칠 교수들이 더 많이 필요해졌으며, 이는 수학, 물리학, 화학 교수의 수요를 증가시켰다. 공학 교육을 받던 기술자 중 과학에 흥미를 느껴 전공을 바꾸는 사람도 나타났다. 그러나 가장 중요한 변화는 산업체에 연구소가 만들어지면서, 이런 연구소에 과학자가 고용되기 시작했다는 것이었다. 제너럴 일렉트릭 General Electric 회사의 연구소에 고용되었던 랭뮤어 Irving Langmuir(1881-1957)의 경우는 기업체 연구소에 고용된 과학자의 대표적인 보기였다.

이러한 변화를 배경으로, 1910년대를 통해 비록 느린 속도이지만 이후 미국 과학계를 주도해 나갈 과학자 집단이 형성되기 시작했다. 1910년에 밀리컨 Robert Andrews Milikan(1868-1953)은 유명한 기름 방울 실험을 통해 전자의 전하값을 측정해냄으로써, 미국의 가장 각광받는 물리학자로 등장했다. 또한 비록 소수이긴 했지만 1910년에는 유럽에서 논의되는 원자의 구조, 이론 물리학 등을 이해할 수 있는 젊은 학자들이 미국 자체의 전통으로부터 나타나기 시작했다. 이후 미국 과학의 발전에 큰 영향을 미쳤던 콤프튼 Arthur Holly Compton (1892-1962) 같은 물리학자가 그 대표적인 경우였다.

이런 상황에서 제1차 세계대전이 발발했다. 이 대규모 전쟁은 미국의 과학과 과학자들에게 완전히 새로운 경험과 기회를 제공했다. 초기 예상과는 달리 전쟁은 장기전으로 돌입했으며, 그 결과 새로운 무기를 개발하는 과학 연구의 중요성이 증대했다. 전쟁 초반에는 화학, 조선 공업에서 우위를 차지하고 있었던 독일이 이후에는 전쟁 무기 연구에도 뛰어났다. 유럽의 전선에서는 독일 화학자들이 개발한 독가스가 위력을 떨쳤으며, 잠수함 U보트도 위력적이었다. 그러나 초반의 우세에도 불구하고 독일은 전쟁을 쉽게 승리로 마무리 짓지 못했으며, 시간이 지남에 따라 이러한 초반의 우위도 계속 유지하지 못했다.

　미국은 실제로 전쟁에 참여하기 이전부터 국립 자문위원회National Advisory Committee 등에서 전쟁과 관련된 연구를 간접적으로 수행했다. 그러나 본격적인 전쟁 연구는 1916년 NRC National Research Council (국립연구회의)가 만들어지고 난 이후부터 시작되었다. NRC는 천체물리학자 헤일George Ellery Hale (1868-1938)이 윌슨Woodrow Wilson 대통령을 설득해서 설립한 것으로서, 국가의 안보와 복지를 위해 순수·응용연구를 추진하며, 이를 위해 국내의 모든 연구 기관의 협동을 꾀한다는 목적과 전략을 가지고 있었다. 이것은 국립과학 아카데미 소속의 민간 단체였지만, 주로 전쟁에서의 국가적 필요와 관련된 방위 연구를 담당했다.

　NRC에는 여러 가지 임무가 맡겨졌다. 이 중 가장 성공적인 연구는 밀리컨이 책임자로 있었던 잠수함 탐지기 개발이었다. 과학자들은 곧 바로 음파를 사용해서 잠수함의 위치를 발견하는 장치를 만들었으며, 이것은 독일 U보트에 큰 타격을 입혀 독일 해군력을 약화시켰다. 또한 과학자들은 망원경 등에 사용되는 렌즈를 개발했으며, 화학전에 대비해서 방독면도 개량했다. 과학자들의 연구가 전쟁에 매우 중요하다는 것이 인식되면서, 군에서 직접 과학 연구를 주도하기도 했다. 1918년 연방 정부의 광산국에는 수백 명의 화학자가 고용되어 화학 무기를 개발하기 시작했다. 이에 반해 에디슨Thomas Alva Edison(1847-1931) 같은 뛰어난 발명가는 전쟁무기 연구에 거의 기여하지 못했다. 제1차 세계대전 중의 전쟁무기 연구는 과학자와 기술자들의 조직적인 연구에 의해 이루어질 수 있었던 것이다. 미국의 한 장군은 이를 가리켜 "이번 전쟁은 '연구'에 의해 승리했다"고 표현하기까지 했다.

　제1차 세계대전 기간의 연구는 과학자와 과학 모두에 큰 영향을 미쳤다. 먼저 과학자들의 임무가 군사기술, 전쟁 관련 업무를 포함함에 따라, 과학 연구의 성격도 변화했다. 곧, 전쟁 이전까지의 그들의 연구가 주로 개인적·

소집단적 연구였고 연구 분야도 개인의 흥미에 따라 정해졌음에 반해, 전쟁을 거치며 집단 연구, 또는 공동 연구가 일반화되었으며, 연구 주제도 정부로부터 기획되고 조정되기도 했다. 과학자들은 역사상 처음으로 대규모 '용역(用役)연구'commissioned research를 경험했던 것이다. 더욱 이 연구의 규모가 커지면서 이전에 비해서는 거의 무한정의 예산이 과학 연구에 지원되었다. 이에 따라 과학자들은 '힘'power뿐만 아니라 '부(富)'도 경험하게 되었다.

과학과 산업, 재단, 정부 간의 새로운 관계

전쟁이 끝난 후에도 헤일이나 밀리컨 같은 과학자들은 전쟁 중에 보여 주었던 과학자들의 업적이나 과학의 힘을 강조하면서 NRC가 계속 존속해야 한다고 주장했다. 그러나 NRC의 존속을 두고서는 전시와는 다른 문제들이 있었다. 일단 전쟁 연구를 위해 무한정 지급되었던 예산이 대폭 삭감되었다. 여기에 평화시에는 전시(戰時)라는 비상 사태와 달리 순수한 민간 단체인 NRC를 정부가 통제하기 어렵다는 미묘한 문제가 나타났다. 연방 정부는 과학자들의 조직을 직접 통제하는 것을 원했음에 반해, 헤일과 같은 과학자는 정부를 '고객'으로 생각했으며, 전문화된 과학자 개개인은 정부의 간섭을 받는 것을 거부했다. 전쟁 기간에 NRC에 대해 호의적이었던 군부도 평화시에는 NRC와 같은 민간 과학자들의 단체가 군사 기밀의 보안을 유지하기 어렵다는 이유로 자체 연구소에의 투자를 선호하게 되었다.

따라서 NRC가 다른 후원자를 찾게 되었다는 것은 오히려 자연스러운 일이었다. 여기에 새롭게 등장했던 과학의 후원자들은 산업체와 사회 사업 재단Philanthropic Foundation이었다. NRC의 과학자들은 과학자들이 전쟁 중에 수행했던 연구를 예로 들면서, 과학이 산업 발전에 중요하다는 것을 강조했다. 실제로 제1차 세계대전의 국방 연구는 큰 기업의 공장에서 이루어진 것이 많았으며, 이런 과정에서 기업가들은 과학이나 과학자의 역할을 이해하게 되었다. 또한 전쟁을 겪으면서 특히 화학공업 회사들의 규모가 엄청나게 비대해졌다. 듀퐁 Dupont, 얼라이드 케미컬즈 Allied Chemicals와 같은 회사들이 이러한 경우였는데, 이것을 화학을 비롯한 과학 분야들의 연구를 자극했다. 산업과 대학 간의 협동연구를 지원하기 위한 '산업 자문위원회'에는 이스트먼 Estman, 듀퐁, 멜런 Mellon 등의 대기업이 직접적으로 참여했다, 록펠러 재단 Rockefeller Foundation 이나 카네기 연구소 Carnegie Institute 와 같은 사회사업 재단들도 NRC와 과학 연구를 지원하는 데 돈을 아끼지 않았다. 기업이 과학을 지원하는 것은 1920년대 초반에 가히 폭발적이었다.

그러나 산업과 과학의 이와 같은 결합이 무작정 지속될 수는 없었다. 기업가들은 직접적인 이익이 되는 실제 응용 가능한 성과를 기대한 반면, 과학자들은 기업이 장기적인 안목에서 기초 연구를 지원해 주고, 연구의 자유를 보장해 줄 것을 기대했다. 기업가들은 점점 과학에 대한 이러한 지원이 투자한 만큼의 이윤을 자신들의 기업에 돌려주지 못할 수도 있다는 것을 인식했다. 기업가들의 관심은 더 많은 이윤추구에 있었으며, 과학자들의 대부분은 자신의 연구 이외의 다른 문제에는 흥미가 없었다. 처음부터 기업가와 과학자라는 두 집단은 그 가치관이나 관심에 있어서 상당히 다른 집단이었던 것이다. 1920년대 말이 되면 과학자와 기업가가 이러한 서로의 차이를 인식하게 되었으며, 그 결과 과학자와 기업가의 사이가 멀어지면서, 이 둘의 관계도 좀 더 간접적이고 현실적인 것이 되어갔다.

1920년대 말부터 경제 공황이 미국을 비롯한 전 세계를 급습했으며, 이 대공항의 여파는 과학에도 밀려왔다. 연방 정부의 과학 예산은 매년 10% 이상 삭감되었으며, 주정부가 후원하던 주립 대학의 예산도 대폭 삭감되었다. 스탠퍼드 Stanford, MIT와 같은 큰 사립대학의 재단도 기부금을 삭감했다. 대학보다는 공황의 영향이 훨씬 더 심각하고 직접적이었던 기업체는 연구비 지출을 대폭 삭감했는데, 제너럴 일렉트릭사의 경우 연구원 중 50%가 해고

될 정도였다. 뿐만 아니라, 그 이전까지 과학에 지원을 아끼지 않았던 록펠러 재단, 카네기 재단도 지원을 감축했다.

헤일, 밀리컨 등의 과학자들은 1920년대 후반과 1930년대 대공황기에 과학에 대한 후원, 지원이 급속히 삭감되는 것을 경험하면서, 과학을 안정적이고 지속적으로 후원할 수 있는 방법을 물색하기 시작했다. 산업은 자신에게 이익이 된다고 판단했을 때에만 과학을 후원했다. 이러한 제한이 없다고 여겨졌던 재단도 과학을 위한 안정적인 후원자가 아니라는 사실이 드러났다. 누가 과학 연구를 지원할 것인가? 이 문제에 대한 이들의 결론은 결국 연방 정부만이 이러한 일을 할 수 있다는 것이었다. 이에 따라 연방 정부의 지원을 얻으려는 시도가 이루어졌다. 특히 당시 과학자 위원회 Science Advisory Board 의 의장이었던 콤프튼 Karl Taylor Compton(1887-1954)은 루스벨트 행정부의 뉴딜 정책의 과학 기술 자문을 맡으면서 과학 연구에 대한 지원을 얻어내려 했다. '과학 진보를 위한 복구 계획' 등이 그가 정부의 예산을 지원받기 위해 고안한 것이다. 차후 연방 정부가 6년 동안 과학 연구에 7,500만 달러를 투자해야 하는 거대한 규모의 이 계획은 연방 정부가 거절함으로써 좌절되었다. 그렇지만 여기서 중요한 점은 정부가 과학 연구를 대규모로 지원한다는 생각을 현실화 시키려는 시도가 처음 추진되었다는 것이었다. 과학과 정부 사이의 이러한 관계는 제2차 세계대전을 겪으며 실제로 나타나게 되었다.

과학 엘리트와 미국 과학의 성격

제1차 세계대전을 겪으면서 미국 과학계에는 과학과 재단이나 산업체, 정부와의 관련을 주도하고 나선 과학 정책 엘리트들이 등장했다. 이들의 핵심 멤버는 헤일, 밀리컨, 노이스 William Albert Noyes(1857-1941)와 같은 과학자들이었다. 이들 주위에는 록펠러 재단의 로즈 Wickliffe Rose, AT&T의 카디 John J.

Carty, 정치가 후버 Herbert Hoover(1874-1964) 등의 재단, 산업체, 정계인사가 모여 있었다. 이들 중 은퇴하는 사람이 생기면서 콤프튼, 코넌트 James Bryant Conant(1893-1978)와 같은 새로운 사람들이 가세했지만, 전부 합쳐서 10명도 채 안 되는 이 집단이 제1차 세계대전부터 미국 과학계를 사실상 움직였다.

이 과학 엘리트 집단에 속해 있던 과학자들은 자신들의 대학 내에서 상당한 영향력을 지니고 있었으며, 모두 자신들의 분야에서 탁월한 업적을 냈던 사람들이었다. 이들은 제1차 세계대전을 겪으면서 전쟁 연구에 관여했던 경험을 가지고 있었다. 이들의 1차적인 목표는 자신들의 대학과 자신들의 연구 분야에 지원금을 얻어내는 것이었으나, 독일, 영국, 프랑스가 모두 전쟁의 타격에서 벗어나지 못하고 있는 상황을 이용해서 미국의 과학을 국제 수준으로, 그 중에서도 지도적인 위치로 올린다는 원대한 목표를 가지고 있었다.

이를 달성하기 위한 이들의 정책은 몇 가지 독특한 특성을 지니고 있었다. 이들 정책의 골격은 재단, 기업 정부로부터 돈을 끌어내서 대학에 지원하는 것이었다. 그러나 이들은 모든 대학에 대한 공평한 지원보다 몇몇 우수한 대학에 집중적으로 지원하는 식의 '정상(頂上)을 더 높이는' make the peaks higher 노선을 택했다. 이들은 강한 엘리트주의를 표방했으며, 균등한 배분에는 처음부터 아예 관심이 없었다. 또한 지원 분야도 이론물리학, 수학 등의 몇몇 순수 과학 분야와 수리물리학, 천체물리학, 생화학, 물리화학, 그리고 생물학 등 학제적 interdisciplinary 분야의 지원을 선호했다. 이렇게 집중적으로 지원받은 분야는 결국 세계 제일의 수준으로 부상했으며, 결과적으로 미국 과학은 이들이 의도했던 방향대로 발달했다.

과학과 정부 사이의 현대적 관계

제2차 세계대전이 발발하면서 국방 연구의 필요성이 다시 대두되었다. MIT의 교수였다가 콤프튼에게 발탁되어 워싱턴에서 과학 자문을 맡고 있던 부시 Vannevar Bush(1890-1974)는 이러한 국방 연구의 필요성을 일찍부터 주장한 사람이었다. 특히 그는 제1차 세계대전 중 NRC가 상당한 성과를 거두었음에도 불구하고 만성적인 재정의 어려움을 겪었다는 것을 알고 있었다. 그는 연방 정부 내에 국방 연구를 담당하는 공식 기구를 만들어 정부로부터 직접 지원을 받는 것만이 이를 극복하는 유일한 방법이라고 생각했다. 1940년 6월 부시는 루스벨트에게 이를 제안했으며, 대통령이 부시의 이 제안을 수락함으로써 NDRC National Defense Research Committee(국방 연구 위원회)가 설립되었다.

제2차 세계대전을 통해 NDRC는 놀라운 성공을 거두었다. 가장 대표적인 국방 연구는 '래드 랩' Rad-Lab: Radiation Laboratory이었다. '래드 랩'은 레이더 radar를 개발하는 비밀 계획의 이름이었는데, NDRC 내에 조직되어 MIT에 그 본부를 두고 있었다. 여기서 개발에 성공한 레이더는 해상에서 독일의 U보트를 완전히 무력화시키는 엄청난 성과를 냈다. '래드 랩'은 이러한 성공에 힘입어서 2,000명의 인원과 매달 110만 달러의 예산을 사용하는 거대한 국방 연구소로 발전했다. '래드 랩' 이외에도 칼텍 CalTech의 과학자들은 고체연료를 사용하는 로켓 개발에 성공했으며, 존 홉킨스대학은 근접 기폭장치를 개발했다. 그 밖에도 미국 과학자들은 적의 레이더를 교란하는 레이더 추적 방지 장치와 시계(視界)가 좋지 않을 때에 목표물을 정확히 탐지하는 표적 탐지 장치를 개발했다. 물론 과학의 힘을 가장 극적으로 드러낸 것은 원자탄이었는데, 이에 대해서는 다음에 자세히 다룬다.

과학자들의 연구가 훌륭한 성과를 거둠에 따라 연구를 위한 정부의 재정 지원이 증가했다. 연방 정부 내에 과학자가 종사하는 연구 기관이 설립되었으며, 이러한 연구 기관은 상당한 액수의 정부 예산을 사용하게 되었다. 특히 NDRC의 연구소가 대학에 위치함에 따라 대학에 대한 정부의 지원이 증가했다. 심지어는 국방성이 예산을 직접 대학이나 연구 기관에 지원하는 일도 생겨났다. 정부는 과학의 위력을 이제야 비로소 완전히 인식하게 되었다. 그리고 과학은 마침내 정부라는 안정적인 후원자와 밀접하게 결합하게 되었다. 과학과 정부가 결합함에 따라 과학도 정치도 가까워졌다. 오늘날 우리가 보는 과학과 정부, 과학과 정치 간의 복잡한 관계는 이런 과정을 겪으며 이루어진 것이다.

08 과학과 산업 기술

오늘날 과학과 기술은 아주 밀접한 관련을 가지고 있다. 어떤 기술 분야의 발전을 위해서는 관련된 과학 분야의 발전이 필요하고, 기술에 종사하기 위해서는 해당 분야의 과학 지식의 습득이 필수적이다. 심지어는 '과학'과 '기술'이라는 말이 합쳐져서 '과학 기술'이라는 말이 한 단어처럼 사용되기까지 한다. 그러나 역사상 과학과 기술 사이에 항상 이 같은 밀접한 관련이 있었던 것은 아니다. 실제로 고대 이래 과학 혁명기에 이르기까지 과학과 기술은 아무런 관련이 없이 분리된 채로 내려왔다.

과학과 기술의 분리

그것도 그러했을 것이, 사실 과학과 기술은 서로 크게 다른 종류의 활동이다. 한마디로 과학이 자연 현상에 대한 체계적 지식을 추구한다면, 기술은 인간의 물질 생활에 도움이 될 방편을 추구한다. 그리고 이 같은 추구에 차이에 따라 이 두 분야에서의 활동도 크게 차이가 난다. 과학자들은 복잡한 현상들이 보편적이고 잘 받아들여진 체계에 담겨질 수 있다는 믿음을 지니며, 그 같은 믿음에 바탕해서 현상을 분석하고 그에 대한 합리적인 설명을 부여한다. 그들의 설명은 일관성, 합리성, 정확성, 체계성 등을 추구한다. 그들은 자신들의 연구 결과를 발표하고, 다른 과학자들에게 정보를 제공하며,

그들의 비판도 구한다. 그리고 그들에게는 실제적 효용이나 일반대중의 인정이 아니라, 동료 과학자들의 인정이 중요하다. 이에 반해 기술자들은 부과된 문제를 풀어내는 것이 중요하며, 기술적 발전의 평가에 있어 일관성·합리성 등의 척도는 문제가 되지 않는다. 또한 기술자들은 새로운 기술적 지식을 오히려 감추며, 특허 patent 와 같은 제도를 통해서 다른 사람이 사용하는 것을 막으려 한다.

과학과 기술 사이의 이러한 차이에 따라 이 둘이 각각 사회에서 지니게 되는 위치에도 차이가 났다. 과학이 대학, 지식층, 부유층 등 사회의 상층(上層)에 속한 데 반해, 기술은 실제 생산 활동에 종사하는 낮은 계층의 분야였던 것이다. 따라서 역사상 기술의 발전은 전통적으로 교육받지 않은 장인(匠人)들의 업적이었다. 고대 이래 산업 혁명기에 이르기까지의 크고 작은 기술적 업적은 모두 그 발명가들이 알려져 있지 않다는 사실이 이를 뒷받침해준다.

한편, 이 시기 동안에 과학과 기술이 이처럼 분리되어 있지 않았더라도 이 시기의 과학과 기술의 수준과 성격 때문에 둘 사이의 상호작용은 불가능했으리라고 볼 수 있다. 대부분의 생산기술과 관련된 과학적 사실들을 매우 복잡하고 많은 변수(變數)들에 의해 좌우된다. 그것들은 수많은 실제 물질들의 성격과 화학 반응 등을 포함하는데, 이것들에 대한 과학적 이해는 아주 최근에야 얻어졌다. 그러나 이들 사실들은 그에 대한 과학적 이해가 없이도 계속해서 실제 기술에서 사용되어 왔다. 예를 들어, 유체 역학(流體力學)의 지식이 없이도 사람들은 경험에 의해 배 만드는 기술을 가지고 있었던 것이다. 또 이런 경험적 지식은 과학에 의해서나 과학자에 의해 얻어질 성질의 것이 아니다. 이처럼 많은 변수들을 포함한 복잡한 문제들을 체계적·과학적으로 아니라 우연한 추측에 의해서난 오랜 경험에 바탕한 시행착오 trial and error 에 의해 풀릴 성질이었던 것이다. 반면에 18세기 후반에 시작된 산업 혁명 Industrial Revolution 의 시기에 이르기까지 발전했던 과학 분야들은 천문학, 역학(力學), 광학(光學) 등과 같이 간단한 규칙적 현상들과 일반적인 원리들로 특징지어졌고, 실용적인 효용이 없는 분야들이었다. 이런 면에서, 산업 혁명에 이르기까지 과학과 기술의 상호작용이 없었던 것은 이 둘이 서로 분리되어 있었기 때문만이 아니라, 과학이 기술에 무용(無用)했고 응용불가능했으며, 기술의 문제를 과학이 해결해 줄 수 없었기 때문이었다고 볼 수 있다.

산업 혁명기의 과학과 기술

이렇게 분리되어 있던 과학과 기술이 서로 연결되기 시작한 것은 과학 혁명기에 이르러서였다. 물론 그것은 과학 지식이 직접 기술에 응용되고, 기술이 과학의 내용에 직접 영향을 미치는 직접적인 연결은 아니었다. 단지 그 이전까지는 분리되어 있던 과학과 기술이 서로 관계가 있다는 생각이 받아들여진 것이다. 그리하여 과학 지식의 발전에 기술이 의미를 지니는 것으로 그리고 기술에도 과학의 지식이 어느 정도 의미가 있는 것으로 생각되게 되었다. 좀 더 구체적으로 말하자면, 과학이 기술의 태도를 배우고 기술의 지식을 연구하자고 하는 주장들이 있었고, 반대로 과학의 지식 발전이 기술의 발전에 기여할 것이라는 믿음이 있었다. 그리고 이 같은 믿음이 과학에 종사하는 데 대한, 또한 과학에의 지원을 얻어내기 위한 합리화의 수단으로 자주 사용되었고, 그에 따라 널리 퍼지게 되었다.

그러나 이 같은 믿음이 실제로 실현된 증거는 찾아보기 힘들다. 특히 구체적 과학 지식이, 그 중에서도 새로운 과학 지식이 직접 기술에 응용된 예는 드물었다. 이 같은 형편은 산업 혁명기에 이르기까지 계속되었다. 물론 시간이 흐르면서 과학과 기술의 연결은 점점 깊어졌지만, 그것은 아직도 간접적이고, 피상적(皮相的)인 수준에 머물렀다. 실제로 과학이, 그것도 18세기의 첨단 과학이 산업 혁명에 구체적으로 기여한 바를 찾기는 힘들다. 오히려 산업 혁명에서 큰 역할을 한 것은 당시 영국의 지주(地主), 자본가 계층이 지녔던, 새로운 것을 추구하고 능률 및 경제성을 중요하게 여기는 기업 정신(企業精神)이었다. 그리고 그 결과로 얻어진 새로운 기계나, 공정(工程), 기술 등도 대부분 과학적·학문적 연구가 아니라 오랜 경험과 시행착오에 의해 얻게 되는 재주, 지혜 등에 바탕을 둔 것이었다. 또한 산업 혁명 중 있었던 일을 순전히 기술 혁신의 관점에서만 볼 수도 없었다. 획기적인 기술 혁신이 산업 구조의 변화를 가져왔다기보다는 당시의 경제적 여건이 기술적 진보를 가속화시켰다고 볼 수가 있기 때문이다. 어떤 학자는 이 시기에 '산업 혁명'은 있었지만 '기술 혁명'technical revolution은 없었다고 이야기하기까지 한다. 실제로 산업 혁명기의 중요한 기술 혁신으로 알려진 것들 — 석탄을 사용한 제철, 기계를 사용한 섬유생산 등 — 은 16세기로까지 거슬러 올라가는 것들이었다.

물론 17세기부터도 과학자들이 실제 응용이 가능한 유용한 지식이나 힌트를 제시하는 일은 있었다. 예를 들어, 데카르트는 렌즈의 모양에 대한 기하학적 기술을 했고, 호이겐스와 뉴턴은 공기 중에서 투사체가 그리는 곡선을 제시했지만, 이런 지식은 산업 혁명기 동안에도 상용화되지 않았다. 당시의 기술적 여건이 그런 지식의 실용성을 감소시켰던 것이다. 어떤 사람은 17세기의 수학적 기법이 측량과 항해에 이용되었던 것을 강조하기도 한다. 그러나 그것은 당대의 수학적 기법도 아니었고, 그러한 시도가 당시에 처음 시작되었던 것도 아니었으며, 그러한 일의 산업 기술에의 기여 또한 극히 미미했다. 그리고 18세기에 와서도 역학, 천문학, 전기, 자연사, 생리학, 지질학 등에서의 많은 과학적 연구들로부터 그 같은 힌트들은 되풀이되었지만, 그것들이 직접 산업 기술에 응용된 예는 드물었다.

그처럼 드문 예외들, 즉 18세기 동안 그러한 힌트가 산업 기술에 직접 응용된 예들로 흔히 염소 표백 chlorine bleaching, 소다 soda 제조, 증기기관의 개량 등 세 가지를 든다. 그리고 다음에 이 각각의 경우에 대해서 약간씩 살펴보겠지만, 그러기에 앞서 이것들 모두가 이미 산업 혁명이 상당히 진행된 후에 얻어졌고, 따라서 산업 혁명 자체에 큰 기여를 하지 못했음을 지적할 필요가 있다.

염소 표백은 1787년 영국에서 시작되었다. 그러나 그것은 염소가 화합물이 아니라 원소(元素)라는 사실이 1810년 데이비에 의해 밝혀지기 이전의 일이었고, 그 때까지의 염소에 관한 과학적 연구는 영국이 아니라 프랑스를 주로 한 대륙에서 이루어졌다. 따라서 1799년 글래스고에서의 염소 표백분의 생산은 이 같은 과학적 연구로부터 거의 영향받지 않은 것이었다.

예를 들어, 표백분의 생산을 시도한 여러 사람들 중 대륙의 화학지식에 접할 수 있는 위치에 있었던 와트 James Watt(1736-1819)는 오히려 성공을 거두지 못했다. 문제가 된 것은 주로 경제적인 생산 방법에 관한 것이었기 때문이다. 거꾸로 그러한 경제적인 관심에서의 탐구가 과학적 지식을 낳는 일도 생기지 않았다. 소다제조에 대해서도 비슷한 이야기를 할 수 있다. 1800년까지도 화학자들은 소다의 성분에 대해 제대로 모르고 있었지만, 산업에서는 만들어 쓰고 있었다. 그리고 새로운 방법으로 소다를 만들려고 노력했던 사람들 중에서 성공한 사람은 가장 화학적 지식이 뒤떨어졌던 르블랑 Nicholas Leblanc(1742-1806)이었다. 여기서 우리는 당시 화학 공업의 중요한 업적이었던 이 두 가지 혁신이 당시 화학의 결정적인 업적이었던 라부아지에의 새로운 화학 이론과는 아무 관련이 없었음을 주목해야겠다.

분리형 응축기(凝縮機) separate condenser를 고안해서 증기기관을 개량한 와트의 기술 혁신은 흔히 과학자 블랙 Joseph Black(1728-99)의 잠열(潛熱) latent heat 이론에 기인했다고 이야기된다. 그러나 과학사학자들의 자세한 연구에 의하면, 이것은 사실이 아니었다. 와트는 블랙의 설명을 듣기 전부터 자신의 고안을 위해 필요한 사실들을 알고 있었던 것이다. 설명이 제대로 주어지지 않은 구체적 사실이나 우연한 연관 같은 것은 과학자에게는 무의미할지 모르지만, 기술자가 기술 혁신에 이용하는 데는 충분할 수 있다. 반대로, 기술자가 어떤 과학적 이론이나 원리로 설명될 수 있는 구체적 사실을 기술에 이용했다고 해서 그 기술자가 반드시 그러한 과학적 이론이나 원리를 알고 있었다고 말할 수는 없다. 와트는 기술 혁신을 얻어낼 당시에는 이론이나 원리는 모르고 구체적 사실만을 이용했으면서 나중에 이론과 원리를 도입해 과학적 합리화를 내세웠을 수도 있을 것이다.

이러한 예들로부터 과학적 지식이나 힌트가 산업 혁명기 동안에 산업 기술에 기여한 바도 별로 대단치 않았음을 알 수 있다. 그러나 그 밖에도 18세기 동안에 나온 다른 유용한 과학적 힌트들이 계속해서 무시되었다. 예를 들어, 마찰에 관한 쿨롱의 연구 업적이나 구조 역학에 있어서의 오일러와 쿨롱의 연구 결과는 기술자들로부터 계속 무시당했으며, 열기관에 관한 1824년의 카르노의 중요한 논문도 한참 동안은 전혀 실제적인 응용이 없었다. 많은 경우 과학 이론에 도입되는 단순화의 가정들 — 이상(理想) 기체 ideal gas, 가역 과정(可逆過程) 등 — 이 그 이론이 복잡한 실제 기술적 문제에 응용될 수 있는 실용성을 제거해 버렸던 것이다.

산업 혁명기 과학과 기술의 연결 형태

그렇다면 18세기에 있어 과학과 산업 기술 사이의 '연결'은 어떤 일반적인 과학 이론을 구체적인 기술적 문제의 해결에 이용하는 형태는 아니었으며, 그에 비해 훨씬 간접적인, 그리고 모호한 형태의 연결이었다. 그리고 그 연결 형태는 크게 보아 과학적 방법을 통한 연결과 과학자와 기술자의 인적 연결의 두 가지 면에서 찾아볼 수 있다.

우선, 기술이 과학적 방법을 채택했다. 특히, 기술이 과학으로부터 문제를 보다 합리적이고 실험적으로 분석하는 태도를 받아들였다. 순수한 과학적 발견이나 추상적인 과학 이론이 기술에 기여했기보다는 기술에 대한 합리적이고 실험적인 정리, 분석, 연구 태도 그리고 그렇게 해서 기술을 혁신하려는 태도가 과학적으로부터 기술에 받아들여진 것이다. 이러한 태도는 몇 가지 차원에서 나타났다. 첫째, 기술의 공정(工程)과 기계에 관한 지식의 수집 및 정리 활동이 활발했고, 이런 일은 대부분 과학자들에 의해 행해졌다. 이 같은 일은 1751~65년 사이의 17권으로 된 「백과전서」의 출판, 그리고 그보다 더욱 방대한 「방법백과전서」 Encyclopédie méthodique 198권의 출판에 잘 나타났으며, 이 책들은 당시 존재했던 기술의 지식을 집대성(集大成)해서 수록하고 있다. 둘째, 이보다 좀 더 적극적으로 과학자들이 기술의 공정, 기계들을 연구해서 거기에 이론적 설명과 체계를 부여하기도 했다. 그러나 과학자들은 이런 활동에 의해서 새로운 공정이나 기계에 관한 지식을 창안해 낸 것이 아니라 단지 기존의 기술에 관한 지식을 수집, 정리하고 거기에 이론적 설명을 부여하는 데 그쳤다. 따라서 이 현상은 과학의 지식을 기술에 응용한 것이 아니라 기술이 과학에 대해 이론적으로 연구할 대상을 제공한 것이며, 이런 면에서 보면 과학 지식의 기술에의 기여가 아니라 오히려 기술이 과학에 기여한 보기인 것이다. 과학에서 기술 쪽으로의 기여가 있었다면 그것은 기껏해야 과학의 방법이, 그리고 과학 교육을 받은 인적 자원이 기술에 기여한 것이지 과학 지식의 기술에의 응용은 없었던 것이다.

모델을 사용한 체계적 실험, 그리고 데이터의 정량적 취급 등도 이런 차원에서 사용된 과학적 방법의 보기들로 들 수 있다. 그리고 이런 정도가 흔히는 기술 혁신을 얻어내는 데 충분했다. 예를 들어, 당시의 기술은 합금(合金)에 관한 정확한 과학적 지식이 없이도 그 성분과 방법을 실험적으로 알아낼 수 있었고, 정확한 역학적 지식이 없이도 큰 다리들의 안정된 구조를 모델을 사용해 테스트해 낼 수 있었다. 또한 이런 일에 있어서 중요했던 것은 단지 실험을 행했다는 것이 아니었다. 어느 정도의 실험은 고대에서부터 기술자들에 의해 행해졌기 때문이다. 중요한 것은 이러한 실험들이 이제는 '체계적', '합리적' 바탕 위에 섰다는 점이었다.

산업 혁명의 시기에는 또한 과학자들과 기술자들의 인적 연결이 이루어졌다. 과학자들과 기술자들이 서로 교류하고 가까워져서 같은 계층이 되었으며, 심지어는 같은 사람이 두 가지 분야 양쪽 모두에서 활동하는 일도 볼 수 있게 되었다. 그리고 이런 일은 당시 영국의 과학 단체들에서 두드러졌다. 이들 단체들의 많은 구성원들이 실제 기술 분야에 종사하는 한편, 과학의 지식을 공부하고 연구하기도 했던 것이다. 이 같은 연결은 몇몇 과학사학자(科學史學者)들로 하여금 이 시기의 산업 기술의 발전이 이들 단체의 과학 지식에 힘입었다는 주장을 하도록 하기도 했다. 그러나 자세히 살펴보면, 그러한 주장은 근거가 없는 것으로 드러난다. 실제 기술 분야의 활동과 과학 연구는 이들 단체의 구성원들 중 각각 다른 사람들에 의해 수행된 경우가 많았다. 그리고 같은 사람이 두 가지 활동에 모두 개입된 경우에도 한 개인의 두 가지 활동 사이의 직접적인 연관을 찾기가 힘들었다. 기술 분야에 종사했던 사람이 과학을 연구했다고 해서 반드시 그의 과학 연구가 기술 분야에 있어서의 그의 활동에 응용되었다고 단정할 수는 없는 것이다. 따라서 이러한 현상이 과학 혁명 이전까지는 완전히 분리되어 있던 과학과 기술 두 분야의 활동에 같은 사회적 계층의, 같은 취향의 사람들이 종사하게 될 정도로 이 두 분야가 서로 가까워졌음을 보여 주는 것은 사실이지만, 그것이 과학과 기술의 직접적 연결을 보여 주지는 못하는 것이다.

과학과 기술 사이의 현대적 관계

그러면 오늘날 현대 사회에서 보는 것과 같은 과학과 기술 사이의 밀접한 관계는 어떻게 생겨났는가? 곧, 과학이 산업 기술에 직접 새로운 지식과 새로운 이론을 제공하게 된 것은 언제, 그리고 어떻게 해서였는가? 그리고 산업 기술이 과학에 문제만을 제공한 것이 아니라 경제적 지원을 제공하고, 더 나아가서 실제 과학 연구활동을 산업이 수행한 것은 언제, 어떻게 시작되었는가?

과학 지식이 기술에 직접 응용되기 시작한 것은 19세기 중반의 일이었다. 그리고 그런 일이 일어났던 것은 그때까지 기술이 발전되어 있었던 영국이 아니라 주로 독일과 미국에서였으며, 그 동안 발전되어 있었던 석탄, 철, 섬유, 기계 등 재래의 기술 분야들이 아니라 화학 염료 공업 및 전기공업과 같은 새로운 기술 분야들에서였다. 여기에는 화학 연료 공업이나 전기공업 분야 자체의 특수성이 작용했다. 이들 새로운 공업 분야들은 당시로서는 새로운 과학 분야들인 유기 화학과 전자기학의 지식에 바탕한 분야들이었던 것이다.

화학염료공업의 기원은 기슨Giessen 대학의 리비히Justus von Liebig(1803-73)의 연구실이었다. 이 연구실에서 1843년에 리비히가 석탄으로부터 얻어지는 물질들을 연구하던 중 선명한 색을 띠는 여러 물질들을 발견했던 것이다. 이 연구에 참여했던 호프만August von Hofmann(1818-92)이 1845년 영국의 왕립화학칼리지 Royal College of Chemistry로 옮기면서 이러한 지식은 영국으로 전래되었고, 이를 바탕으로 1857년 영국인 퍼킨William Henry Perkin(1838-1907)이 아닐린aniline 염료를 발명했다.

퍼킨이 처음 작은 공장 규모로 시작한 아닐린 염료 생산은 곧 영국과 프랑스로 퍼졌다. 그러나 1870년대에 들어서서 화학 염료 산업의 중심이 영국과 프랑스로부터 독일로 옮겨져 갔다. 독일에서 화학 염료 산업이 이처럼 활기를 띠게 된 데에는 산업 기술 발전을 위한 정부의 정책이 크게 기여했다. 특히 독일 정부는 기술적이고 전문적인 훈련을 받은 화학자들을 외국으로부터 활발히 유치했다. 이에 따라 1870년대 초 호프만을 비롯한 20~30명의 독일 화학자들이 독일에 다시 돌아왔으며, 이들은 화학 염료를 비롯한 화학 공업의 성장을 위해 필요한 지식을 제공하게 되었다. 이들 화학자들은 물론 일단 대학에 자리를 잡았지만, 독일의 화학 공업 회사들은 대학의 화학 교수들과 연결을 맺고 그들의 지문을 받거나 그들로 하여금 필요한 연구를 하도록 했고, 때로는 그들을 직접 회사에서 받아들이기도 했다. 결국 1880년경에는 바이어Bayer 회사가 회사 자체의 연구소를 설립하기에 이르렀는데, 이는 그만큼 산업에서의 과학 지식의 필요와 역할이 커진 것을 보여 준다고 할 수 있다. 바이어 연구소는 대학 출신의 과학자들을 고용해서 대학의 실험실과 같은 방식으로 운영되었다. 그리고 이 연구소가 모델로 작용해서 다른 기업들도 연구소를 설립하게 되었고, 여기에 고용된 학자들은 기업 내에서 과학 연구활동에 종사했다.

독일의 화학 공업에서 그러한 일이 있은 지 얼마 후인 19세기 말에 미국에서도 전기 공업 분야를 중심으로 이와 비슷한 일이 일어났다. 특히 전기공업 분야는 관련 과학 지식에의 의존도가 화학 공업보다 더 컸고 전자기학의 전문성 또한 더 심했기 때문에 전기 공업 분야의 회사들에 많은 기업체 연구소들이 설립되어, 그러한 연구소들에서 '산업적 연구'industrial research 가 행해졌다. 오늘날 세계적으로 유수한 과학 연구소인 제너럴 일렉트릭 General Electric 연구소와 벨 Bell 연구소는 이런 식으로 설립된 연구소로서 가장 중요한 보기들이라고 할 수 있다.

이러한 연구소들에서 과학자들의 연구활동이 단순히 실용적 연구에만 국한되었던 것은 아니다. 정부나 기업이 과학자들의 연구로부터 기대한 것은 직접 생산에 응용할 수 있는 실용적·기술적 지식의 개발이었지만, 정작 기업체 연구소의 과학자들은 상당한 시간을 자신들의 지적 욕구를 쫓아서 보다 기초적인 연구에 몰두하기 마련이었던 것이다. 따라서 이런 연구소들에서 나오는 연구 결과들에는 당장 이용될 수 있는 지식에 못지 않게 보다 기초적인 과학 지식들이 많이 포함되어 있었고, 때로는 이런 기초적 과학 연구가 기업체 연구소의 설립 목적으로 내건 실용적 지식의 연구를 압도하기도 했다.

물론 기업체 연구소의 과학들은 자신들의 이 같은 순수 연구를 합리화해야 했고, 대개는 그것이 산업에 응용가능하다는 이유를 내세웠다. 그러한 응용가능성이 요원해 보이는 순수 연구의 경우에는 간접적인 응용 또는 먼 후일의 응용 가능성을 내세우기도 했다. 그런데 이처럼 당시로서는 전혀 가능해 보이지 않던 응용처(應用處)가 먼 후일에 나타나는 일은 충분히 자주 발생했다. 원자 물리학의 원자 에너지의 응용, 반도체 이론의 컴퓨터 등의 응용, 유전학 지식의 유전 공학에의 응용 등은 그 좋은 보기들이다. 이러한 보기들은 기업들로 하여금 기업체 연구소 내에서의 순수 연구를 받아들이고 지원하게 했으며, 이런 식으로 산업에서의 과학 연구가 정착하게 되었다.

한편, 산업에서의 과학 연구의 정착은 비단 기업체 연구소의 설립과 운영에만 그치지 않았고, 기업이 대학 과학자들의 순수한 과학 연구활동을 지원하는 일로 이어졌다. 제1차 세계대전 후의 미국에서는 기업이 순전히 그 같은 과학 연구 지원을 목적으로 하는 재단을 설립하는 일이 아주 잦았고, 정부의 과학 연구 지원활동을 기업이 지원하는 일도 볼 수 있다. 과학과 산업 기술 사이의 밀접한 현대적 관계가 자리잡은 것이다.

09 생물학 분야의 발전

　'생물학'을 생물체의 구조와 조직, 기능과 작용에 대한 기술(記述)이나 설명이라고 한다면, 그러한 것들에 대한 관심은 고대에서부터 있어 왔다. 사실 자연 세계의 여러 현상들 중에서 생명체의 여러 부분과 생명 현상에서 보는 신비로움보다 더 인상적인 것은 생각하기 힘들며, 아마 해와 달, 행성 등 천체들의 규칙적인 운동 정도가 이에 버금갈 수 있을지 모른다. 따라서 고대 그리스에서부터 생명체와 생명 현상에 대한 추구는 많은 사람들의 관심을 끌었다. 예를 들어, 플라톤의 「티마이오스」Timaios 의 많은 부분이 그에 대하여 다루고 있으며, 아리스토텔레스는 생물학자라고 불러도 좋은 만큼 그의 저술의 1/4 정도의 분량이 이 분야에 할애되었다. 그러나 고대에서부터 '생명학'biology 이란 말이 있었던 것은 아니다. 생명체와 생명 현상에 대한 여러 가지 형태의 관심과 논의는 계속 있어 왔지만, 그것들을 총칭하는 말은 없었던 것이다.

생물학의 출현

　'생물학'이란 말은 19세기에 들어와서야 사용되기 시작했다. 그것은 1800년에 처음으로 독일의 한 의학책에서 씌었다가, 1802년에 독일의 자연 학자인 트레비라누스 Gottfried Reinhold Treviranus(1776-1837)와 프랑스의 라마르크에 의해 정의되고 사용되어 널리 알려지게 되었다. 이 말은 그 후 1820년경에는 영어에서 어느 정도 통용되었고, 1830년대에는 콩트Auguste Comte (1798-1857)가 그것을 '실증 철학'positive philosophy의 한 분야에 포함시킴으로써 확립된 단어가 되었다. 그리고 그와 함께 그 전까지는 별개로 존재하던 분야들이 '생물학'이라는 하나의 분야 속에 포함되게 되었다.

그러면 먼저 '생물학'에 대한 19세기 초의 이들 정의들을 살펴보자. 트레비라누스에는,

> 우리 연구의 대상들은 생명의 서로 다른 형태와 현상들, 그것들이 만족하는 조건들과 법칙들, 그리고 그것들이 생겨나게 하는 원인들이 될 것이다. 이러한 대상들에 관련된 과학을 우리는 '생물학' 또는 '생명의 과학'이라고 지칭할 것이다.

라마르크의 정의는 다음과 같았다.

> 생물학 — 이것은 남아 있는 물체에 관한 모든 것 — 특히 그것들의 조직, 성장 과정, 생명의 움직임의 오랜 작용으로부터 결과한 구조적 복합성, 특정한 기관들을 생성시키고 활동을 중심에 집중시킴으로써 그것들을 격리시키는 경향 등 — 을 포함한다.

이들 정의로부터 알 수 있는 것은 그 이전까지의 동물, 식물에 대한 탐구가 그것들의 형태, 분포, 분류 등을 기술하는 자연사(自然史) 위주였던 데 반해, 이제는 생물체의 기능과 작용이 탐구의 주된 대상이 되었다는 것이다. 물론 그 이전에도 생명체의 기능과 작용을 연구하던 분야가 없었던 것은 아니다. 사실 생리학physiology 분야는 고대에서부터 존재하고 있었던 것이다. 그러나 그 동안 생리학은 거의 전적으로 의학과의 연관하에 연구되어 왔고,

따라서 그 관심이 철저하게 인체에 집중되었다. 때로 동물체의 생리학이 연구되기도 했지만 그것은 예외 없이 인체와의 비교를 염두에 둔 것이었고, 따라서 식물체의 생리학이란 생각도 할 수 없었다. 이런 상황에서 위의 정의들은 비단 인체만이 아닌 모든 생명체들에 관한, 그리고 전반적인 생명 현상에 대한 탐구를 목적으로 하는 '생물학' 분야를 이야기하고 있었던 것이다.

실험적(實驗的) 방법의 도입

물론 19세기 초 '생물학'이라는 단어가 이러한 뜻을 가지고 사용되었다는 것은 생물학 분야들이 이런 방향으로의 전환을 19세기 초에 단숨에 이루어냈음을 뜻하지는 않는다. 위의 정의들에서 볼 수 있는 탐구 행태의 변화는 19세기를 통해 계속된 과정이었고, 19세기의 끝에 이르러서도 아직 완결되었다고 할 수 없었다. 따라서 19세기 '생물학'의 분야들은 계속해서 두 갈래로 나누어 볼 수 있었다. 먼저, 자연사적 분야들은 계속해서 기술적이었고 이론적 사고와 추론을 많이 사용했는데, 진화이론, 세포 cell 이론, 발생학 embryology, 생물지리학 biogeography, 분류학 taxonomy, 비교해부학 comparative anatomy 등의 분야들이 이에 속했다. 이들과 대조적으로 '생리학'은 생명체의 활동적 생태에 관심을 가지고 생명체의 기능과 작용을 이해하려 했다. 그리고 이러한 생리학의 연구들은 많은 업적을 얻어내서, 1900년경까지에는 동물체의 열 animal heat 이 이해되었고, 생명체 내의 에너지들 사이의 관계가 분석 가능해졌으며, 신경작용에 대한 이해가 깊어졌고, 내분비(內分泌)가 신경계와 함께 생명체의 조화로운 기능을 보장해 준다는 것이 밝혀졌으며, 영양에 대한 이해가 얻어졌다.

그런데 이러한 생리학 분야에 종사하던 생명학자들은 대부분 기계론자 mechanist 들이었다. 이들은 생명체가 단순히 물질로 이루어졌다고 보고, 그것이 흡사 부품들로 이루어진 기계와 같다고 생각했던 것이다. 따라서 이들은 기계의 작용을 그것의 부품들의 기능들과 작용들의 합(合)으로 이해할 수 있듯이, 생명체의 현상의 올바른 이해도 그것의 각 부분을 분리해서 연구하고 나중에 그것들을 단순히 합쳐내기만 하면 얻을 수 있다고 생각했다. 그리고 그렇게 되면 생명체의 기능과 작용에 관한 지식인 생리학도 결국은 물질에 관해 다루는 물리학과 화학의 지식과 방법으로의 '환원'(還元)이 가능하고, 또 그렇게 해야 된다고 이들은 믿었다. 그러므로 이들은 기계론자들이자 동시에 환원론자 reductionist 들이었던 것이다.

이러한 경향들에 영향받아 이들 생리학자들의 연구는 또한 실험적·분석적이 되었다. 특히 이 같은 경향을 보였던 생리학자들은 이런 식으로 해서 생물학을 하나의 본격적인 실험 과학 분야로 만들려고 의식적으로 노력했다. 이런 노력은 19세기 중엽 이후 특히 성했고, 차츰 생리학 이외의 분야로 퍼지게 되었다. 그리고 주로 이들의 노력에 의해 20세기에 들어와서는 생물학은 완전한 실험 과학 분야가 되었고 정확한 분석적 방법을 사용하게 되었다.

이 과정에서 가장 두드러지는 점은 물리학, 화학과 같은 '물리 과학'physical science의 영향이었는데, 그 같은 영향은 내용과 방법 양쪽 모두에서 작용했다. 19세기 후반과 20세기 초를 통해서 생물학자들은 계속해서 과학의 연구가 어떻게 행해져야 할 것인가를 두고서 물리학자들과 화학자들을 모델로 삼았다. 그리고 그들은 당시 물리학자들이 생물학 분야에 대해 지니고 있었던 비판적 견해들 — 생물학 분야는 '과학적'이 못된다거나, 생물학자들은 자신들의 결론을 엄밀하게 증명해 보이지 못한다거나, 그들의 증거가 불완전하고 빈약하다는 등 — 에 대해 알고 있었고, 그것들이 어느 정도 사실임을 인정했다. 당시의 물리학과 화학이 실험을 통한 검증에 토대한 데 반해, 자신들의 일반적 이론들 중 거의 아무것도 실험으로 검증되지 못하고 있음을 생물학자들은 인정하지 않을 수 없었던 것이다. 이런 폐단은 1860년 이후

1900년경까지 다윈과 그의 추종자들 및 비판자들 사이에 끊이지 않았던 논쟁에서 특히 깊이 인식될 수 있었다. 이 논쟁에서 제시된 무수히 많은 주장과 반론(反論)들 중 어느 것 하나도 제대로 실험에 바탕하지 못했던 것이다. 따라서 생물학자들이 물리 과학으로부터 받아들인 것은 무엇보다도 실험적 방법이었다.

물론 19세기의 생물학 분야들에서 실험이 전혀 행해지지 않은 것은 아니었다. 생리학은 벌써부터 실험을 행하고 있었고, 그 밖에도 세균학 bacteriology, 생화학 biochemistry 분야 등에서 실험은 얼마간 행해지고 있었다. 그러나 세포학 cytology, 발생학, 진화 이론, 인구 생물학 등 대부분의 생물학 분야들에서 적어도 1890년경까지 실험은 거의 존재하지 않았다고 할 수 있다. 유전 heredity의 연구에 있어서도 잡종교배 실험 등의 방법이 없었던 것은 아니지만, 그것은 아직 실험 과학이라 보다는 실용적 목적을 위해 품종개량가들이 사용한 '기술'에 지나지 않았다. 결국 생물학 모든 분야로의 실험 도입은 위에서 본 것과 같은 노력에 의해 20세기에 들어선 후에 이루어졌다.

생리학과 실험적 방법의 확산

앞에서 보았듯이, 이러한 식으로 해서 가장 먼저 실험적인 된 생물학의 분야는 생리학이었다. 그리고 헬름홀츠와 브뤼케 Ernst Brücke(1819-96) 등을 주축으로 1847년 베를린에서 형성된 이른바 '생리학적 유물론자' physiological materialist 들이 생리학의 이 같은 변화에 중요한 기여를 했다. 그들은 생물학에 물리학과 화학의 방법을 도입할 것을 강조했고, 따라서 그들은 '환원론자' 들이었다고 할 수 있는데, 그들에게 물리학과 화학의 방법이란 바로 실험적·분석적 방법을 뜻했다. 이러한 방법을 표방하고 이들이 한 일의 예를 들어 보면, 생명체의 기관을 분리해 내어서 주어진 성분의 액체를 그 기관에 연결된 정맥과 동맥을 통해 통과시키는 실험을 비롯해서, 근육과 신경에 전류를 통하고 충격을 재는 실험, 그리고 동물의 눈의 렌즈, 망막retina 등의 광학적 성질을 측정하는 실험 등이 있었다. 결국 그들은 생명체를 일종의 기계, 곧 물리학과 화학의 도구를 통해 그 작용을 이해할 수 있는 복잡한 기계로 보았음을 알 수 있다.

이와 같은 실험적·환원론적·기계론적인 전통은 마장디Francois Magendie(1783-1855), 베르나르Claude Bernard(1813-78), 홀데인John Scott Haldane(1860-1936) 등으로 이어지면서 19세기 후반 이후 더욱 강조되었다. 이들은 앞서 본 베를린 집단의 지나치게 단순화된 기계론을 보다 세련된 형태로 만들었고, 보다 광범위한 동물 생리학의 문제들을 다루면서 동물체의 여러 기관들과 체계의 기능을 통합해서 이해하려고 했다. 특히 1865년 출판된 유명한 「실험의학 연구 입문」Introduction à l'étude de la médicine expérimentale 의 저자 베르나르는 생리 과정들이 동물체 내의 액체들의 조성(組成)이나 농도 등 동물체 내의 전체적 조건을 일정하게 유지시켜 준다는 사실을 강조했으며, 그러한 과정과 조건의 변화 및 기능 등에 대한 실험적 연구를 강조했다.

「실험 의학 연구 입문」은 사실상 생물학에서의 실험적 방법에 대한 첫 번째 체계적 저서였다. 이 책에서 주장한 실험의 방법은 관심의 대상이 되는 현상들을 엄격히 정의하고, 그 현상들은 재현(再現)시키거나 변화시킬 수 있는 조건들을 구체적으로 규정하는 것을 전제로 했다. 그렇게 한 후에 적절한 실험을 수행하면 생물체의 여러 생리적 기능들에 대한 일반적 지식을 얻을 수 있게 된다고 생각한 것이다. 그리고 이 같은 실험을 통한 생리학 연구는 인체나 동물체만이 아니라 식물에까지 그 대상이 확대되어서, 1870~80년대에 작스Julius von Sachs(1832-97)의 식물생리학에서의 업적이 얻어졌다.

19세기 말에는 그 전까지 기술적인 상태에 머물러 있었던 다른 분야들도 이 같은 실험적 방법을 도입하게 되었다. 생리학 분야로부터 실험적 방법의 확산이 가장 먼저 일어난 것은 1880년대의 발생학 분야였는데, 여기에서는 루 William Roux(1850-1924)의 '발생 역학'developmental mechanics이 중요한 역할을 했다. 그 후로는 세포학, 유전 이론 등의 분야들이 실험적이 되었고 진화 이론도 뒤를 이었다. 그리고 이들 분야들에 실험적 방법이 본격적으로 도입됨에 따라 거기에서 주로 묻게 되는 질문들이나, 그 질문들에 대답하기 위해 사용하는 방법들이 모두 크게 변화했다. 그 동안 기술적이고 추론적이던 것이 실험적·분석적이 되고 때로는 정량적으로까지 되었던 것이다.

결국 1930년대까지는 고생물학paleontology과 분류학 정도를 제외하고는 생물학의 거의 모든 분야가 실험적 방법과 물리적·화학적 방법을 본격적으로 사용하게 되었다. 생물학자들은 그러한 방법을 사용함으로써 새로운 지식을 얻어냈을 뿐만 아니라, 그렇게 함으로써 자신들의 분야가 완전한 과학 분야가 되었다는 자부심을 갖기도 했으며, 또한 생물학이 제대로 발전하기 위해서는 그렇게 해야 한다는 주장을 하기도 했다. 그리고 실험과 물리학 및 화학의 방법을 더 깊이 추구한 결과 새로운 분야들이 형성되기도 했다. 화학 차원에서의 생물학 문제들의 추구가 생화학 분야를 발전시켰고, 분자 차원에서의 추구는 분자 생물학molecular bi-ology 분야를 낳았던 것이다. 이러한 일이 결국은 앞에서 보아 온 형태로의 생물학 발전에 있어서 완결 단계를 나타내 준다고 볼 수 있겠다.

현대 생물학의 등장 배경

앞에서 우리는 19세기와 20세기 초를 통해 생물학이 본격적인 실험 과학 분야로 자리잡는 과정을 살펴보았다. 이제 이 과정과 관련한 몇 가지 측면들을 좀 더 자세히 고찰해 볼 차례이다.

우선, 생물학자들은 물리 과학의 지식과 방법을 본받고 표방했지만, 그들이 처음부터 물리 과학에 정통해 있었던 것은 아니었다. 대부분의 생물학자들은 물리 과학의 지식이 많지도 않았고, 아는 것도 아주 피상적이었거나 간접적으로 습득한 것에 불과했다. 사실 그들의 물리학과 화학의 지식은 20년, 30년 전 학생 시절에 배운 물리학과 화학의 수준에 머물러 있는 경우가 태반이었다. 따라서 19세기 말과 20세기 초를 통해서 생물학자들이 자신들의 분야를 변화시키는 데 사용했던 물리학과 화학은 그들과 동시대의 물리 과학자들이 실험실에서 실제 수행하던 물리학, 화학에는 까마득히 뒤져 있었다. 1930년대와 1940년대에 들어와서야 직접 물리학과 화학의 전문 교육을 받고 그 분야에서 연구 경력을 쌓은 사람들이 생물학 분야로 들어왔고, 심오한 업적을 내게 되었다. 분자 유전학 molecular genetics 분야는 그 좋은 보기였다고 할 수 있다.

물리 과학이 생물학에 준 영향은 비단 실험과 물리학 및 화학의 방법의 도입에만 그치지 않았다. 물리 과학에서 자연을 보는 태도도 생물학에 영향을 주었던 것이다. 특히 20세기 초는 양자 이론이나 상대성 이론 등 물리학 내에서 큰 변화가 있었던 시기였고 이에 따라 그 동안의 철저하게 기계론적이고 결정론적 deterministic 인 자연관으로부터 보다 더 복잡하고 '상호작용적' interactive 인 자연관으로의 전환이 일어나고 있었다. 곧, 자연 세계를 여러 부분들이 단순히 합쳐져서 이루어진 커다란 기계로만 보는 입장으로부터 벗어나서, 그러한 부분들이 서로 영향을 미치고 서로에 변화를 일으킬 수 있기 때문에 각 부분들의 성질들 각각을 이해하는 것만으로는 전체를 제대로 파악할 수 없다는 입장으로의 변화가 있었다. 그리고 이러한 새로운 관점이 제1차 세계대전 이후 생물학에 영향을 미치게 되었다. 결국, 1910년대까지의 생물학에 1870년대까지의 물리학이 극도로 기계론적인 경향이 영향을 미친 데 반해, 1920년대 이후의 생물학에는 그 이후의 보다 덜 기계론적인 경향이 영향을 미치게 되었던 것이다.

이 같은 영향도 역시 생리학자들을 통해서 처음으로 생물학으로 들어왔다. 예를 들어, 셰링튼 Charles S. Sherrington(1857-1952)과 캐넌 Walter B. Cannon

(1871-1945)은 헬름홀츠와 같은 초기 신경생리학자들의 단순한 기계론을 초월해서, 신경계 전체의 성질이 개개의 신경세포neuron의 성질들의 합만으로 나타낼 수 없음을 보였다. 그리고 헨더슨Laurence J. Henderson(1878-1942)은 피의 '완충용량'buffer capacity이 그 구성 성분 각각의 완충용량들의 합보다 훨씬 많다는 것을 보였다. 그 후 이러한 관점은 생리학으로부터 유전학으로 옮겨갔으며, 나중에는 분자생물학 분야에도 그 영향이 여러 형태로 나타나게 되었다.

지금까지 본 움직임을 그것을 에워싼 철학적 배경 속에서 살펴보는 것도 중요하다. 19세기를 통해 지속된 관념론idealism과 유물론 사이의 논쟁, 그리고 그와 연결되어서 진행된 생기론italism과 기계론 사이의 논쟁이 그것이다. 생물학 분야의 전통적 입장을 나타냈던 생기론은 생명체에서 무기물에는 존재하지 않는 비물질적인 '그 무엇'이 있어 그것이 생명체와 무기물의 근본적인 차이를 준다고 믿었던 것인데, 19세기의 후반부를 통해서 기계론이 생기론을 이겨내는 과정이 진행 — 처음 생리학에서, 그리고 차츰 다른 분야로 — 되었고, 이것은 생물학 분야 내에서의 기계론의 관념론에 대한 승리를 보여준다고 할 수 있다. 물론 이 과정이 간단히 진행되었던 것은 아니다. 이 과정을 통해서 생기론이 생물학으로부터 완전히 사라진 것은 아니었으며, 오히려 그것이 유물론을 점점 세련되게 해 준 면도 볼 수 있었던 것이다. 20세기 생물학이 함축하고 있는 복잡한 철학적 입장이 이를 잘 보여주고 있다.

이야기를 보다 더 구체적으로 이에 참여했던 과학자들의 차원으로 돌리면, 앞에서 본 현상에 대한 어떤 의미에서의 설명이 얻어진다. 생리학 분야 이외의 생물학 분야들에서도 물리 과학의 방법과 예들을 본받을 것을 강력히 추구하고 적극적으로 주장했던 생물학자들은 주로 젊은층이었다는 점이다. 주로 1865년 이후에 태어난 이들이 그들의 앞세대 생물학자들의 지나치게 기술적이고 추론적인 방법과 관심에 반기를 들었던 것이다. 그리고 그 무기로서 그들은 당시 자연 과학 분야들에서 가장 발전되어 있었고, 정확한 과학이라고 인정받고 있던 물리 과학에 눈을 돌려 그것으로부터 배우고 그 방법을 표방하려 했다. 또 이들은 자신들의 앞세대 생물학자들이 너무 다윈의 이론에 관한 논의에만 관심을 쏟고 그 외의 다른 분야들에 무관심한 데 대해서도 반기를 들었다. 사실 다윈의 이론에 대한 그 같은 관심이 집중되었기 때문에 생리학을 제외한 19세기 중반 생물학의 거의 모든 분야가 기능보다는 형태에 관심을 쏟았고 기술적·추론적이 되었던 것이다.

이 같은 현대 생물학의 형성에 있어서의 제도적 배경도 살펴볼 필요가 있다. 생물학 분야들은 처음부터 의과대학과 밀접히 연결되어 있었고, 그러한 연결은 19세기 중엽까지 지속되었다. 생리학을 비롯한 생물학 분야의 연구도 의과대학에서 행해졌고, 이에 따라 좋은 의과대학을 지닌 지역이 생물학 분야의 연구의 중심이 되었다. 18세기 초의 레이든Layden, 19세기 후기의 에딘버러, 1790~1840년의 파리와 같은 곳들이 모두 의과대학을 바탕으로 해서 생물학 연구가 활발했던 곳이었으며, 그 이후 19세기 말까지는 독일의 여러 지역이 뒤를 이었다. 그러다가 생화학이 발전되고 생물학 내에서의 그것의 역할이 중요해지면서 영국이 생물학 연구의 중심이 되었으며, 제1차 세계대전 후에는 미국으로 옮겨갔다. 독일에서는 19세기를 통해 확립되어 의과대학의 바깥에서 확고한 분야로 존재해 있었던 유기화학이 의과대학 내부의 생화학이라는 새로운 분야의 성립을 견제한 데 반해, 영국과 미국에는 의과대학 안에 '의화학'medical chemistry이라는 분야가 존재했고, 생화학이 그 속으로 들어갈 수 있었던 것이다. 생화학은 1950년대에 와서야 별도의 학과로서의 의과대학으로부터 분리되어 나오게 되었는데, 이때쯤에는 그것은 이미 분자생물학의 차원이 되어 있었다. 그리고 이에 따라 생물학, 화학, 생화학, 분자생물학 사이의 학과 구분과 관련해서 오늘날까지도 보게 되는 복잡한 관계가 생겨나게 되었다.

10 현대 물리학의 출현

 19세기 중엽 이후 전자기학과 열역학이 수학화되면서 물리학의 한 분야로 자리잡게 되었다. 전자기학에서는 패러데이 Michael Faraday(1791-1867), 맥스웰 James Clerk Maxwell(1831-79)이 '장이론(場理論)'field theory 이라는 새로운 이론체계를 이룩했으며, 이는 19세기 말엽에 로렌츠 Hendrik A. Lorentz(1853-1928 에 의하여 '전자이론'electron theory 으로 발전했다. 열역학 제1법칙과 제2법칙에서 출발한 열역학은 '엔트로피' 같은 새로운 개념을 만들어내면서, 열이라는 거시적 현상을 미시적 차원의 운동으로 설명하고자 하는 노력을 유발했다. 이런 노력은 클라우지우스, 맥스웰, 보츠만, 깁스를 거치면서 통계역학으로 발전했다. 이 같은 장이론과 통계역학은 뉴턴, 라플라스의 역학 체계와 더불어 고전 물리학을 완성시켰다고 간주되었다.

19세기 말의 물리학

 이론물리학뿐만 아니라, 새로운 실험의 영역도 19세기를 통해 계속 확장되었다. 분광학 spectroscopy 과 음극선 cathode ray 실험이 그 대표적인 보기이다. 19세기 말엽에는 물리학자들을 깜짝 놀라게 한 새로운 실험적인 발견들이 쏟아져 나왔다. 1895년에 뢴트겐 Wilhelm Conrad Röntgen (1845-1923)이 X선을 발견했으며, 다음해 베크렐 Jean Becquerel(1878-1953)이 방사능을 발견했고, 곧 이어 퀴리부부(Pierre Curie(1859-1906), Marie Curie(1867-1934))는 라듐을 발견했다. 이러한 것들은 고전 물리학으로는 도저히 설명할 수도, 이해할 수도 없었다. 거의 비슷한 시기에 캐번디시 연구소의 톰슨 Joseph John Thomson (1856-1940)이 당시 논쟁의 대상이었던 음극선이 수소 원자의 1/1000보다 더 작은 무게를 갖는 '원자 이하의'subatomic 입자인 전자임을 보였다. 원자가 물질을 구성하는 궁극적인 입자라고 생각했던 믿음마저도 전자의 발견으로 무너지고 말았던 것이다.

19세기 말엽의 물리학자들은 당시의 이러한 새롭고 놀라운 사실의 발견에 대해 매우 흥미있어 했을뿐만 아니라, 이로 인해 약간은 들뜨고 흥분해 있었다. 이러한 현상이 뉴턴 역학의 자연관과는 모순되는 것이라는 생각도 널리 퍼져 있었다. 켈빈은 당시의 물리학의 상태를 가리켜서, 고전 물리학이란 하늘 위에 두 개의 검은 구름이 떠 있다고 표현했다. 그렇지만 대부분의 물리학자들은 여전히 낙관적이었다. 그들은 그 동안 계속 그러했듯이, 고전 물리학의 골격을 유지하는 범위 내에서 어려운 문제들이 해결될 수 있으리라고 생각했던 것이다.

로렌츠의 전자 이론

19세기 물리학의 특성 중 하나는 빛, 전기, 자기 등의 현상을 설명하는데 '에터'라는 개념이 사용되었다는 것이었다. 물리학자들은 에터가 공간을 꽉 메우고 있으며, 빛이나 전자기 작용의 전파를 매개하는 매질의 특성을 지닌다는 데에는 의견이 일치했다. 그러나 그것의 구체적인 성질은 과학자에 따라 서로 다르게 정의되었다. 예를 들어, 어떤 과학자들은 에터가 공기와 비슷할 것이라고 생각했음에 반해, 또 다른 과학자들은 그것이 젤리와 비슷한 것이라고 생각했다. 또 지구와 같은 물체의 운동에 대해 에터는 아무런 영향을 받지 않고 정지하고 있다는 입장과 물체에 이끌려 함께 운동한다는 서로 다른 입장이 공존하고 있었다. 에터라는 개념은 특히 맥스웰의 장이론(場理論)에서 가장 중요한 부분이었던 전자파(電磁波)가 1888년 헤르츠 Heinrich Rudolf Hertz (1857-94)에 의해 검출된 이후부터 전자파를 전파한다는 또 다른 중요성을 부여받았다.

로렌츠의 전자이론은 맥스웰의 전자기학과 장이론에 기초하고 있었고, 그 핵심은 전하를 띤 입자(전자)의 운동과 에터의 장 field 사이의 상호작용을 기술하는 데 있었다. 이러한 상호작용을 통해 이 전자이론은 19세기 말까지 잘 설명하지 못했던 몇 가지 중요한 광학 현상과 전자기 현상을 설명할 수 있었다. 여기에 실험적으로 전자가 발견됨에 따라 이 이론의 확실성은 더욱 높아갔다. 그런데 로렌츠의 전자 이론은 물체의 운동 — 지구를 비롯한 천체 운동을 포함해서 — 에 대하여 정지해 있는 에터를 가정해야 했다. 곧, 에터가 모든 물체에 대해 절대적으로 정지해 있기 때문에 그것의 좌표계는 절대적 좌표계로 간주될 수 있는 것이다.

이렇게 절대적으로 정지해 있는 에터에 대한 지구의 상대적 운동의 효과는 광학 및 전자기 현상과 관련해서 당시의 실험으로도 충분히 측정할 수 있는 크기였다. 그러나 1881년과 1887년에 걸친 마이클슨의 두 차례의 실험 결과는 로렌츠의 정지한 에터의 효과가 전혀 측정되지 않았다는 것이었다. 로렌츠는 이 실험 결과를 설명하는 과정에서 자신의 전자이론에 몇 가지 가설을 추가했는데, 그것들을 시공간(視空間)의 좌표 변화, 운동하는 물체의 질량의 변화, 길이의 축소 Lorentz contraction 등이었다.

아인슈타인의 상대성 이론

아인슈타인 Albert Einstein(1879-1955)은 1905년 간단한 가설에 기초해서

마이클슨의 실험 결과는 물론 로렌츠의 가설까지도 모두 설명하는 이론을 발표했다. 로렌츠의 전자 이론이 근거를 찾기 힘든 여러 가설에 기초하고 있었다면, 아인슈타인의 이론은 상대성 원리가 자연계의 모든 현상에 적용되며, 빛의 속도가 모든 좌표계에서 일정하다는 두 가지 공리에만 근거하고 있었다. 대신 로렌츠의 가설은 아인슈타인의 이론으로부터 자연스럽게 유도되었다. 아인슈타인의 이 이론은 곧 '상대성(相對性) 이론'theory of relativity이라고 불리기 시작했다. 로렌츠의 전자이론에서는 물체의 운동에 대해 절대적으로 정지한 에터를 가정했음에 반해, 아인슈타인의 상대성 이론은 에터란 개념을 의미 없는 것으로 만들어 버렸다. 따라서 상대성 이론에서는 에터는 아무런 역할도 맡지 못했으며, 에터가 존재하지 않는다고 생각해도 별 문제가 없었다. 바로 이 점 때문에 아인슈타인의 이론은 19세기를 통해 교육받았던 물리학자들에게 받아들여지기 어려웠던 것이다. 그러나 결국 상대성 이론은 전자 이론을 제압하고 물리학자들에게 수용되어 갔다. 그리고 그것이 수용되면서 시간-공간, 운동, 물질, 에너지 등 물리학의 핵심적인 개념들을 고전 물리학과는 전혀 다른 새로운 의미를 띠게 되었다.

플랑크와 양자 가설(量子假說)의 도입

양자물리학의 출발점은 당시로서는 비교적 소수의 과학자가 관심을 가지고 있었던 '흑체 복사(黑體輻射)'black-body radiation 의 문제였다. 흑체란 빛을 흡수할 때까지 흡수했다가 시간의 차이를 두고 흡수한 빛을 내보내는 물체를 말하는 것이었으며, 여기서 방출되는 복사의 강도와 파장에 대한 법칙은 19세기 말엽 빈 Wilhelm Wien(1864-1928)에 의해 만들어졌다. 이 빈의 법칙은 당시까지의 흑체 복사에 대한 실험 결과와 잘 부합했으나, 한 가지 약점을 가지고 있었다. 그것은 이 법칙이 완전한 이론식이 아니라, 이론적 유도에 실험을 통한 상수(常數)의 결정이 결합함으로써 만들어졌다는 것이었다.

플랑크Max Planck(1858-1947)는 당시 흑체 문제에 관심을 가지고 있었던 과학자 중 한사람이었다. 그는 우주의 엔트로피가 항상 증가한다는 클라우지우스의 열역학 제2법칙을 증명함으로써 베를린 대학에서 박사학위를 받았으며, 그 이후로도 계속해서 이 제2법칙의 중요성을 생각하고 있었다. 이러다가 흑체 복사에 관심을 가지면서 그는 흑체 복사 문제에 열역학 제2법칙을 적용하려고 시도했다. 1897년부터 1899년까지 발표한 흑체 복사 문제에 대한 일련의 논문에서, 그는 엔트로피가 항상 증가한다는 열역학 제2법칙으로부터 빈의 법칙을 이론적으로 깨끗하게 유도하는 데 성공했다.

그러나 1900년 가을 파장이 긴 영역에서 새로운 실험 결과는 빈의 법칙의 이론값과 약 50%의 오차가 존재함을 드러냈다. 빈의 법칙을 수정할 필요성이 강하게 대두되었던 것이었다. 이에 자극받은 플랑크는 그 이전의 자신의 방법을 약간 수정해서 흑체 복사에 대한 새로운 법칙을 얻어냈으며, 그 해 10월 독일 물리학회에서 그 유도과정을 발표했다. 그 새로운 식은 실험 결과와도 잘 들어맞는다고 판명되었다. 문제는 플랑크가 이 식을 유도할 때 결정적으로 중요한 가정 하나를 도입했다는 데 있었다. 그것은 흑체의 공명자(共鳴子)resonator 의 상호작용하는 에너지 ε가 진동수 ν에 특정한 상수 h(플랑크상수)를 곱한 값의 정수배 밖에는 될 수 없다는 것이었다. 곧, $\varepsilon = nh\nu$라는 조건이 유도과정 속에 사용되었던 것이다. 이는 에너지가 $0, h\nu, 2h\nu \cdots$와 같이 불연속적으로 존재할 수밖에 없다는 것을 의미했다. 그리고 이에 따라 에너지가 $\frac{1}{2}h\nu$나 $\frac{5}{2}h\nu$와 같은 형태로는 존재할 수 없다는 것은, 에너지의 값을 연속적이라고 간주하는 고전 물리학에서는 절대로 성립할 수 없는 조건이었다.

에너지가 불연속이라는 플랑크의 이러한 가정은 결과적으로 고전 역학의 한계를 드러내면서, 양자 역학의 출현을 가져온 20세기 물리학의 또 하나의 혁명의 출발점이었다. 그러나 플랑크의 법칙이 발표된 처음 몇 년 동안은 다른 과학자들은 물론 플랑크 자신도 이 가설에 대해 심각하게 생각하지 않았다. 많은 과학자들은 플랑크의 식을 실험 사실과 잘 부합하는 하나의 경험적인 empirical 법칙으로 간주했으며, 따라서 이 경험적 식에 들어간 하나의 가정을 심각하게 생각할 필요를 느끼지 못했다. 플랑크는 ε=hν라는 가정을 볼츠만의 통계 역학적인 방법을 사용하면서 도입했으며, 자신의 가정이 당시 통계 역학에서 사용하던 방법과 다르다는 것을 인식하지 못하고 있었다. 따라서 그의 관심은 자신의 가설의 의미보다는, h라는 새로운 상수를 발견했다는 데 있었다. 한편, 아인슈타인을 비롯한 소수의 과학자들이 1905년경 플랑크의 가정이 고전 역학과 모순되는 새로운 것임을 파악했지만, 이들의 주장은 거의 학계의 관심을 끌지 못했다.

이러다 우연한 사건 하나가 플랑크의 가정을 심각히 생각하게 만든 계기가 되었다. 1908년 당시 유럽 최고의 과학자라는 명성을 얻고 있었던 로렌츠가 한 강연회에서 흑체 복사 문제에 대해 애기하면서, 플랑크의 법칙이 실험 결과를 잘 설명할지는 모르지만 맥스웰의 전자기학의 근본과는 모순된다고 언급했다. 이러한 주장은 즉각 실험 물리학자들의 거센 반발을 불러일으켰다. 이에 직면한 로렌츠는 플랑크의 가정에 대해 심각하게 생각하기 시작했으며, 결국 공식적으로 자신의 주장을 철회하기에 이르렀다. 이후 그는 에너지가 hν의 정수배(整數倍)의 형태밖에는 가질 수 없다는 플랑크의 가설이 물리적 사실이라고 주장했으며, 처음으로 플랑크 자신에게 이 가설의 의미에 대해서 질문했다. 그리고 플랑크는 처음으로 이 가설이 고전 물리학과는 모순되는 물리적 의미를 갖는다는 것을 인정했다.

1908년 이후 과학자들은 플랑크의 가설이 고전 물리학과 모순되는 것이라고 공공연하게 이야기하기 시작했다. 상대성 이론에 이어 고전 물리학의 일부가 또다시 포기되었다. 왜 에너지가 불연속적이 되어야 하는지 모른 채로 과학자들은 플랑크의 가설을 점차 받아들여서 1912년 꽤 널리 퍼지게 되었다.

보어와 새 원자 모형

1912년 코펜하겐에서 박사학위를 끝낸 보어 Niels Bohr(1885-1962)는 본격적인 연구를 위해 J. J. 톰슨이 있는 케임브리지의 캐번디시 연구소로 갔다. 당시는 플랑크의 가설을 비롯해서, 고전 물리학의 미시적 현상의 기술에 잘 들어맞지 않는다는 생각이 확산되던 시기였다. 톰슨은 전자를 발견함으로써 노벨상을 수상했으며, 이론과 실험 모두에 정통했던 유럽 최고 물리학자 중 한사람이었다. 그러나 톰슨은 보어를 별로 환영하는 기색이 아니었으며, 보어 역시 톰슨의 성격이나 연구 스타일과는 잘 맞지 않았다. 보어는 곧 캐번디시를 떠나 맨체스터의 러더퍼드 Ernst Rutherford(1879-1937)에게로 갔다.

당시 러더퍼드는 원자 구조에 대한 획기적인 인식을 낳은 실험을 수행하고 있었다. 러더퍼드의 실험은 헬륨 핵을 얇은 금박에 쏘는 것이었다. 헬륨 핵의 높은 에너지는 얇은 금박을 통과하기에 충분했으며 또한 대부분의 헬륨 핵이 이 금박을 통과했지만, 실험 도중 종종 큰 각도로 비껴가거나 심지어는 반사되는 것조차 발견되었다. 금박을 이루는 원자의 특정한 부분과 헬륨 핵 사이에 마치 강한 반발력이 존재하는 것 같았다. 러더퍼드는 이 실험 결과를 설명하기 위해 원자의 중심에 태양계의 태양과 비슷한 원자핵이 있고, 행성이 태양 주위를 회전하듯 핵 주위를 전자가 회전하는 원자 모형을 주장했다. 이것은 원자가 둥근 공과 같은 구조를 가지고 있으며, 그 속에 전자와 양성자가 있다고 간주했던 기존의 원자 모형과는 완전히 다른 것이었다.

러더퍼드의 새로운 원자 모형은 그의 실험 결과를 설명하는 데는 적합했지만, 또 다른 문제점들을 야기했다. 예를 들어, 이러한 모형으로는 수소 원자의 불연속적인 스펙트럼을 설명할 방법이 없었다. 그러나 그보다 더 큰 문제는 러더퍼드는 원자 모델이 맥스웰의 고전 전자기학 이론과 모순된다는 것이었다. 맥스웰의 전자기 이론에 의하면, 원 운동과 같은 가속 운동을 하는 전자는 빛을 내면서 에너지를 잃어야 했으며, 그 결과 순식간에 핵으로 빨려 들어가야 했다. 따라서 러더퍼드의 모델이 수용되기 위해서는 먼저 전자가 왜 핵으로 빨려 들어가지 않고 안정 상태에 머물러 있는지가 설명되어야 했다.

원래 보어는 코펜하겐에서 입자가 금속에 흡수되는 과정을 연구했다. 그러다가 맨체스터에서 러더퍼드와 공동 연구를 하면서 물질을 구성하는 전자나 원자의 구조와 같은 보다 근본적인 문제에 흥미를 느끼게 되었다. 코펜하겐으로 돌아간 보어는 계속 이 문제를 생각했다. 먼저 그는 고전 물리학을 사용해서 러더퍼드의 원자 모형의 문제를 해결하려고 했다. 이러한 시도가 성공을 거두지 못하자 그는 플랑크의 가설을 사용해 보았다. 플랑크의 가설도 러더퍼드의 원자가 왜 안정한지를 설명하지 못했다. 두 가지 시도가 모두 실패하자, 보어는 결국 자신의 독자적인 이론을 고안했다.

보어의 설명은 다음 두 가지 가설에 의존하고 있었다. 첫 번째 가설은, 전자가 핵으로부터 일정한 거리만큼 떨어진 특정한 '궤도'orbit 상에만 존재한다는 것이었다. 두 번째 가설은 전자가 높은 에너지 궤도에서 낮은 에너지 궤도로 떨어지면서 빛을 방출하고, 낮은 에너지 궤도에서 높은 에너지 궤도로 올라가면서 빛을 흡수하며, 빛을 방출하거나 흡수하는 않는 한은 일정한 궤도에 머무른다는 것이었다. 그리고 전자가 높은 에너지(E_2)의 궤도에서 낮은 에너지(E_1)의 궤도로 전이(轉移)할 때 방출되는 빛의 진동수 ν는 $\nu=(E_2-E_1)/h$ 라는 관계를 만족했다. 보어의 이 두 가설은 수소 원자의 불연속적인 스펙트럼과 전자의 안정상태를 잘 설명했다. 그렇지만 보어의 설명에 약점이 없었던 것은 아니었다. 보어의 가설 역시 플랑크의 가설처럼 이론적 근거를 가지고 있지 못했으며, 더욱이 고전 물리학과는 모순되는 것이었다. 또 보어의 가설은 수소 원자 이외의 복잡한 원자에는 잘 들어맞지 않는다는 문제를 안고 있었다.

그럼에도 불구하고 보어의 가설은 과학자들 사이에 점차 수용되어 갔다. 1918년이 되자 보어의 이론은 원자 구조에 대한 가장 적합한 이론으로 물리학 교과서에 소개될 정도였다. 그렇지만 왜 고전 역학과는 모순되는 새로운 가정이 계속 등장해야 하며, 이러한 가정의 이론적 근거는 무엇인가에 대해서는 의문이 더해지기만 했다. 그리고 이러한 문제의 해결은 고전 물리학의 관습에 사로잡히지 않은 새로운 세대의 젊은 물리학자들의 몫으로 남게 되었다.

양자 물리학의 탄생

상대성 이론을 발표한 1905년 아인슈타인은 빛이 입자이면서 동시에 파동이라는 빛의 '광양자(光量子) photon 이론을 발표했다. 이 광양자 이론에 의하면, 진동수 ν의 광양자 하나는 $h\nu$의 에너지를 가지고 있었다. 이는 흑체의 공명자의 에너지가 $h\nu$의 정수배를 가진다는 플랑크의 가설을 이론적으로 뒷받침할 수 있었다. 그러나 빛이 입자이면서 동시에 파동이라는 아인슈타인의 주장에는 거의 아무도 귀를 기울이지 않았다. 그도 그럴 것이, 빛이 파동이라는 이론은 19세기 초엽에 나타나서 이미 확고부동한 것으로 인정되었으며, 더욱이 '입자이자 동시에 파동'이라는 생각은 상식적으로 도저히 납득하기 어려운 주장이었기 때문이다. 그러나 '광전효과' photoelectric effect 에 대한 실험이 빛이 입자의 성질을 갖는다는 아인슈타인의 주장의 신빙성을 높였으며, 1922년 콤프튼 효과는 아인슈타인의 광양자 이론을 결정적으로 입증했다. 이후 과학자들은 빛이 파동이자 동시에 입자라는 주장의 의미를 심각하게 생각하게 되었다.

드브로이 Louis de Broglie (1875-1960)는 아인슈타인의 광양자 개념을 심각하게 받아들이고, 이를 발전시킨 과학자였다. 1924년 그는 아인슈타인의 주장을 거꾸로 입자에 적용했다. 곧, 그 이전까지 파동이라고 인식되어 온 빛이 입자의 성질을 가지고 있다면, 그 이전까지 입자라고 인식되어 온 전자와 같은 것들도 파동의 성격을 가지고 갖지 않겠는가 하는 것이 그의 생각이었다. 그는 모든 물질이 파동의 성질을 갖는다고 주장하기에 이르렀다. 이제 파동과 입자의 절대적인 구별은 의미를 찾을 수 없게 되었다. 모든 실체가 파동이자 동시에 입자인 양면성 wave-particle duality 을 지니게 되었던 것이다. 드브로이는 이러한 파동의 성질을 지니는 입자의 파장과 운동량 사이의 관계를 제시했다.

드브로이의 이러한 주장에 거의 아무도 주목하지 않았다는 것은 어떻게 보면 당연한 결과였다. 오직 아인슈타인만이 예외였다. 아인슈타인은 자신의 논문을 통해 드브로이의 생각을 소개하고, 그것의 대담성과 독창성을 널리 선전했다. 슈뢰딩거 Erwin Schrödinger(1887-1961)는 아인슈타인의 이러한 논문을 감명 깊게 읽고, 드브로이의 개념을 받아들이게 되었다. 그는 1925년 파동이자 동시에 입자인 물체가 만족하는 운동방정식을 고안했다. 그리고 이 '슈뢰딩거 방정식'은 입자의 운동을 기술하는 뉴턴의 고전 역학의 방정식을 대체한 완전히 새로운 방정식이었다.

한편, 코펜하겐으로 돌아간 보어는 그곳에 자신의 연구소를 설립했다. 보어의 코펜하겐 연구소에는 기존의 고정 관념에 사로잡히는 것을 거부했던 젊고 유능한 물리학자들이 각국에서 모여들기 시작했다. 그 결과 보어의 연구소는 유럽 다른 나라의 유서 깊은 대학과 연구소를 제치고 새롭게 탄생하는 이론 물리학 분야의 제일의 연구소가 되었다. 하이젠베르크 Werner Hesenberg(1901-76), 파울리 Wolfgang Pauli(1900-58), 디랙 Paul Dirac(1902-84) 등 양자물리학의 완성에 기여한 많은 물리학자들이 이 연구소에 핵심적인 개념들을 고안해냈으며, 서로 의견을 교환하고 토론했다. 이 중 하이젠베르크는 1925년 전자의 운동을 행렬 matrix 을 사용해서 기술하는 방법을 알아냈으며, 이를 시작으로 곧 행렬 역학 matrix mechanics 을 발전시켰다. 하이젠베르크의 행렬 역학은 곧 슈뢰딩거의 파동역학 wave mechnics 과 비교, 검토되었으며, 그 결과는 이 둘이 수학적으로 완전히 동일하다는 것이었다.

이제 남아 있는 가장 중요한 문제는 슈뢰딩거의 방정식을 풀어 얻게 되는 '파동 함수'wave function의 물리적 의미를 알아내는 것이었다. 이에 대해 보어와 하이젠베르크는 파동 함수가 물리적 계(系)system에 고유한 상태함수이며, 물리적으로 의미 있는 것은 그것의 제곱값이고, 이것은 단지 확률probability을 나타낸다고 주장했다. 결국 슈뢰딩거의 파동은 '확률의 파동'에 지나지 않았던 것이다. 이에 대해 아인슈타인과 그의 추종자들은 파동 함수를 단지 추상적인 확률로 해석하는 데 반대했다. 이 두 그룹 간의 논쟁은 1927, 1928년까지 계속되었다. 격렬한 논쟁의 결과는 보어측의 승리로 판명되었고, '파동 함수의 확률적 해석', '불확정성 원리'uncertainty principle, '측정 이론' 등 수학적이고 추상적인 해석이 전면에 등장했다. 보어의 연구소 위치를 따서 '코펜하겐 해석'Copenhagen interpretation이라 이름 붙여진 이 새로운 세계관이 고전 물리학의 세계관을 대체했던 것이다.

11 원자탄 : 제2차 세계대전과 과학

원자탄의 개발은 과학과 과학자의 '힘'을 가장 극적으로 드러낸 사건이었다. 원자탄 개발을 통해 과학과 과학자는 전쟁과 깊은 관련을 맺기 시작했으며, 그 동안 이루어진 과학과 정부와의 관계도 훨씬 더 밀접해졌다. 동시에 원자탄은 과학과 윤리에 대한, 그리고 과학자의 사회적 책임에 대한 새로운 문제들을 불러일으켰다.

이 장에서는 원자탄의 개발이 추진되었던 과정과 이 과정에 여러 과학자들이 어떻게 개입했는지는 살펴본다.

1938~39년 : 독일과 미국

1938년 말 독일의 과학자 한Otto Hahn(1921-68)은 우라늄 핵의 연쇄반응chain reaction 실험에 성공했다. 연쇄반응은 한 번의 충격에 의해 핵분열이 계속해서 일어나는 것을 지칭하는데, 그 원리는 1개의 중성자가 '우라늄 235'의 핵에 충돌했을 때 그 핵이 둘로 쪼개지면서 2개의 새로운 중성자를 만든다는 데 있었다. 이 새로운 2개의 중성자는 다시 2개의 우라늄 핵을 분열시키며, 그렇게 되면 4개의 중성자가 만들어지게 된다. 곧, 처음에 1개의 중성자가 핵을 쪼개면 그 다음부터는 1, 2, 4, 8, 16 …과 같이 기하급수적으로 핵분열이 가속되는 것이었다.

그런데 모든 핵반응에는 질량의 감소가 수반되었으며, 아인슈타인의 특수상대성 이론에 의하면 그것은 질량과 에너지의 등가법칙(等價法則)에 의해 '$\Delta E = \Delta mc^2$(Δm: 질량 감소, c : 빛의 속도)만큼의 에너지로 변화하는 것이었다. 그리고 c^2의 값이 매우 컸기 때문에(1초당 300,000km) 연쇄 반응의 경우 Δm의 값은 아주 작지만 여기에 c^2이 곱해져 얻어지게 되는 에너지는 엄청난 크기였다. 독일 과학자 마이트너 Lise Meitner(1878-1968)는 곧 이 연쇄 반응이 무기 개발에 이용될 수 있음을 인식하고, 이 사실을 당시 가장 저명한 물리학자 중 한 사람이었던 보어에게 알렸다. 그 결과 한이 자신의 발견을 담은 논문을 출판하기도 전에 과학자들은 연쇄 반응의 무기화에 대해 공공연하게 이야기하기 시작했다.

연쇄 반응이 독일 과학자에 의해 발견되었기 때문에, 나치를 피해 망명한 과학자들 중 특히 원자 무기의 가공할 파괴력을 이론적으로 이해했던 물리학자들은 히틀러가 원자탄을 먼저 개발했을 때 발생할 위험에 대해 걱정하기 시작했다. 유럽에서 나치의 세력이 커짐에 따라 미국으로 건너왔던 헝가리 출신의 물리학자인 실라르드 Leo Szilard(1809-1964)는 이런 위험을 누구보다 심각하게 생각했던 과학자였다. 그는 역시 헝가리 출신의 저명한 물리학자 위그너 Eugene Paul Wigner(1902-1995)를 만나 사태의 심각성을 토론했으며, 프랑스의 졸리오 Frédéric Joliot(1901-1958), 그리고 미국에 망명 중인 이탈리아 핵물리학자 페르미 Enrico Fermi(1901-1954)와 접촉해서 핵분열과 같은 군사적 가능성이 있는 학술 정보의 출간을 금지하자고 제안했다. 실라르드의 활동은 여기서 멈추지 않았다. 그는 아인슈타인을 만나 아인슈타인으로 하여금 당시 미국 대통령 루즈벨트 Franklin D. Roosevelt(1882-1945)에게 미국이 원자 무기를 개발할 것을 촉구하는 편지를 쓰도록 설득했다. 아인슈타인이 서명한 편지는 1939년 10월 미국 대통령에게 전달되었으며, 미국 정부는 우라늄 위원회 Uranium Committee 를 만들어서 이에 대처했다.

1939~41년 : 영국

미국 정부는 아인슈타인과 같은 과학자의 주장을 무시할 수 없었기에 우라늄 위원회를 만들었지만, 1939년 당시에는 원자 무기의 개발이라는 문제에 별로 관심이 없었다. 정부의 고위관리들은 가공할 파괴력을 지닌다는 '원자탄' 자체를 과학자들의 탁상공론 정도로 생각하기도 했다. 그리고 아인슈타인, 실라르드 같은 과학자들의 이름이 널리 알려졌다고 하지만 이들은 외국에서, 그것도 적국인 독일에서 망명한 과학자들이라는 약점을 지니고 있었다. 우라늄 위원회가 결성되었지만, 그것은 1년 예산 6,000달러에 불과한 형식적 기구에 불과했다. 더구나 그후 1940년 6월 미국 정부의 과학 정책에 중요한 역할을 담당하고 있던 부시가 NDRC (국방 연구 위원회)를 만들면서 우라늄 위원회는 그 안에 흡수되었다.

독일 과학자들은 1939년 봄 한의 연쇄 반응의 중요성을 독일 정부에 인식시키고 원자 무기 개발을 위한 연구를 조직하기 시작했다. 그러나 원자 무기 개발에 대해 과학자들과 정부는 모두 적극적인 태도를 취하지 않고 있었다. 과학자들은 원자탄이 실제로 만들어지기 위해서는 수많은 어려운 문제들이 먼저 해결되어야 한다는 것을 알고 있었으며, 전쟁 기간 동안에 이것이 개발되어 실전에 사용될 수 있으리라는 생각은 거의 하지 않고 있었다. 독일 정치인들은 기존의 무기를 가지고 전쟁에 승리할 수 있다고 믿고 있었으며, 원자탄과 같은 확실하지 못한 가능성을 위해 엄청난 예산을 투입하는 모험을 감행하는 것을 원치 않았다. 또한 독일 과학자들이 미국의 과학자와는 달리 정치인과의 관계가 밀접하지 못했다는 것도 원자탄 개발을 적극 추진할 수 없었던 한 가지 원인이었다. 독일의 전쟁 무기 연구는 대부분 로켓에 대한 것이었다. 원자탄 연구 집단이 조직되었지만, 하이젠베르크 같은 물리학자들의 태업(怠業)을 통한 소극적 저항은 이것의 개발을 더욱 지연시켰다.

1939~41년 사이에 원자탄 개발 계획이 가장 많은 진전을 보였던 나라는 독일도 미국도 아닌 영국이었다. 1940년 봄 영국에 망명하고 있었던 프리시 Otto Frish(1904-79)와 파이얼스 Rudolf Peierls(1907-1995)는 원자탄의 제조 가능성을 획기적으로 높일 수 있는 몇 가지 방법을 제시했으며, 이에 자극받은 영국 정부는 즉각 모드 위원회 Maud Committee를 발족시킴으로써 원자탄에 관계된 연구를 효과적으로 수행하도록 하는 조치를 취했다. 1941년 여름 모드위원회는 명확하고 설득력 있게 원자탄 제조 가능성을 보고했으며, 이후 정치인들이 이 위원회에 참가해서 계획의 진전이 가속화되었다. 그렇지만 당시 영국에는 원자탄 개발을 가로 막는 문제가 있었는데, 그것은 영국이 독일의 직접 폭격을 받는 지리적 조건에 있었다는 것이다. 원자탄 제조 공장과 같은 거대한 공정을 영국 본토에 세우는 것은 이곳에 독일의 폭격을 유도하는 결과를 초래할 것이기 때문이었다.

1939~40년 당시 원자탄 제조가 당분간 어려울 것이라고 간주되었던 이유는 핵분열의 원료인 우라늄의 몇 가지 특성에 기인했다. 천연 상태의 우라늄에는 U_{235}와 U_{238}의 두 종류가 대략 1 : 140 정도의 비율로 존재한다. 곧, 천연 우라늄의 약 1/140만이 U_{235}이다. 그런데 문제는 U_{235}와는 달리 U_{238}은 연쇄반응을 하지 않으며, 따라서 원자탄의 재료로는 아무런 쓸모가 없다는 데 있었다. 더욱이 원자탄을 만들기 위해서는 '임계 질량' critical mass 을 초과하는 양의 U_{235}를 분리해 내어야 했는데, 당시로서는 단 몇 g의 U_{238}조차 분리하는 방법을 모르고 있었으며, 이 임계 질량이 정확하게 얼마인가 조차도 모르고 있었다. 과학자들은 이것이 1kg보다 크다는 사실만을 알고 있었는데, 만일 이 임계질량이 1,000kg이라면, 원자탄의 제조는 현실적으로 불가능하게 될 것이었다.

프리시와 파이얼스와 같은 망명 독일 과학자들이 해결한 문제는 바로 이것이었다. 그들은 이론적으로 임계 질량이 약 10kg 정도임을 밝혀냈다. 곧, 10kg의 U_{235}만 모으면 엄청난 폭발력을 가진 원자탄을 제조할 수 있다는 것이었다. 또한 이들은 초보적 수준이기는 하지만 '기체 방법'gas method 이라 불리는 U_{235}의 분리 방법을 고안해 내기도 했다. 이제 원자탄의 제조 가능성은 상당히 높아졌던 것이다. 1941년 여름 모드 위원회의 보고서는 이러한 내용을 포함하고 있었다.

1941~44년 : 미국 - 맨해튼계획

모드 위원회의 보고서는 미국의 과학자들을 자극하기에 충분했다. 캘리포니아대학(버클리)의 로렌스 Ernst Orlando Lawrence(1901-58)는 모드 위원회의 보고서를 접한 후 원자탄의 문제에 달려들었던 과학자 중 한 사람이었다. 그는 자신이 만들었던 입자가속기 '사이클로트론'cyclotron을 사용해서 U_{235}와 U_{238}을 분리하는 계획을 세웠다. 그의 생각은 강한 자기장 하(下)에 이것들을 회전시키면 이것들 사이의 질량 차이 때문에 분리가 일어날지 모른다는 것이었다. 그런데 이 실험은 전혀 뜻하지 않았던 결과를 낳았다. 사이클로트론을 사용해 우라늄을 가속시키는 과정에서 로렌스는 U_{238}이 새로운 원소인 플루토늄 plutonium 으로 핵 변환함을 알아냈던 것이다. 놀랍게도 이 새로운 원소인 플루토늄은 U_{235}와 같이 연쇄 반응을 일으키는 성질을 가지고 있었다. 이제 원자탄의 재료로 U_{235}보다 140배나 풍부한 U_{238}을 사용할 수 있게 되었고, 원자탄의 제조 가능성이 획기적으로 높아지게 되었다.

1941년 여름 로렌스는 이 결과를 NDRC의 부시 Vannevar Bush(1890-1947), 코넌트 James Bryant Conant(1893-1978) 등과 상의했다. 이들의 결론은 본격적인 연구에 착수해도 좋을 만큼 원자탄의 제조가 현실성을 지녔다는 것이었다. 그 해 가을 부시는 루즈벨트를 설득해서 원자탄 개발에 대한 정부의 엄청난 지원을 받아내는 데 성공했다. 그리고 이 원자탄의 개발 계획은 1942년 9월에 '맨해튼 계획'Manhattan Project이라는 이름 아래 출범했다. 그 총책임은 그로브즈Leslis Richard Groves (1896-1970) 장군이 맡았으며, 과학 기술과 관련된 문제는 로렌스, 콤프튼Arthur Holly Compton (1892-1962) 등이 담당했다. 맨해튼 계획은 거의 완벽한 비밀 유지, 막대한 예산지원, 유능한 과학자와 기술자의 참여를 통해 원자탄의 개발을 어렵게 했던 많은 기술적 문제들을 하나씩 해결해 나갔다. 더욱이 자신들의 본토에서는 원자탄의 개발이 불가능하다고 생각한 영국이 1943년 모드 위원회의 자료를 전부 미국에 넘겨줌에 따라 이는 더욱 가속화되었다.

이 무렵 로렌스는 그로브즈에게 오픈하이머Robert Oppenheimer(1904-67)라는 과학자를 소개했는데, 오픈하이머가 그로브즈와 함께 로스 앨러모스Los Alamos에 공장을 건설하고, 연구를 담당할 과학자를 모으는 등 원자탄 개발의 실제적인 총책을 맡게 되었다. 특히 오픈하이머는 자신이 하는 일이 원자탄을 만드는 작업의 일부라는 사실을 잘 모르는 과학자들을 격려하고, 결국 이들로 하여금 계속 연구에 몰두하도록 하는 데 탁월한 능력을 발휘했다. 이런 과정을 거치면서 미국은 1944년 여름이 되어 원자탄의 제조를 직접 들어가도 되는 수준에 도달할 수 있었다. 그리고 그 해 가을부터 로스 앨러모스의 공장에서 3,000명의 과학자들과 기술자들이 오픈하이머의 지휘하에 원자탄의 제조를 시작했다. 이것은 맨해튼 계획이 시작된 지 불과 2년이 지난 후였다.

원자탄의 투하와 반대운동

1945년 봄이 되면서 미국이 원자탄을 만들고 있다는 것이 공공연하게 알려지기 시작했다. 그리고 이보다 앞서, 1944년 5~6월에는 독일이 원자탄을 만들지 않고 있으며, 당장은 제조할 능력도 없다는 사실이 알려졌다. 처음에 과학자들이 원자탄을 개발하고자 했던 이유가 독일이 원자탄을 먼저 만드는 것을 막아보기 위한 것이었다면, 이제 그 이유가 사라져 버렸다고 볼 수 있었다.

따라서 독일이 원자탄을 만들지 않는다는 것이 알려졌을 무렵 원자탄을 반대하는 과학자들의 움직임도 나타나기 시작했다. 이들은 독일이 원자탄을 만들지 않고 있다는 사실이 알려진 이상 원자탄 제조를 계속 추진할 이유가 없다고 주장했다. 이들 중 몇몇은 원자탄이 가져올 피해와 그것의 제조 결과 세계가 원자탄을 가진 몇몇 강대국에 의해 분할될 것을 예측했다. 보어는 1944년 10월 원자탄 문제에 대해 영국의 수상 처칠 Winston Churchill (1874-1965)과 회담을 가졌으며, 그 해 11월에는 루즈벨트와 면담했다. 그리고 이 두 차례의 접촉은 큰 성과를 얻지 못한 채 모두 실패로 끝나고 말았다. 또한 초기에는 원자탄 개발 계획을 적극 주장했던 실라르드도 독일이 원자탄을 만들지 않고 있다는 것이 알려진 후 원자탄 제조에 반대하기 시작했다. 실라르드는 1945년 봄 루즈벨트에게 편지를 써서 맨해튼 계획의 수정을 제의했고, 새 대통령 트루먼 Harry S. Truman(1884-1972)을 면담해서 같은 주장을 반복했다. 그러나 결과는 보어의 경우와 비슷했다.

물론 과학자들이 전부 원자탄을 반대한 것은 아니었다. NDRC에 소속된 핵심 과학자들의 대부분 원자탄 개발에 정열적으로 참여했다. 그리고 로스앨러모스에서 맨해튼 계획의 실제적인 일을 담당했던 대부분의 과학자들은 원자탄 개발과 관련된 사회적·도덕적 문제에 대해 전혀 무관심했다. 이들은 대부분 맨해튼 계획의 전체를 모르는 채 자신이 맡은 일의 내용만을 알고 있었기 때문에 자신에게 부여된 과학적·기술적 문제만을 해결하는 데 골몰했으며, 마치 '퍼즐'을 풀듯이 주어진 문제들을 푸는 데만 매달렸다. 이들에게 원자탄 개발이란 하나의 '절박한 과학적 문제의 해결' 이상의 의미를 지니고 있지 않았던 것이다.

1945년 5월 18일 독일이 항복했을 때 미국은 원자탄 제조가 거의 끝났고, 이제 그것을 실험해 보는 일만 남아 있었다. 그리고 일본은 아직 항복하지 않고 계속 저항했지만, 일본의 패배로 전쟁이 끝나는 것은 시간 문제로 여겨졌다. 더욱이 일본이 원자탄을 만들 수 없다는 것은 명백한 사실이었다. 실라르드를 비롯해서 원자탄을 반대하는 과학자들은 시카고에 모여서 프랑크 위원회 Franck Committee를 만들고, 전후의 핵 통제와 신중한 핵 사용을 주제로 한 프랑크 보고서 Franck Report를 정부에 제출했다. 프랑크보고서에는 원자탄의 투하를 막기 위한 과학자들에 노력이 잘 나타나 있는데, 원자탄을 일본에 투하하지 말고, 일본 대표가 참관하는 사막이나 섬에서 폭파시킴으로써 일본의 항복을 받아내자는 의견도 그 중 하나였다.

　그러나 워싱턴의 움직임은 과학자들이 생각하고 있었던 것과는 전혀 달랐다. 국방 장관은 트루먼에게 일본에 대한 즉각적인 원폭 투하를 종용하고 있었다. 또 원자탄 실험을 앞두고 실험 이후의 대책을 마련하기 위해 열린 국방부 정책 회의에서는 일본에 투하할 것인가 투하하지 말 것인가 하는 문제는 토론의 대상도 되지 않았으며, 예상되는 소련의, 대응, 추후의 관리 등에 대해서만 논의하다가 경고 없이 일본에 투하하기로 하는 결정을 내리고 말았다. 프랑크 보고서가 워싱턴에 도착하기 전인 7월 16일 원폭 실험은 성공적으로 이루어졌다. 다시 대책 회의가 열렸으나, 이미 투하 시간, 장소, 일정 등이 완전히 마련된 상태였다. 결국 예정대로 두 개의 원자탄이 각각 히로시마와 나가사키에 투하되었으며, 일본은 8월 15일 무조건 항복을 선언했다.

　원자탄의 파괴력은 그것을 이론적으로 가장 잘 이해했던 과학자들까지도 깜짝 놀랄 정도로 엄청난 것이었다. 그러나 과학자들의 놀라움은 원자탄의 위력 때문만은 아니었다. 원자탄이 투하되기 이전까지 만해도 과학자들은 자신들이 처음에 원자탄 개발을 촉구했을 때 그것이 받아들여진 것처럼 맨해튼 계획을 수정해야 한다는 자신들의 제안 역시 쉽게 받아들여지리라고 생각했었다. 그러나 실제 원자탄 투하로 이어진 사태의 진전은 이러한 믿음이 너무나 소박하고 낙관적이었음을 드러내 주었다. 과학자들은 원자탄에 대한 이론적인 연구가 완결되고 일단 그것을 제조하기로 결정했을 때 투하는 이미 결정된 것이나 다름없었다는 사실을 뒤늦게 인식했다. 거대한 과학 연구가 어느 순간 자신들의 통제력 밖으로 떠나버린다는 사실을 과학자들이 깨닫게 되었던 것이다.

남은 문제들

지금까지 살펴 본 원자탄의 개발 과정은 우리에게 몇 가지 생각해야 할 문제를 던져 주고 있다. 첫 번째 문제는 과학과 과학자의 사회적 책임에 대한 것이다. 제2차 세계대전, 아니 원자탄이 개발되기 전까지 만 해도 과학자들은 과학의 발전이 바로 인류의 행복과 풍요로운 삶을 가져온다는 베이컨 주의의 신념을 그대로 간직하고 있었다. 그러나 원자탄과 더불어 이러한 낙관적인 믿음은 산산조각이 나버렸다. 원자탄은 과학의 발전이 전쟁이라는 상황 속에서 군사적인 목적으로 이용되었을 때 얼마나 엄청난 결과를 낳을 수 있는지를 잘 보여 주었다. 과학자들은 이제 과학의 발전이 무조건 '선하고 바람직한' 것이라고 말하기 어려워졌다. 더욱 어려운 문제는 과학자들이 자신의 연구에 대해 어느 선까지 책임을 져야하는가 하는 것이었다. 이것은 이후 과학의 사회적인 책임, 과학과 윤리와 관련해서 심각한 고민거리를 제기했다.

두 번째로, 우리는 원자탄이 순전히 '잘못된' 현대 과학의 결과라는 주장에 대해 살펴볼 필요가 있다. 원자탄이 특수상대성이론과 연쇄 반응이라는 물리학의 문제로부터 시작되었으며, 그것의 개발 과정에 많은 과학자들이 다양한 형태로 개입했지만, 이를 두고 원자탄이 전적으로 현대 과학의 결과이며, 잘못된 방향으로 발전한 현대과학이 이 모든 책임을 져야 한다고 말하는 것은 문제의 본질을 제대로 보지 못한 생각이다. 사실 이러한 주장은 원자탄 개발에 대해 과학이나 과학자가 아무런 책임이 없다고 말하는 것과 다를 것이 없다. 아인슈타인의 공식이 원자탄을 낳았다고 주장하는 것은, 이 공식으로부터 원자탄이 투하되기까지 원자탄 개발에 영향을 미쳤던 굉장히 많은 여러 종류의 문제들 — 예를 들어, 임계 질량의 문제, 수많은 기술적인 문제들, 전쟁이라는 조건, 정치적 상황 등 — 을 무시하는 것이다.

세 번째로, 원자탄 개발 계획에 대한 과학자들의 대응과 관련된 문제를 생각해보자. 로스 앨러모스의 공장에서 일하고 있었던 대부분의 과학자들은 자신들이 하고 있는 일의 정확한 의미도 모른 채로, 주어진 문제들을 푸는 데만 몰두했다. 이는 자신의 과학 연구가 사회에 미치는 영향을 고려하지 않으면서 자신의 흥미에 따라 연구만을 추진하는 현대 과학자들의 전형적인 모습을 보여 주고 있다. 그러나 보어, 아인슈타인, 실라르드 등 보다 사려 깊은 과학자들은 원자탄의 위험을 예측하고 이에 반대했다. 이들은 과학의 연구와 그 결과의 사회적 의미에 대해서 생각하고, 그것의 이용에 대해 고민하는 과학자들의 모습을 보여 준 것이다. 그럼에도 불구하고 제2차 세계대전 동안의 이들의 반대 운동은 원하는 효과를 거의 거두지 못했다. 이것은 과학자의 책임과 그 운동이 개인적인 차원에 국한되었기 때문이었는데, 이에 대한 인식이 전후의 원자탄 반대 운동이 조직을 갖추어 세계적인 규모로 일어나게 했던 근원이 되었다.

마지막으로, 우리는 원자탄이 개발되면서 현재 우리가 보고 있는 것과 같은 과학과 정부와의 관계가 자리잡았다는 것을 지적할 수 있다. 정부는 과학과 과학자가 가지고 있는 놀라운 힘을 깊이 인식하게 되었으며, 과학에 대한 엄청난 지원과 투자를 아끼지 않게 되었다. 이제 과학은 예술이나 스포츠 같은 국가의 자랑거리 정도가 아니라, 실제 국력의 제1요소가 되었다. 이와 함께 과학에 대한 일반적인 이미지, 인상도 급속하게 바뀌기 시작했다. 사람들은 과학을 경탄과 두려움이라는 두 가지 상반된 관점에서 동시에 바라보았다. 과학자들은 전에 없던 풍요와 '힘'을 향유하게 되었으나, 동시에 과학의 책임이라는 골치 아픈 문제에 직면하게 된 것이다.

12 현대 사회의 과학 기술과 인간

그 동안 이 책에서는 고대에서부터 현대에 이르기까지 서양 과학이 변천해 온 모습을 살펴보았다. 그리고 그 과정에서 과학의 개념, 법칙, 이론 등을 포함한 과학의 내용만이 아니라, 과학 방법의 변천도 살펴보았다. 또 그 같은 과학 내적인 면들만이 아니라 사상, 정치, 경제, 사회, 종교 등의 과학 외적인 배경들도 살펴보았으며, 사회 내에서 과학이 행해지는 형태, 과학이 사회에서 지닌 위치와 역할, 그리고 과학이 사회에 미친 영향 등도 살펴보았다. 결국, 이렇게 앞에서 살펴본 과정을 통해서 오늘날 우리가 접하는 현대 사회의 과학이 생겨난 것이다. 그리고 이 같은 과정을 통해서 성장해 온 현대 사회의 과학은 몇 가지 뚜렷한 특성들을 지니게 되었다.

현대 사회에서의 과학

먼저, 현대 사회의 과학은 전문화(專門化)되어 있다. 과학이 여러 전문 분야discipline들로 세분되어 있고, 그 내용이 지극히 어려워서 일반지식인들로서는 전혀 이해할 수 없는 정도이며, 많은 경우에는 과학자들마저도 자신의 분야 이외의 다른 분야의 과학의 내용은 이해할 수 없게 되었다. 또 이 같은 내용의 전문화에 따라 과학에 종사하는 과학자들도 전문화되어서, 이제는 본격적인 과학 활동은 과학자 전체로 이루어진 전체 '과학자 사회'scientific community가 아니라, 각 전문 분야의 과학자들로 이루어진 세분화된 과학자 사회들에서 주로 이루어지고 있다.

한편, 과학은 현대 사회에서 제도적으로 확고한 위치를 점하고 있다. 사회 인력의 아주 큰 부분, 특히 고등 교육을 받은 인력의 큰 부분이 직접 과학에 종사하거나 과학과 관련이 있는 분야에서 활동하며, 정부와 민간의 막대한 예산이 과학의 교육 및 연구에 투입되고 있다.

또한 현대 사회에서 과학은 큰 힘과 효용을 지니고 있다. 과학은 우선 기술과 구분이 힘들 정도로 밀착되어 있고, 기술에 응용되어서 큰 힘과 효과를 낸다. 그리고 기술을 통한 그 같은 '물질적' 힘 이외에 방법의 면에서도 과학은 큰 '힘'을 지닌 것으로 생각되고 있다. 흔히 '과학적' 방법이라고 말하면, 그것이 옳고 합리적이며 효과적인 것으로 받아들여지는 것은 바로 이 때문이다. 결국 과학적 방법의 '힘'에 대한 이 같은 믿음은 비단 자연 과학 분야들만이 아니라, 사회나 인간의 현상에 대해 다루는 이른바 '사회 과학'social science 분야들마저도 자연 과학의 방법을 표방하도록 하는 일까지 빚어내었다.

따라서 과학은 현대 사회의 가장 중요한 요소가 되었고, 인간 생활의 여러 면에 커다란 영향을 미치고 있으며, 사회에도 여러 가지 변화를 일으키고 있다. 특히 최근 첨단 과학 기술의 발달은 이 같은 영향과 변화를 크게 가속, 심화시켰고, 오늘날의 사회는 '첨단 과학 기술 사회'라고 불릴 수 있을 만큼 전적으로 그에 의해 특징지어지게 되었다. 18세기 후반 이후의 산업 혁명이 서유럽으로부터 시작해서 여러 사회들을 급격히 '산업 사회'industrial society로 전환시켰듯이, 현대의 첨단 과학 기술은 오늘날 여러 사회들의 성격을 또 한 번 급격히 전환시키고 있는 것이다. 그런 면에서 최근 세계는 첨단 과학 기술에 바탕한 또 한 차례의 '산업 혁명'을 겪고 있다고 말할 수 있겠다.

물론 새로운 기술의 개발이나 발전이 인간의 생활과 사회의 성격에 근본적인 변화를 일으키는 일은 인류의 역사상 자주 있었다. 그 중 중요한 예만들어보아도, 불의 사용, 농업의 시작, 바퀴의 사용, 화약의 발명, 인쇄술의 발명 등이 있었으며, 이들 새로운 기술을 모두 인류의 생활에 큰 영향을 미쳤고, 그것들을 사용하게 된 사회의 성격을 근본적으로 바꾸어 주었다. 따라서 오늘날 우리가 겪고 있는 첨단 과학 기술의 영향과 그것이 빚어낸 사회의 변화는 인류가 이미 여러 차례 겪어 본 것이었다고도 할 수 있다. 그것이 새로운 점은 첨단 과학 기술의 영향이 인간 생활의 모든 영역에 넓게 미치고 있으며, 그것이 가져온 변화가 사회 전체에 광범위하게 걸쳐있다는 점에서인 것이다. 특히 대부분의 인간이, 그리고 사회의 넓은 계층이 이 같은 영향과 변화의 존재와 그 중요성을 인식하고 있다는 점에서, 오늘날 우리는 과학 기술과 인간의 관계에 있어서의 중요한 전기를 맞고 있다고 할 수 있다.

과학 기술의 양면성(兩面性) : 가능성과 문제점

과학 기술이 인간의 생활에 미치는 영향은 과학 기술의 사용이 가져다주는 인간 생활에서의 가능성의 증대와, 그와 함께 나타나는 문제점의 발생이라는 두 가지 방향에서 생각해 볼 수 있다. 그리고 이 같은 가능성과 문제점의 양면성은 기술의 역사를 통해 계속 존재해 왔다. 그리고 현대 이전에는 사람들이 대부분 기술을 가능성의 측면에서만 생각했고, 그것이 야기하는 문제에는 별로 관심을 기울이지 않았다. 현대에 들어서면서 여러 가지 이유에서 기술의 문제점들이 사람들에 의해 차츰 인식되자 비로소 기술의 이러한 양면성이 두드러지게 된 것이다. 이러한 양면성의 인식은 더욱 깊어져서 오늘날의 첨단 과학 기술에 있어서는 그것이 양면성이 그 뚜렷한 특성으로 받아들여지게 되었다.

사람에 따라서는 과학 기술이 지닌 양면성 중 어느 한쪽에만 주목하는 경향이 있다. 그것이 인간의 생활을 위해 지니는 무한한 가능성만을 생각해서 찬양하기만 하거나 그것이 빚어내는 부작용, 폐단, 문제점들만을 염두에 두고, 그것을 질시하는 것이 그러한 예이다. 이 같은 편향적(偏向的) 태도는 양쪽 방향 모두에서 꽤 널리 퍼져 있으며, 과학 기술에 대한 소양(素養)의 정도, 경제적·사회적 위치, 정치적 성향 등에 따라 여러 형태로 나타나는데, 어느 쪽이든 과학 기술에 대한, 그리고 과학 기술과 인간과의 관계에 대한 오해나 몰이해의 소산이라는 점에서 바람직하지 못하다. 물론 이들이 찬양해 마지 않는 과학 기술의 가능성이나 이들이 걱정하는 문제점들은 그 정도가 과장된 경우가 허다하지만, 대부분 실제로 존재한다. 그러나 중요한 것은 두 가지가 함께 존재한다는 것이고, 현대 과학 기술이 야기하는 문제점들에 대해 다루기에 앞서 이 점을 강조할 필요가 있겠다.

오늘날 과학 기술이 인간에게 제공해 주는 가능성은 무수히 많아서, 그것들을 일일이 열거한다는 것은 불가능하다. 그것은 많은 종류의 새로운 제품을 출현시켰고, 기존 제품의 생산 과정을 혁신시켰으며, 농업·광업 등의 1차 산업에서의 여러 혁신들과 함께 인간이 이용하고 소비할 수 있는 자원과 물품의 범위를 크게 넓혀주었다. 또 과학 기술은 의술의 발달을 낳아서 인간의 건강을 증진시키고 질병을 치료해 주었으며, 수명의 연장에도 기여했다. 과학 기술이 가져온 교통·통신수단의 발전 또한 막대한 양의 상품의 유통과 인간의 교류, 전자 통신과 자료 처리 능력의 혁신, 대중 매체의 확산 등 인간 생활에 많은 새로운 가능성을 열어주었으며, 결국에는 인간의 우주로의 진출 가능성으로까지 이어지게 되었다. 그리고 이 중 전자 계산 기술을 사용한 정보 및 자료 처리 능력의 발전은 특히 놀라워서 최근에는 '컴퓨터 혁명'이나 '컴퓨토피아'computopia 같은 말까지 유통되고 있는 실정이다.

그런데 수많은 이 같은 가능성들은 역시 수없이 많은 문제들을 수반하고 있다. 우선 겉으로 뚜렷이 드러나서, 누구나 잘 알고 있는 문제들만 해도 매우 많다. 공장 폐수, 방사성 및 기타 유해성 폐기물, 자동차 및 공장 매연, 소음 등 여러 종류의 환경 오염, 에너지 및 자원 고갈, 그리고 그 밖의 여러 면에서의 자연 훼손, 무기 개발 경쟁과 그에 따른 전쟁 위협, 도시의 지나친 비대화(肥大化)에 따른 주택 및 교통난, 개인의 사생활 침범 등은 이들 중 두드러진 몇 가지 예에 지나지 않는다. 그러나 이렇게 겉으로 드러나서 널리 인식되어 있는 문제들 외에, 뚜렷이 표면에 드러나지는 않지만 훨씬 더 깊은 차원에서 인간 생활에 영향을 미치고 제약을 가하는 문제들이 있다. 그리고 실은 겉으로 드러나 있지 않은 이러한 문제들이 인간 생활과 인간의 장래를 두고 더 심각한 경우가 많다. 다음 절들에서는 바로 그러한 종류의 문제들에 대해서, 그리고 그러한 문제들에 대처하는 인간의 자세와 입장에 관해서 다룬다.

과학 기술과 인간 생활의 침해 및 속박

이런 종류의 문제들 중 한 가지는 역시 많은 사람들에 의해 자주 지적되는 것으로, 과학 기술의 고도한 발달에 의해 인간 생활의 여러 면이 지나치게 기계화되고 자동화되어, 기계가 인간의 위치를 침범하고, 나아가 인간이 기계에 예속되었다는 점이다. 기계에 의한 인간의 노동이 대체되기 시작한 19세기부터 나타난 기술에 대한 반감이 기술의 고도화에 따라 더욱 심해져서 이에 이르게 된 것이다. 그러나 기계가 인간의 능력을 대체하거나 인간과 경쟁하거나 인간의 위치를 침해하는 것으로 보는 이러한 관점은 지나치게 한편으로 치우친 것이다. 왜냐하면, 기계가 할 수 있는 일이란 결국 인간에 의해 조종되어서 행해지기 때문이다. 아무리 '자동화'된 기계라고 해도 그것은 그 자체로서 작동하는 것이 아니라 인간의 설계와 조작에 의해 움직인다. 오늘날 전산 기술과 자동 제어 automatic control 기술의 발전에 의해 인공 지능이나 로봇 기술을 사용한 놀라운 자동화 장치들이 등장하고 있지만, 그것들도 모두 인간의 프로그램에 의존해서 작동한다. 이런 면에서 기계는 순전히 인간에 의해 미리 부여된 능력의 범위 안에서 인간이 시키는 일만을 할 수 있는 것이다. 따라서 인간의 위치에 대한 '침해'가 있었다면 그것은 기계에 의한 것일 수가 없으며, 기계를 만들고 소유하고 사용하는 사람들에 의한 것이다. 그리고 '예속'이라는 것도 기계에의 예속이 아니라 기계를 — 더 넓은 의미로는 과학 기술을 — 소유하고 통제하는 사람들이나 계층에의 예속을 가리키는 것이다.

그런데 앞에서도 보았듯이, 오늘날 첨단 과학 기술의 영향이 인간 생활의 많은 부분에 광범위하게 나타난다는 점이 이러한 '침해'와 '예속'을 심각한 문제로 만들었다. 그처럼 과학 기술의 영향이 광범위하게 미치는 오늘날의 사회에서 개인은 자신이 원하거나 원하지 않거나의 의사(意思)에 상관없이 그 영향을 받게 되었기 때문이다. 많은 새로운 발명이나 기술 혁신을 두고 개인은 그 수용 여부를 선택할 수가 없다. 어떤 집단 전체가 또는 사회 전체가 그것의 수용 여부를 선택하는 것이며, 일단 집단에 의한 선택이 이루어지면 개인이 그것을 따르지 않을 방법은 없다. 예를 들어, 한 사회가 통신 수단으로 전화를 받아들이면 개인은 그것의 수용에 참여할 수밖에 없다. 아무리 그가 종전의 통신수단을 선호한다고 해도 혼자서 그것을 고수할 수는 없으며, 그는 자신의 의사에 상관없이 새로운 통신수단의 편리함과 불편함을 함께 받아들여야 한다. 자동차나 비행기 등의 교통수단, 컴퓨터 같은 정보 처리 수단도 마찬가지이다. 일단 사회가 그러한 새로운 기술을 받아들이고, 그것으로 종전의 기술을 대체한 후에는 개인으로서 종전의 기술 — 예를 들어, 마차나 범선(帆船) 여행, 또는 주판이나 파일 박스 등 — 을 고수할 수 있는 길은 없어지는 것이다.

과학 기술의 수용(受用)이 이처럼 집단적으로 이루어지기 때문에 인간 생활의 편안과 쾌락의 증진이나 욕구의 만족 등 그것이 당초에 꾀했던 목표를 항상 누구에게나 실현시켜 줄 수 없는 것은 당연하다. 그것은 때로는 개인의 자유롭고 행복한 생활, 자신의 필요와 욕구에 부합되는 생활에 장애가 될 수도 있다. 개인에게는 새로운 기술의 사용이 불편과 속박으로도 나타날 수가 있기 때문이다. 예를 들어, 기존의 기술이 제공하는 수단과 제품에 만족하는 사람에게는 새로운 수단이나 제품의 생소함과 그것을 익히는 일이 요구하는 번거로움이 지나치게 심한 부담으로 느껴질 수가 있다. 그리고 새로운 기술이 제공하는 편리함이란 기존의 필요의 만족이나 기존의 불편의 감소가 아니라, 그 기술이 존재하기 전에는 존재하지도 않았던 새로 만들어낸 필요의 만족에 지나지 않는 경우가 허다하다. 이런 관점에서 보면, 새로운 기술은 그것을 수용하는 사람에게 편리함을 제공하기보다는 그것을 수용하지 않는 사람에게 불편함을 제공하는 것이 되기가 쉽다.

또한 설사 새로운 기술이 모든 개인들에게 필요함을 제공해 주었다고 하더라도 그것이 그들의 개인 생활을 두고서는 궁극적으로 침해와 속박일 수밖에 없는 면이 있다. 첨단 과학 기술의 고도의 발전과 그것의 광범위한 이용의 생산, 기술 분야에만 그치지 않고 필연적으로 관리, 조절, 통제 방면의 기술의 고도 발전으로 이어진다는 점이 바로 그것이다. 이 같은 관리, 통제 기술의 발전 또는 개인의 의사, 욕구, 감정 등을 충족시키는 쪽보다는 억제하고 제한하는 방향으로 영향을 작용하게 될 것은 당연하다. 그리고 이것은 어쩔 수 없이 개인에 대한 집단의 특히 과학 기술을 소유하고 통제하는 집단의 힘의 우위(優位)를 확립시켜 주는 데 기여하게 된다.

과학 기술과 인간의 유리(遊離)

현대 사회에서의 과학 기술의 또 한 가지 심각한 문제는 역시 앞에서 보았듯이, 과학 기술의 고도의 발전이 고도의 전문화와 함께 했다는 점이다. 이에 따라 인간 생활에 중요하고 광범위한 영향을 미치고 있는 과학 기술에 대해 대다수의 인간이 철저하게 무지하게 되는 상황이 빚어졌다. 이러한 무지 때문에 현대 사회에서 개인은 과학 기술에 대해, 그리고 그에 관한 선택이나 결정에 관련해서 더욱 더 무력해지게 되었으며, 그러한 무력감은 과학 기술에의 예속, 속박의 느낌과 아울러 일종의 소외감까지를 빚어내었다. 또한 이같은 무지는 일방으로는 과학 기술에 대한 무비판적인 맹신으로, 다른 일방으로는 과학 기술에 대한 맹목적인 반감으로 쉽게 이어졌으며, 과학 기술의 양면성 중 어느 한쪽만을 생각하는 앞서 본 경향 역시 이러한 무지의 산물이라고 할 수 있다.

또한 과학 기술의 고도의 전문화는 과학 기술자들을 단순한 전문 기능인의 수준으로 전락시키는 데 기여했다. 현대 사회에서 점점 그 영향과 역할이 커져가는 과학 기술에 종사하는 사람들이 자신의 좁은 분야에만, 그것도 그 전문적·기술적 내용에만 숙달해 있게 되고, 과학 기술 전반에 대한 보다 넓은 안목이나 과학 기술의 기능, 영향, 중요성 등의 문제들에 대해서는 무지해지며, 심지어는 무관심하게 된 것이다. 또한 이들은 자신들 분야의 세부적 지식과 기술에만 능통할 뿐, 그러한 지식이나 그 분야에서의 활동이 빚어내는 정치적·사회적 문제에, 그리고 윤리적 문제에도 무관심하게 되었다. 결과적으로 그들은 사회 속에서 자신들의 분야가 큰 중요성을 지닌 채 많은 가능성과 문제들을 빚어내고 있음에도 불구하고, 그 사회에서 지도적 역할을 담당하는 데 필요한 정치적·사회적 안목에 있어서나 윤리관에 있어서 일반인들에 비해 나을 것이 없는 위치에 서게 된 것이다. 결국 현대 사회의 과학 기술자들은 일반인들과는 다른 면에서 과학 기술로부터의 소외(疏外) 상태에 처하게 된 셈이다.

그렇다면 현대의 과학 기술은 그것에 종사하면서 그것을 움직여 나가는 과학 기술자들에 의해서도, 그리고 그것이 제공하는 편리함과 가능성을 누리고 그로부터 영향받으며 그것이 수반하는 문제들을 겪고 있는 일반인들에 의해서도 그 전체적 내용, 성격, 기능, 역할 등이 제대로 이해되지 못하고 있다. 그리고 그렇게 이해가 부족한 상태인 채로 과학 기술과 깊이 관련되어 있는 현대 사회의 여러 국면들이 진행되고 있다. 또한 그런 상태에서 인간의 현재의 생활에는 물론 인류의 미래에도 커다란 영향을 미칠 선택과 결정들이 내려지고 있다. 이것은 과학 기술이 인간 생활의 여러 면에서 극히 중요한 위치를 점하며 가장 깊은 영향을 미치는 현대에 와서 오히려 과학 기술과 인간과의 사이에 유리(遊離) 상태가 생겨났음을 가리킨다. 이것이 크게 우려할 상황임은 더 말할 필요가 없다.

많은 사람들이 현대의 고도로 발전한 과학 기술은 인간과는 별도로, 인간으로부터 독립해서 독자적으로, 심지어는 '저절로' 움직여 나가는 것 같은 느낌을 지니게 되는 것은 사실은 바로 이 같은 유리 상태 때문이다. 그런 상태에서는 어쩔 수 없이 과학 기술이 대다수 인간의 편리와 행복을 위해서가 아니라 과학 기술 자체를 위해, 또는 기껏해야 그것을 소유하고 관리, 통제하는 극소수를 위해서 존재하고 작용하고 있다는 느낌이 생겨나게 된다. 그리고 이러한 생각은 쉽게 더 극단적인 형태로 자라날 수 있다. 예를 들어, 현대 세계 전체가 저절로 작동하는 하나의 커다란 기계이고, 인간 개개인은 그 속의 개개의 부품에 지나지 않는다는 느낌은 인간이 — 과학 기술자와 일반이 양쪽 모두가 — 제대로 파악하고 있지도 통제하고 있지도 못한 상태에서 존재하고 작용하고 있는 현대의 과학 기술이 빚어낸 이미지인 것이다. 또 과학 기술이 고도로 발전한 미래에 인간이 하던 일들을 하나하나 로봇과 컴퓨터 등의 기계가 해 주고 인간은 점점 할 일이 없어져 가리라는 식의 여러 공상적 예측들도 같은 종류의 이미지를 빚어내어서, 그것들은 많은 경우 편리함이나 행복함에 대한 기대를 불러일으키는 것이 아니라 오히려 불안감과 공포감을 안겨 준다.

사실 과학 기술에 대한 이런 종류의 이미지는 오늘날 많은 사람들에게 퍼져 있으며, 그들의 마음속에 과학 기술에 대한 깊은 불신과 반감을 일으키고 있다. 그리고 진보적·급진적 정치 성향을 지닌 사람들에게는 현대의 과학 기술은 단지 개인의 의사, 욕구, 감정을 억제하는 데 사용하는 수단으로, 나아가 집단이 개인을 통제, 억압, 착취하는 수단으로까지 비쳐진다. 실제로 오늘날 많은 이공계 대학생들이 바로 이러한 생각을 하고 있으며, 그에 따라 자신들이 앞으로 종사하게 될 분야의 활동에 대한 불신감과 혐오감을 지니게 된다. 물론 이들의 이러한 생각은 지나치게 편파적이고 비관적이다. 그러나 그것이 현대 사회에서의 과학 기술과 인간 생활과의 관계에서 나타나는 문제들에 대한 하나의 인식 — 비록 극단적이긴 하지만 — 위에 세워진 것임도 또한 사실이다.

현대의 과학 기술과 바람직한 인간의 태도

현대의 과학 기술과 인간 생활과의 관계와 관련해서 부각된 위의 문제들에 대해서 인간이 취해야 할 태도는 분명하다. 우선, 인간은 과학 기술에의 지나친 예속 상태 — 과학 기술의 구체적 표현인 기계에의 예속과 과학 기술을 소유, 통제하는 소속 집단에의 예속 양쪽 모두를 포함해서 — 에서 벗어나야 한다. 그리고 앞에서도 보았듯이, 과학 기술에의 예속 상태란 다른 각도에서 보면 과학 기술로부터의 유리 상태이므로, 과학 기술에의 예속으로부터 벗어난다는 것은 동시에 과학 기술로부터의 유리 상태에서 벗어나는 것이 된다.

현대 사회에서 인간은 자신의 생활의 모든 면에 큰 영향을 미치는 과학 기술의 내용에는 물론 그것의 역할, 영향 등에 무지하거나 무관심한 채로 살아나갈 것이 아니라 그런 것들에 관심을 가져야 하며, 나아가서는 과학 기술의 사용 방향, 발전 방향 등에 관한 선택과 결정에도 적극적으로 참여해야 한다. 그리고 더 넓게는 과학 기술의 발전의 한도, 사회가 그것을 위해 지불해야 할 대가 등에 관해서도 관심을 가지고 그에 관한 선택과 결정에 개입해야 한다. 이런 것들은 모두 인간 생활에 지극히 중요한 일들이며, 현대 사회의 어느 누구도 그에 무관할 수는 없다. 더구나 그런 일들을 전적으로 과학 기술자나 과학 기술을 소유, 통제하는 계층에게만 맡긴 채로 살아나간다는 것은 위험한 일이기조차 하다. 과학 기술자들이라고 해서 일반인들에 비해 과학 기술과 관련된 문제들에 더 나은 안목을 가지고 있지도 못하며, 과학 기술을 소유, 통제하는 소수 계층은 과학 기술의 내용에는 일반인과 마찬가지로 무지하면서 자신들의 편의와 이익을 전체 인류의 그것에 앞세우려 들기가 쉽기 때문이다. 결국 싫든 좋든간에 현대 사회의 인간은 과학 기술과 그것이 제기하는 문제들의 여러 가지 측면에 관심을 가지고 개입하지 않을 수 없는 것이다.

그런데 예속 상태나 유리 상태로부터 벗어나기 위해서는 먼저 과학 기술에 대한 이해가 필요하다. 과학 기술의 내용은 물론 그것의 본질과 성질 ― 그것의 사회에서의 역할, 중요성, 그것이 인간 생활에 미치는 영향, 그것이 제기하는 문제점 등 ― 에 대해 폭넓게, 제대로 이해해야만 한다. 그래야만 그러한 예속·유리 상태에서 벗어날 수 있고, 그래야만 과학 기술에 대한 인간의 참다운 역할을 회복할 수 있는 것이다. 그리고 과학 기술을 제대로 이해하게 되면 과학 기술에 대한 불신, 반감, 공포의 많은 부분이 실은 근거 없는 것으로 밝혀져서 사라지게 될 것이다.

물론 과학 기술에 대해 제대로 이해한다는 것은 말하기만큼 쉽지는 않다. 현대 과학 기술의 극도의 전문화가 그것을 이해하는 것을 지극히 어려운 일로 만들어 버렸기 때문이다. 그러나 그렇다고 해서 과학 기술에 무관심해 버리고, 그것을 이해하려는 노력을 포기해서는 안 된다. 어렵더라도 그 내용을, 특히 사회와 인간 생활의 중요한 문제들과 결부된 분야의 내용에 대해서는 이해하려고 노력해야 한다. 그것을 포기하는 것은 과학 기술이 인간 생활의 구석구석에 스며들고 큰 영향을 미치고 있는 시대인 현대의 사회에서 책임 있는 인간으로 살아가는 것을 포기하는 일이 된다. 과학 기술의 내용이 어려운 것은 사실이지만, 그것을 이해하는 일이 불가능한 것만은 아니다. 분야에 따라서는 일반인들이 그 내용을 이해할 수 있는 것도 있으며, 대부분의 분야에 있어 노력만 하면 훌륭한 초보적 지식을 얻어낼 수 있다. 또한 과학 기술에 직접 종사하여 그것을 개발, 발전시켜야 하는 과학 기술자가 아닌 과학 기술의 '사용자', '관리자'로서의 일반인이 접하게 되는 문제는 전문적인 과학 기술의 지식으로 해결해야 할 문제들이 아니라, 과학 기술이 빚어내는 가능성과 문제점들, 그것들 사이에서의 선택, 그리고 그런 가능성을 위해 사회가 제공해야 할 대가(代價) — 과학 기술에 대한 투자, 지원 등 — 에 관한 문제들이다. 따라서 이를 두고서는 구체적인 과학 기술 내용의 지식보다는 오히려 과학 기술 분야의 지식과 활동의 일반적 성격이나 과학 기술과 사회의 여러 요소들과의 관계에 대한 일반적 이해가 더욱 필요하다.

한편, 과학 기술자도 폭 좁은 전문 기능인의 위치에서 벗어나야 한다. 그리고 자신의 전문 분야가 인간 생활과 사회의 여러 문제들로부터 유리된 별개의 세계에 관해 다루는 것이라는 착각을 버려야 하며, 과학 기술 분야 역시 인간 생활과 사회의 여러 요소에 영향을 미치고 영향을 받음을 분명히 인식해야 한다. 따라서 과학 기술자는 더 이상 과학 기술의 전문 내용에만 안주할 수 없으며, 과학 기술의 사회적·정치적 측면이나 그것이 제기하는 윤리적 문제들에 관심을 가지고, 필요한 지식과 안목을 갖추어야 한다. 또 과학 기술자는 더 이상 사회의 일반인들이 과학 기술을 이해하거나 말거나, 그것에 관심을 갖거나 말거나에 초연한 채 지나칠 수 없으며, 일반인들에게 과학 기술을 이해시키려는 노력을 해야 한다.

과학 기술이 고도로 발달되고 그 역할과 영향이 지극히 커진 사회에서 일반인과 과학 기술자가 양쪽 모두 이러한 노력을 기울여야만 과학 기술과 인간과의 관계가 '예속'이나 '유리'가 아닌 바람직한 관계를 이룰 수 있다. 그리고 이것이 첨단 과학 기술의 시대인 현대에서 제자리를 지키고 제구실을 행하며 살아나가는 인간이 지녀야 할 바람직한 태도가 되겠다.

동양의 전통 과학 PART 03

중국 고대 과학의 형성 | 01
중국 고대 과학의 발전 | 02
한·당시대의 전통 과학 | 03
전통 과학 기술의 완성 : 송·원·명대 | 04
과학 기술과 근대 중국 | 05
인도의 과학 전통 | 06
일본의 과학과 기술 | 07
우리나라 삼국시대의 과학 기술 | 08
고려시대의 과학 기술 | 09
조선 전기의 과학 기술 | 10
조선 후기의 근대적 과학 기술 | 11
개국 이후의 과학 기술 | 12

01 중국 고대 과학의 형성

과학과 기술은 인간의 조직적 생활과 함께 어디서나 발달하기 시작했다. 세계 4대 문명의 발상지로 중국에서도 약 5000년 전부터 황하 유역을 중심으로 농경 생활이 시작되면서 석기 시대를 벗어나 원시적 기술 시대로 접어들게 된다. 고고학적 발견에 의하면 중국은 기원전 2500년 이전에 이미 예쁘게 붉고 검은 그림무늬를 넣은 토기를 만들고 있었다. 그리고 이런 채도(彩陶)에 이어서 등장한 것이 흑도(黑陶)였다.

선사 시대(先史時代)의 과학 기술

허난성(河南省)의 앙소촌(仰韶村)에서 발굴했다 하여 채도 시대를 앙소기(仰韶期)라 부르고, 흑도는 산동성(山東省) 용산진(龍山鎭)에서 출토되었기 때문에 그 시대를 용산기(龍山期)라 부른다. 아직 청동이 사용되지 않았던 이 시기에 일찍부터 이미 중국에서는 벼농사가 진행되고 있었다는 증거가 함께 발굴되기도 했다. 처음에는 보통 불을 때듯이 아궁이에서 가열하여 도기를 구웠던 방식이, 후에는 밀폐된 도요(陶窯)에서 환원염(還元焰)을 써서 도기를 구워내는 방법으로 바뀌었고, 물레 또는 회전판을 이용하고 있었음이 밝혀져 있다.

불의 이용이 다양하게 되었고, 바퀴의 사용도 크게 발달하고 있었다는 사정을 보여 준다. 신석기 시대부터 이때까지의 선사 시대 기술 문명의 발달 과정이 전설로 정착한 것이 바로 삼황(三皇)의 이야기라 할 수 있다. 전설에 의하면, 복희(伏羲)씨는 팔괘(八卦)를 처음 만들고, 가축 기르기와 고기 잡기를 가르쳤으며, 신농(神農)씨는 농사짓는 법과 의약을 가르쳤고, 수인(燧人)씨는 바로 불의 발명자로 전해진다. 때로 삼황으로는 수인씨 대신에 황제(黃帝)가 꼽히기도 한다. 기원전 2700년경 처음으로 중국을 통일한 황제는 문자를 만들고, 배와 수레를 창안했으며, 도량형과 역법을 제정했다는 것이다.

중국의 선사 시대에 이룩되었던 과학 기술 문명의 대강을 전설적 인물을 등장시켜 설명하고 있는 셈이다. 이어서 요(堯), 순(舜), 우(禹)라는 역시 전설적 이상군주시대(理想君主時代)를 거쳐 첫 왕조 하(夏)가 기원전 18세기까지 계속된다. 하왕조(夏王朝)가 얼마나 역사적 사실인지는 분명치 않지만, 그에 이어진 은(殷)(또는 상(商))왕조는 더욱 확실하게 역사시대로 접어든다.

은(殷)의 유적과 과학 기술

은왕조(殷王朝)의 수도였던 허난성(河南省)의 안양(安陽)에서 1928년부터 계속된 고고학적 발굴 작업은 수많은 은(殷)시대의 유물, 특히 많은 갑골(甲骨) 조각들을 연구 자료로 찾아내게 만들었다. 거북의 등에 쓴 글씨나 그 밖에 소나 양의 뼈에 불로 지져서 남긴 글씨 등은 기원전 14세기에 이미 중국에서 사용하고 있었던 원시적인 글자의 모양을 우리들에게 알려 주었다. 거의 2,000자에 이르는 갑골문(甲骨文)의 해석 작업은 그 후 학자들의 중요한 연구 분야가 되었으며, 그 결과 이미 이 시대에 간지(干支)가 사용되기 시작했고, 청동이 중요한 재료로 등장했으며, 천문역산학의 기초가 마련되고 있었음을 알 수 있다.

기원전 14세기에는 이미 십간(十干)이 사용되고 있었다는 사실이 갑골문의 연구로 밝혀져 있다. 오늘날 우리는 10간(干)과 12지(支)를 함께 쓰고 있지만, 갑골문에서 사용된 경우를 보면 단연 10간 중심임을 알 수가 있다. 십간(十干)은 갑(甲)·을(乙)·병(丙)·정(丁)·무(戊)·사(巳)·경(庚)·신(辛)·임(壬)·계(癸)를 가리키는 것으로, 고대 동양에서 발달한 10진법이며, 십이지(十二支)란 자(子)·축(丑)·인(寅)·묘(卯)·진(辰)·사(巳)·오(午)·미(未)·신(申)·유(酉)·술(戌)·해(亥)를 가르키는 12진법이다. 10진법(進法)과 12진법은 고대 바빌로니아에서도 사용되었던 것으로, 그것이 함께 응용되면 60진법이 된다.

은(殷)시대에는 이 가운에 우선 10진법만이 아주 널리 사용되고 있었음이 갑골문의 연구로 밝혀져 있는 것이다. 아주 흥미 있는 일은, 은대(殷代)의 왕이름은 10간의 어느 글자로 끝나는 수가 많다는 기이한 사실이다. 은왕조의 세계(世系)는 안양(安陽)으로 도읍을 옮긴 반경(盤庚) 이후 더욱 분명해지는데, 사마천(司馬遷)의 「사기(史記)」에도 정확하게 나와 있다. 그런데 이들 은의 임금 이름이 모두 갑·을·병·정…으로 끝나는 것이다. 예를 들면, 은의 첫 임금으로 하(夏)나라의 마지막 임금 걸(桀)을 몰아내고 집권했다는 탕(湯)임금은 이름이 대을(大乙)이라 되어 있고, 다음의 주왕조(周王朝)에 나라를 잃은 마지막 임금 주(紂)의 이름은 제신(帝辛)이라 되어 있다.

제1대 탕왕(湯王)에서 제30대 주왕(紂王)에 이르기까지 모든 임금에 이런 이름이 붙여진 까닭은 도대체 무엇일까? 임금 이름의 끝에 10간의 한자가 붙여 있는 것은 그가 태어난 날짜의 표시일 것이라고 학자들은 판단하고 있다. 이를 보면, 우리들은 은대의 중국에서 발달하고 있었던 특이한 기일법(紀日法)을 확인하게 된다.

은대에는 간지(干支) 모두가 기일법으로 이용된 것으로 알려져 있지만, 특히 10간만을 사용하여 날짜를 표시했다. 간지를 함께 쓰면 물론 60일을 주기로 같은 날짜가 반복될 것이다. 그러나 이런 방법이 아니라 그냥 갑·을·병·정…만이 독립적으로 날짜 표시에 쓰여던 것이다. 당연히 그들에게 가장 중요한 기간이란 열흘, 즉 순(旬)이었다. 지금 우리들이 한 주일을 가장 기본적인 기간으로 이용하는 것처럼, 당시에는 순을 기본 기간으로 썼다고 생각된다.

우리가 월·화·수 등 요일을 기준으로 살고 있는 것처럼, 그들은 갑·을·병을 기준으로 살아갔다. 특히 매순(旬)마다 그 첫날에는 앞으로 10일 동안의 점을 쳐 두고, 그것을 참고해서 살아간 것으로 보인다. 또 당시 사람들은 점을 치는 첫날을 갑(甲)이 붙어 있는 날로 하지 않고 계일(癸日)을 기준으로 삼고 있었다.

작은 달은 29일, 큰 달은 30일로 하는 달력이 이미 사용되고 있었던 것이 확인되었다. 아마 이런 역법의 사용은 갑골문 시대를 넘는 더 일찍부터의 일일지도 모를 일이다. 29일과 30일 주기를 사용했다는 것은 달리 운동을 기준으로 한 달의 길이를 정하고 있었음을 보여 준다. 당연히 이런 길이의 한 달이 계속되어서는 1년의 길이를 맞추는 데 어려움이 있음은 일찍 알려졌던 것으로 보인다. 달의 운동을 기준으로 12달은 354일쯤 밖에 되지 않아서, 적어도 3년마다 한 번씩은 윤달을 넣어 1년을 13달로 만들어야 하기 때문이다.

은시대에는 윤달을 반드시 연말에 붙였음이 밝혀져 있다. 그 달 이름은 지금처럼 윤달이 아니라 '십삼월(十三月)'이었다. 당시에 이런 역법을 만들기 위해서는 상당한 천문학의 발달도 있었을 것은 물론이지만, 그 지식의 내용은 알 수가 없다. 다만, 점성술적인 기록이 남아 있고, 또 역법을 위해서는 동지(冬至)의 측정을 하고 있었으리라는 것을 짐작할 수 있을 뿐이다. 동지에 태양의 고도를 정확히 측정하기 위해서는 남중할 때 그 그림자의 길이를 측정하는 규표(圭表)가 이미 사용되고 있었을 것으로 보인다.

규표란 태양의 높이를 측정하기 위해 세운 기둥을 말하는데, 사실은 이런 기둥은 해시계로도 사용할 수 있어서, 고대 문명의 어느 곳에서나 일찍부터 발달했다. 영어로 gnomon이라 부르는 것이 이를 가리킨다. 또 이런 기둥은 그 둘레에 원을 그려 놓고, 해의 그림자가 오전 오후에 한번씩 그 원둘레에 접할 때의 두 점을 연결하면 그 선이 바로 그 지역에서의 동서 방향을 가리킨다. 또 이 선과 직각으로 선을 그으면 바로 남북 방향을 얻을 수 있다. 고대 문명은 이런 방법에 의해 일찍부터 동서남북 방향을 간단하게 얻어 건축 등에 사용할 수가 있었다.

청동기의 출현과 기타 기술

이미 용산기(龍山期)의 유적에서 극히 일부 출토되기 시작한 청동기는 은대(殷代) 이후 크게 발달하기 시작한다. 구리와 주석을 섞어 만드는 청동은 비교적 녹이기가 쉽고 주형이 간단한 편이어서, 고대 문명을 금속기 시대로 바꿔 주는 역할을 담당하게 된다. 구리는 금속 가운데 너무 물러서 무기나 도구를 사용하기 어려운 데 비해, 구리를 주석, 그리고 때로는 납을 섞어 만든 합금으로서의 청동은 강도가 세 배 가량으로 늘어나 일찍부터 무기, 제기(祭器) 등을 거쳐 아주 후에는 농기구의 제작에도 청동이 사용되기 시작한 것이다.

안양(安陽) 등에서는 은대의 청동기가 많이 출토되었는데, 특히 은대의 후기에 만들어진 것으로 보이는 사모무정(司母戊鼎)이란 청동 제기는 무게가 875kg에 높이가 1m나 되는 규모의 것이어서, 당시의 청동기술 수준을 짐작케 한다. 안양에서는 또한 한 번에 13kg 정도의 청동을 녹일 수 있는 도가니도 발굴되었는데, 이 도가니로 1,200도 정도에서 청동을 녹여 틀에 부어 청동기를 만들었다. 이미 흑도를 굽는데 약 1,000도의 열을 얻고 있던 고대 중국인들은 그 온도를 더 높여 청동을 주조하는 기술을 일찍부터 개발하고 있었음을 알 수 있다.

중국의 고대 기술 발달 가운데 세계에 가장 앞선 분야의 하나는 방직 기술이다. 지금부터 약 5000년 전 신석기 시대 후기의 유적에서는 명주 조각이 출토되기도 했고, 이를 근거로 이미 은대 이전부터 양잠이 시작되었다는 주장이 나와 있기도 하다. 역시 은대의 유적 조사에 의하면, 당시에는 이미 두 바퀴가 달린 마차를 두 마리의 말이 끌게 되었는데, 두 바퀴 사이의 거리가 2.15m, 바퀴의 지름은 1.46m였다.

농업 기술은 다른 금속 기술처럼 크게 발달하지 않았지만, 은대에 이미 조(속(粟)), 기장(서(黍)), 보리 등이 있었고, 기장으로 술을 빚어 사용하기도 했다.

주대(周代) 춘추 전국 시대(春秋戰國時代)의 과학 기술

기원전 12세기 이후 주왕조가 자리잡고 있었다. 이 시대에 들어 중국 역사는 청동기 시대에서 철기 시대로 넘어가며 또한 봉건적 구조를 가지게 되는 것으로 알려있다. 제후(諸侯)들에게 봉토를 나눠 주는 대신 임금에 대한 절대적 충성을 요구하고, 왕권을 합리화하는 수단으로 천(天)을 숭배하는 사상이 자리잡기 시작한 시기이기도 하다. 또한 정전법(井田法)이란 토지 제도를 시작한 것도 이때라고 후세의 사가들은 말하고 있다.

그러나 무엇보다도 이 시대가 중요한 것은, 특히 그 중기 이후 중국 고대 문화의 모든 기틀이 마련된 춘추 전국 시대가 바로 여기 들어 있기 때문이라고도 함직하다. 안팎으로 어려움을 견디다 못한 주(周)왕조는 기원전 770년 수도를 동쪽으로 옮겼고, 그때부터 진(秦)에 의해 나라가 망할 때까지를 동주(東周)라 부르기도 한다. 동주 시대의 주왕실(周王室)이란 허울뿐인 권력을 갖고 있을 따름이었다. 흥망을 거듭하는 수많은 정치가와 장군 등이 패권을 다투고 있었기 때문이다.

그러한 시대인 춘추 시대(春秋時代, 기원전 722~481년)와 전국 시대(戰國時代, 기원전 446~221년)는 세계 역사상 가장 혼란하던 시기였음이 분명하다. 그러나 이런 정치적 혼란기야말로 인류 역사상 어쩌면 가장 화려한 문화의 개화기였던 것 같기도 하다. 이 '찬란한 혼란기'에는 수많은 사상가들이 갖가지 생각을 들고 나와 제자백가(諸子百家)의 백화제방(百花齊放) 시대를 열었을 뿐 아니라, 과학 기술사에서도 거의 모든 분야에서 중국문명의 가장 기초적인 토대를 마련한 시기였다.

주대(周代)의 천문학과 점성(占星)

춘추 전국 시대까지는 중국의 후세 천문학의 기본 골격을 만들어 주는 모든 개념과 사상은 완전히 자리를 잡게 되었다. 이미 일찍부터 사용되었던 태양의 고도 관측을 위한 규표(圭表)는 동주 시대(東周時代)에 들어와 완전히 제도화되었다. 춘추 시대에 들어가기 직전쯤에 이미 중국인들은 당시의 수도 낙양(洛陽)의 동남쪽에 있는 양성(陽城)을 모든 관측의 기준점으로 잡고 있었다. 이곳에는 '지중(地中)' 또는 '토중(土中)'이라는 별명이 주어졌고, 지금도 이 장소에는 훗날 복원한 주공측경대(周公測景臺)가 남아 있다.

주왕조를 개창한 후에 가장 중요한 기초를 닦은 인물이 바로 주공(周公)이라고 역사는 전한다. 개국 초에 주공은 어린 임금인 자기 조카 성왕(成王)을 도와 나라를 기틀을 닦고, 후세의 모범될 여러 제도를 만든 것으로 알려져 있다. 조선 초에 있었던 수양대군(首陽大君)과 단종(端宗) 사이의 관계를 연상케 하는 이들 사이의 관계에서는 왕위의 찬탈 같은 비극은 없었다. 바로 그 주공이 양성(陽城)에 태양 고도 측정 장치를 만들어 놓은 것이다. 그를 중국의 가장 근본적인 천문제도의 창시자로 만들려는 후세의 역사 해석이 깔려 있는 것이라고 생각할 수 있다.

당시의 규표(圭表)는 높이 8척(尺)짜리가 사용되었던 것으로 기록되고 있고, 그 후에도 이 전통은 그대로 계속되었다. '지중(地中)'인 양성에서는 8자짜리의 규표는 하지(夏至)에 남중(南中)한 해가 1자 반의 그림자를 만든다는 것이다. 8척의 규표가 1척(尺) 5촌(寸)의 그림자를 만든다는 간단한 숫자 관계 때문에 이 지점이 '지중(地中)'이라 여겨졌다고 할 수 있다.

어느 고대 문명에서나 마찬가지로, 하늘에서 일어나는 이상한 현상은 지상세계에 어떤 의미를 갖고 있다고 해석되었다. 일식이나 혜성의 출현은 물론이고, 그 밖의 행성운동조차 상당한 점성적 의미를 갖는 것으로 해석되는 수가 많았다. 일식(日食)의 기록은 이미 은대의 갑골에서도 발견되지만, 요즘의 과학 지식에 의해 역산(逆算)하여 확인할 수 있는 최초의 일식으로 기원전 776년(주나라 유왕(幽王) 6년)의 것이나 또는 기원전 735년(주나라 평왕(平王) 36년)의 것을 들 수 있다. 이 일식의 기록은 「시경(詩經)」 소아편(小雅篇)에 나오는 것들이다.

이 책에는 이 밖에도 많은 천문 기록이 남아있는데, 「예기(禮記)」에도 그런 기록은 많이 남아 있다. 특히 월령편(月令篇) 가운데 있는 천문 기록은 기원전 600년쯤의 것을 실제로 나타내고 있다고 평가되어 있다. 「춘추(春秋)」에도 그런 기록은 많이 남아 있다. 노(魯)나라의 은공(隱公) 1년(기원전 722년)부터 애공(哀公) 14년(기원전 481년) 사이 242년 동안 기록된 일식은 모두 37회인데, 이 가운데 적어도 32회는 확인될 수 있는 기록이다. 춘추 시대에 관한 한 자연 현상에 대한 기록이 상당히 신빙성 있는 것임을 말해 준다.

그러나 이런 기록의 신빙성에도 불구하고 그런 기록들은 원래 지금과 같은 순전히 과학적 관심에서 기록되어 남겨진 것이 아니라, 점성적 관심의 소산이었다. '천문(天文)'이라는 말 자체가 지금의 천문학과는 달리 '하늘의 무늬를 읽어' 하늘이 지상의 인간에게 보여주는 뜻을 짐작하려는 의미를 가지고 생겨난 표현이다. 당연히 하늘의 별자리들에는 지상의 정치적·사회적 구조에 걸맞는 이름들이 붙여졌고, 그에 상응하는 의미가 주어졌다.

우선 하늘은 언제나 움직임 없이 같은 자리를 차지하고 있는 북극성을 중심으로 하는 둥근 구역을 자미원(紫薇垣), 그 밖의 은하수 내부의 두 구역을 천시원(天時垣)과 태미원(太薇垣)이라 불렀다. 자미원은 말하자면 주궁(主宮)이며, 그 밖의 두 구역은 외궁(外宮)에 해당한다 할 것이다. 실제로 그 안에 속하는 별들에는 그에 상당한 지위나 관직이나 또는 기관 등을 나타내는 이름이 붙여졌다.

그 주변에 자리잡은 다른 별들은 황도(黃道)를 기준으로 28개의 기본적인 별자리를 지정하여 이를 28수(宿)라 불렀다. 동남쪽에서 시작하여 하늘을 한 바퀴 돌며 자리잡고 있는 별자리들은 다음과 같다.

동방칠수(東方七宿) ― 각(角) 항(亢) 저(低) 방(房) 심(心) 미(尾) 기(箕)
북방칠수(北方七宿) ― 두(斗) 우(牛) 여(女) 허(虛) 위(危) 실(室) 벽(壁)
서방칠수(西方七宿) ― 규(奎) 루(樓) 위(胃) 묘(昴) 필(畢) 자(紫) 삼(參)
남방칠수(南方七宿) ― 정(井) 귀(鬼) 류(柳) 성(星) 장(張) 익(翼) 진(軫)

28수(宿)의 각 별자리를 만들어 주는 별들은 그 수도 다르고, 그 별자리가 차지하고 있는 넓이도 일정하지 않다. 또 28수가 어디서 기원한 것인지도 확실히 밝혀져 있지 않다. 다만, 달이 28일 남짓에 하늘을 한 바퀴 돌고 있다는 사실로부터, 달이 하루에 한 구역씩을 자고 지나간다는 뜻에서 이런 생각이 발달했을 것이라는 의견이 있다. 또 하늘을 28수로 나누는 방식은 중국에만 있는 것이 아니라 고대 이집트, 인도, 아랍 등 모두에서 발견되는 것이라도 한다. 여하튼 이렇게 정착된 28수는 그 후 동양에서는 모든 천체 운동을 기술하는데 그 위치를 나타내는 기준으로 이용되었다. 예를 들면, 혜성 또는 어느 행성이 28수의 어느 별자리에 나타났다고 기록하는 것이다.

별자리로 하늘의 구역을 나누고 그것은 바로 땅 위의 어느 지역에 상응한다는 생각으로 연결되어 이 시대에 발달된 것이 분야설(分野說)이다. 원래 이 시대 중국에서 발달한 분야설은 당연히 중국의 각 지방을 하늘의 각 구역에 대비시키는 방향에서 전개되었지만, 그런 사상은 우리나라에도 영향을 미쳤다. 예를 들면, 조선 초의 지식층 사이에는 조선은 28수의 어느 별자리에 상당하느냐는 논의가 일어난 일이 있는데, 대체로 동방칠숙(東方七宿) 가운데 미(尾)와 기(箕)의 분야라는 의견으로 모아졌다. 이들 별자리는 중국에서는 동북방(東北方), 곧 원동지방(遠東地方)에 해당한다는 것이었으니, 당연한 일이었다 할 만하다.

전국 시대쯤에 쓰인 책들에서 다섯 행성 가운데 특히 목성(木星)을 아주 중요시하고 있음을 발견하게 되는데, 당시에는 목성이 세성(歲星)으로 더 알려져 있었다. 5행성의 당시 명칭은 세성(목성), 형혹(熒惑 화성), 진성(鎭星 토성), 태백(太白 금성), 진성(辰星 수성)이었다. 목성은 약 12년의 공전 주기를 가지고 있다. 당시에는 하늘은 12개의 등간격 구역으로 나누어 이를 12차(次)라 불렀는데, 세성은 한 해마다 12차의 한 차(次)씩을 돈다고 생각되어 이런 이름을 갖게 된 것이다. 우리나라에서 축문 등을 쓸 때 쓰는 "유세차모년모일(維歲次某年某日)…"의 세차(歲次)란 표현은 바로 세성(歲星)이 어느 차(次)에 들어있느냐를 가리킨 말로, 실제로는 그 해의 간지(干支)를 나타낸다.

12차의 이름은 성기(星紀), 현방(玄枋), 추자(娵訾), 항루(降婁), 대량(大梁), 실침(實枕), 순수(鶉首), 순화(鶉火), 순미(鶉尾), 수성(壽星), 대화(大火), 석목(析木) 등이다. 28수(宿)가 황도대(黃道帶)를 똑같지 않은 범위로 28개 구역으로 나눈 것과는 달리, 12차는 하늘을 30도씩 12등분한 셈이어서 얼핏 보기에는 서양의 황도 12궁(宮)이나 똑같은 것으로 보일 지경이다. 그러나 서양인들이 지금까지 점성술의 기본 개념으로 활용해 오고 있는 황도12궁과 12차 사이에는 명칭상의 일치는 거의 없다. 서양의 경우 황도12궁은 흔히 '동물의 띠'(수대(獸帶), zodiac)라 알려질 정도로 사자, 게, 물고기 등의 동물 이름을 주로 하고 있지만, 중국의 12차는 그렇지 않다. 그러나 이들이 서로 독자적으로 발전되었는지에 대해서는 확실하지 않다.

02 | 중국 고대 과학의 발전

고대의 역법(曆法)은 천문학과 함께 발달하기 마련이었다. 어느 의미에서는 천문학이란 바로 올바른 역법을 개발하기 위한 수단이기도 했다. 지금 우리가 '음력(陰曆)'이라 부르는 역법의 기본 구조는 이미 전국 시대까지에는 완성되었던 것이 분명하다. 이름은 '음력'이지만, 실은 우리들이 사용해 온 음력이란 순 음력이 아니라, 태양의 운동을 기초로 한 부분과 달의 운동을 바탕으로 한 부분이 한데 어우러진 태음태양력 lunisolar calendar 이다. 그리고 이것은 중국을 비롯한 동아시아의 역법일 뿐 아니라, 고대 바빌로니아의 역법이기도 하다.

역법의 기초

달의 운동과 해의 운동을 함께 나타내는 데에는 상당한 어려움이 따르기 마련이다. 달이 가장 둥글게 뜨는 날은 보름(망(望))이라 하여 15일로 정하면, 그 반대로 초하루(삭(朔))가 된다. 이렇게 계산된 한 달의 길이는 29일과 30일이 거의 반반씩으로 불규칙하게 바뀌기 마련이다. 그런데 이렇게 규정한 한 달이 몇 번 지나면 1년이 되느냐는 것은 아주 어려운 문제가 되는 것이다. 12달은 354일 정도밖에 되지 않기 때문이다.

그런데 1년의 길이는 365일과 4분의 1일쯤이 된다는 사실은 일찍부터 너무나 잘 알려진 것이었다. 전국 시대까지 중국에서 사용된 역법은 일반적으로 사분력(四分曆)이라 불리기도 하는데, 그것은 1년의 길이를 365와 4분의 1일로 보았다는 뜻에서 나온 이름이다. 지구를 고정시켜 놓고 볼 때 태양은 1년에 한 번 천구상을 꼭 한 바퀴 돈다. 자연히 이 시대 중국에서는 그 태양의 운동이 하루 이동해 가는 각도를 1도로 규정했다. 이렇게 하면 천구라는 원의 둘레는 $365\frac{1}{4}$ 도가 될 수밖에 없다. 실제로 서양의 기하학적 개념이 들어와 원둘레가 360도라고 수정될 때까지 동양 사람들이 주천(周天), 곧 원주를 $365\frac{1}{4}$ 도로 본 것은 당연한 일이었다.

주대(周代)에는 달의 운동 주기인 삭망월(朔望月)과 태양의 1년 주기인 회귀년(回歸年) 사이의 관계가 합리적인 치윤법으로 정착되어 있었다. 19년마다 7번의 윤달을 넣으면 된다는 것을 알고 이를 이용하고 있었던 것이다. 윤달을 넣은 방법은 이미 은대에도 사용되고 있었던 것이지만, 보다 정확한 태양과 달의 운동 관계가 역법에 활용되고 있었음을 보여준다. 「춘추좌전(春秋左傳)」에는 133년 동안 48회가 윤달을 두고 있음이 드러나 있다. 이것은 19년 7윤법(閏法)에 일치한다는 것을 알 수 있다.

이를 실제로 지금의 값을 가지고 계산해 보면 다음과 같다.

$$365.2422(일) \times 19(년) = 6939.6018(일)$$
$$29.53058(일) \times 235(월) = 6939.6836(일)$$

이 두 값은 너무나 비슷해져서 19년을 235개월로 하면 그 길이가 상당히 같아진다는 것이 나타난다. 이런 관계를 중국에서는 장법(章法)이라 불렀다. 서양에서 그리스의 천문학자 이름을 따서 '메톤 주기'Metonic cycle 라 부르는 것이 바로 이것이다.

동양 사람들이 사용했던 음력은 흔히 계절과 잘 맞지 않는 것으로 알려져 있다. 음력에서는 날짜는 달의 운동을 기준으로 정하고 계절의 변화는 태양

운동을 기준으로 하는 24절기를 정하고 지켜 가고 있다. 이를 잘 모르는 현대인들이 자꾸 날짜를 가지고 계절을 맞춰 보려고 하기 때문에 생기는 오해이다. 이미 주대(周代)에는 태양이 지구 둘레를 15도를 옮겨 갈 때마다 하나씩의 절기를 두는 방식으로 24절기를 정하여 태양 운동을 정하고, 그것을 계절 파악에 활용하고 있었다.

24절기는 사실은 12중기(中氣)와 12절기(節氣)를 함께 일컫는 표현이다. 전통적인 우리의 책력에도 보이는 것처럼 24절기를 차례대로 써 보면 다음과 같다.

봄　: 입춘(立春)(정월절)　우수(雨水)(정월중)　경칩(驚蟄)(2월절)
　　　춘분(春分)(2월중)　청명(淸明)(3월절)　곡우(穀雨)(3월중)
여름 : 입하(立夏)(4월절)　소만(小滿)(4월중)　망종(芒種)(5월절)
　　　하지(夏至)(5월중)　소서(小暑)(6월절)　대서(大暑)(6월중)
가을 : 입추(立秋)(7월절)　처서(處暑)(7월중)　백로(白露)(8월절)
　　　추분(秋分)(8월중)　한로(寒露)(9월절)　상강(霜降)(9월중)
겨울 : 입동(立冬)(10월절)　소설(小雪)(10월중)　대설(大雪)(11월절)
　　　동지(冬至)(11월중)　소한(小寒)(1월절)　대한(大寒)(12월중)

이렇게 태양 운동을 기준으로 1년을 24등분하면 절기(節氣)와 다음 절기의 사이, 또는 중기(中氣)와 다음 중기의 사이는 30일 또는 31일이 된다. 그런데 음력에서의 한 달은 29일이나 30일이기 때문에 어떤 때에는 중기와 중기 사이에 살짝 한 달이 통째로 끼여 중기를 갖지 못하는 달이 생기게 마련이다. 춘추 전국 시대의 중국에서는 바로 이런 경우 중기가 안 들어 있는 달을 전달의 윤달로 하는 방식이 확립되었다.

이렇게 윤달을 정하는 방법을 무중치윤법(無中置閏法)이라 했다. 은대(殷代)에는 윤달은 무조건 연말에 넣던 것을 중기가 그 달의 이름을 정한다는 원칙을 정함으로써 날짜가 계절과 맞지 않은 음력에서나마 될 수 있으면 음력 날짜를 계절에 맞추기 위해 이런 개혁이 있었다고 생각된다. 따라서 윤달에는 그 가운데 14일쯤에 절기만 들어 있고, 중기는 앞 달과 뒷 달로 빠져 있게 마련이다. 윤달은 3년에는 꼭 1회, 5년이면 2회,… 19년이라면 7회 하는 식으로 들어있는데, 요즘의 윤달도 이런 방식으로 정해진다는 것을 알 수 있다.

한편 새해의 시작을 어느 달로 하느냐는 문제는 옛 사람들에게는 상당히 고심거리였다고 생각된다. 특히 음력을 사용할 경우 한 달의 시작은 당연히 초하루(삭(朔))가 되는데, 새해의 시작으로 해가 제일 낮게 뜨는 동지(冬至)를 잡는 것이 합리적이다. 그렇다면 동지가 들어 있는 달의 초하루를 새해의 시작으로 잡는 것이 가장 그럴 듯한 해결책 같아 보인다.

그러나 동지가 들어있는 달, 곧 동짓달을 정월로 할 경우 새해는 너무 추울 때에 시작되는 셈이다. 아니 오히려 새해가 시작된 다음에서야 본격적 추위가 밀려들게 된다. 동짓달을 정월로 하는 편이 합리적이기는 하지만, 감각적으로 그것을 환영하기 어려웠던 것 같다. 춘추 시대 이전에는 동지정월(冬至正月)과 입춘정월(立春正月)이 함께 쓰였다가 춘추 이후에서야 새해의 시작은 입춘정월로 정착한 것으로 보인다.

「춘추좌전(春秋左前)」과 「사기(史記)」에는 중국의 고대 역법에서는 삼정(三正)이 교체되었다고 기록되고 있다. 곧, 주대에는 동지가 들어 있는 달을 새해 시작으로 쳤지만, 원래 하대(夏代)에는 입춘 때의 정월로 연초(年初)로도 했다는 것이다. 곧, 하정(夏正)은 입춘정월이었으나, 은정(殷正)은 그 전달로 바뀌었고, 그것이 한 달 당겨진 것이 주정(周正)이 되었다는 것이다. 그러나 후대의 역사책에 기록된 이런 설명은 그대로 사실이기보다는 입춘정월(立春正月)을 정당화하기 위해 만들어진 후세의 전설일 가능성이 크다. 당대(唐代)에 잠깐 정권을 잡았던 여걸 측천무후(則天武后)는 695년에 주정(周正)을 새해의 시작으로 복원한 일이 있지만, 5년 만에 끝나고 말았다.

의학의 아버지 편작(扁鵲)

중국의 의학은 전설적인 황제나 신농(神農)씨에 의해 시작되었다고도 할 수가 있다. 그러나 그런 시대의 의학이란 지극히 주술적인 것이어서 합리적 과학으로서의 근거란 인정하기가 어렵다. 또 이들이 지은 것처럼 전해지는 의학서 가운데는 「황제내경(黃帝內經)」과 「신농본초(神農本草)」 등이 있어 이들 전설적 인물이 책까지 지은 것으로 보이기도 한다. 그러나 이들 책이 한대(漢代) 이후의 것이라는 사실은 분명하다.

따라서 중국 의학사의 첫 등장 인물로는 편작(扁鵲)이 가장 알맞은 것으로 보인다. 편작이 정확히 언제 어디서 나서, 언제 죽었는지는 확실하지 않다. 「사기(史記)」 '편작전(扁鵲傳)'에 남아있는 기록으로 보면, 그는 기원전 8세기부터 기원전 4세기 사이의 언제 활약한 사람이라 해석된다. 서양 사람들이 흔히 '의학의 아버지'라 부르는 그리스의 히포크라테스와 별로 다르지 않은 시대에 살았다고 보면 될 것이다.

그는 히포크라테스와 마찬가지로 무의(巫醫)가 지배적이던 당시에 주술적인 질병관을 버리고 보다 합리적인 질병관을 내세운 의학사(醫學史)의 전환점에 서 있었다고 할 수 있다. 원래 '의(醫)'라는 글자의 옛글자에는 의(醫)란 것이 있다. 이 글자의 아래를 차지하고 있던 무(巫)자가 사라지고, 그 대신 약물(酒(酒))의 사용이 중심적인 치료 방법이 되어 가고 있었음을 이 글자의 변화는 대변해 준다. 편작은 바로 이런 글자의 변화 시기에 살았던 의사라 할 것이다. 또 「예기(禮記)」에는 "의사 집안이 3대를 지나지 않았으면, 그 집 약을 먹지 않는다(의불삼세(醫不三世) 불복기약(不服其藥))"라는 말이 있다. 이미 전국 시대까지에는 의학이란 세습적인 직업으로 정착하고 있었다는 사실을 이런 말을 반영하는 것으로 보인다.

편작은 이렇게 합리화해 가고, 전문화해 가는 중국 의학의 초기 발전 단계에서 중심 역할을 했던 대표적 인물로 역사에 남아 있게 된 것이다. 그의 질병을 보는 태도가 얼마나 합리적이었던가를 「사기」에 나오는 기록은 잘 전하고 있다. 그에 의하면, 사람의 병이 낫지 않는 이유에는 여섯 가지가 있다 (병유육불치(病有六不治)).

(1) 잘난 체만 하며 이치를 따르지 않는 것이 한 가지며
　　(교자불논어리 일불치야 **驕恣不論於理 一不治也**)
(2) 몸보다 더 중시함이 둘째이며
　　(경신중재 이불치야 **輕身重財 二不治也**)
(3) 먹고 입는 것이 적당치 않은 것이 셋째이며
　　(의식불능적 삼불치야 **衣食不能適 三不治也**)
(4) 음양과 장기가 안정되지 않음이 넷째이며
　　(음양병장기부정 사불치야 **陰陽倂藏氣不定 四不治也**)
(5) 몸이 허약하여 약을 복용하지 못함이 다섯째이며
　　(형리불능복약 오불치야 **形羸不能服藥 五不治也**)
(6) 무당을 믿고 의사를 믿지 않음이 여섯째이다
　　(신무불신의 육불치야 **信巫不信醫 六不治也**).

이 가운데 특히 마지막 조항에서 그가 무당을 비판하고 의사를 그와 구별 지은 태도는 춘추 전국 시대의 질병관의 변화를 단적으로 보여준다.

제자백가(弟子百家)의 자연관

춘추 전국 시대는 중국 역사상 가장 정치적으로 혼란한 시기였지만, 사상의 자유라는 측면에서는 가장 찬란한 시대라고도 할 수 있다. 이 백가쟁명 (百家爭鳴)의 시대를 맞아 많은 사상가들이 난세(亂世)를 헤치기 위한 여러 방

안을 제시하고 나섰고, 서로 패권을 다투는 정치 지도자들이 이들 사상가들이나 학파의 주장에 귀를 기울였다. 「한서(漢書)」 '예문지(藝文志)'에 의하면, 당시 가장 주목할 만한 사상가들로는 다음의 아홉 학파, 곧 유교(儒敎), 음양가(陰陽家), 도가(道家), 법가(法家), 명가(名家), 묵가(墨家), 종횡가(縱橫家), 잡가(雜家), 농가(農家)의 구가(九家)가 있었다.

이 가운데 한비자(韓非子)로 대표되는 법가사상은 현실주의적 정치사상을 중심으로 하고 있어서 훗날 진시황제의 통치이념으로 나타났으며, 그 후에도 중국 역사상 대단히 중요한 영향을 남긴 것이지만, 과학적으로는 중요성을 그리 인정할 수 없다. 농업사상을 내세운 농가에 대해서는 그 내용이 자세히 전하지 않아 다룰 것이 적다. 소진(蘇秦)과 장의(張儀)로 대표되는 종횡가는 외교를 통한 평화 회복의 이상을 가진 학파인데, 역시 과학사상으로는 그리 중요하지 않다. 잡가의 자연관은 주로 도교의 그것을 계승한 것으로 알려져 있으므로 별도로 다룰 필요가 없을 정도이다.

이렇게 생각할 때 우리는 다음 다섯 학파의 주장 속에서 고대 중국인의 자연관을 종합해 볼 수 있다.

유교의 빈약한 자연관

유교라면 우리는 2000년을 훨씬 넘는 긴 역사를 가진 사상 체계를 한마디로 규정하고 끝내는 수가 많다. 그러나 유교사상은 전국 시대에 공자와 맹자를 중심으로 전개되었던 원시 유교에서 그 후 송대(宋代)의 성리학(性理學)에 이르기까지만 해도 상당한 내적 변화를 겪은 다양한 사상이다. 그리고 후대의 유교 사상은 상당한 수준의 자연관을 발전시켜 가지고 있었다 말할 수가 있다.

그러나 공자(기원전 551-479)와 맹자(기원전 371- 289)의 사상을 관통하는 근본 정신은 사람 사이의 사랑(인(仁))에 있었지 자연에 대한 관심에는 있지 않았다. 난세(亂世)를 어떻게 살아갈 것인가에 관심을 두는 사상가들에게 자연이 관심의 대상이 되기 어려운 것은 어쩌면 너무나 당연한 일이다. 우선 정치와 경제 문제가 더욱 급해 보일 것이기 때문이다. 이런 점에서는 그리스의 소크라테스도 비슷한 편이었다. 그러나 서양에서는 소크라테스의 제자 플라톤이 자연에 상당한 관심을 보였고, 그의 제자 아리스토텔레스는 자연에 적극적 관심을 보였던 것과 달리, 공자의 제자들은 대를 이어 자연에는 무관심이었다고 할 수가 있다.

「논어(論語)」에는 공자가 괴력(怪力)과 난신(亂神)을 말하지 않았다는 구절이 있다. 또 공자는 천도(天道)에 대해 논하지 않았다는 대목도 눈에 띈다. 공자가 일관되게 관심을 두었던 문제는 인간의 문제였고, 인간을 어떻게 착한 사람으로 만들고, 그럼으로써 인간 사회를 어떻게 좋은 사회로 이끌어 갈 것이냐에 있었다. 공자는 농사일을 천시하는 듯한 태도를 보였음이 드러나며, 실제로 그는 이상적 인간상을 어느 특정 분야의 전문가가 되기보다는 포괄적 교양인(教養人)이어야 한다는 입장을 강하게 나타내기도 했다(군자부기 君子不器). 공자는 자신이 어렸을 때 가난하여 여러 가지 '천한 일'(비사(鄙事))을 배웠다는 말로 생산 기술 일반에 대한 경멸을 나타낸 것으로도 생각된다.

그 후의 유교는 중국뿐만 아니라 동양 사회의 지배 이념으로 정착했고, 이와 같은 원시 유교가 갖고 있던 자연관의 빈약과 기술 천시 성향은 동양의 역사 전개에 상당한 영향을 남겼다고 평가할 수가 있다.

도가의 자연주의

인간을 중시한 유가와는 달리 도가사상은 자연을 강조했다. 노자(기원전

5세기)와 장자(기원전 365-290)를 중심으로 한 도가는 인위적인 노력보다는 자연으로 돌아가는 편이 인간을 보다 행복하게 할 것이라고 주장했다. 인간도 대자연의 한 부분임을 자각하여 지식, 욕망, 도덕, 법률, 기술 등 일체의 문화를 부정적으로 보는 태도가 그 밑에 흐르고 있었다.

이처럼 자연주의(自然主義)라 부를 수 있는 태도 아래 도가사상이 자연에 대한 깊은 통찰력과 관심을 보인 것은 당연한 일이었다. 또 그런 태도 때문에 도가사상의 계통에 속하는 사람들에 의해 많은 과학 기술상의 업적이 이룩되었던 것도 사실이다. 그러나 도가사상에는 과학 발달과는 거리가 먼 태도가 역시 강하게 포함되고 있기도 했다.

그 하나는 도가사상에 강하게 흐르는 회의적(懷疑的) 경향이며, 다른 하나는 그 신비적 특징이다. 지식에 대한 근원적 회의 속에서 도가사상가들은 적극적으로 자연 현상을 연구하고 그 체계적 지식을 쌓으려는 노력을 하지 않았다. 또 그 신비적 경향은 도가사상의 전통 속에서 신선술(神仙術), 연단술(煉丹術), 방중술(房中術) 등을 크게 발달시켜 주기도 했다. 이들 의사(擬似) 과학 분야는 사실상 당대에는 흠잡을 수 없는 과학이었고, 그 후에 적지 않은 긍정적 영향을 미친 것도 사실이다.

묵가(墨家)의 논리학

「중국 철학사」로 유명한 풍우란(馮友蘭)은 도가가 자연을 강조한 것과는 대조적으로 묵가는 인위(人爲)를 강조했고, 유가는 그 중간에 서 있다고 지적한 일이 있다. 전국 시대에 상당히 중요한 사상가들이었던 것으로 보이는 묵가의 창시자 묵자(묵적(墨翟), 기원전 479-381)와 그 추종자들은 이(利)를 그들의 중심 개념으로 여겼다. 모든 가치 있는 것들은 인간에게 유리하기 때문에 지켜져야 한다는 것이었다.

그들의 유명한 반전론(反戰論) 역시 전쟁은 승리자에게조차도 그 이익에 기여하지 못한다는 관점에서 나온 것이다. 그러나 현실적으로 전국 시대는 전쟁과 갈등의 시기였고, 그들은 역설적으로 전쟁을 막기 위한 전쟁 준비에 큰 관심을 갖게 되었다. 그 결과 묵가 사상가들은 무기 개발과 관련된 간단한 기계 장치 등에 관심을 가졌고, 그 수학적 원리에도 눈을 뜬 것으로 보인다.

「묵자(墨子)」의 '묵경편(墨輕便)'에 들어 있는 내용은 기하학, 광학, 역학, 논리학 등에 걸쳐 여러 가지 흥미 있는 관찰을 담고 있다. "원은 중심에서 같은 거리에 있다"든지 "힘이란 문제가 그에 의해 움직이는 것"이라는 등의 간단한 정의가 있는가 하면, 오목 거울의 그림자에 대한 관찰도 보인다.

이들의 이와 같은 과학 사상은 잘 계승·발전되지 못했다. 특히 그의 겸애설(兼愛說)이 유가가 지배하던 전통사회에서는 옳지 않게 여겨졌던 때문이었다. 그러나 그들이 겸애사상을 뒷받침하기 위해 내세웠던 인격천(人格天)의 개념은 그 후 중국사에 상당한 영향을 남겼다.

명가(名家)의 논리적 전통

중국의 고대에도 고대 그리스의 소피스트에 맞먹는 궤변가들이 있었다. 그 대표적인 인물로는 혜시(惠施, 기원전 370-310)와 공손룡(公孫龍, 기원전 320-250)을 들 수 있다. "오늘 월(越)로 떠나 어제 도착한다", "천(天)은 지(地)와 마찬가지로 낮고, 산은 연못과 같이 평평하다"는 등의 궤변을 말한 혜시는 이런 표현들을 통해 인간이 잊기 쉬운 엄격한 논리적 사고의 중요성을 지적한 것으로 평가된다. 그러나 당시에는 순자(荀子)가 지적했듯이 "말에 가려져 진실을 모른다"는 비판을 받았다.

공손룡은 "흰 말은 말이 아니다(백마비마론 白馬非馬論)"라든지 "희고 단단한 돌이란 없다(견백론 堅白論)" 등으로 알려져 있다. 우리가 흔히 범하기 쉬운 부분과 전체의 혼동을 비판하려는 것이 첫 번째의 역설이다. 이들 명가 사상가들의 전통과 묵가 전통을 다 함께 중국 역사에 흐르는 강한 논리학 전통이지만, 그것은 그 후에 제대로 계승되어 발전하지 못했다.

음양오행가(陰陽五行家)의 연상적(聯想的) 사고

음양(陰陽)사상은 거의 중국 문명의 시작과 함께 비롯했고, 오행(五行) 또한 춘추 시대에는 이미 시작되었던 것으로 보인다. 다른 어느 사상보다도 자연에 관한 사상으로 시작되었다고 할 수 있는 음양과 오행의 사상은 그 후 중국 역사의 기본 틀을 만들어 준 정치 사회 사상인 유교와 결합하여 깊은 영향을 미쳤고, 또 이와 함께 그 응용의 범위를 거의 무한히 넓혀갔다.

원래 음양(陰陽)은 양지와 응달에서 나온 생각이었던 것이라 여겨진다. 이런 이원론(二元論)은 곧바로 천지(天地), 명암(明暗), 남녀(男女) 등 상대적인 것이면 무엇에나 응용되기 시작했다. 그리고 이것의 통합 원리로서의 개념이 곧 나오게 된다. 「주역(周易)」은 바로 그런 원리를 바탕으로 한 음양의 활용을 기술한 책으로 발달되어 나온 것이라 할 수가 있다. 역(易)이 계시하는 양효(陽爻)와 음효(陰爻)는 3개씩 또는 6개씩이 결합하여 8괘(卦) 또는 64괘가 된다. 8괘와 64괘란 다른 아닌 2^3과 2^6을 가리킨다. 원시적인 2진법의 연상관계를 전개해 놓은 것이라 하겠다. 17세기 서양에 영향을 주어, 특히 라이프니츠 등이 2진법에 관심을 가져 그로부터 다시 오늘날 컴퓨터로 이어지는 2진법적 논리 전개가 가능해졌다고 알려져 있다.

음과 양은 꼭 어느 쪽을 우선적이라거나 한쪽을 다른 쪽보다 절대 우월한 것으로 인정하지 않는다. 항상 순환적인 상호관계를 가질 따름이다. 마찬가지로, 5행 역시 위계적이 아니라 순환적이다. 오행이 처음 나오는 곳은 「서경(書經)」'홍범편(洪範篇)'이다. 여기에는 수(水)·화(火)·목(木)·금(金)·토(土)의

오행(五行)의 용례(用例)

오행(五行)	목(木)	화(火)	토(土)	금(金)	수(水)
사계(四季)	춘(春)	하(夏)	토용(土用)	추(秋)	동(冬)
오방(五方)	동(洞)	남(南)	중앙(中央)	서(西)	북(北)
오색(五色)	청(靑)	적(赤)	황(黃)	백(白)	흑(黑)
오미(五味)	산(酸)	고(苦)	감(甘)	신(辛)	함(鹹)
오음(五音)	각(角)	징(徵)	궁(宮)	상(商)	우(羽)
오성(五星)	세성(歲星)	형혹(熒惑)	전성(塡星)	태백(太白)	진성(辰星)
오장(五臟)	간(肝)	심(心)	비(脾)	폐(肺)	신(腎)
오혈(五穴)	목(目)	이(耳)	구(口)	비(鼻)	이음(二陰)
오병(五病)	근(筋)	맥(脈)	육(肉)	피모(皮毛)	골(骨)
오취(五臭)	조(臊)	초(焦)	향(香)	성(腥)	부(腐)
오축(五畜)	계(鷄)	양(羊)	우(牛)	마(馬)	돈(豚)
오각(五穀)	맥(麥)	서(黍)	직(稷)	도(稻)	두(豆)
오수(五數)	팔(八)	칠(七)	오(五)	구(九)	육(六)
십간(十干)	갑을(甲乙)	병정(丙丁)	무기(戊己)	경신(庚辛)	임계(壬癸)
십이지(十二支)	인묘(寅卯)	오이(午巳)	진축(辰丑) 술말(戌未)	신유(申酉)	자해(子亥)
오상(五常)	인(仁)	의(義)	예(禮)	지(知)	신(信)

차례로 나오는데, 가장 오묘한 것으로부터 평범한 것으로 내려오는 순서를 택한 것으로 알려져 있다. 당시 알려져 있던 다섯 행성 때문에 생겼다는 설도 있지만, 옛날 사용되던 주변의 재료들에서 이런 관념이 정착했을 것이라는 해석이 유력하다.

서양의 4원소설처럼 원소 개념과 비슷한 방향에서도 이용된 생각이지만, 동양의 5행은 오히려 그 상호 순환적인 변화 과정으로 더 널리 활용되었다. 계절, 방향, 색깔, 냄새, 곡식, 가축 등 생각할 수 있는 모든 것들을 다섯으로 나누고, 그것을 5행에 연계시켰을 뿐 아니라, 그것들은 일정한 순환적 관련이 있다고 믿어졌다(표 참조). 또 5행의 각 원소는 무엇은 무엇을 낳는다는 상생설(相生說)(목생화, 화생토…)과 무엇은 무엇을 이긴다는 상승설(相勝說), 또는 상극설(相剋說)로 전개되어, 훗날 한의학으로부터 역사 해석에 이르기까지 거의 모든 분야에서 중국을 비롯한 동양 사상에 막강한 영향력을 행사하게 된다.

03 | 한·당시대의 전통 과학

전국 시대(戰國時代)의 혼란은 진(秦)의 통일로 일단 끝나는 듯했지만, 통일된 지 미처 20년도 채우기 전에 진왕조는 망하고, 그 뒤를 한(漢)왕조가 잇는다. 우리의 장기판에 남아 있는 홍군(한(漢))과 청군(초(楚))의 싸움은 다름 아닌 당시 진이 망한 후 중국에서 벌어졌던 유방(劉邦)과 항우(項羽)의 쟁투를 놀이로 나타낸 것이다.

전한(前漢)과 후한(後漢)으로 약 4세기 동안 계속된 이 시기에는, 중국 문명은 춘추 전국 시대의 전통을 소화하여 튼튼한 뿌리를 만들어 놓은 시기였다. 귀족출신의 항우를 물리치고 중원을 차지한 한고조(漢高祖) 유방은 원래 맨손으로 출발했던 시골 농민이었다고 전한다. 그에게는 이어갈 전통도, 지켜야 할 가치도 확실하게 있었던 것은 아니었다. 진(秦)이 이미 시작했던 중앙집권적 전제국가의 틀을 이어받아 한왕조(漢王朝)는 강력한 정치구조 아래 전국 시대까지의 모든 사상과 유산을 고르게 계승했던 것으로 평가할 수 있다.

한대(漢代)의 우주관

「장자(壯子)」에 '조물자(造物者)'란 말이 나오기는 하지만, 그것은 자연이나 하늘을 가리키는 가벼운 뜻일 뿐, 중국의 고대 사상에는 조물주(造物主) 또는 창조주(創造主)에 대한 관념은 약하다. 기원전 140년쯤에 쓰여진 「회남자(淮南子)」에는 자연적인 과정을 거쳐 우주의 삼라만상이 만들어졌음이 설명되어 있다. 세상은 원래 '태시(太始)'라는 원초적인 혼돈 상태에서 시작하여, 우주가 생겨난다는 것이다. 그리고 우주는 기(氣)를 낳고, 그 기 가운데 맑고 밝은 것은 천(天)이 되며, 무겁고 탁한 것은 지(地)가 된다.

천지(天地)는 다시 음양(陰陽)을 낳고, 거기서 사시(四時)가 생기며, 사시는 만물(萬物)을 낳는다는 것이다. 우주 만물의 생성 과정이 전혀 신의 개념 없이 설명되고 있음에 주목할 일이다. 또 여기 우주란 말에 대한 당대(唐代)의 해석에 의하면, 그것은 원래 공간만을 가리키는 말이 아니라, 시간과 공간을 함께 뜻한다(사방상하왈우 왕고래금왈주 四方上下曰宇 往古來今曰宙).

우주 생성론에 있어 이렇게 자연주의적인 입장을 보여 준 고대 중국인들은 이렇게 생겨난 우주가 어떤 모양을 하고 있는가에 대해서는 몇 가지 서로 다른 의견을 내세웠다.

(1) 개천설(蓋天說) — 마치 삿갓 또는 우산을 쓴 것처럼 하늘은 둥그스름한 뚜껑으로 되어 있고, 그 아래 대체로 평평한 땅이 있다. '천원지방(天圓地方)'이란 표현으로 남아 있다. 한대(漢代)의 천문학 수학책인 「주해산경(周骸算經)」에는 칠형도(七衡圖)가 있는데, 북극을 중심으로 7개의 동심원이 그려져 있다. 바로 이것이 북극을 중심으로 태양은 계절에 따라 다른 반지름을 그리며 도는 모습을 나타낸 것이라 알려져 있다.

(2) 혼천설(渾天說) — 이 주장에 의하면, 하늘은 달걀의 껍질과도 같고, 땅은 노른자와도 같다. 후한의 장형(張衡, 78-139)이 이 설을 주장한 것으로 알려져 있는데, 그의 혼천설은 꼭 우주를 유한한 것으로 생각한 것으로 보이지 않고, 또 땅을 구형(球形)으로 단정하지도 않은 것 같다.

(3) 선야설(宣夜說) — 후한 때의 비서랑(秘書郎), 극맹(郤萌)이 주장했다는 이 설은 우주를 무한한 공간으로 보고 그 안에 해, 달, 별들이 서로 다른 길을 서로 달리 가고 있다고 설명했다.

이 밖에도 안천(安天), 흔천(昕天), 궁천(穹天) 등의 설(說)이 있었지만 널리 알려져 있지 않았다. 가장 널리 인정되고 있던 생각은 혼천설과 개천설이다.

천문(天文) 현상과 재이설(災異說)

한대(漢代)부터 중국에서는 천문 관측을 도(度) 단위까지 정확하게 하기 시작했다. 전국 시대만 해도 천문 현상은 28수(宿) 또는 12차(次)만을 기준으로 위치를 지정해 주면 그만이었다. 그런데 이때 사용한 도수(度數)는 지금과 달라서 원둘레를 360도가 아니라, $365\frac{1}{4}$도로 정한 기준을 썼다. 태양이 하루 동안 움직인 하늘에서의 거리가 1도가 된 것이었다. 물론 당시의 도수는 하늘의 위치 표시에서나 사용되었을 뿐이지, 일반적인 각도의 단위로 널리 사용된 것은 아니었다.

이런 단위의 발달은 그것을 표시했던 천문 관측 기구의 발달과 관련이 있을 것이다. 한대에는 중국의 대표적 천문기구인 혼천의(渾天儀)가 제작되어 사용되기 시작했는데, 낙하굉(落下宏)과 장형(張衡) 등 천문학자들이 이를 사용한 것으로 전한다.

그러나 천문 관측은 반드시 지금과 똑같은 과학적 목적을 위한 것이기보다는 점성적 관심을 강하게 반영한 것이라 할 수 있다. 무제(武帝) 때의 대표적 학자 동중서(董仲舒, 기원전 179-104)는 특히 전국 시대의 음양오행 사상과 도가 사상들을 받아들여 일식, 혜성 등의 이상적인 천문 현상은 정치의 잘못을 경고하기 위해 하늘이 내리는 경고라는 주장을 그 후의 중국 사상에 강하게 남겨 주었다. 자연의 이상 현상에는 천문 현상 이외에도 기상 현상이나 동식물의 이상 현상도 얼마든지 있는데, 이런 것들이 모두 같은 의미를 가진 재이(災異)라는 것이다. 일체의 자연 재이가 모두 정치의 잘못에서 비롯한다는 그의 주장은 그 후 유교 사회에서도 그대로 계승되어, 중국이나 한국의 유교 정치에 중요한 영향을 미친다.

태초력(太初曆)과 연호(年號)의 시작

여러 해가 바뀌는 긴 시간의 흐름을 재는 단위로 연호(年號)가 처음 사용된 것은 기원전 140년 무제(武帝)가 건원(建元)이란 연호를 쓰기 시작한 것으로 알려져 있다. 그 후 연호는 동양 세 나라에서 모두 사용하게 되었는데, 처음 연호가 사용될 때에는 제왕의 필요에 따라 수시로 연호가 바뀌는 것이 보통이었다. 어차피 연호로는 복을 받으려는 희망을 담은 좋은 말을 골라 쓰는 것이 당연했기 때문에 그것이 자주 바뀐 것도 당연하다면 당연한 일이었다. 이것이 1세(世) 1원(元), 곧 한 임금의 재위 기간 동안을 한 가지로 나타내는 방식으로 정착한 것은 당대(唐代)부터의 일이다.

한 해 동안의 시간을 재는 방법으로는 역법(曆法)이 있다. 그러나 역법이란 지금의 달력같이 그날그날의 날짜를 따지는 도구 이상으로 동양의 전통사회에서는 대단히 중요한 의미를 갖는 것이었다. 역법은 원래 천문 계산법으로, 그에 따라 일식과 월식 등이 예보되고, 다른 천체의 움직임이 계산되었기 때문이다. 그러나 이런 의미에서의 본격적인 천문 계산법으로서의 역법은 한대 이후에나 발달한 것으로 보인다. 전국 시대까지에도 역법으로는 사분력(四分曆)이 사용되었다고 기록되어 있지만, 그것은 아직 상당한 수준의 천문 계산법이 발달하지는 않았던 때의 일이다. 사분력이란 1년 길이를 365일과 4분의 1일을 기준으로 했다는 것에서 유래한 이름으로 알려져 있다.

본격적 천문 계산법으로서의 역법은 기원전 104년 무제가 공포한 태초력(太初曆)이었다. 연호(年號)를 태초(太初)라 정한 해에 공포한 이 역법은 전한말(前漢末)에 유흠(劉歆)에 의해 수정되어 삼통력(三統曆)이란 이름으로 알려지기도 했다. 기원후 85년 후한(後漢) 때 역법이 고쳐지기까지 거의 2세기 동안 사용된 셈이다. 역법은 그 후 줄곧 연호 못지않게 수명개제(受命改制)의 가장 중요한 요소로 여겨져 끊임없이 고쳐졌다. 새 왕조는 역법을 새로 준비하지 못했을 경우에는 적어도 이름만이라고 새것으로 바꾸는 것이 보통이었다.

하루 동안의 시간 흐름을 재기 위한 장치, 곧 시계도 한대에는 본격적으로 발달한 것으로 보인다. 해시계와 물시계 등 이미 그 전부터 사용되던 장치가 더 발달했고, 특히 시각 표시 방법이 정착하게 된다. 하루를 100각(刻)으로 나누고, 또는 12시로 나누는 방법도 한대에는 완전히 자리잡았다. 또 밤의 시간을 5경(更)으로 나타내는 방법도 정착한다. 이것 또한 우리나라에 전파되었음은 물론이다.

한대(漢代)의 수학

「한서(漢書)」 '예문지(藝文志)'에는 수학 서적으로 「허상산술(許商算術)」, 「두충산술(杜忠算術)」 등의 책이 있었다고 되어 있지만, 지금 그것들은 남아 있지 않다. 따라서 한대 이전부터 한대까지의 수학을 알아볼 수 있는 자료로는 한대에 완성되었다고 여겨지는 「주비산경(周髀算經)」과 「구장산술(九章算術)」을 중심으로 살펴볼 수밖에 없다. 이 가운데 「주비산경」이란 주공(周公)이 지은 책이란 뜻에서 이런 이름을 갖고는 있지만, 실제로는 한대에 정리되어 나온 책이라 인정되어 있다. 이는 천문학과 역산학에 관한 부분을 주로 하고 있어, 오히려 수학보다는 천문학서라 할 만하다.

따라서 「구장산술」이야말로 어느 모로 보나 한대의 수학을 보여 주는 가장 훌륭한 작품이 아닐 수 없다. 약 2000년 전에 완성된 이 책은 삼국시대 위(魏)의 유징(劉徽)이 붙인 주석서로, 그 후 가장 널리 전해졌다. 9장으로 되어 있다 하여 이런 제목이 붙여진 이 책에는 모두 246개로 상당히 구체적인 문제들이 예시되어 있다. 고대 수학의 특징이라 할 수 있는 추상화되지 않은 문제들이 문제(問), 해답(答), 풀이(術)의 순서로 나와 있다.

(1) 방전(方田) — 토지의 넓이 계산 문제 38개.
(2) 속미(粟米) — 앞의 것이 주로 곱셈인 데 비해, 주로 나눗셈 중심으로 곡물 교환 문제 46개가 들어 있다.
(3) 쇠분(衰分) — 앞의 경우보다 좀 더 복잡한 비례식을 다룬 문제 30개.
(4) 소광(少廣) — 제곱근과 세제곱근의 문제 24개.
(5) 상공(商功) — 토목 공사에 관한 문제 28개.
(6) 균수(均輸) — 지방에서 거둬들이는 조세, 곧 곡물의 수송에 관한 문제 28개.
(7) 영부족(盈不足) — 연립방정식 등의 문제 20개.
(8) 방정(方程) — 방정식에서 속하는 문제 18개. '방정식'이란 지금의 용어는 여기서 유래한다.
(9) 구고(句股) — 직각3각형의 문제 24개. 여기 있는 것처럼 직각3각형의 짧은 변은 구(句), 긴 변은 고(股), 빗변은 현(弦)이라 했고, 이들의 일반적 관계는 구고법(句股法), 또는 구고현법(句股弦法)이라 알려져 있었다. 이를 서양에서는 '피타고라스의 정리'라 부른다.

한대의 의학

한의학의 최고 고전으로 꼽히는 「황제내경(黃帝內經)」과 「상한론(傷寒論)」은 바로 이 시대의 작품이다. 「황제내경」은 보통 「내경」이라 알려져 있는데, 전국 시대의 의학이 한대에 종합된 것으로, 소문(素問)과 영추(靈樞)의 두 부분으로 되어 있다. 소문이 주로 생리학과 병리학을 다룬다면, 영추는 침구술

(針灸術)을 취급하고 있다.

음양오행사상을 의학에 연계한 「내경」에서는 5장 6부가 서로 유기적 관계를 가지고 있으며 간(肝)·심(心)·비(脾)·폐(肺)·현(賢) 등의 5장(臟)은 각각 목(木)·화(火)·토(土)·금(金)·수(水) 등 5행(行)에 상응한다고 되어 있다. 사람이 병에 걸리는 것은 밖으로부터 풍(風)·한(寒)·서(署)·습(濕) 등의 사기(邪氣)가 침입하기 때문이고, 인체의 경락(經絡)으로 아주 잘 연락되어 있어서 그 가운데 가장 중요한 곳이 곧 인체가 갖고 있는 365개의 혈(穴)이라는 것이다.

후한의 장기(張機)가 지은 「상한론」은 중국 고대 임상의학의 대표작이라 할 수 있다. 중국의 다른 책이 대개 그렇듯이, 이 책도 지금 그대로 전해지는 것이 아니라, 후세의 주석판이 남아 있다. 장기는 질병을 삼음삼양(三陰三陽)의 6종류의 나눠 보았다. 태양병(太陽病), 양명병(陽明病), 소양병(少陽病)은 삼양(三陽)에 속하고, 태음병(太陰病), 소음병(少陰病), 궐음병(厥陰病)은 삼음에 속한다.

한대의 기술

세계에서 처음 종이를 만든 것은 후한의 환관 채윤(蔡倫)이라고 알려져 있다. 당시까지 책이란 나무조각을 이어 글을 써서 엮은 목간(木簡) 또는 죽간(竹簡), 아니면 비단 등을 썼지만, 종이가 기원후 105년쯤 나오기 시작하면서 책의 값싼 보급이 가능해졌다. 한자라는 불편한 문자에도 불구하고 종이의 보급 때문에 동양의 문명은 서양보다 앞서 나갈 수가 있었던 셈이라 할 수도 있다. 그러나 약 1000년 후에는 서양에 종이가 전해지고, 인쇄술까지 전해져 서양 문명의 도약에 중요한 발명으로 꼽히게 된다.

역시 서양의 근대화를 자극한 '3대 발명'의 하나인 나침반이 실은 중국에서 처음 한대에 만들어지기 시작했다. 서양이나 동양에서나 자석에 대한 지식은 한(漢) 이전으로 거슬러 오른다. 하지만 자석을 지자기(地磁氣)의 방향에 맞춰 사용하기 시작한 것은 후한 때의 왕충이 쓴 「논형(論衡)」에 처음 나타난다. "사남(司南)을 땅에 던지면 그 자루가 남을 향한다"는 것이다. 사남이란 나침반의 조상인 셈인데, 이것을 숟가락 모양으로 만들어 그냥 땅바닥에 던진 것이 아니라, 방향표시를 해 놓은 지반(地盤)에 돌려 그것이 정지하는 것을 보아 점을 친 것으로 알려져 있다.

자석을 넣은 물고기 모양의 지남어(指南魚) 또는 지남침(指南針)은 곧 사용되기 시작했다. 그러나 서양과는 달리 바다에 나가는 일이 별로 없던 중국에서는 지남침 또는 나침반의 사용이 별로 활발하지 않았다.

한편 후한의 천문학자 장형(張衡)은 혼천의를 만든 것으로도 널리 알려져 있지만, 세계 최초의 지진계인 지동의(地動儀) 역시 그의 발명이다. 술통 모양의 그릇 8방향에 구슬을 문 용을 매달고, 지진이 일어나는 방향에 따라 그 방향의 구슬이 떨어지게 만든 지진감지장치이다.

용골차(龍骨車)와 농업기술

물통을 줄줄이 달아 그것을 사람이 돌려 아래 물을 위로 끌어올리는 용골차 또는 번차(翻車) 등은 한대에 나오기 시작하여 널리 보급되고, 곧 이것은 축력을 이용하는 개량을 맞게 된다. 후한 이래 중국에서는 수차를 이용하여 곡식을 빻는 절구나 맷돌도 크게 발달했다. 치수와 관개가 중국 문화의 중요한 분야였다는 사실은 잘 알려진 일이다.

이와 함께 중국은 전한기까지는 완전히 농기구가 철기화한 것으로 밝혀져 있다. 기원전 120년에 한무제는 소금과 철(鐵)의 전매를 실시했는데, 이 문제를 담은 책이 그 후 환관(桓寬)의 「염철론(鹽鐵論)」이다. 이미 중국에서는 수력을 이용한 풀무를 사용하여 고온을 낼 수가 있었고, 이것이 철의 생산가

공을 편리하게 했다. 서양보다 훨씬 앞서 중국은 쇠를 완전히 녹여 틀에 부어 농기구를 만들고 있었던 것이다.

왕충(王充)의 비판적 자연 철학

후한의 사상가 왕충(27-100)은 전한의 동중서가 주장한 자연관을 대체로 부정하는 비관적인 입장을 보였다. "나는 거짓을 미워한다"면서 그가 쓴 85편의 글은 오늘날 「논형(論衡)」(83년)에 남아있는데, 천(天)의 신성(神性)을 부인함은 물론이고, 인간도 동물과 큰 차이가 없다는 태도를 보였다. 그는 일식은 대체로 41~42개월마다 한 번 꼴로 일어날 수 있고, 월식은 180일에 한 번 생길 수 있다면서, 재이(災異)설도 거부했다.

왕충의 사상은 당시로서는 상당히 합리적이고 과학적이었으며, 또 유물론적이었다 할 만하다. 유물론사상을 바탕으로 하고 있는 중국의 사상계가 그의 이름을 높이 치켜올리고 있는 까닭이 여기에 있다.

당대(唐代)의 수학

한(漢)나라 이래 3세기 이상의 분열을 보이던 중국은 드디어 다시 통일국가가 되었다. 그러나 통일왕조 수(隋, 589~617)는 곧 당(唐)으로 바뀌어, 당이 그 후 거의 300년 동안 중국 문명의 대명사가 된다. 개방적인 당은 관료제가 발달해 있었고, 그에 따라 수학자들도 관리로 필요했다. 이 때문인지는 당의 국립대학이라 할 수 있는 국자감(國子監)에는 산학(算學)이 포함되고 있었다.

국자감 산학에는 박사가 2명이 있어 학생 30명을 가르치게 되어 있었다. 여기서 쓰던 교재가 소위 그 후 중국에서 '산경십서(算經十書)'라 알려진 수학책들이다. 이미 한대에 나왔던 「주비산경(周脾算經)」, 「구장산술(九章算術)」을 비롯하여, 「해도산경(海島算經)」, 「오조산경(五曹算經)」, 「손자산경(孫子算經)」, 「하후양산경(夏候陽算經)」, 「장구건산경(張邱建算經)」, 「오경산술(五經算術)」, 「집고산경(緝古算經)」, 「철술(綴術)」 등이 그것이다. 이 가운데 가장 어려웠던 책은 조충지(429-500)의 「철술」이라 전해지는데, 학생들은 이 책을 공부하는 데 4년이 걸렸다고 한다. 이 책은 우리나라에서도 신라 때 산학교재로 사용되었다는 것이 확인되지만, 중국이나 우리나라 어디에도 지금 남아 있지 않다.

조충지(祖冲之)와 그의 아들 조항지(祖恒之)는 모두 수학자이며 천문학자였는데, 이들의 시대에 중국에서는 이미 원주율의 값(π)으로 3.1415926과 3.1415927 사이가 옳다는 것을 알고 있었다. 그들은 원주율의 약솔(約率)을 7분의 22로, 그리고 밀솔(密率)을 113분의 355로 썼다. 당대에 사용한 이들 책에서 우리는 지금 우리가 사용하고 있는 분자, 분모, 평방, 입방, 정(正)과 부(負), 그리고 방정(方程) 등의 용어를 쉽게 발견할 수 있다.

당대의 천문역산(天文曆算)

3세기 초에 한이 망하고 이어 등장한 삼국(三國)은 서로 다른 역법을 썼다. 역법의 채택에서 실용적 의미 이상의 정치적 중요성을 강조하고 있었기 때문이다. 삼국이 남북조로 바뀌는 등의 혼란 속에서 역법의 이름은 끊임없이 변했다. 비록 그 내용은 개량된 것이 아니었지만 이 가운데 동진(東晋)의 우희(虞喜)는 340년쯤 처음으로 세차(歲差)현상을 발견했다. 그는 세차의 값을 50년에 1도 정도로 보았으나, 7세기 초에는 그 값이 76년에 1도라고 고쳐진다.

역법 가운데 우리의 관심을 끌 만한 것으로 하승천(何承天, 370-447)의 원가력(元嘉曆)이 있다. 이 역법은 백제에서 받아들여 사용한 것이 밝혀져 있고, 또 백제를 통해 일본에 전해졌다는 점에서 특히 우리에게는 중요하다. 하승천은 이 역법을 443년에 만들었고, 이것이 445년부터 509년 사이에 중국에서 사용되었다. 이 역법은 당시 사용했던 평삭법(平朔法) 대신에 정삭법(定朔法)을 쓴 것이 특징이다. 이로써 일식·월식이 하루, 이틀 다른 날에도 생기던 과거의 역법이 바뀌어 일식·월식은 반드시 초하루와 보름에만 일어나게 되었다.

당대에 들어가서 제일 중요한 역법은 인덕력(麟德曆)과 대연력(大衍曆)이다. 665년부터 반세기 남짓 사용된 인덕력을 만든 이순풍(602-670)은 혼의(渾儀) 등을 만들어 사용했고, 혜성의 꼬리가 아침에는 서쪽을 향하고, 저녁에는 동쪽을 향한다는 것을 처음으로 지적한 천문학자로도 알려져 있다. 원래 이름이 장수였던 승려 일행(一行, 683-727)은 보간법(補間法)이라는 어림수 잡는 방법을 정교하게 발달시켜 보다 정확한 역법계산을 한 것으로 알려져 있다.

대연력을 만든 일행이 불승(佛僧)이었다는 사실은 당시의 천문학이 어떤 특징을 가지고 있었던가를 보여 주는 중요한 단서가 되기도 한다. 실제로 당대에는 인도의 천문학자가 와서 활동하기도 했고 인도식 천문역법인 구집력(九執曆)이 도입되기도 했다. 구집(九執)이란 해, 달 오행성(五行星)의 칠요(七曜)에다가 해와 달이 교차하는 가상적인 두 점으로 나후(羅睺)와 계도(計都)를 합쳐 일컫는 인도식 천문학 개념이다. 이 인도식 역법을 통해 중국에는 처음으로 인도숫자가 소개되고, 영(0)이 점으로 나타났다. 또 주천(周天 하늘의 둘레, 곧 원둘레)은 $365\frac{1}{4}$ 도라던 전통적 관념과는 다른 서양식 원주 360도가 처음 소개되기도 한다.

이와 함께 인도의 불교적 점성술도 전해졌는데, 759년에 번역된 「숙요경(宿曜經)」같은 것을 예로 들 수 있다. 일행은 훌륭한 과학자였지만, 바로 이런 불교의 특성 때문에 그의 이름은 우리 역사에도 신비스런 인물로 등장한다. 신라말 풍수리지의 창시자 도선(道詵, 827-898)이 일행에게서 공부하고 돌아왔다는 전설이 그것이다. 일행이 죽은 지 꼭 100년 후에 세상에 태어난 도선이 그를 만났을 리는 없다.

한편 당대에는 천문역산을 전담한 관서로 태사국(太史局)이 있었는데, 이 관청의 직원만도 1,067명이나 되었다. 이 사실은 이 분야가 얼마나 중요시되고 있었던가를 잘 보여준다. 이 기관의 실질적 책임자는 종5품하(下)의 태사령(太史令)이 2명 있고, 그 아래 승(丞)과 영사(令史) 등이 있었다. 그리고 이들 행정 관리 말고는 기술 관리로 역(曆) 담당, 천문 담당, 시보(時報) 담당 등이 따로 있었다.

천문역산이 대단히 중요한 분야로 인정되기는 했으면서도 그것을 담당하고 있는 이들 관리들의 직위가 높은 것은 아니었다. 오히려 거의 모든 천문학자나 역산학자는 일반관리들과는 다른 기술 교육을 받고 그 직업에만 채용되었으며, 다른 관직으로 옮겨 갈 수는 없었다. 당연히 이들의 사회적 지위는 결코 높을 수는 없는 일이었다. 비슷한 상황에 있었던 조선 시대의 천문역산학자들이 중인(中人)이라는 중간 신분층으로 발전되는 것과는 달리 중국에서는 이들이 별개의 신분으로 등장하지도 않았다.

'천문(天問)'과 '천대(天對)'

전국 시대 초(楚)의 시인 굴원(기원적 340-278)은 '천문(天問)'이란 글을 써서 하늘과 자연에 대한 여러 가지 의문을 나타낸 일이 있다. 당 시대의 대표적 문장가로 이름 있는 유종원(773-819)은 '천대(天對)'라는 이에 대한 대답을 써서 그의 자연관 내지 천문사상을 나타냈다. 2,500자밖에 안 되는 이 글에서 그는 마치 후한 때의 왕충(王充)을 연상케 하는 비판적인 태도를 보여 주었다.

그에 의하면 이 세상은 물질적인 것뿐이며, 따라서 천명(天命)이나 재이(災異)란 아무 의미가 없다고 단정했다. 한(漢)의 동중서(董仲舒)에서 당(唐)의 한유(韓愈)까지를 잇는 보다 정통적인 유가사상을 정면으로 거부하는 태도라고도 할 만하다. 이런 생각은 전국 시대의 순자와 그 후의 왕충, 그리고 유종원의 친구 유만석(772-842)에게서도 발견되는 공통적인 것이기도 하다. 그의 비판적 자연관은 우주를 무한한 공간으로 보았고, 어느 정도 태양중심설을 예측하고 있었던 것으로도 보인다. 유종원이 오늘의 중국에서 높이 평가되는 이유를 이해할 만하다.

그러나 조선(朝鮮)에서와 마찬가지로 당에서도 천문 사상이나 자연관 등은 천문관서에 근무하는 전문 천문학자들의 몫은 아니었다. 태사국의 전문가들은 단순 기술자로서 맡겨진 일에만 열중할 뿐이었던 것으로 보인다.

의약학(醫藥學)의 발전

이 시대의 대표적 의서(醫書)로는 소원방의 「병원후론(病源候論)」과 손사막의 「천금방(千金方)」을 들 수 있다. 그러나 당(唐) 이전, 특히 육조시대(六朝時代)에는 도교적인 의학이 성행했던 때가 있고, 그 대표적 작품으로 지금도 남아 있는 것이 갈홍(283-363)의 「포박자(抱朴子)」이다. 갈홍은 이미 후한 말기에 위백양이 쓴 「주역참동계(主役參同契)」의 전통을 계승하여 중국에서 가장 유명한 연단술(煉丹術)의 고전을 후세에 남겼다.

불사(不死)의 약 주(舟)을 만들려는 노력은 곧 신선술이라고도 할 수 있다. 이와는 달리 약용식물을 중심으로 한 중국의 약물학은 본초(本草)란 이름으로 후세에 전해졌다. 최초의 본초서로 지금 알려져 있는 책으로는 도홍경(462-526)의 「신농본초경(神農本草徑)」을 들 수 있다. 여기에는 모두 365종의 약품이 상, 중, 하로 나뉘어 들어 있다.

이런 전통을 이어받아 610년 수양제(隋煬帝)의 명을 받아 완성된 책이 「병원후론(病源候論)」이다. 이 책에는 1,200종류 이상의 병증(病症)이 67문에 나뉘어 설명되어 있다. 질병의 증세만이 소개되고 있을 뿐이지, 그 병을 치료하기 위해서는 어떤 한방을 쓸 수 있는지는 밝혀져 있지 않다. 100년을 살았다거나, 벼슬을 끝까지 사양하고 태백산에 살았다는 등 전설 속에 남아 있는 손사막(581-682?)은 의사가 갖춰야 할 도덕적 기준을 특히 강조했다. 신분의 귀하고 천함, 부유하고 가난함, 나이의 많고 적음, 예쁘고 추함, 적과 아군, 현명한 사람과 어리석은 사람 등등 모든 차별 의식을 가슴에서 몰아내고 의사는 환자를 차별 없이 고통으로 구하도록 노력해야 한다고 그는 주장했다.

앞에서 소개한 천문 제도와 비슷한 제도가 의료 제도에도 발달했다. 의료기관에는 황족과 천자를 위한 상약국(尙藥局)과 일반 관리를 위한 태의서(太醫署)가 있었다. 상약국은 규모가 작았지만, 태의서는 조직의 규모도 크고, 의료기관이면서 동시에 의학교육기관이기도 했다. 당대를 통해 태의서의 직원은 300명 정도를 유지했다. 이들이 의학, 침구, 안마, 주금(呪噤) 등 네 분야에 걸쳐 교육과 치료를 담당했다.

화약의 발명

중국 고대 발명이 하나로 잘 알려진 흑색 화약은 황, 초석, 탄소를 섞어 만든 것이다. 황과 염초는 이미 한(漢)대부터 연단술에서 사용되던 약품이고, 여기에 숯가루를 섞으면 화약을 만들 수 있는 것이다. 5세기 초에는 이미 원시적인 화약이 연단술에 만들어지고 있었던 것은 갈홍의 「포박자(抱朴子)」에서 짐작할 수가 있지만, 그것이 제대로 만들어진 것은 당(唐) 후반기였다.

연단가들이 만들었던 흑색 화약은 늦어도 904년부터는 무기에 사용되기 시작했다. 그러나 화약이 보다 본격적으로 활용되기 시작한 것은 송(宋)대부터였고, 11세기에 편찬된 「무경총요(武經總要)」에는 처음으로 3종류의 화약 제조법이 소개되어 있다.

04 전통 과학 기술의 완성 : 송·원·명대

　300년 남짓한 송(宋)왕조는 특히 성리학 또는 폭넓은 뜻에서의 신유학(新儒學)의 성장으로 특징지을 수 있다. 북송(960~1127)과 남송(1127~1279)에 걸쳐 여러 사상가들이 새로운 믿음 체계로서의 불교에 대한 대답으로, 그리고 전통적인 도교(道敎)의 도전에 대한 대응으로 유학의 새로운 길을 모색해 낸 열매가 신유학(新儒學)이다.

신유학의 유기체적 자연관

　신유학은 전통적인 유교가 한(漢)대의 동중서에 의해 종교적이고 불합리한 성격을 띠기 시작하는 것에 반대하여, 우주 생성 변화의 근원을 태극(太極)이란 개념으로 설명한다. 특히, 주돈이(周敦頤, 1012-73)는 「태극도설(太極圖說)」의 첫 부분에서 "무극인 듯하지만, 태극이 있다(무극이태극 無極而太極)"고 선언하고, 태극의 움직임과 정지함에서 음과 양이 생기며, 그로부터 세상 만물이 생긴다고 설명한다. 주희(1130-1200)는 태극을 이중지리(理中之理)라면서, 태극이 구체적으로 이 세상에서 작동할 때는 이(理)와 기(氣)로서 나타난다고 주장한다.
　신유학은 인격신(人格神)으로서의 천(天)을 송두리째 몰아냈지만, 그렇다고 대자연으로서의 천(天)이 인간과 무관하다는 유물론(唯物論)으로 달려가지는 않는다. 유교의 근본 사상인 인간중심적 입장을 지킴으로써 신유학은 여전히 인간을 대자연의 축소판이며, 인간사는 대자연 그대로 반영된다고 믿었다. 한(漢)대의 재이(災異)설이 그대로 계승될 수 있었던 까닭은 이런 유기체적 자연관 때문이다.

상수지학(常數之學)

신유학자의 하나인 소옹(?-1077)은 세상의 모든 변화를 상(象)의 변화로 보고, 그 원인은 수(數)에 의한다고 주장한다. 「역경(易經)」의 사상팔괘(四象八卦)를 변화의 근원으로 본 그는, 그것이 그렇게 변화를 일으키는 근본 원인을 우주 속의 수적(數的) 질서에서 찾으려 했던 것으로 보인다. 우주의 신비스런 수적 질서를 전제하고 있다는 점에서 신유학의 한 부분에 자리잡고 있던 상수학(常數學)은 서양의 피타고라스 학파를 연상시켜 준다.

소옹의 수학은 당연히 지금 우리가 말하는 수학과는 거리가 있다. 오히려 당시에 산학(算學)이라 부른 것이 지금으로는 수학에 해당하고, 당시의 수학이란 형이상학적인 우주론 등에 연계되어 있음을 주의할 일이다. 예를 들면, 상수학의 생각에 의하면 우주는 시작에서 끝까지가 1원(元)인데 1원은 12회(會)로 되어 있고, 1회는 다시 30운(運), 그리고 1운은 다시 12세(世)로 되어 있다고 주장한다. 1세란 우리가 생각하는 30년(年)에 해당하니까, 1원이란 129,600년이 된다.

이처럼 우주의 주기적 탄생과 소멸을 생각한 것은 그 자체가 중국적이라기보다는 불교적 영향에서 생긴 것이라 판단된다. 이런 상수학적 우주관은 조선의 대표적 신유학자 서경덕에게서 더 뚜렷하게 발견할 수 있다. 또 이런 경향은 우주에만이 아니라, 민간 신앙의 개벽사상에도 강한 영향을 준 것으로 보인다.

수학의 발달

송(宋)대의 수학, 특히 방정식의 풀이는 서양을 5세기 이상 앞서는 것으로 보이기도 한다. 진구소(?-1260)의 「수서구장(數書九章)」은 분명히 「구장산술(九章算術)」을 본떴다는 의미에서 이런 이름을 붙인 책으로, 역시 9장으로 되어 있다.

여기에는 10차방정식의 풀이까지가 예로 들어 있다. 중국에서는 특히 산본(算本)을 사용하여 1원(元)고차방정식을 푸는 기술이 아주 잘 발달했었는데, 이를 천원술(天元術)이라 부른다. 1차 미지수의 항(項) 위(곧, 천天)에 원(元)자를 표시함으로써 그것을 표시했다 하여 천원술이란 이름이 생긴 것으로 보인다.

이 천원술이 잘 전개된 책이 이치(李治,1192-1279)의 「측도해경(側圖海鏡)」(1243)과 「익고연단(益古演段)」(1259)이다. 민간 수학자였던 것으로 보이는 주세걸의 「산학계몽(算學啓蒙)」(1297)은 천원술의 대표적 저술인 양 알려졌다. 조선 초에 세종이 정인지에게서 수학을 배울 때 썼다는 이 책은 중국에서 없어진 것이 우리나라에서 재수입되어 보급된 것으로도 유명하다. 또 이 책은 일본에 큰 영향을 주어 일본 수학의 자랑인 화산(和算)을 발달시켜 준 것으로도 인정되어 있다.

「산학계몽」은 여러 가지로 송(宋)대의 상업 발달을 반영해 준다. 당시의 상품 이름도 많이 나올 정도이다. 그러나 같은 저자가 쓴 「사원옥감(四元玉鑑)」은 아주 고답적인 4원술(元述), 곧 지금의 4원방정식의 풀이를 보여준다. 유감스럽게도 중국의 당시 수학은 상당히 고급이었지만, 그에 걸맞는 기호(記號)화 작업을 이루지 못한 채 잊혀져 버리고 말았다. 산학(算學)이 보다 본격적인 대수학(代數學)으로 탈바꿈하지 못하고 만 것이다.

서양 수학에 나오는 소위 '파스칼의 삼각형'Pascal's triangle은 바로 여기에 나온다. 파스칼보다 3세기 앞서 이런 수열(數列)에 대한 연구를 시작하고 있었음을 보여 준다. 중국 역사상 가장 위대한 과학자의 하나로 꼽히는 심괄(沈括, 1030-94)은 그의 유명한 과학적 저술 「몽계필담(夢溪筆談)」에서 극적술(隙積術)이란 역시 무한수열을 보여 준다. 과일을 쌓을 때 지금도 쓰는 방법이 곧 이것이다. 예를 들면, 가로 10개, 세로 9개의 사과를 네모로 놓은 다음, 그 위에는 가로 9개, 세로 8개의 사과를 올려놓는다. 다음은 가로 8개, 세로 7개가 올라갔다.

이런 수열과 그 밖의 방진(方陳) 등 연구에는 양휘의 「양휘산법(楊輝算法)」(1274)을 들 수 있다. 여기에는 유명한 낙서수(洛書數)를 비롯하여 사사도(四四圖), 오오도(五五圖)⋯ 등 많은 신기한 숫자의 배열이 그려져 있다. 여기 낙서수란 가로 3, 세로 3인 아홉 칸의 공간에 1에서 9까지를 한 번씩만 넣어, 어느 것의 합도 15가 되게 하는 것을 가리킨다.

「산법통종(算法統宗)」과 주판

동양에서 주산이 언제 시작되었는지는 확실하지 않다. 그러나 원대에는 이미 주산이 이용된 것이 분명하다. 그러나 명(明)대에 들어와 주산은 특히 상업이 발달한 남부 지역에서 활발하게 보급되었다. 당연히 명대에 정대위(1532?-?)가 쓴 「산법통종(算法統宗)」(1593)에는 계산 방법으로 주산이 이용되어 있다. 이 수학책은 또한 시와 노래 형식을 빌려 수학 문제 풀이를 시도하는 특이한 구성을 보여 주고 있기도 하다.

그런데 여기 설명된 주판이란 지금 우리가 쓰고 있는 것과는 달라서 가름대 위에 두 알이 있고, 아래 두 알이 있는 모양이다. 이 전통은 지금까지 중국에서 계승되고 있다. 중국에는 위에 한 알짜리 주판도 있었고, 청(淸)대에는 위에 세 알짜리도 등장했지만, 대체로 위에 두 알짜리를 지금도 쓰고 있다. 이 책은 이웃 조선과 일본에 곧 전해져 인기를 얻은 것으로 알려져 있다.

송(宋)대의 천문학

1010년부터 1106년 사이의 약 100년 동안 송(宋)의 천문학자들은 다섯 번이나 체계적인 항성의 관측을 시행했다. 이와 같은 천문 관측에 대한 관심이 오늘날 남겨 준 것의 하나가 바로 세계에서 가장 오래 된 석각천문도 (石刻天文圖)인 「순우천문도(淳祐天文圖)」(1247)이다. 가로 1m, 세로 2m쯤 되는 돌에 1,400개의 별을 그린 이 천문도는 지금 강소성 소주박물관에 보존되어 있다.

이 천문도 1078~85년 사이에 있었던 항성 관측 자료를 바탕으로 그려진 것이라고 밝혀져 있다. 이 관측 결과는 1190년 황상(黃裳)이란 학자에 의해 그림으로 그려졌고, 그것이 순우(1241~52) 연간(年間)인 1247년에 돌에 새겨졌다. 종이에 천문 현상을 그리는 일은 이미 아득한 옛날부터 있는 일이었다. 아마 1000년 전 「사기(史記)」 천관서(天官書)가 씌어졌을 때에도 그 설명을 위한 그림이 함께 있었을 가능성이 있다. 또 「진서(晉書)」 '천문지'에 의하면, 3세기의 태사령(太史令) 진탁이 만든 천문도에는 283궁(宮) 1,464개의 별이 그려져 있었다고 한다. 그 후에도 중국의 천문도는 대개 이 전통을 그대로 따라 별의 수를 거의 같게 그리고 있다. 그런 점에서는 조선 초에 만든 역시 석각천문도인 「천상열차분야지도(天象列次分野之圖)」(1395)도 같은 특징을 보여 준다.

송의 대표적 천문학자로는 소송(1020-1101)을 꼽을 수 있다. 1042년 진사가 된 그는 이부상서(吏部尙書), 형부상서(刑部尙書)를 지낸 높은 관리였는데, 특히 그가 만든 수운의상대(水運儀象臺)가 유명하다. 혼의(渾儀)와 혼상(渾象), 그리고 시보장치(時報裝置)를 혼합하여 높은 건물에 설치한 것으로, 그는 「신의상법요(新儀象法要)」를 써서 그 원리를 설명해 주었다. 이 책에는 여러 그림이 있어 상세히 이 자동 천문 시계 장치를 설명해 주고 있다. 이에 의하면, 이 장치는 가로와 세로가 약 7m, 높이 약 12m의 거창한 것이었다.

당대의 가장 뛰어난 과학자였던 심괄은 천문학에도 여러 가지로 그의 이름을 남기고 있다. 그는 세차(歲差) 현상을 알고 있었고, 특히 혼의(渾儀)를 개량하여 백도환(白道環)을 없앤 것으로도 기억되고 있다. 그 후 원(元)대가 되면 많은 천문기구들이 새로 만들어지고 또 개량된다.

이슬람 천문학의 수용(收容)

13세기 초 칭기즈칸의 군대는 중앙 아시아를 정복하여 이슬람 여러 나라를 그들의 지배 아래 두게 되었다. 이 때 칭기즈칸을 따라가 아랍에 머무르고 있던 학자 중의 하나가 야율초재(1190~1244)였다. 금(金)의 재상이었던 그의 아버지는 이미 새 역법을 만든 천문학자였고, 그런 영향 아래 그는 어려서부터 천문역산에 관심이 많았다. 그는 1219년 칭기즈칸을 따라 사마르칸드에 머무를 때 이슬람 천문학을 공부하기 시작했다. 또 그는 금(金)에서 사용하던 역법이 동서(東西)의 차이 때문에 그대로 아랍에서 사용될 수 없음을 확인하고, 이를 아랍에서 쓸 수 있게 고쳐내기도 했다.

원초(元初)의 이슬람 천문학 수용은 그 후 보다 본격화되어서 이슬람 천문학자가 중국에 와서 활약하고, 또 중국 천문학자가 아랍지방에 가서 활동하는 일도 있었다. 칭기즈칸의 손자 훌라구는 1258년 바그다드를 침략하여 아바스 왕조를 명망시킨 다음 지금 이란 땅의 서북쪽에 있는 말라가에 대규모의 천문대를 세웠다. 이 말라가 천문대에는 적어도 두 사람의 중국인 천문학자가 근무했으며, 당시 중국에서 활약한 아랍 천문학자로는 자말 알딘 Jamal al-Din을 들 수 있다. 1250년대에 중국에 온 그는 찰마노정(札馬魯丁)이라는 중국 이름으로 알려졌는데, 1267년 그가 만들었다는 「만년역(萬年曆)」이라는 아랍식 역법은 오늘날 전하지 않는다.

1271년 원(元)의 세조(世祖) 쿠빌라이는 몽고 안에 회회사천대(回回司天臺)

를 별도로 만들고, 그를 책임자로 임명했다. 그 후 아랍 천문학은 원나라가 망하고 중국의 왕조가 바뀐 후에도 여전히 중요한 자리를 차지하게 되었다. 명에서 청 초기까지는 회회천문대는 북경에 자리잡고 있었고, 계속 그 기능을 발휘했다. 특히 이 기관을 통해 서양식 천문학은 조금씩 중국에 들어왔는데, 프톨레마이오스의 「알마게스트」와 에우클레이데스의 「기하원본」 등이 이미 이 시대에 회회천문대에 들어와 있었을 것으로 보인다.

그러나 이들은 아랍어로 있었을 뿐, 중국어로 번역된 흔적이 없다. 따라서 그 영향이란 아주 적었을 것으로 보인다. 다만 부분적으로 서양 천문학 지식이 조금씩 알려지기 시작했고, 특히 아랍식 천문기구들이 여러 가지 만들어진 것은 분명하다. 예를 들면, 「원사(元史)」 '천문지(天文志)'에는 아랍식 관측기구 이름이 적어도 7가지 아랍식 발음에 따라 기록되어 있기도 하며, 이 가운데 일부는 바로 세종 때 우리 나라에도 들어온 것으로 보인다.

곽수경과 「수시력(授時曆)」

원(元)대의 대표적 천문 학자로 후세에 이름을 남긴 사람은 곽수경(1231-1316)이다. 그는 가장 훌륭한 전통적 중국역법인 「수시력(授時曆)」을 혼자 힘으로 제작한 듯이 알려져 있다. 그러나 1276년 세조(世祖)가 새 역법을 만들 것을 명했을 때 태사국(太史局)의 책임자는 왕순(1235-81)이었고, 그와 곽수경의 공동 노력이 이 역법을 만들었다고 할 수 있다. 왕순은 주로 수학적 계산 부분을 맡고, 곽수경이 천문 기구를 제작하며 그 관측을 맡았다.

이 역법을 위해 5년 동안 그들은 전에 없던 정밀 천체 관측을 행했다. 27개 지방관측소에서 태양 고도 등을 측정했고, 관측 자료를 계산하는 방법에도 몇 가지 개량이 있었다. 특히 곽수경은 적어도 12가지의 기구들을 새로 만든 것으로 알려져 있는데, 그 가운데 간의(簡儀), 고표(高表), 앙의(仰儀) 등은 조선 초 세종대(世宗代)에 우리나라에도 영향을 직접 미친 기구였다.

이시진의 「본초강목(本草綱目)」

몽골족의 원(元)이 물러나고 새로 등장한 한족(漢族)의 왕조 명(明)은 특히 그 후반기에 서양 과학이 들어오는 중요한 전환점을 맞는다. 특히 천문역산이라는 중국이 전통적으로 가장 중시한 분야에서 명대에는 이렇다 할 업적이 나오지 못했다. 그 반면에 1600년경부터 밀려든 서양 과학의 핵심은 바로 이 부문에 있었다. 그 대신 명대에 있었던 대표적 과학상의 업적으로 이시진의 「본초강목(本草綱目)」을 들 수 있다.

할아버지와 아버지가 의사였던 집안에 태어난 이시진은 과거에 몇 차례 실패한 다음 관직을 포기하고, 1552년 작업을 시작하여 1577년 26년간 본초학 정리에 힘을 기울였다. 중국의 약물학(藥物學)인 본초학(本草學)은 오랜 전통을 가진 부문이다. 당(唐)대에는 「신수본초(新修本草)」(659), 송(宋)대에는 「개보본초(開寶本草)」(974), 「가우본초(嘉祐本草)」(1061), 「도경본초(圖經本草)」(1062) 등이 나왔는데, 특히 송(宋)대에는 인쇄술의 발달로 훌륭한 그림까지 곁들인 인쇄물이 나올 수 있게 되었다.

「본초강목」은 이 전통을 계승하여 자그마치 1,880종의 항목을 다루고 있는, 당시로서는 세계적인 자료를 모아 놓은 작품이라 할 수 있다. 이시진은 이 항목들을 우선 16부(部)로 나누고, 그것을 다시 60류(類)로 세분했다. 그는 이들 16부를 본초학의 강(綱)으로 보고, 60류를 목(目)이라 생각한 것이다.

여기에 나오는 16부는 다음과 같다.

(광물) 수(水), 화(火), 토(土), 금석(金石), 복기(服器)
(식물) 초(草), 곡(穀), 채(菜), 과(果), 목(木)
(동물) 충(蟲), 인(鱗), 개(介), 금(禽), 수(獸), 인(人)

송응성의 「천공개물(天工開物)」

중국의 가장 뛰어난 전통 기술전서 「천공개물」은 바로 명대에 완성된 것이다. 앞의 이시진과 마찬가지로 송응성 역시 관리로서 활약한 사람은 아니었다. 명이 망하기 직전인 1637년에 완성된 이 책은 중국의 전통적 산업 기술 전반을 그림과 함께 설명하고 있다.

이 책에 다뤄진 부분은 18개장(章)으로 나눠져 있는데, 그 내용을 간단히 소개하면 다음과 같다.

(1) 각종 곡물에 관한 소개와 수리(水利), 비료, 재해 등
(2) 양잠, 직조와 직물
(3) 물감과 그 제조법
(4) 곡식의 타작에서 제분까지
(5) 소금
(6) 설탕, 꿀, 엿
(7) 기와, 벽돌, 옹기, 백자, 청자
(8) 종, 거울, 솥, 포, 동전 등
(9) 배와 수레
(10) 쇠의 단련과 도구 제작
(11) 석회, 석탄, 반석, 황 등
(12) 기름짜기
(13) 종이
(14) 금, 은, 구리, 쇠, 납, 주석
(15) 무기와 화약 제조
(16) 인주와 먹

(17) 술 양조

(18) 진주, 보석, 마노, 옥, 수정

　이 책이 쓰여진 17세기 초에는 이미 서양의 과학 기술은 일부 중국에 번역되고 있었다. 서양의 농업기술은 1607년 「태서수법(泰西水法)」으로 중국에 소개되었고, 그 20년 후에는 선교사 테렌츠(등옥함(鄧玉函), 1576-1630)가 쓴 「기기도설(奇器圖說)」(1627)이 나왔다. 그렇지만 송응성은 거의 고집스러울 정도로 서양 기술을 무시하고 전통 기술만을 소개하고 있다.

05 과학 기술과 근대 중국

중국을 중심으로 하는 동아시아 문명은 15세기쯤까지는 결코 서양에 뒤지는 수준에 있지 않았다. 17세기부터 서양에서 폭발적인 과학의 발달이 시작되고, 곧 이어 기술의 혁신이 뒤따라 서양의 근대화 과정은 가속되었으며, 그 결과 서양 문명은 동양 문명을 앞지르기 시작했던 것이다. 또 그때까지 대체적으로 격리된 채였던 두 문명권은 16세기부터 갑자기 접촉을 활발하게 가지기 시작했다. 지구상의 대발견으로 전세계에 그 해양 세력을 확장하던 서양 나라들이 동아시아에까지 그 영향권을 넓히게 되었기 때문이다.

중국의 남해안과 일본 해안에 나타나기 시작한 배들은 주로 포르투갈 선박이 많았다. 특히 종교 개혁의 영향 속에 가톨릭 내부에서 새로 조직된 예수회는 동양에서의 포교에 대단히 열심이었다. 무역을 위한 상선을 타고 선교사들이 중국에 나타나기 시작했다. 이들은 서양 문명의 전달자요, 그리스도교의 전파자였고, 또한 서양 과학의 교사였다.

마테오 리치의 성공

중국의 남부 항구도시에서 활약하던 선교사는 이미 여럿 있었지만, 그 가운데 북경에 굳건히 자리잡고 서양의 과학을 전해 주면서 그리스도교 선교에 성공한 경우로서는 마테오 리치(중국 이름은 이마보(利瑪寶), 1552-1610)

를 먼저 꼽을 수밖에 없다. 이탈리아 출신인 리치는 로마대학에서 당시의 서양 자연철학과 신학을 두루 공부하고, 1582년 마카오에 도착했다.

19년 동안 주로 남부 지방에서 활약하던 리치가 북경에 자리잡은 것은 1601년의 일이었다. 중국의 서울에 서양 그리스도교의 본부가 마련되었고, 그것은 20세기까지 명맥을 이어갈 수 있게 된 것이다. 이 그리스도교의 근거지가 다름 아닌 중국에 서양 과학 기술을 전파시키는 중심지였다.

오랜 경험을 통해 리치가 터득한 것은 중국인들은 서양의 색다른 과학, 특히 천문학에 큰 관심을 가지고 있다는 사실이었다. 마침 유럽에서 새로 발달하기 시작한 근대 천문학 등을 공부하고 온 그는 "만약 중국이 전세계라면, 나는 틀림없이 세계 최고의 수학자요 또한 최고의 자연철학자"라고 유럽에 보낸 편지에 썼을 정도였다. 그는 또 유럽의 선교 본부에 편지를 써서 천문학자 신부를 한 사람 보내달라고 부탁하기도 했다. 중국인들의 최대 관심거리인 역법의 개량에 성과만 올린다면, 중국에서의 선교는 쉬울 것이라고 그는 전망했다.

실제로 그는 예부시랑을 지낸 서광계(1562-1633)를 비롯하여 여러 사대부 계층을 그리스도교를 개종시켰고, 선교 사업에도 크게 성과를 올렸다. 그가 북경에 들어간 지 5년 만에 교인은 1,000명을 돌파했고, 그 후 30년 만에 중국에는 38,200명의 그리스도교가 있었다고 한다. 그러나 서광계 같은 세례 받은 그리스도교들조차 그리스도교 그 자체보다는 그것이 가져 온 실학으로서의 과학 기술에 더 관심을 보였다.

이런 관심 속에서 리치는 서광계 등의 협조 속에 에우클레이데스의 기하학을 「기하원본(幾何原本)」으로 옮겼고, 중국에 최초로 세계지도 「만국흥도(萬國興圖)」를 그려주었다. 또 그가 천주교의 교리를 설명하기 위해 발간한 「천주실의(天主實義)」는 중세 서양이 가지고 있던 그리스 자연관을 그대로 소개하고 있다. 이것이 중국인들에게는 새로운 것이었다. 그 때문에 많은 영향을 줄 수 있었다.

「숭정역서(崇禎曆書)」의 편찬

마테오 리치 이래 서양 선교사들이 중국에 소개한 서양 과학 분야는 주로 수학과 천문학, 그리고 지리학이었다. 그 밖에는 광학과 수리 기계 장치 등이 소개되었는데, 망원경에 대한 책이 나왔고, 우르시스(웅삼발(熊三拔), 1575-1620)의 「태서수법(泰西水法)」과 테렌츠의 「기기도설(奇器圖說)」 등은 서양의 수리 장치 등을 다루고 있다.

그러나 중국 과학사에서 이들이 남긴 가장 중요한 업적은 단연 천문역산 분야였다. 특히 서광계 등의 적극적 후원 아래 선교사들은 중국인들을 설복하는 수단의 하나로 전통적 방식보다 훨씬 정확한 역법을 만들어 내기로 결심했다. 리치에 이어 이런 일에 가장 탁월한 공을 남긴 선교사는 독일 출신의 아담 샬(탕약망(湯若望), 1591-1666)이었다. 서양식 천문학을 바탕으로 서양식 계산으로 만들어진 이 역법은 서양 과학자들이 계산한 것이기도 했다. 이에 필요한 일체의 자료들이 모아져 나온 것이 「숭정역서(崇禎曆書)」이다.

명(明)의 마지막 황제라 할 수 있는 숭정제(崇禎帝)는 역법을 공포하여 시행하지 못한 채 1644년 이자성의 북경 점령과 함께 자금성(紫禁城)에서 자결해 버렸고, 곧 새로 주인이 된 청조(淸朝)는 이 역법 「서양신법역서(西洋新法曆書)」라는 이름으로 공표·시행했다. 김육의 제청으로 조선이 1653(효종 4)년부터 시행한 시헌력(時憲曆)이 바로 이것이다.

대기의 굴절 현상을 고려한 계산 등 새로운 서양식 계산으로 한 이 천문계산법은 종래의 것보다 훨씬 정확하게 천체 운동을 관찰할 수 있게 해 주었다. 그러나 서양 선교사들은 당시 유럽에서는 이미 널리 받아들여지고 있던 지동설(地動說)을 숨겨 둔 채 티코 브라헤의 우주관을 근거로 하고 있었다. 이 천문서 가운데에도 코페르니쿠스의 이름은 나오지만, 그가 태양 중심설을 주장한 것은 감춰진 채였다.

흠천감정(欽天監正) 아담 샬

청조(淸朝)는 새로 중원의 주인이 되자 서양인들이 만들어 놓은 새 역법을 채용하고, 그 책임자 아담 샬을 흠천감정에 임명했다. 중국 역사에서 천문학은 대단히 중요한 자리를 차지하고 있고, 흠천감은 바로 그 천문 분야의 중앙관서이다. 이 중요한 관서에 서양인이 책임자로 임명된 것은 이것이 처음이었다. 그 후 자리 변동은 조금 있었으나, 이 중요한 자리는 계속 서양 선교사들이 차지했다.

1664년 양광선을 비롯한 중국 보수 세력은 서양 천문학과 선교사들에 대한 공격을 가하기 시작했다. 때마침 왕실의 장례일을 흉일로 잘못 골랐다는 사건이 일어나자, 그런 경우 택일(擇日)의 책임을 맡고 있던 흠천감정은 당장 그 자리에서 쫓겨났다. 1665년 74세의 아담 샬은 자리에서 추방당했을 뿐 아니라, 거의 사형당할 궁지로까지 몰렸다. 그러나 사형 판결 한달 후에 있은 큰 지진으로 대사령이 내려 그는 목숨을 건질 수 있었다. 서양 선교사 천문학자들이 요순(堯舜) 이래의 전통적 천문 기구들을 그대로 용납한다면, 앞으로 요순(堯舜) 이래의 모든 시(詩), 서(書), 예(禮), 악(樂), 문장(文章), 제도(制度)가 더렵혀져도 좋겠느냐고 양광선 등은 항의했다.

그러나 전통 천문학 기술은 번번이 서양식 예보보다 틀리는 수가 많았다. 일식의 예보나 행성 운동의 계산에서 서양식 방법이 더 우수하다는 사실이 드러나는 데는 어쩔 도리가 없는 일이었다. 새로 친권을 잡은 강희제는 다시 선교사들을 존중하기 시작했고, 양광선 등은 1669년 밀려나고 말았다. 강희제(1622~1722 재위)는 특히 초기에 페르비스트(남회인(南懷仁), 1623-88)와 친했고, 그로부터 서양 기하학과 천체 관측을 배운 일도 있다. 강희제는 또 이때 리치가 중국어로 이미 옮겨 놓은 「기하원본」을 만주어로 번역시킨 일도 있다.

서양 과학의 중국 원류(原流)설

강희제 시대에는 중국의 사대부 계층에서도 서양의 과학 기술을 연구하는 학자들이 나오기 시작했다. 서양 과학에 우호적이던 강희제는 서양의 수학을 묶어 「수리정온(數理精蘊)」을 내게 했는데, 이 책은 강희제가 죽은 1722년에 완성되어, 다음 황제의 서문과 함께 출간되었다. 이 책의 편집을 맡았던 중국의 근대적 천문학자 매곡성(1681-1763)은 1722년 「역상고성(曆象考成)」을 편찬해 내고, 1742년에는 다시 「역상고성후편(曆象考成後篇)」을 완성했다. 이것은 여전히 지구 중심설로 수정한 상태기는 하지만, 케플러의 두 법칙이 들어있는 것이었다.

청대에는 지리학에도 서양식의 측지(測地)학이 발달하여, 1708년부터 1718년 사이에는 전국의 측량이 실시되었다. 프랑스 선교사가 참여한 이 측량의 결과는 후에 프랑스에 보내 지도로 출간되기도 했다. 또 출판하지는 않았지만, 덴마크 의학자의 서양 의학서가 번역되어 궁중에 보관된 일도 있다.

강희제 말년에 「역상고성」을 완성하는 데 기여한 매곡성의 할아버지 매문정(1633-1721)은 서양의 과학이 중국에 들어오기 시작한 이래 중국이 낳은 최고의 과학자였다. 서양 선교사들이 번역해 놓은 책들을 통해 서양 천문학과 수학을 공부한 그는 서양 과학이 발달한 원인을 중국인들이 무시했던 것, 곧 사물의 그러한 까닭(소이연지원(所以然之源))을 밝히려 노력했기 때문이라고 진단했다.

그는 서양 과학의 우수함을 인정하면서, 서양 과학의 일부는 이미 중국에서 옛날 발달한 것이었음을 지적했다. 어려서부터 역산학에 몰두하여 침식을 잊을 정도였다는 매문정은 그의 저서 「역학의문(曆學疑問)」이 강희제의 주목을 받게 되면서 황제와도 가까워졌다. 당시 황제는 자기 또한 역산학에 통달하고 있다고 믿고 있었고, 1705년에는 사흘 동안 매문정과 역산에 관한 논의를 했다. 당시 역산학 정리를 매곡성에게 맡기게 된 것은 할아버지의 나이가 이미 73세가 되었기 때문이었다.

서양 천문학에 자극받아 중국 천문학을 공부한 매문정이 중국 천문학 전통의 자랑을 발견한 것처럼, 철학자로 유명한 대진(戴震, 1723-77)은 같은 이유로 중국의 전통 수학과 기술에 관심을 갖게 되었다. 그는 특히 중국의 고대기술서「고공기(考工記)」을 연구하여 그 주석서를 냈다.

이런 태도는 완원(阮元, 1764-1849)에게서 특히 두드러진다. 강소(江蘇)출신의 학자이며 정치가였던 그의 대표작「주인전(疇人傳)」46권(1799)은 말하자면 '인물로 본 동서천문학사'이다. 이 책에는 고대의 중국 천문학자들이 들어 있고, 프톨레마이오스, 코페르니쿠스, 에우클레이데스, 티코 등 서양 천문학의 거인들, 그리고 중국에서 활동한 선교사들로 마테오 리치, 아담 샬, 페르비스트 등도 들어 있다. 이 천문학사를 통해 그는, 모든 훌륭한 과학사상은 중국에서 먼저 일어났음을 끊임없이 강조했다.

완원 등이 주장한 서양 과학의 중국 원류설에 의하면, 땅이 둥글다는 주장은 이미 회자(會子)가 말한 것이며, 구중천설(九重天說)은 굴원의「천문(天問)」에 나온다. 서양식의 방정식 풀이 방법은 이미 중국에서 천원술(天元術)로 알려져 있던 것이고, 코페르니쿠스의 지동설(地動說)은 이미 한(漢)대의 장형이 만든 지동의(地動儀)로 표현된 것이었다. 완원은 또 코페르니쿠스의 지동설을 예로 들어, 중국에서 활약한 서양 선교사들이 성실하지 못하다는 점을 꼬집기도 했다. 어떻게 지동설과는 상관없는 사람처럼 이미 소개되어 있던 코페르니쿠스를 갑자기 지동설의 창시자라고 할 수 있느냐는 것이다.

명(明)대에 들어와 실학(實學)을 등한히 해왔기 때문에 지금 과학이 발달하기 못한 것은 사실이지만, 원래 중국의 과학은 위대하다고 그는 주장했다. 그는 말한다. "학자들이 우리 2000년 역사의 수많은 천문역산서를 연구해 본다면 우리의 방식이 극히 정밀하고 교묘하여 서양인들이 감히 따를 수 없음을 깨닫게 될 것이다. 그들이 옛 책을 읽지 않은 채 서양 것을 낫다고 하는 까닭은, 그들이 서양 것만 알고 자기 것을 모르기 때문이다."

이와 같은 완원의 항변은 충분히 이유 있는 것이라고 할 수 있다. 그러나 이런 태도가 결국 중국이 서양 과학을 조속히 받아들이는 데 장애가 된 것은 사실이다. 결국 이런 태도가 중국의 근대화에 지장을 주었다고도 할 수 있다. 게다가 그의 이런 주장에는 일부 감정적인 부분이 없지 않아서, 예를 들어 중국의 지동의(地動儀)란 지동설과는 아무 상관이 없는 세계 최초의 지진계였다.

자강(自强)을 위한 서양의 과학 기술

1839년 아편전쟁이 일어나고, 1842년 남경조약(南京條約)에 따라 홍콩을 영국에 넘겨주고 강제로 나라의 문이 열리면서 중국인들은 치욕의 시대를 살게 된다. 이제는 오랑캐들을 이기기 위해서라도 오랑캐들의 과학 기술을 배우는 수밖에 없게 되었다. 아편 전쟁에서 중국측 대표인 임측제의 보좌관이던 위원(魏源)이 「해국도지(海國圖志)」(1844)를 써서 서양의 사정과 그 과학 기술을 소개한 것은 바로 이런 이유에서였다. "오랑캐의 기술을 배워 오랑캐를 이기겠다"(사이장지이제이 師夷長枝以制夷)는 뜻이었다.

그러나 이런 의식이 일어나기는 했지만, 아직 특별한 '서양 배우기' 노력이 없는 가운데 1860년 연합군의 침략에 북경은 간단히 함락해 버렸다. 중국은 1861년 총리어문(總理衙門)을 두어 서양 등 외국과의 교섭을 담당하게 했고, 이듬해에는 북경(北京)에 동문관(同文館)을 두어 외국어와 과학 기술을 배우기 시작했다.

1860년대 이후 중국에서는 많은 서양 과학 기술서가 출간되었다. 그것들은 중국에서도 상당한 영향을 주었지만, 우리나라에도 적지 않은 충격을 주었다. 초기의 대표작인 「해국도지(海國圖志)」는 조선의 실학자들, 특히 이규경, 김정호, 최한기 등이 탐독한 책이었다. 최한기는 이 책 등을 간추려 「지구전요(地球典要)」를 써내기도 했다.

특히 1866년 동문관에 산학관(算學館)이 부설되면서 과학 기술 교육은 크게 활발해지기 시작했다. 수학, 천문학, 물리학, 화학, 생물학, 지질학, 광물금속학, 해부학 등이 정식으로 교육되기 시작했다. 이와 함께 수많은 과학 기술 서적이 번역되어 나오기 시작했다. 전공이 과학 기술이 아닌 서양 사람들도 일단 동문관 등에 근무하면서 중국인들이 요구하는 바에 따라 과학 기술서를 번역하는 일에 가담했다. 동문관에 초빙되어 있던 영국인 관세 전문가 하트 Robert Hart(1835-1911)와 미국인 국제법 교수 마틴 William Martin(1827-1916) 등이 모두 과학 기술 도입에 한 몫을 하게 되었다.

서양 과학 기술 번역에 가장 탁월한 공을 남긴 당대의 중국학자로는 이선란(1810-82)을 들 수 있다. 10세 때 「구장산술(九章算術)」을 읽고 수학에 뜻을 두었다는 그는 1852년 상해에서 와일리 Alexander Wylie (1815-87)를 만나 그의 학문이 더욱 발전했고, 1868년부터는 산학관의 교수가 되었다.

이 두 사람은 협력하여 많은 책을 썼는데, 수학과 천문학 이외에도 중학(重學)과 식물학 책이 있다. 이들은 1857년 「기하원본」을 번역했는데, 이로써 250년 전에 마테오 리치와 서광계가 번역한 전반부에 이어 후반부도 번역된 것이다. 중국사에서 리치와 서광계의 활약 시기를 제1기라면, 이선란과 와일리는 제2기를 대표하는 셈이었다. 그들의 번역 가운데에는 허셸 W. Herschel 의 「담천(談天)」과 뉴턴 I. Newton의 「수리(數理)」도 있다. 또 이선란은 다른 서양 선교사와 함께 휴월 W. Whewell 의 역학책을 「중학(重學)」이란 이름으로 내기도 했다.

강남제조국(江南製造局)에는 번역관이 부설되어 번역에 힘쓰고 있었고, 선교사 가운데에는 잡지를 내면서 그 기사로 많은 과학 기술을 소개하는 일도 있었다. 와일리는 1857년 「육합총담(六合叢談)」을 상해에서 창간했고, 프라이어 John Fryer는 1876년 상해의 강남제조국에서 「격치휘편(格致彙編)」을 내기 시작했다. 이로써 중국 최초의 과학 잡지가 나오기 시작한 것이다. 또 중국에 서양 의학을 소개한 홉슨Benjamin Hobson은 「박물신편(博物新編)」(1854)을 냈고, 마틴은 「격물입문(格物入門)」(1866)을 냈다. 이것들은 서양 과학 기술을 개관한 책들이었다.

중체서용(中體西用)의 기술 도입

'서양을 배우자'는 소위 양무운동(洋務運動)은 여러 갈래로 추진되었다. 과학 기술의 교육이 국내에서, 그리고 외국에 유학생을 파견하여 진행되었고, 앞에 소개한 것처럼 많은 과학 기술 서적이 번역되고 소개되었다. 서양의 기술에 대해서는 특히 관심이 높았다. 태평천국(太平天國)의 난(亂)을 평정한 후 증국번(曾國藩)은 1862년 안경에 군기처(軍機處)를 두어 서양식 무기 개발을 서둘렀다. 그 후 잇따라 상해, 소주, 복주, 남경, 천륜, 성도, 길림 등의 도시에 무기 공장이 세워졌다. 1867년 이홍장의 주도 아래 상해에 세워진 강남제조국은 그 대표격이었다.

철도가 놓여지고, 기선이 수입되었으며, 서양식 무기가 갖춰졌고, 그 기술에 대한 교육도 진행되었다. 제철소와 조선소가 세워졌고, 공장이 들어섰다. 이 시대의 구호는 장지동의 말처럼 중국의 본질을 지키기 위한 서양 과학 기술의 도입, '중학위체(中學爲體) 서학위용(西學爲用)', '중체서용(中體西用)'이었다.

한 세대 동안 그런대로 열심히 서양 과학 기술이 도입이 추진되었지만, 그 결과는 성공적이지 못했다. 1895년 청일전쟁에서의 참담한 패배는 중국과 일본의 근대 과학 수용 노력이 어떻게 다른 것이었는지를 그대로 반영해 준 결과였다. 일본 사람들이 17세기 이래 착실하게 서양의 과학 기술을 배워가고 있었던 것과는 달리, 중국인들은 중화사상(中華思想)의 틀에서 벗어나지 못한 채 '서양 과학의 중국 원류설' 등을 내세워 근대 과학 기술의 중요성을 가볍게 보았다.

또 일본이 개국 직후에 바로 중앙 집권적 효율성을 앞세운 근대화 작업을 거국적이고도 대규모로 추진한 것과는 달리, 중국은 지방의 유지들에 의해 이미 권력의 분할과 각축이 시작되고 있었다. 또 각 지역에서 지도적 역할을 맡았던 증국번(1811-72), 좌종당(1812-85), 이홍장(1823-1901), 장지동(1839-1907) 등은 모두 전통적 가치관에 투철하고 유교적 체제의 우월성에 조금도 의심이 없는 인물이었다. 그들의 한결 같은 희망은 자신의 우월한 것을 지키기 위해 서양의 부강지술(富強之術), 곧 과학 기술만을 배워오려는 것이었다. 1895년 일본에의 패배는 양무운동(洋務運動)의 정신이 잘못된 것이었음을 드러낸 것으로 보였다.

변법개제(變法改制)의 과학 기술

서양의 과학 기술을 배우기 위해서는 그에 걸맞는 제도의 개혁이 필요하다는 것을 지식층을 느끼기 시작했다. 중국의 전통적 가치를 지키기 위해 서양의 무기 기술만을 받아들여서 해결될 문제가 아니라는 인식이 높아지기 시작했다. 1876년 영국 유학에서 돌아온 엄복(1853-1921)이 지적했듯이, 유럽의 오렌지는 풍토가 다른 중국 땅에서 제대로 자라기 어려운 것을 알게 된 셈이다.

오렌지를 기를 수 있는 토양을 가꾸지 않으면 안 되었다. 과학 기술을 자라게 할 풍토를 가꾸지 않으면 안 되었다. 정치적 운동으로 나타난 강유위(1858-1927)의 변법개제(變法改制) 운동은 바로 이런 새로운 사상을 담고 있었다. 1898년 그의 운동은 실천의 기회를 얻었지만, 그것은 100일 동안의 실험 준비에서 끝나고 말았다. 뿌리 깊은 보수 세력 앞에 무술정변(戊戌政變)

은 실패할 수밖에 없었다.

　제도와 사상의 개혁 운동은 1895년 패전 이후 중국 지식층의 공통된 과제가 되었다. 엄복이 스미스의 「국부론(國富論)」, 밀의 「자유론」, 몽테스키외의 「법의 정신」, 스펜서의 사회학 등을 번역한 것은 이런 목적에서였다. 그러나 그의 어느 다른 번역보다도 더 큰 영향을 미친 것은 그의 진화론 번역이라 할 수 있다. 엄복은 '찰스 다윈의 불독'이란 별명을 얻은 헉슬리의 책 「진화와 윤리」를 번역해 「천연론(天演論)」이라는 제목으로 1897년부터 신문에 연재했고, 이어 책으로 출간했는데, 그 영향은 대단한 것이었다.

　천연(진화)이란 과학자 다윈이 발견한 과학적 법칙이며, 그것은 곧 인간 사회에도 마찬가지로 적용될 수 있다고 중국 지식층은 굳게 믿었다. 진화론이 말하는 물경(物競: 생존경쟁), 천택(天擇: 자연 선택), 적자생존(適者生存), 우승열패(優勝劣敗) 등은 그대로 사회 현상을 이해하는 용어가 되어 일세를 풍미했다. 후에 신문화 운동의 기수가 되었던 호적(1891-1962)은 이 구호에 따라 원래 이름 호홍성(胡洪騂)을 '적(適)'으로 바꿨을 정도였다.

　과학은 국가의 부강을 가능하게 해 주는 수단이라는 생각은, 과학은 이제 사회 현상도 설명해 주는 법칙이라는 생각으로 바뀌고 있었다. 초고 상태에서 「천연론」을 읽은 양계초(1873-1929)가 인류 역사 자체를 진화 법칙의 표현이라 천명하게 된 것은 이 때문이다. 그는 인간의 역사란 다름 아닌 민족과 민족, 국가와 국가 사이의 투쟁을 통한 진보라고 주장했다. 역사관을 포함한 글을 모은 「음빙실문집(飮冰室文集)」은 1907년 책으로 나와 조선 말기의 애국 계몽 운동에도 큰 영향을 미쳤다. 특히 그의 역사관은 유명한 신채호의 역사관에 그대로 나타났다고 할 수 있다.

과학주의의 성장과 결실

서양의 과학 기술 문명은 도도한 전진을 거듭하고 있는 가운데 중국의 개혁은 지지부진한 상태를 면하지 못하고 있었다. 새로운 세계에 눈뜬 지식층에서 중국의 장래를 위해서는 이제 개혁이 아닌 혁명이 불가피한 것처럼 여겨지기 시작했다. 그런 사상적 전환의 결과가 1911년 신해혁명(辛亥革命)이다. 청(淸)이라는 만주적 지배의 왕조 대신에 중국에는 중화민국이라는 한족(漢族) 중심의 근대적 국가가 탄생했다.

그러나 그저 이념만을 앞세운 국민혁명은 아무 정치적 열매를 맺지 못한 채 중국은 외국 세력의 침투와 군벌의 등장 속에 표류하기 시작했다. 지식인과 학생들은 한국의 기미(己未) 독립운동 두 달 후에 일어난 5·4운동에서 그들의 새로운 길을 찾으려는 다각적인 노력을 보여 주었다. 그것은 정치적으로는 반제(反帝) 운동이었지만, 동시에 다각적인 사회 운동이며 신문화(新文化) 운동이었다. 유교의 비판, 백화(白話)의 보급, 새로운 역사관 논의, 동서문명의 특성에 대한 논쟁 등이 지식인들의 상상력을 자극했다.

그 가운데 과학에 대한 믿음은 더 높아만 갔다. 1910년대에 중국 청년들에게 가장 영향력 있는 잡지 「신청년(新靑年)」을 낸 진독수는 이 잡지를 통해 과학과 민주주의를 극단적으로 예찬했다. 그가 제창한 표현대로 '보인사(賽因斯)' 선생(과학이란 영어의 중국식 표현)과 '덕모극납서(德謨克拉西)' 선생(민주주의란 영어의 중국식 표현)은 당시 젊은이들의 피를 끓게 만든 힘이었다. 과학의 예찬은 1923년 37세의 철학 교수 장군려(張君勵)가 과학만능의 풍조를 비판하면서 1년이나 계속되는 대논쟁으로 이어졌다. 이 논쟁에 가담한 많은 중국 지식인들의 글은 후에 「과학과 인생관」이라는 두 권의 책이 되어 나왔다. 이 논쟁은 당시에는 과학주의의 분명한 승리로 끝난 것으로 보였다. 지질학자 정문강의 말처럼, 과학의 발달은 이제 정치, 경제, 사회, 도덕의 모든 문제를 해결해 줄 것으로 보였다. 중국에 필요한 것은 전통 문화가 아니라 '과학신(科學神)'이라는 것이 그의 주장이었다.

'과학적' 사회주의라는 공산주의 운동이 중국의 지식층을 사로잡은 것은 너무나 당연한 역사적 결말이었다. 이와 같은 과학주의적인 지적(知的) 분위기의 정치적 열매가 바로 모택동의 공산 혁명이었고, 중공 정권의 등장이었다. 하지만 막상 정치사회적 혁명은 진행되었지만, 과학 그 자체는 별로 발달하기 어려운 것이 중국의 현실이었다. 오늘날 중국 과학원에는 100개 이상의 전문 분야별 연구기관이 설립되어 있고, 활발한 연구가 진행되고 있으며, 1970년대 이래 많은 외국 유학생이 파견되어 중국과학의 밝은 장래를 약속하고 있다. 또 주로 대만 출신의 수많은 중국인들이 외국에서 일류 과학자로 활약하고 있기도 하고, 일부 원자력과 우주과학 분야에서 상당한 수준을 유지하고 있는 것으로 보인다.

06 | 인도의 과학 전통

 고대의 인도 문명은 세계 4대 문명의 하나로 꼽힐 정도로 찬란한 것이었다. 그리고 그 문명의 한 부분으로 발달했던 인도인들의 자연관은 2000년 전 불교가 중국으로 들어오면서 한 부분으로 그 몫을 하게 되었다. 인도 반도에 문명이 발달한 것은 기원전 3000년쯤의 일이다. 그리고 기원전 1500년경에 아리안족(族)이 서쪽에서 침입해 들어온 다음부터는 잘 알려진 4계급으로 구성된 사회 구조를 가지게 되었다. 또 이때쯤에는 이미 여러 가지 신앙 체계가 자리를 잡기 시작했던 것으로 알려져 있다.
 기원전 6세기 석가모니에 의해 시작된 불교는 브라만교에 대한 반발의 하나였다. 당연히 인도의 고대 사상이 가지고 있던 여러 갈래의 자연관 등은 불교를 통해 중국으로, 그리고 이어 우리나라로 들어왔다. 그 가운데 물질, 우주, 수학, 의학 등의 특징적인 전통 몇 가지만 살펴본다.

원소와 원자

 고대 인도의 여러 종파들은 종교적 신념에 있어서는 서로 달랐으나, 물질의 근본이 더 나눌 수 없는 최소의 알맹이로 되어 있다는 생각만은 함께 가지고 있었다. 이것은 서양에서 그리스 시대에 나온 것으로 알려진 원자 paramaanu와 거의 같은 생각이었다. 또 이런 물질의 근본 요소에는 네 가지가 있다고 생각했다. 곧, 인도인들은 4원소설(四元素說)을 가지고 있었던 것이다. 그들이 생각한 4원소란 불교를 통해 전해져 지(地)·수(水)·화(火)·풍(風)의 넷으로 알려졌고, 이것은 '사대(四大)'라 불렸다.

인도의 보다 정통적인 사상 체계라 할 수 있는 힌두교나 자이나교에서는 이들 4원소 이외에 또 하나의 원소가 더 존재한다고 생각했다. 이 다섯 번째의 원소는 아카사 akasa 로 알려져 있는데, 불교를 통해 중국에서는 '공(空)'이라 번역되기도 했다. 공간을 채워 주고 있는 물질적인 것을 가리키는 말로, 그리스 사람들이 생각한 제5원소와 크게 다르지 않은 개념이었다.

또 이들 다섯 가지 원소는 인간에게 서로 다른 감각 경험을 가능하게 해준다고도 해석되었다. 곧, 지(地)는 냄새(취 臭), 수(水)는 맛(미 味), 화(火)는 색깔(색 色), 풍(風)은 촉감(촉 觸), 그리고 제5원소인 공(空)은 소리(청 聽)을 맡는다는 것이다. 또 자니아파에서는 시간에도 최소의 단위가 있다면서, 그것을 사마야 samaya 라 불렀다. 그러나 불교에서는 공(空:아카사)을 사대(四大)와 같은 원소로 보지는 않은 것 같다. 오히려 교파에 따라서는 생명, 기쁨, 슬픔 등을 일종의 물질 같은 것으로 여기는 경향을 보이기도 했다. 불교에서는 근본물질을 넷, 일곱, 또는 여덟 등 여러 가지로 보는 경향을 보였다.

특히 유부파(有部派) 같은 불교 종파는 원자라는 개념을 2중으로 파악하여, 알맹이로서의 원자와 성질로서의 원자를 나눠 말하기도 했다. 중국에서 불교의 원자 paramaanu 는 극미(極微)라 번역되었는데, 사대(四大)에는 각각 물질의 알맹이와 성질의 알맹이가 있다는 것이었다. 지(地)의 극미(極微)는 딱딱함을 결정해 주고, 수(水)의 극미는 습기와 응집력을 좌우하며, 화(火)의 극미는 따뜻함을 주재하고, 풍(風)의 극미는 움직임을 결정해 주는 성질을 갖고 있다는 것이었다. 여러 가지로 고대 그리스의 물질관과 비슷한 점을 발견할 수 있으면서도, 그와는 상당히 다른 측면이 있음을 알 수 있다. 그런데 그리스의 원소설이 가정한 성질은 모두 4가지뿐으로, 건조함과 습함, 뜨거움과 차가움이 그것들이었다. 이에 비하면, 불교의 4원소가 갖는 성질이 더 다양하고, 더 합리적으로 보이기도 한다.

또한 일부 불교에서는 최소의 물질로 되기 위해서는 이런 극미가 7개 모여야 된다고 생각했다. 특이한 것은, 이후의 물질 세계의 구성단위는 모두 7의 제곱수로만 상상되었다는 점이다. 곧, 7개의 극미는 미진(微塵) 1개를 이루고, 7개의 미진은 1개의 금진(金塵)을 만든다. 또 7개의 금진에서 1개의 수진(水塵)이 생겨나고, 그 후에도 이런 식으로 우모진(禹毛塵)·양모진(羊毛塵)·우모진(牛毛塵) 등으로 커간다고 보았다. 이와 같은 물질관은 지나치게 작위적인 냄새를 내고 있는 순전히 사변적(思辨的)인 자연관이지 아무런 실험적인 뒷받침을 가진 것은 아니었다. 또 불교에서는 파라마누, 곧 극미(極微)란 관념적인 존재일 뿐, 실제로 존재하는 물질의 최소 단위는 그것들이 7개 모여진 아누 anu 라고도 말하고 있다. 아누란 미진 이후의 좀 더 큰 '분자(分子)' 같은 것을 일컫는 표현이었던 것 같다.

고대 인도의 가장 대표적인 원자론자는 불교도보다는 바이세시카 Vaisesjka 종파였다. 이 종파는 물질의 세계와 정신의 세계를 크게 둘로 나누고, 물질 세계에만 철저한 원자론을 적용시켰다. 이들 역시 원자에는 4가지가 있다는 것을 인정했는데, 이들은 보통은 둘 또는 셋씩 결합하여 존재한다. 그리고 이들 원자를 결합시켜 주는 것은 눈에 보이지 않는 힘 때문이라 가정했다. 이 힘을 아드리슈타 adrsta 라 불렀다.

원자는 영원 불멸이어서 우주가 멸망하더라도 원자는 그대로 있다가, 그것이 다시 조합되어 새 세계를 창조하게 된다. 특이한 것은, 이들은 원자를 보이지 않을 뿐만 아니라 실제로 크기가 없다고 본 것 같다는 점이다. 또 이들은 원자 아닌 정신 세계로 시간·공간·영혼·마음 같은 것의 존재를 따로 인정한 점이다. 인도의 원자론은 기계론적인 물질관을 바탕으로 하기보다는 극히 감각적인 이론을 벗어나지 못했고, 이런 점에서 그리스의 원자설보다는 내용은 풍부하면서도 후세의 물질관(物質觀) 발달에 공허한 면에서는 빈약했다. 이들의 원자설은 불교를 통해 중국, 우리나라와 일본에 전해졌으나,

역시 그 영향은 크지 못했다. 원자설이 기록된 현존하는 가장 오래 된 문헌은 「아비달마대곤파사론 阿毘達磨大昆婆沙論」이며, 이에 의하면 「육법론(六法論)」이란 글에 원자설이 설명되었다고 되어 있으나, 「육법론」은 오늘날 전해지지 않고 있다.

수학 — '0'의 발견

그리스의 수학이 엄격한 논리적 사고를 북돋우는 기하학을 중심으로 발달하고 있었던 것과는 대조적으로, 인도의 수학은 일찍부터 수의 추상화에 성공하여 복잡한 산술이나 대수를 발달시키고 있었다. 고대에는 인도인들도 그리스나 로마사람 또는 그에 앞서 고대 이집트 사람들처럼 10진법을 쓰면서도 10, 100, 1000, 10000 … 등에 각각 다른 부호를 써야 하는 불편한 기수법(記數法)을 가지고 있었다. 그러나 6세기까지에는 이들은 같은 부호를 자리에 따라 다른 값으로 읽을 줄 아는 지혜를 알게 되었을 뿐만 아니라, '0'을 오늘날의 우리처럼 쓸 줄 알게 되었다. 자리에 따라 같은 부호로 다른 숫자를 나타나게 하는 방법은 이미 고대 바빌로니아에서도 쓰여졌지만, '0'을 알게 되기는 이것이 처음이었다.

아메리카의 마야 문명도 0을 발견하여 썼다고 알려지고 있지만, 그들의 영향은 대서양 저쪽에 머무르고 있었을 뿐, 아시아나 유럽의 구(舊)문명에 영향을 주지 못했다. 구대륙에 0의 사용이 퍼진 것은 인도에서 비롯하는 것이다. 인도에서 0을 써서 남긴 기록은 적어도 595년까지 거슬러 오른다. 그러나 실제로 0이 알려진 것은 그보다 수백 년도 더 전이었던 것으로 해석된다.

고대 인도의 최고 수학자로 알려진 아리아바타 Aryabhata(약 476-550)가 남긴 「아리아바티야」라는 책에는 이미 이런 수학 체계를 인정하고 더하기·빼기·곱하기·나누기의 사칙(四則) 계산방법이 소개되고 있으며, 제곱근과 세

제곱근을 구하는 방법도 나온다. 아리아바타는 π의 값으로 대략 오늘날 쓰는 3.1416에 해당하는 값을 썼는데, 이를 분수로 나타내어 20,000분의 62,832를 썼다. 후에 인도의 수학자들의 원주율을 소수점 이하 9자리까지 계산하기도 했다.

7세기의 수학자인 브라흐마굽타 Brahmagupta(약 598-660쯤)는 계산에서 양수와 음수, 또는 플러스 수(數)와 마이너스 수(數)를 사용하고 있다. 게다가 그는 '0'이란 두 개의 값이 같고 부호가 반대인 수를 합한 것이라고 정의 내릴 정도였다. 또 그 후에 8세기의 슈리다라 Sridhara는 2차방정식을 풀 수 있었다.

아마도 인도수학의 제일 마지막 봉우리는 12세기의 바스카라 2세 Bhāskara Ⅱ였을 것이다. 그는 $(a+b)^2=a^2+2ab+b^2$라는 것과 $(a+b)^3=a^3+3a^2b+3ab^2+b^3$이라는 것을 증명하고 이를 계산에 이용하기도 했다. 특히 바스카라는 나눗셈에서 0으로 나누는 것은 무한대를 이끌어낸다는 사실에 주목했다. 그는 무한대는 아무리 유한수로 나누어도 여전히 무한대임을 보여 주었다. 또 음수에는 제곱근이 있을 수 없다는 것도 그가 이미 지적한 일이다. 바스카라를 마지막으로 인도의 수학은 쇠퇴를 거듭할 수밖에 없었다. 내란과 외침이 학문의 발달을 불가능하게 했기 때문이다.

우주관(宇宙觀)과 천문학

고대의 인도 문명은 아마 어느 문명보다도 규모가 엄청난 우주관을 갖고 있었던 셈이다. 우선 시간적인 면에서 우주는 끊임없이 생성되고 소멸한다는 생각을 가졌으나, 그 기간은 너무나 긴 것이었다. 우주의 기본 시간은 칼파 kalpa; 겁(劫)인데, 이것은 브라마 Brahma 신(神)의 하루 낮만을 뜻한다. 1칼파는 인간에게는 43억 2000만년이란 엄청난 시간이다. 그런데 우주가 한 번

생겼다가 파괴되는 시간은 브라마신이 100년의 수명을 다할 때까지이다. 그것은 지상의 인간에게는 311조(兆)년이 넘는 시간이 된다.

힌두교에서는 우주를 브라마교의 알(난 卵)이라 생각했다. 알 모양의 우주는 21개의 층(層) 또는 겹으로 되어 있는데, 인간이 사는 땅은 위에서 7번째에 있다. 지구 위에는 6개의 하늘이 겹쳐 있는 셈인데, 위로 올라갈수록 더욱 아름다운 것이다. 지구 밑에서 7층의 서로 다른 세계가 존재하는데, 이곳은 그다지 나쁜 세계는 아니다. 그러나 다시 더 아래에 있는 7개의 구역은 고통의 세계, 곧 나라카naraka ; 나락(那落) 또는 지옥이다.

땅이 평평하다는 생각은 천문학자들에게서는 일찍부터 부정되었으나, 고대 인도의 여러 종파들은 여전히 땅덩이는 아주 커다란 평면이라고 고집하는 경향을 보였다. 불교에서도 예외는 아니어서, 땅은 평면이며 그 한가운데에 커다란 산이 우뚝 솟아 있다고 보았다. 이것이 유명한 메루Meru 또 수메루Sumeru 라고도 불리는 고대 인도의 올림포스인 셈이다. 이를 불교에서는 수미산으로 보통 불렀으나, 수미루(須彌樓)·미루(彌樓)·소미루(蘇彌樓)·수미루(修迷樓) 등으로도 표기되었다. 이 산이 둘레에는 바다가 있고, 그 밖에 4개의 대륙이 있는데, 그 중 하나에 인간이 살고 있다. 수미산의 모델이 된 것은 신령스럽게 보이던 히말라야 산맥이었을 것은 물론이다. 해와 달의 움직임은 바로 수미산 둘레에서 사라졌다가 다시 나타나는 과정을 반복해 가는 것이다. 이런 우주관은 불교에 의해 중국과 우리나라에도 전해져 왔다.

어느 고대인이나 비슷하게 인도인들도 정확한 제삿날을 알기 위해 역법을 발달시켰다. 그들의 달력은 음력이었는데, 한 달은 전반과 후반의 두 기간으로 나누기도 했다. 물론 음력을 쓸 경우에 가장 큰 문제는 1년을 12개월로만 하면 너무 짧고, 13개월로 하면 너무 길어진다는 점이다. 음력으로 62개월은 양력식으로는 60개월에 해당한다는 것을 알고 있던 인도인들은 30개월에 한 번씩 여름에 윤달을 넣어 이 문제를 풀어나갔다. 곧, 2~3년에 한 번씩은 윤년이 되고, 13개월이 된 것이다.

1년은 보통 봄철에 시작하는 것으로 알았으나, 꼭 그렇지 않은 시기도 있었다. 또 1년은 두 달씩 여섯 계절로 나눠지기도 했다. 기원 4세기쯤 인도인들은 서양의 태양력(太陽曆)도 수입했고, 또 때로는 그것을 이용한 기록도 보인다. 그러나 양력 날짜는 더 정확히 날짜를 기록하기 위한 수단으로만 간혹 쓰였을 뿐, 음력이 종교적인 행사와 관련하여 계속 사용되었다.

인도 초기의 천문학자로서 후세에 그 이름을 남긴 바라하미히라 Varahamihira 는 6세기 초에 당시에 나와 있던 다섯 가지 천문 체계에 주석을 달았다. 그 중 하나는 인도 전통에서 나온 것이었으나, 나머지는 모두 그리스 등 서방 천문학이었다. 이미 6세기까지 인도에는 서양 천문학의 영향이 컸음을 보여 주는 사실이다. 특히 천문학이 인도인들에게는 널리 받아들여진 것은 과학적인 이유 때문이 아니라 점성술 때문이다.

별의 위치는 달이 적도상에 움직이는 거리를 기준으로 하늘을 나눈 월궁(月宮) lunar mansions 을 기준으로 측정되었는데, 중국에서와 마찬가지로 이들도 28개의 월궁으로 하늘을 나누었다.

또 일(日), 월(月), 5행성(行星) 이외에 라후 rahu 와 케투 ketu 라는 두 별은 나후(羅睺)·계도(計都)란 이름으로 중국이나 우리나라에도 전해진 교묘한 별이다. 라후는 그 스스로는 눈에 보이지 않는 천체로서 그것이 해를 가리면 일식이 되고, 달을 가리면 월식이 된다. 또 케투는 불규칙적으로 나타나 움직여 가는 혜성 같은 것을 설명하기 위한 것이었다. 따라서 인도에서는 행성이 9개라고도 할 수 있었고, 이를 구집(九執)이라 부르기도 했다. 이런 생각 역시 중국과 우리나라에 들어와 어느 정도 영향을 미친 것은 물론이다. 또 수학자로도 유명한 아라야바타는 5세기에 이미 지구의 자전과 공전을 말했으나, 그리스의 아리스타르코스가 무시당한 것과 똑같이 주목을 받지 못했다.

의학

인도의 의학은 체액설(體液說) 같은 부분에서는 그리스 의학과 비슷하게 보인다. 지금 남아 있는 가장 오래 된 의서(醫書)로는 2세기의 내과서 「차라카집(集)」Caraka-samhita과 3세기의 외과서인 「수시루타집(集)」Susruta-samhia을 들 수 있다. 이들에 나타난 의학의론에 의하면, 인체에는 풍(風)·열(熱)·담(痰)의 세 요소가 있어서 이것들이 균형을 이루면 건강하지만, 그렇지 못하면 질병이 생긴다. 또 일부 불교서에서는 인체도 지(地)·수(水)·화(火)·풍(風)의 사대(四大)로 이루어진 것이어서 이들이 균형을 이루면 건강하고, 그렇지 못하면 병에 걸린다는 주장을 했다. 그리스의 4체액설과 내용이 조금씩 다른 듯하면서도 근본 사상이 같다는 느낌을 얻을 수 있다.

역시 그리스에서와 마찬가지로 인도의 의사는 어느 정도 존경받는 직업이었고, 또 의술은 도제제도(徒弟制度)로 계승된 것 같다. 인도에서도 연금술(鍊金術)은 금보다는 불로장생의 영약을 만드는 데 더 관심을 두고 발달했다. 그들은 영약(靈藥)·미약(媚藥)·독약·해독제 등을 만드는 데 열성이었고, 다른 지역과 마찬가지로 인도에서도 수은(水銀)이 중심적인 물질로 사용되었다.

07 | 일본의 과학과 기술

　동양 어느 나라보다 서양의 근대 과학 기술을 재빠르게 받아들여, 일본은 오늘날 여러 분야에서 서양을 앞지르고 있다. 일본의 과학 기술사는 16세기까지의 전통적인 것과 17세기 이후의 근대 과학 기술로 나눠 생각할 수가 있다. 물론 근대 과학 기술사는 다시 19세기 중반 일본이 개국한 이후의 역사와 그 이전의 부분으로 나누어 생각하는 편이 좋기도 하다.

　이렇게 생각할 때, 일본 과학 기술은 16세기까지는 주로 한국으로부터 배워 온 고대 과학 기술이 자리잡아 가는 과정으로 이해할 수 있을 것이다. 그리고 17세기서 19세기 중반까지의 일본 과학 기술을 폭발적으로 발달하기 시작한 서양 과학 기술을 상당히 효과적으로 흡수하고 있던 과정이었다. 이웃 조선(朝鮮)이나 명(明)·청(淸)대의 중국에는 찾아볼 수 없는 외래 문명에 대한 개방적이고 진취적인 수용 태도가 두드러지는 기간이었다. 그리고 마지막으로 제3기라 할 수 있는 명치유신(明治維新)(1868) 이후의 일본은 근대국가의 형성에 재빨리 성공하고, 과학 기술의 근대화에도 역시 크게 성공하여 비서구국가로는 처음으로 서구의 선진국과 과학 기술 수준을 겨룰 정도에 도달하고 있다.

백제 과학 기술의 수입

선사 시대의 일본 문화는 거의 5000년 전에 시작되었다는 조오몬(승문 繩文) 문화를 처음이라 꼽는다. 새끼를 꼬아 놓은 듯한 무늬를 그린 토기를 만든 시대여서 그런 이름으로 알려진 이 시대는, 이어 2000년쯤 전의 야요이(미생 彌生) 문화로 이어진다. 이때에는 토기를 만드는 데 돌림판(녹로)을 쓰고 있었다. 이 시대는 또 고분(古墳) 문화로도 알려져 있는데, 고분에서는 흔히 한국에서 건너간 곡옥(曲玉)이 발견된다.

야요이 시대부터 일본인들은 철과 청동에 대한 기술도 알기 시작했다. 또 백제의 왕인과 아직기가 350년쯤에 일본에 건너가 천자문과 「논어(論語)」를 전하고, 그 밖의 학문을 알게 한 것으로 기록되어 있다. 이들이 구체적으로 어떤 과학 기술을 전했는지는 분명히 알려져 있지 않다.

곧, 이어 「일본서기(日本書紀)」에는 주로 백제에서 역(曆)박사, 의(醫)박사, 역(易)박사, 채약사(採藥師) 등이 파견되었다고 적혀 있으며, 또 여반(鑢盤)박사, 와(瓦)박사가 파견되었다는 기록도 있다. 노반은 탑의 꼭대기 부분을 가리킨 말이고, 와(瓦)란 기와를 가리킨다. 특히 이와 함께 조사공(造寺工), 조불공(造佛工), 화사(畫師) 등도 파견된 기록을 보더라도 일본의 고대 과학 기술은 거의 완전히 한반도에서 전해진 것임을 알 수가 있다.

602년 백제의 승려 관륵은 일본에 처음으로 역서, 천문서, 지리서, 둔갑방술서(遁甲方術書) 등을 전했다. 이때 일본에 전한 역법이 원가력(元嘉曆)이었다는 것은 당시 백제가 사용하던 역법이 그것이었음이 밝혀져 있으므로 당연한 일이다. 실제로 일본의 기록에 의하면, 690년 일본은 원가력과 의봉력(儀鳳曆)을 함께 사용했다고 되어 있다. 이 방면의 권위자인 일본의 야부우찌(藪內 淸) 교수는 의봉력은 신라에서 중국역법을 수정하여 일본에 전해 준 것이라고 말한다. 일본은 백제와 신라의 역법을 함께 들여오고 있었음을 보여 준다.

일본은 한반도로부터 과학 기술을 배워 가던 방식을 7세기부터는 직접 중국으로부터 그것을 배워가는 방법으로 바꾼다. 그러나 중국과 직접 교섭이 그리 활발해지지 않은 채 일본은 곧 고립 상태로 들어간다. 이 사이 일본인들은 동양적 천문 사상에도 차츰 익숙해지기 시작한다. 628년에 처음으로 일식 기록이 남아 있고, 월식 기록은 643년, 그리고 그 밖의 많은 천문 현상 기록이 남겨지기 시작한다.

자연의 이상(異常) 현상을 재이(災異)로 파악하는 사상도 자리잡게 된다. 650년 일본 조정에 흰 꿩이 잡혀서 진상되자 그 뜻을 알아보려는 소동이 벌어진다. 흰 꿩이 상서로운 동물이라는 해석을 백제 학자가 해 주자 그 꿩은 놓아 주고, 그 지역 사람들에게 세금을 거두지 않았으며, 그 해의 연호를 백치(白雉: 흰 꿩)라 지었다. 일본의 당시 연호로는 이것 말고는 백봉(白鳳), 주성(朱省), 주조(朱鳥), 경운(慶雲), 영구(靈龜), 신구(神龜) 등이 있다.

천문 기관 '음양료(陰痒寮)'

한편 한반도에서의 삼국 통일이 일본에는 뜻밖의 혜택을 가져다 주었다. 백제와 고구려 유민의 많은 학자들이 망명해 왔기 때문이다. 이들에 의해 일본의 천문 역산학은 굳건한 토대를 다지기 시작했다. 718년의 요우로우리쓰료우(養老律令)는 나랑(奈良) 시대의 제도를 보여 주는 본보기라 할 수 있는데, 이때쯤 천문, 역산, 점복(占卜) 등이 담당 부서로 생겨난 기관이 음양료(陰陽寮)이다. 여기에는 음양두(陰陽頭) 從5位下) 아래 5명의 관리직이 있고, 전문 기술직에는 천문학사 1, 역박사 1, 누각박사 2, 음양박사 1명씩 있으며, 그 밑에 직원과 학생 등이 모두 70명 이상 속해 있었다.

같은 시대의 당(唐)나라에는 이미 천문, 역산, 누각 분야를 태사국에 소속시키고, 복서(卜筮) 부문을 태복서(太卜筮)라는 별개 기관을 두어 독립시켰다.

중국인들이 복서 부문을 이미 차별하고 있었던 것과는 달리, 일본인들은 오히려 복서 부문을 중시하고 있었음은 이 기관이 음양료라 불렸다는 사실로부터 짐작할 수가 있다.

음양료는 시간이 지나면서 교육 기관이 되어 천문, 음양, 역산 분야의 사용 교재들이 지금 알려져 있기도 하다. 이 기관이 정식으로 발족 이전에도 이미 일본인들은 660년 물시계를 만들었고, 675년에는 점성대(占星臺)를 세웠다는 기록이 있다. 이 분야에서 7세기까지 활약한 사람들은 모두 백제 등에서 온 소위 '귀화인(歸化人)'이었고, 8세기 이후에야 일본에서 난 사람들이 이를 배워 계승해 갔다고 일본 천문학사는 기록하고 있다.

헤이안(평안시대 平安時代) 이래의 과학

794년 지금은 교토(京都)로 알려진 헤이안(平安)에 도읍을 옮긴 일본은 그후 거의 대륙과의 교통이 적어진 채 독자적인 문화를 발전시켜 갔다. 특히 귀족적인 문화를 지금까지 남긴 시대로 알려진 이 시대는 12세기 후반부터는 계속적인 전쟁의 시대로 들어가고, 그 전국 시대(戰國時代)가 끝날 무렵인 16세기 중반에는 이미 서양의 과학 기술이 일본에 밀려들기 시작했다.

이 시대의 대표적인 과학 기술 유산으로 먼저 984년 탄바노야쓰요리(丹波康賴)가 편찬해 낸 「의심방(醫心方)」을 들 수 있다. 또 910년쯤의 것으로 알려진 후카네 스케이토(深根輔仁)의 「본초화명(本草和名)」은 약품의 일본 이름을 체계화하려는 노력으로 주목받고 있다. 지금도 남아 있는 「의심방」은 중국 수(隨)나라의 「병원후론(病源候論)」을 바탕으로 다른 중국 의서를 주로 참고하여 지은 책인데, 특히 여기에는 「백제신집방(百濟新集方)」, 「신라법사방(新羅法師方)」 등 몇 가지 한국의 의학서가 인용되어 있어서 우리 의학사 연구에도 큰 도움을 준다.

'남만(南蠻)' 과학의 시작

일본 역사는 1543년 처음으로 포르투갈 배 한 척이 일본 연안에 표류해 들어옴으로써 중요한 전기를 맞는다. 구주(九州) 남쪽 다네가시마(種子島)에 표류해 온 그들은 그곳 영주에게 몇 가지 서양 문물을 전해 주고 갔는데, 그 가운데 하나가 바로 철포(鐵砲) 두 자루였다. 마침 전국 시대였던 일본에서 이 새로운 소총은 대단히 중요한 의미를 갖는 것이었다. 당장 그 지방영주가 이를 모조품으로 만들었고, 수십 년 안에 일본 전국에서 수십만 자루가 만들어진 것으로 밝혀져 있다.

이어 1549년에는 예수회 선교사 프란시스코 하비에르(1506-52)가 일본 남부 가고시마(鹿兒島)에 상륙하여 자명종, 안경, 거울, 포도주 등의 서양 문물을 전했다. 하비에르는 중국에서의 포교를 위해 떠나기 전에 이미 일본에 그리스도교의 싹을 자라게 만드는 데 기여했다. 그 후 포르투갈과 에스파냐 선교사와 상인들은 잇따라 일본에 찾아왔다. 이들 '남쪽의 야만인(南蠻)'들은 일본에 신무기를 제공하고, 새로운 신기한 물품을 가져다 주었으며, 또 상업적인 이익을 줄 수 있을 것으로 보였다. 특히 서쪽의 영주들은 다투어 남만과의 접촉을 하기 시작했다.

이들이 가져온 철포가 모조되기 시작하면서 일본 사람들은 광산 개발에 더 열성적이었고, 광산의 물을 퍼내기 위한 양수법(揚手法)과 야금기술(冶金技術) 등이 발달했다. 서양 선교사들은 나가사키(長崎)에 세운 자비실(慈悲室) 등 여러 병원을 짓고, 선교 사업으로 의학을 이용하기 시작했다. 그 결과 일본 학생들에게 서양 의학 교육이 시작되어 '양의(洋醫)'가 배출되고 있었다. 이들이 1582년 로마 교황청에 파견했던 일본 소년 4명을 포함한 사절단은 1590년 귀국하면서 서양식 인쇄 기술을 가져왔다.

특히 서양의 천문 지식은 일본에게도 새로운 것이어서 많이 알려졌다. 그리스도교가 보급되면서 교직자 교육을 위한 책이 출판되기도 했고, 이런 책에는 과학 내용도 들어있었던 것이다. 그런 책의 하나인 페드로 고메스 (1535-1650)의 「요강(要綱)」에는 땅이 둥글다는 것을 시작으로 하여 지구에 대한 많은 설명이 있고, 그리스도교 박해가 시작된 이후에 나온 페레이라(1580-1650)의 「건곤변설(乾坤辯說)」(1650)은 프톨레마이오스의 우주관을 설명한 포르투갈 책을 옮겨 놓고 있다.

임진난(壬辰亂)과 기술의 전수

일본에 서양 과학 기술이 들어오기 시작한 지 반세기 만에 일본은 분열 끝에 통일을 맞았고, 그 넘치는 무력(武力)은 바다를 건너 한반도에 미치게 되었다. 이미 대량으로 생산되었던 서양식 화기는 조총(鳥銃)이란 이름으로 조선군에게 위협이 되었다. 1592년부터 7년간의 전쟁에서 일본은 여러 가지 기술을 한국에서 배워갔다. 금속, 종이, 나무와 돌의 가공, 기와 기술, 자수 기술, 꿀벌 기르는 기술에서 두부 만드는 기술까지도 모두 일본에 전해졌다. 특히 도자기 기술은 아주 체계적으로 도입해 간 것이었다.

특히 전국 시대 동안 일본인들은 차 마시는 습관을 길렀고, 자연히 도자기에 대한 관심이 높아져 있었다. 왜장(倭將) 가운데에는 전쟁에는 패하면서도 한국에서 84명의 도공(陶工)을 호송해 귀국할 정도로 여기에 열성인 사람도 있었다. 이렇게 일본에 끌려간 도공들에게 일본인들은 상당히 관대한 대우를 했다. 큐슈 남쪽에 고려촌(高麗村)을 만들어 그들끼리 살수있게 해 주면서 대대로 도자기를 만들게 했다. 이 전통은 바로 지금까지 이 지역을 일본 도자기의 중심지로 만들고 있고, 많은 유명한 도공이 지금도 조선인의 후예임을 알고 있다.

일본은 또 이 기회에 조선으로부터 동활자(銅活字) 인쇄기술을 배워 갔다. 이미 서양에서도 인쇄 기술을 배워 온 그들은 이제 동서양의 첨단 인쇄기술을 손에 함께 넣을 수 있게 된 것이었다. 당시 왜군은 서울에 입성하자 곧 거의 10만 자의 활자를 100개의 상자를 담아 일본으로 가져갔다고 알려져 있다.

1684년 일본은 처음으로 일본인이 만든 일본에 맞는 역법 「정형력(貞亨曆)」을 사용한다. 그런데 이 역법을 만든 시부카와 순카이(1639-1715)는 그의 문집에서 자기가 스승으로부터 무엇인가 중요한 것을 배워 이 역법을 완성했으며, 자기 스승은 그것을 '조선의 손님 나산(螺山)'에게서 배웠다고 기록했다. 아직 연구가 그 이상 나아가 있지 않지만, 여기 나산이란 바로 1643년 일본에 갔던 박안기를 가리키고 있다는 것만은 확인되었다.

난학시대(蘭學時代)의 과학

조선의 학자가 일본의 최고 천문학자에게 가르쳐 준 것은 역법 계산의 어떤 요령이었을 가능성이 높다. 1442년 세종 때 「칠정산(七政算)」으로 이룩한 동양식 역산학 수준을 일본은 이렇게 달성했다고 생각된다. 그러나 동양식 과학이 아닌 서양식 과학 기술 수용에서 일본은 이미 조선은 물론, 중국조차 능가하기 시작하고 있었다. 물론 일본에서 고유한 수학적 전통이 이때쯤 확립되어 있었다. 예를 들어, 서양과는 별도로 일본의 수학자 세키 다카카즈(關孝和, ?-1708)는 서양과 거의 비슷한 때에 독자적으로 미적분을 생각했다고 알려져 있다.

그러나 일본이 제대로 근대적 과학 기술에 눈뜨게 되는 것은 18세기 중반 이후의 일이다. 도쿠가와(德川) 막부가 시작한 가혹했던 쇄국정책(鎖國政策)은 이미 그 전부터 느슨해져서 나가사키에는 중국인과 네덜란드 상인을 위한 상관(商館)이 허락되어 있었다. 원래는 무역만을 허가한다는 취지였지만, 자연스럽게 여기에는 네덜란드어 통역이 생겨났고, 그들의 노력으로 네덜란드 책들이 읽혀져 내용이 지식층에게 전해졌다. 특히 1774년에는 스기타 겐파쿠(衫田玄白, 1733-1817) 등이 네덜란드의 해부학 책을 「해체신서(解體新書)」란 이름으로 번역해 일본인이 서양 언어를 배워 일본어로 번역한 최초의 과학서를 만들게 된다.

서양의 과학은 네덜란드 학문, 곧 난학(蘭學)이 가장 중심 내용이 되었다. 거의 같은 때에 히라가 겐나이(平賀源內, 1728-79)는 서양의 마찰전기 발생 장치를 흉내내어 '에레키테루'라는 것을 만들었다. 또 이것을 이용한 전기 실험이 실제로 1811년 실시되었다. 히라가(平賀)는 여러 방면의 과학 기술 등에 관심을 가진 천재적인 인물이었다. 그는 석면과 온도계를 만들어 보았고, 서양화를 그려 보았으며, 광산 개발에도 참여했다. 일본역사상 그가 처음 시작한 1762년의 물산박람회에는 1,300종의 동식물, 광물이 출품되었다.

코페르니쿠스의 태양 중심설은 모도키 료에이(本木良永, 1735-94)에 의해 처음 일본에 알려졌다. 네덜란드어 통역자인 그는 여러 책을 번역했지만, 특히 「신제천지구용법기(新制天地球用法記)」(1793)가 바로 태양 중심설을 소개한 대표작이다. 역시 통역자이던 시즈키 타다오(志筑忠雄, 1760-1806)은 1784년 「구력론(求力論)」을 번역하여 뉴턴의 보편 중력 법칙이 내용을 소개했다. 같은 시대의 과학사상가로는 미우라 바이엔(三浦梅園, 1723-89)이 손꼽힌다. 그는 변증법을 내세웠다고 알려졌고, 과학 철학적 저서로 「현어(玄語)」를 남겼다.

1823년 네덜란드 상관(商館)에 의사로 취직해 왔던 독일인 지볼트(1796-1866)는 6년 만에 금지된 물품을 반출하려했다는 죄로 추방되었다. 그러나 그가 일본에 있는 동안 그는 책으로만 서양 과학을 접했던 난학자(蘭學者)들에게 처음으로 관찰과 실험의 기술을 가르쳐 주었다. 지볼트에게 4년을 공부한 디카노 조에이(高野長英, 1804-50)은 일본 최초의 서양 생리학 책 「서설의원추요(西說醫原樞要)」를 썼는데, 서양 것을 그대로 번역한 것이 아니라 자기 나름대로 정리한 작품이다. 특히 그는 네덜란드어만을 배운 것이 아니라, 프랑스어와 독일어도 공부하여 서양 과학의 이해 범위를 넓혔다. 이리하여 난학(蘭學)은 양학(洋學)으로 바뀌고 있었다.

일본 근대 과학의 기초

19세기로 들어와 일본의 서양 과학은 점차 다양하게 전개되기 시작했다. 근대 물리학은 처음 한문으로 썼다가 일어로 번역된 청지임종(靑地林宗)의 「기해관란(氣海觀瀾)」(1829), 화학은 우다가와 요우안(宇田川榕庵)의 「사밀개종(舍密開宗)」(1839)을 대표적 서적으로 꼽을 수 있다. 사밀(舍密)이란 말은 그 후 거의 30년 동안 일본에서 사용되었는데, 원래 '세미'chemie를 가리킨 말로 생겨났다. 그 후 중국에서 만들어낸 화학이란 용어가 채택되어, 지금은 동양 3국이 모두 같은 말을 쓰고 있다.

서양 학문이 점점 퍼져 가자 막부(幕府)는 1811년 아예 서양 책의 번역 전담기구를 만들었다. 또 장기(長崎)에서 시작된 서양 학문 교육열은 근처 지역으로 점차 확산되어 여러 개의 양학숙(洋學塾)이 생겨났다. 1853년 미국의 페리 제독이 동경 앞바다에 흑선(黑線)을 타고 나타났을 때 사실 일본은 이미 서양의 과학 기술에 상당히 깊이 있는 지식을 쌓고 있던 상황이었다. 중국인들이 아직 서양 언어를 배우지 않은 채 중화 사상에 집착한 것과는 대조적으로, 외래문화의 수용에 민첩했던 일본인들은 이미 네덜란드에서 다른 서양어로 방향을 바꾸면서까지 서양 과학 기술을 익혀가고 있었다. 1868년의 명치유신(明治維新)을 전후하여 일본의 대표적 지성이었던 후쿠자와 유키치(福澤諭吉)(1835-1901)는 1858년 네덜란드어를 가지고 에도(지금의 교토)에 자기 학원을 세웠지만, 네덜란드어 보다 영어가 더 중요하다는 것을 알자 곧 자습으로 영어를 공부한 일이 있다. 이렇게 열심히 배운 영어로 그는 개국 후 첫 미국 시찰단의 대표가 되어 1860년 미국을 방문했다.

과학 기술을 배우려는 조직적인 노력은 일찍부터 시작되어, 1865년 6명의 러시아 유학생, 1866년 12명의 영국 유학생을 시작으로 계속 많은 유학생이 서양 각국에 파견되어 과학 기술을 그 현장에서 직접 공부하기 시작했다. 서양 과학 서적을 번역하겠다고 만들었던 정부 기구는 근대식 교육을 위한 개성학교(開成學校)로 바꾸고, 이것이 다시 1877년 동경대학(東京大學)이 되어 근대식 대학을 만든다. 여기에는 이학부, 의학부, 법학부, 문학부 등이 있었다. 첫 총장에는 가토 히로유키(加藤弘之)가 취임했는데, 그는 과학자는 아니었지만, 다윈의 진화론에 크게 영향받아 자기의 민권사상(民權思想)을 포기하고 국권론자(國權論者)가 된 당시의 대표적 지식인이었다.

대학에는 서양의 학자들이 초빙되어 과학 및 기타 분야의 교육이 계속되고, 1900년 이전에 이미 서양 각국에 유학하던 일본 과학자들 가운데에는 어느 정도 두각을 나타내기 시작한 사람들도 나오기 시작했다. 또 유학을 마친 과학 기술자들이 귀국하여 초빙되었던 외국인들과 대체되기 시작했다. 1903년 나가오카 한타로(長岡半太郎, 1865-1950)가 당시 영국의 물리학자로 세계적으로 유명한 러더퍼드와 마찬가지의 원자 모형을 발표하여 세계의 관심을 끈 것은, 이미 이때쯤에 일본의 과학 수준이 세계에 발돋움하고 있었음을 보여 준다. 일본은 19세기 이전에 이미 서양 과학의 발달 과정을 주목하고 번역해 공부하고 있었고, 또 당시에는 아직 과학이 그리 전문화 되어서 크게 발달한 상태가 아니었기 때문에 비교적 쉽게 따라갈 수도 있었던 셈이다. 1938년 파이(π)중간자를 예언해 유카와 히데키(湯川秀樹)가 1949년도 노벨물리학상을 받은 것을 시작으로, 일본 과학은 노벨상을 몇 차례 받으며, 이제 세계 과학의 주류의 한부분이 되어 있다.

08 | 우리나라 삼국시대의 과학 기술

한국에서의 기록된 역사는 2000년 이상 거슬러 오르기 어렵다. 그리고 기록된 분명한 시기 이외의 경우 그 과학을 생각하기란 어려운 일이다. 과학은 자연에 대한 체계적인 이해를 가리키기 때문이다. 그러나 자연을 효과적으로 이용하는 수단이라는 뜻에서 기술의 발달은 많은 고고학적 유물 등을 통해 그 훨씬 전의 선사 시대(先史時代) 기술을 알아낼 수 있다.

삼국시대 이전의 선조들이 어떤 기술을 갖고 있었는지는 특히 그들이 사용한 석기와 토기, 청동기와 철기의 유물들, 그리고 유적지의 발굴을 통해 파악하고 있다. 이들 기록(記錄) 이전의 유물 가운데 가장 우리의 관심을 끄는 기술의 발달로는 원시 국가의 등장과도 관계가 깊다고 여겨지는 청동기와 철기의 사용에 관한 것을 들 수가 있다. 이미 여러 개의 청동 또는 철기 제조에 사용되었던 거푸집 또는 용범(鎔范)이 발굴되어 그 중 몇몇은 문화재로 지정되었다.

신라의 첨성대(瞻星臺)

삼국이 통일되기 직전인 633년 신라의 선덕여왕의 세운 첨성대는 지구상에 남아 있는 고대의 천문 관측 시설로 가장 오랜 것이다. 지금 경주에 있는 첨성대는 높이 9m, 밑지름 5m, 윗지름은 3m가 좀 안 되는 돌로 쌓은 건축물이다. 우아한 병 모양의 이 건조물에 대해서는 약간의 의문이 없지 않다. 「삼국사기(三國史記)」는 이에 대해 아무런 기록도 남기지 않고 있는데, 그보다 좀 후에 나온 「삼국유사(三國遺事)」에는 아주 간단하게 선덕여왕 때 돌을 쌓아 첨성대를 만들었다는 기록이 보인다.

하지만 한가운데 남쪽으로 나 있는 지름 1m쯤의 창이 무엇을 위한 것인지, 또 왜 높이를 27단의 돌로 쌓았는지, 그리고 여기 쌓은 돌을 전부 합하면 하필 360여개가 되는 것은 또 왜 그런지 확실한 것을 알 길이 없다. 아래 모양은 둥글게 솟아오르지만, 제일 위에 네모꼴의 정자석(井字石)이 또한 단을 이루고 있다. 또 제일 아래도 두 단의 네모난 기단층이 있다. 마치 1년은 12달임을 보여 주려는 듯, 창문 위와 아래는 각각 12단으로 돌이 쌓여 있다. 본체를 만드는 27단은 선덕여왕이 27대 임금임을 보여 주는 것일까? 그 위에 한 단을 보태면 28단이 되는데, 이것은 또 하늘의 기본 별자리 28수를 상징하는가? 또 기단까지 합하면 29 또는 30이 되는데, 이것은 한 달이 29일이나 30일이라서 그런 걸까?

첨성대는 그 위에 혼천의 같은 천체 관측 장치를 놓고 하늘을 관측했을 것이라는 해석이 있는가 하면, 다른 의견으로는 그것을 당시 성행하던 불교의 영향을 받아 불교의 성산인 수미산(須彌山) 모양을 본떠 만든 불교의 상징물이라는 극단적인 주장도 있었다. 첨성대는 그 위에 관측 장치를 놓기 위해서는 그 넓이가 너무 좁고, 불교의 상징을 본뜬 모양일 수는 있지만, 천문 관측과 관계가 있는 것만은 분명하다. '첨성대'라는 이름은 한국의 역사에서는 고려에서도, 그리고 조선시대에도 계승되어 내려온 천문대의 이름이다. 또 비슷한 시기에 일본에도 점성대(占星臺)라는 비슷한 건조물을 세운 기록이 있다.

따라서 첨성대는 7세기에 세워진 넓은 뜻에서의 천문대이고, 이 근처 일대가 신라의 천문 관측 시설이 있던 곳이라 생각된다. 그리고 이곳은 또 별을 제사 지내던 당시의 사상과도 관계가 있을 것이다. 신라 사람들은 입추(立秋) 다음의 진일(辰日)에 농업을 관장하는 별 영성(靈星)에 제사를 지냈는

데, 이곳이 바로 그 장소였을 것으로도 해석된다.

천문 관측과 역산 제도

어느 고대 문명에서나 천문 관측은 중요한 행사였다. 이상한 천문 현상은 인간 사회에 어떤 의미 있는 조짐으로 나타난다는 점성술적 사상이 널리 퍼졌던 때문이다. 「삼국사기」에 수백 개의 천문 관계 이상 현상이 기록되어 남아 있는 까닭은 여기에 있다. 일식(日食)과 혜성(彗星) 등은 정치적 의미가 있는 것이라 여겨 열심히 관측된 것이 분명하다. 이와 함께 지상에서 일어나는 자연의 이상 현상도 똑같이 관심의 대상이었다. 이런 기록은 합하여 대략 1천개의 기록이 남아 있다.

예를 들면, 신라의 첫 임금 혁거세(赫居世)의 재위 61년 동안에는 일식 7회, 혜성 3회, 용(龍)이 2회 나타난 것으로 기록되어 있다. 그런데 특히 혁거세에서 그 후 얼마 동안의 삼국 초기의 이런 기록에 대해서는 좀 의심스런 구석이 없지 않다. 아직 당시에는 분명한 기록을 남길 문자를 사용하지 않았던 것으로 알려져 있기 때문에, 특히 초기의 자연 현상 기록은 잘못이 많았을 것이라는 점이다. 이 때문에 삼국시대의 일식 기록에 대해서는 그것이 중국의 기록을 그대로 베낀 것이라는 해석이 널리 인정되어 있기도 하다.

초기에 기록에 문제가 있을 수 있기는 하지만, 4세기 이후의 기록에 대해서는 지나친 의심을 갖기는 어려울 것이다. 어쨌든 「삼국사기」에는 67회의 일식, 6회의 혜성, 2회의 객성(客星), 6회의 행성 등의 이상(異常) 현상이 기록되어 있다.

세 나라에는 처음부터 천문 담당 관리가 있었다는 사실은 일관(日官), 일자(日者) 등이 있었다는 기록으로 알 수가 있다. 그러나 이것이 정식 정부기관으로 등장한 기록은 633년 첨성대를 만들었다는 것, 718년 이후 누각전(漏

刻典)을 두고 천문(天文)박사 1명과 누각(漏刻)박사 6명을 두었다는 등등 신라 쪽의 것을 들 수 있다. 또 일본측 기록에 의하면, 554년 백제에서 역(曆)박사와 이(易)박사를 파견했고, 602년에는 역시 백제 승려 관륵(觀勒)이 일본에 역(曆)을 전했다고 되어 있다.

또한 신라의 대나마(大奈麻) 덕복(德福)은 674년 당(唐)에서 천문 역산을 배운 후 귀국했고, 692년 승려 도증(道證)은 당에서 천문도(天文圖)를 가지고 귀국했다. 삼국시대의 천문도가 얼마나 상세한 것이었는지 짐작하기 어려운 일이지만, 각저총과 무용총 등의 고구려 옛무덤 천장에는 북두칠성을 비롯한 몇 개의 기본 별자리가 잘 나타내져 있다. 1395년 조선의 개국과 함께 만들어져 지금도 남아 있는 천문도의 설명에 의하면, 상당히 상세한 고구려의 천문도가 상당히 후대까지 남아 있었다고 적혀 있다.

「삼국사기(三國史記)」에는 8세기 신라에서 천문(天文)박사 1명에 누각박사는 6명이 있었던 것으로 기록되어 있다. 거의 같은 때 중국과 일본의 경우를 비교해 볼 때 이것은 천문(天文)·역(曆)·이(易)·누각박사 등을 합쳐 6명이나 7명이던 것이 잘못 기록된 것으로 보인다. 통일신라 때의 이런 제도는 통일 이전의 세 나라에 모두 있었던 것으로 볼 수 있다. 이 기관에서 관리들이 천문을 관측하고, 역법을 정리하고, 시간을 재었던 것이다. 역법은 아직 독립적인 것을 만들어 쓰기보다는 중국의 것을 받아 사용한 것으로 보인다. 공주에 있는 백제의 무령왕(501~522 재위) 능에서 발굴된 지석(誌石)의 기록에서 당시 백제는 중국의 원가력(元嘉曆)을 따라 쓰고 있었음을 확인되었다.

중국의 고도로 발달한 역법을 빌려다 사용한 세 나라에서는 저절로 연호(年號)도 중국의 것을 썼다. 시간을 재는 장치로 물시계가 널리 이용된 것은 당연한 일이었다. 마치 통일신라에만 누각(漏刻), 곧 물시계가 있었던것처럼 기록에는 남아 있지만, 물시계와 해시계는 세 나라 모두 사용하던 것이 분명하다. 경주 박물관에는 신라 때의 해시계로 보이는 돌조각이 남아 있기도 하다.

삼국의 수학

고대 국가는 어디서나 세금을 징수하기 위해서라도 상당한 정도의 수학의 발달을 필요로 한다. 통일신라시대까지는 산학(算學)박사를 두고 국학(國學)에서 정식으로 수학 교육이 진행되었다. 그리고 여기에 사용된 교재로는 「철경(綴經)」, 「삼개(三開)」, 「구장(九章)」, 「육장(章六)」이 들어 있었다. 「구장」이란 한(漢)시대에 완성된 동양 수학의 고전 「구장산술」을 가리킨 것이 분명한데, 9장으로 구성되었다 하여 이런 이름으로 알려져 있다. 이 책은 지금도 잘 알려져 있는 것이지만, 「철경」이란 지금 전하지 않는 조충지(429-500)의 「철술(綴術)」을 가리킨 것으로 보인다.

조충지는 특히 원주율의 값을 대략 값(약율 約率)과 정밀값(밀율 密率)으로 구분하여 각각 22/7와 355/113를 쓴 것으로 유명하다. 또 그의 수학은 어려운 것으로 정평이 있었다. 이런 정황으로 볼 때 삼국의 수학은 그런 대로 상당한 수준에 있었다는 것을 짐작할 수가 있을 것 같다.

삼국시대의 지리학

고구려의 사신은 628년의 중국을 방문해서 봉역도(封域圖)를 전했다고 중국측 사료는 전한다. 고구려의 지도 또는 삼국 전체의 지도였음이 분명하다. 또 4~5세기쯤의 고구려 귀족의 무덤에서는 '요동성도(遼東城圖)'가 벽화로 묘사되어 있는 것을 발굴했다. 도시의 모양과 그 특징 등이 잘 나타나 있다. 한편, 「삼국사기」에는 '지리지'가 4권이나 되는데, 당시의 전국의 지명에 대한 유래와 그 행정구역의 변천 등 상세한 정보를 담고 있다. 삼국시대의 지리에 대한 기록이 남아 있었기 때문에 이런 많은 정보가 12세기 「삼국사기」를 쓸 때까지 남아 있었던 것이라 생각된다.

혜초(慧超)가 723년경 인도를 방문하고 4년 동안에 구경한 것을「왕오천축국전(往五天竺國傳)」이란 기행 기록으로 남기게 된 것은 바로 당시 사람들이 갖고 있던 지리적 관심이 나타났기 때문이라 할 수 있다. 지금 이 책은 그대로 남아 있지는 않지만, 당(唐)나라 때 줄여서 소개했던 것이 일부 남아 있다.

풍수지리설(風水地理說)의 전개

사람이 사는 곳이나 죽은 후에 묻히는 장소에 큰 관심을 갖는 것은 자연스러운 일이다. 이런 관심이 일정한 지리(地理)에 대한 주장과 이론으로 전개될 때 그것은 풍수지리설이 될 것이다. 한국의 역사에서 풍수지리는 대단히 큰 몫을 해 온 것이 사실이고, 심한 경우 그것은 상당히 미신적인 경향을 띤 것도 틀림없는 일이다.

풍수지리설은 흔히 미래를 예언하는 도의사상(圖讖思想)과 관련되어 더욱 영향을 주었다. 그리고 이런 생각들은 삼국시대 초기 또는 그 이전부터 중국의 영향과는 상관없이 자연스럽게 발달하기 시작했던 것으로 보인다. 예를 들면, 기원 1세기 신라의 임금 탈해(脫解)는 학문이 깊고 지리(地理)에도 함께 통달해서 꾀로써 길지(吉地)를 얻고, 그 결과 임금이 되었다는 투로「삼국사기」에는 기록되어 있다.

신라 말의 승려 도선(827-898)은 한국사에 길이 그 이름을 남긴 이 분야의 최고권위자였다. 도선은 왕건의 고려 왕조 개창을 예언했고, 고려 일대(一代)를 통해 그가 예언한 지리순역(地理順逆)의 원리가 준수되었다고도 알려져 있다. 또 그는 1세기 이상 차이가 나는 당의 최고 천문학자이며 역시 승려였던 일행(682-727)을 만나 그에게서 공부했다고도 알려져 있다. 이런 모든 전설이 허황한 것은 사실이지만, 그의 이런 전설은 바로 이 시대쯤부터 지리설은 중국의 이론으로 윤색되기 시작했음을 보여 준다.

기술(技術)의 발달

선사 시대부터 발달했던 금속 기술은 삼국시대로 이어져 무기의 제조는 물론, 아름답고도 뛰어난 소리를 내는 범종과 불상을 제조할 수 있게 되었던 것이다. 특히 기술상의 우수성을 보여 주는 유물로는 지금 경주 국립박물관 앞뜰에 놓여 있는 성덕대왕신종(국보 29호)을 들 수 있다. 높이 3.78m, 아래 지름 2.27m나 되는 거대한 이 종은 경덕왕이 아버지 성덕왕을 위해 구리 12만 근을 써서 만든 것이다.

당대에 완성되지 못하고 그 아들인 혜공왕이 만들 수 있었으며, 특히 그 소리가 '에밀레…'하는 애처로운 것으로 유명하여 흔히 에밀레종으로도 알려져 있다. 신라의 종은 그 겉모양이 특이하고, 특히 꼭대기에 달린 음관(音管)은 당시의 발명이었던 것으로 보인다. 또 삼국시대 한국의 종을 만든 구리 또는 청동은 그 금속적 특성이 중국이나 일본의 그것과는 다른 것으로 밝혀져 있다. 금속 기술이 유별나게 발달해 있었음을 보여 준다.

청동기 시대 이래의 금속 기술을 삼국시대에 더욱 높은 수준으로 발달했고, 그것은 이 시대 일본으로 전파되기도 했다. 일본 나라(奈良)의 동쪽 언덕에 있는 토다이지(東大寺)에는 높이가 16m인 큰 불상이 있고, 4m 높이의 종도 있다. 8세기 중반의 이런 작품도 귀화한 한국인에 의해 만들어진 것으로 일본학자들을 평가하고 있다. 일본의 국보인 강철로 만든 칼 칠지도(七支刀)는 길이 75cm로, 현재 석상신궁(石上神宮)에 보관되어 있다. 369년 백제 임금이 이것을 만들어 일본에 보낸 것으로 되어 있다.

610년 일본에 건너간 고구려의 승려 담징은 나라의 대표적 사찰 호류지(法隆寺)에 벽화를 그린 것으로 널리 알려져 있다. 그러나 그는 이것 말고도 일본에 종이, 먹 물감의 기술을 전했고, 맷돌도 처음 전한 것으로 알려져 있다. 불상이나 종 또는 탑을 만드는 기술이 모두 한국으로부터 일본에 전해졌고, 「논어(論語)」 등의 한문 서적과 천문 역법, 유리와 칠보기술 등이 모두 바다를 건너갔다.

삼국시대는 또한 건축 기술의 발달로도 주목할 만한 유산을 남겨 주고 있다. 고구려, 백제, 신라가 모두 적지 않은 건축물을 남기거나 그 유적을 찾아볼 수 있게 해 주고 있지만, 그 가운데 가장 잘 알려진 경우로는 현재 발굴이 진행 중인 익산의 미륵사 터나 경주의 황룡사 터 등을 들 수 있다. 특히 황용사(皇龍寺)에는 원래 신라의 세 가지 보물 중 하나였다는 거대한 9층탑이 있었다. 646(선덕여왕 15)년에 완성된 높이 80m 정도의 나무 탑이었다. 이 목제탑을 세우는 데에는 백제의 기술자 아비지(阿非知)가 초빙되었다고 되어 있다. 평지에 세운 높은 나무탑이었기 때문에 이 9층탑은 고려 때 불타기까지 적어도 다섯번 지진과 벼락 등의 피해를 받아 수리되었다는 기록도 보인다.

신라의 건축물 가운데 잘 알려진 석굴암은 자연적인 동물을 파서 만든 다른 나라의 경우와 달리 산기슭에 돌을 쌓아 인공적으로 만든 특이한 것이며, 대단히 균형 잡힌 아름다운 건조물이다. 돔dome 모양의 주실(主室)은 지름 7m, 높이 8m의 방이고, 그 앞에 달린 전실(前室)은 네모꼴이다. 석굴암은 특히 여러 가지 기하학적인 특징을 갖도록 설계된 것으로 보인다는 점이 주목할 만하다. 전통적으로 동양은 서양에 비해 기하학적인 사고(思考)가 약한 것이 사실인데, 석굴암은 그 건축에 분명히 정3각형, 정4각형, 정6각형, 정8각형 등을 기기묘묘하게 섞어 활용했다는 것이 분명하여 기하학에 약한 동양의 전통을 거스르는 예와도 같이 보이는 것이다.

우아하고 균형 잡힌 불국사의 석가탑과 화려한 다보탑 역시 잘 알려진 건축 문화재에 속한다. 그러나 기록상으로만 남아 있는 만불산(萬佛山) 또한 통일신라 때의 건축 기술 내지 기계 기술을 보여 주는 재미있는 경우가 될 것이다. 760년쯤 신라가 만들어 중국에 선물했다는 만불산은 비단과 구슬로 인조산(人造山)을 만들어 그 안에 수많은 부처를 한 치 또한 그보다 작은 모양으로 만들어 놓은 것이다. 그 안에 벌과, 나비, 제비와 참새가 모두 장치되어 바람만 조금 불면 이들이 저절로 움직이고 염불 소리가 들렸다. 종도 셋이나 설치되었는데, 종소리가 나면 스님들이 절하는 모습을 나타내기도 했다. 이런 자동 장치의 발달은 그 후 계속되었던 것으로 보인다. 조선왕조 세종 때 옥루(玉漏)는 바로 비슷한 경우가 될 것이다.

토목 기술(土木技術)의 예를 보여 주는 것으로는 지금 부여 박물관에 보관되어 있는 질그릇 토관(土管)을 들 수 있다. 20여년 전 전북 익산에서 출토된 이 10여 개의 질그릇 관은 상수도 건설에 이용되었던 것으로 한쪽 지름이 13cm, 다른 쪽은 8.5cm의 양쪽 두께가 서로 다른 모양을 하고 있다. 얇은 쪽을 두꺼운 쪽에 넣어 흙을 발라 상수도로 쓸 수 있는데, 길이는 하나가 68.5cm이니, 둘을 이으면 대강 1m 길이의 상수도가 될 것이다. 일본에서도 5세기에 한국 사람의 손에 의해 상수도가 놓였다는 기록이 있는 것으로 보아 이런 토관은 백제에서만 사용된 것이 아님을 알 수 있다.

세계 최초의 인쇄 기술과 종이

1966년 10월 경주 불국사의 석가탑을 수리하다가 그 속에서 발견된 다라니경(經)은 지금 국보 제126호로 지정되어 있는 지금 남아 있는 세계에서 가장 오래 된 목판 인쇄물이다. 이 무구정광대다라니경(無垢淨光大陀羅尼經)은 한 줄에 8자씩 62줄을 목판 12장으로 인쇄해낸 것임이 밝혀져 있다. 그 글 내용에 사용된 한자로 보아 이 목판 인쇄물은 8세기 전반의 것이라고 학자들은 판단하고 있다. 이런 삼국시대의 인쇄 기술이 고려로, 그리고 조선시대로 연면히 이어졌다는 사실을 알 수가 있다.

세로가 6.5cm에 전체의 길이는 7m나 되는 이 두루마리 불경은 깊은 불심을 보이기 위해 일부러 인쇄물로 여러 벌을 만들어 여러 탑에 봉안했던 것으로 보인다. 또 이런 귀중한 인쇄물이 뛰어난 종이에 인쇄되었으며, 그 인쇄물을 쌌던 종이도 남아 있다. 610년 일본에 건너간 고구려의 중 담징은 일본에 종이도 가르쳐 준 것으로 기록되어 있다. 중국과는 다른 한지 또는 조선종이의 전통이 삼국시대부터 발전하기 시작한 것으로 보인다.

종이 못지않게 중요한 것으로 유리의 경우를 들 수 있다. 고구려, 백제, 신라의 모든 옛 무덤으로부터 유리 구슬이나 유리 그릇 등이 발굴되어 나왔으며, 오늘날 발굴이 진행 중인 경주 황룡사 터에서도 유리 구슬 등은 발굴되었다. 아직도 확실하지는 않지만, 유리는 반드시 외국에서 수입된 것이 아니라, 삼국시대에 이미 국내에서 만들 수 있는 기술을 달성했던 것으로 보인다.

삼국시대의 의약

일본의 기록에 의하면, 5세기를 전후하여 많은 고구려·백제·신라 의사, 채약사(採藥師) 등이 일본에 건너가 그들에게 의학을 전했다. 10세기 일본에서 나온 의학서 「의심방(醫心方)」에는 「백제신집방(百濟新集方)」, 「신라노사방(新羅老師方)」 등의 인용이 나온다. 또 8세기 당(唐)에서 나온 의학서에는 '고려노사방(高麗老師方)'이란 표현도 보인다. 지금 그런 책 등이 남아 있지 않지만, 삼국에는 많은 의학서가 있었고, 그 가운데 상당수는 이웃 나라에도 영향을 주었음을 짐작하게 한다. 신라가 의학(醫學)과 약전(藥典) 등의 의학기관을 둔 것처럼, 삼국 모두 이런 제도가 있었을 것은 물론이다. 또한 인삼과 우황 등 의약품이 중국에 수출된 것으로도 약품의 교류 역시 활발했음을 알 수가 있다.

09 | 고려시대의 과학 기술

고려 사회는 삼국시대와 달리 고려 나름의 과학 기술 수준을 이룩한 시기였다. 만주지역을 포기한 채 삼국을 통일한 신라는 앞선 중국의 과학 기술 문화를 받아들이는 데 열심이었고, 그것을 계승한 고려는 한 발자국 나서서 그것을 고려에 맞는 것으로 만드는 데 성공하고 있었다.

천문역산(天文曆算)의 발달

첨성대(瞻星臺)는 고려에도 있었다. 지금도 개성 만월대(滿月臺) 서쪽에 있는 이 첨성대는 약 3m 평방의 돌로 만든 건조물로만 남아 있지만, 이 근처에 고려의 천문대가 있었으리라는 짐작을 가능하게 해 준다. 아닌게 아니라, 고려는 삼국시대에는 어쩌면 이룩하지 못했던 천문학적인 자립을 이룩한 것으로 보인다. 중국의 천문학을 그냥 배우기에 급급한 것이 아니라, 이 땅에 알맞도록 수정하고 보완할 줄 알기 시작한 것이다.

고려는 개국과 함께 신라와 당(唐)의 제도를 참고하여 태복감(太卜監)과 태사국(太史局)을 두어 이 기관이 천문, 역산, 측후, 누각의 일을 맡게 했다. 몇 차례 이름을 바꾸던 끝에 이들 두 기관은 1308년에는 서운관(書雲觀)으로 통합되고, 다시 관상감(觀象監)이란 이름을 갖기도 한다. 이 관청에는 정3품의 책임자 아래 20명 가량의 관리가 소속되었는데, 시일(視日), 사력(司曆), 감후

(監候), 장루(掌漏), 사신(司辰) 등 그 이름만 보아도 그 하는 일을 짐작할 수 있는 전문가들이 있었다.

이들은 해를 관찰하고(시일), 역법을 관리하고(사력), 물시계(누)를 담당하고(장루), 시간을 맡고(사신) 있었음을 알 수 있다. 이들 전문 천문 역산 학자들을 양성하기 위해서는 처음 과거 제도가 시작되었을 때는 과거에 이를 포함시켰었다. 그러나 고려 중기 이후에는 이미 이들 전문 교육 기관으로 넘겨져, 천문학은 서운관이 교육과 선발을 맡도록 만들었다.

삼국시대에 이어 천문도(天文圖)도 만들어졌고, 물시계와 해시계 등도 있었던 것은 확실하지만, 지금 남아 있는 유물은 아무것도 없다. 다만 13세기 말에 당대의 술사(術士) 오윤부(?-1304)가 천문도를 만들었다는 기록이「고려사」에 남아 있다. 천문관측 기구 역시 여러 가지가 있었으리라 짐작할 수 있지만, 구체적인 기록은 보이지 않는다.

고려시대 천문학이 얼마나 발달한 수준에 있었던가를 보여 주는 것으로는 11세기 초부터 특히 많이 기록되어 남아 있는 수천 개의 천문 관측 기록을 들 수 있다. 이들은「고려사」'천문지(天文志)' 3권에 걸쳐 실려 있다. 중요한 천문 기록으로 일식이 132회 적혀 있고, 월식은 211회, 혜성 76회, 햇무리 등이 228회, 유성(流星) 547회, 객성(客星) 8회, 낮에 보이는 별이 168회, 태양의 흑점 관찰이 34회 기록되었고, 그 밖에도 수백 개의 항성과 행성에 관한 이상한 현상들이 적혀 있는 것이다.

11세기까지는 고려 천문학자들은 일식을 계산하여 미리 그 일어날 시간을 예보하고 있었다. 이런 예보가 크게 빗나갈 때에는 처벌을 받았다는 것도 알 수 있다. 일식은 임금의 총명을 어둡게 하는 흉조라는 뜻에서 더욱 불길하게 여겼다. 일식이나 월식이 일어나면 임금은 신하들을 거느리고, 삼간다는 뜻에서 예정된 잔치 따위를 취소하고 구식의(救食儀)를 따르도록 규정되어 있었다.

「고려사」에 남아 있는 기록을 보면, 늦어도 11세기부터 고려 천문학은 독자적인 역산(曆算)의 발달을 시작했다. 고려시대의 한국사와 중국의 같은 시기를 비교하노라면 우리는 자주 중국의 날짜와 우리 날짜가 다르다는 사실을 발견하게 된다. 가령 어느 해 어느 달의 길이가 고려에서는 29일인데, 중국에서는 30일이라는 따위가 그것이다. 이런 현상이 처음으로 나타나는 경우는 1022년의 일이다. 이런 경우는 고려가 독자적으로 역법 계산을 했기 때문이라고 판단된다.

역시 비슷한 시기부터 고려의 기록에는 일식을 예보했으나, 날씨 때문에 관측하지 못했다는 등의 기록도 보인다. 일식을 미리 예보할 수 있는 수준의 기술이 고려 천문학에 확립되었음을 보여 준다. 또 같은 때쯤부터 역사기록에는 여러 가지 천문 이상 현상이나 자연의 재이(災異) 등도 많아진다. 고려의 천문학이 크게 발달한 단계에 이르렀다는 사실을 증명해 주는 방증이다.

이와 같은 천문학의 발달과 함께 같은 시대에는 고려에서 여러 가지 역법(曆法)이 발달한다. 1052(문종 6)년 임금의 지시에 따라 만들었다는 다섯 가지의 역(曆) 이름은 김성택의 '십정력(十精曆)', 양원호의 '둔갑력(遁甲曆)', 이인현의 '칠요력(七曜曆)', 김정의 '태일력(太一曆)', 한위행의 '견행력(見行曆)' 등인데, 이들은 이름만 보아도 그것이 꼭 지금 우리 기준으로 과학이라기보다는 미신적인 기준에 의한 것임을 알 수가 있다. 그러나 당시의 천문학이나 역법이 재앙을 예견하려는 당시 사람들의 의지의 반영이라는 점을 고려할 때 그런 대로 이런 노력은 자연을 제한된 여건 속에서 이해하고 설명하던 당시의 과학을 잘 보여 주는 일이 아닐 수 없다.

고려 역법은 그 기본적 틀이 822년 당(唐)이 만들어 사용했던 선명력(宣明曆)이었다. 이 틀을 바탕으로 그때그때 수정하여 고려의 독자적인 역(曆)을 만들었던 고려는 아랍 천문학의 영향까지 흡수한 원(元)의 수시력(授時曆)이 1280년 완성되자 이를 받아들이기에 열성을 보였다. 특히 충선왕은 내탕금을 최성지에게 내주어, 그 돈으로 중국의 천문 역산가들의 환심을 얻어서라도 새 역법을 고려에 받아들이기로 결심했다. 일부 계산술을 익히지 못했던 고려 역산 학자들은 1309년(충선왕 9)년부터 이 역법을 채용할 수 있게 되었고, 이어 1343년에는 수시력 계산에 필요한 수표(數表)가 완성되었다. 이 수표가 서운정 강보의 「수시력첩법입성(授時曆捷法立成)」이다.

이와 같은 천문 역산의 놀라운 발달이 고려 말에 있었기 때문에 조선 초기 「칠정산(七政算)」 등이 나오게 된 것이다.

지리학(地理學)의 전개

고려의 모반 세력은 1148년 송(宋)에 고려의 지도를 보냈다. 국내의 일부 세력이 이 지도를 보내어 송과의 군사적 협력을 구하려던 것으로 보아 군사 작전에 도움이 될 만큼 상세한 지도였음을 알 수 있다. 또 중국의 기록에 의하면, 고려는 거란에도 지도를 보낸 것으로 보인다. 고려지도뿐만 아니라, 당시의 인도 여행기를 근거로 인도의 지도를 그렸다는 기록도 보이며, 세계 지도가 만들어지기 시작한 것으로 보인다.

조선왕조의 개칭 직후인 1396년 이담(1345-1405)은 「삼국사(三國史)」를 쓰고 이 책에 지도를 함께 붙였는데, 그가 참고한 지도는 「고려도(高麗圖)」였다. 지금 이 지도는 전하지 않아 알 수 없지만, 조선 초에 나온 다른 지도에 있는 고려 부분이 비슷한 것이었을 것으로 보인다.

당시의 전국 각 지역의 연혁을 적은 기록으로는 「고려사」 '지리지' 3권이 남아 있다. 이것은 고려 때의 자료를 조선 초에 정리한 것으로 분명하다. 송은 고려에 책이 많다는 소문을 듣고 여러 가지 책을 요청해 얻어간 기록이 있다. 1091년 송이 요구한 책 가운데에는 「고려풍속기(高麗風俗記)」 1권, 「고려지」 7권이 들어 있어서 당시 고려의 지리지가 상당히 정리되어 있었다는 것을 알게 해 준다.

고려는 중국과 그 주변의 여러 민족들과는 지속적인 접촉을 갖고 있었고,

자연히 그들에 대한 지식은 조금씩 갖고 있었다. 그러나 몽골, 일본, 여진, 거란, 유구 대마도 등에 대한 지식 이외에는 더 먼 나라에 대한 지식은 거의 없었던 셈이다.

1391년 섬라해국(暹羅解國)의 사신이 고려 왕실을 찾아온 일은 고려에는 거의 첫 동남아 민족과의 접촉으로 보인다. 이들 사신의 높은 사람은 머리를 흰 천으로 감았고, 낮은 사람은 옷을 벗고 있었다고 적혀 있다. 이들과의 대화에는 3중 통역이 필요했다는데 이들은 태국 사람들인 것으로 보인다. 물론 원(元)이 중원을 차지하면서 대식국(大食國)이라 알려진 아랍 사람들과의 접촉은 빈번해졌다. 「고려사」에는 아랍인들의 방문을 여러 차례 기록하고, 그들이 서역(西域)에서 온 것을 밝혀 두고 있다. 그들은 여러 가지 열대 지방의 특산물과 약품을 가져왔고, 특히 중국에서 활동하던 회회인(回回人)들과는 더욱 접촉이 많았으며, 그 가운데는 고려에 와서 사는 사람들도 있었다. 그러나 그 저쪽 서양에 대한 지식은 고려시대에는 거의 보이지 않는다.

풍수지리설의 극성

하늘의 과학 못지않게 고려는 땅의 과학에서도 분명한 유산을 남겨 놓았으니, 그것이 풍수지리의 발달이다. 실제로 우리 역사에게 풍수지리의 창시자로는 흔히 신라 말의 승려 도선을 드는 경우가 많다. 또 풍수지리가 꼭 고려 때에만 성행하고 삼국시대에는 없던 것이 아님을 우리는 다른 여러 기록으로부터 확인할 수 있다. 그는 왕건의 새 나라 창건을 예언하고, 또 고려 태조 왕건의 '훈요십조(訓要十條)' 등을 통해 고려개창의 예언자로 떠받들어졌다. 그 후 조선시대에 이르기까지 그의 이름은 절대적인 권위를 가지고 한국인들의 일상 생활을 좌우하게 되었다.

'훈요10조'에 나오는 인재 등용의 원칙은 차령(車嶺) 남쪽 공주강 밖의 지세가 반역적이라느니 하는 조항이 있어, 그 후 이 땅에 지역감정을 부채질한 효과를 낸 것으로 보인다. 또한 고려 일대를 통하여는 함부로 절을 짓지 못하도록 규제할 수 있는 근거가 되었고, 서울을 다른 곳에 정하려는 운동 따위도 모두 당시의 강한 풍수지리사상을 반영하고 있다. 1135(인종 13)년 일어나는 소위 묘청(妙淸)의 난(亂) 역시 그런 사건의 하나였다.

산학(算學)과 도량형

고려 초에 세운 당시의 최고 교육 기관인 국자감(國子監)에는 종9품인 산학(算學)박사 2명을 두어 수학 교육을 실시했다. 또 처음에는 과거 제도가 시작되면서 그 한 가지로 산학시험도 실시되어 1008년까지는 명산업(明算業) 합격자는 모두 15명이었다. 그러나 수학 부문 역시 천문학과 마찬가지로 중기 이후 과거에서 제외되어 전문 채용시험으로 취급되었다.

산학시험는 「구장(九章)」, 「철술(綴術)」, 「삼개(三開)」, 「사가(謝家)」의 네 가지 교재가 사용되었는데, 통일신라 때의 교재와 「사가」라는 교재 한 가지만 다르다. 이 책이 무엇인지는 알 수가 없다. 이렇게 교육받은 전문 산사(算士)는 서울에 36명, 지망에 14명, 도합 50명 정도의 자리가 열려 있었다.

산학은 역법과 깊은 관련이 있을 뿐 아니라, 도량형과도 밀접한 관계가 있다. 1173년 고려는 평두량도감(平斗量都監)을 두어 도량형의 정리를 꾀한 일이 기록되어 있다. 곡식을 잴 때 평미레로 밀어 평평하게 하는 방식을 억지로 실시하려 했던 것으로 보이는데, 성공한 것 같지는 않다. 해마다 봄과 가을에 도량형을 정비하고, 어긴 사람은 처벌하게 되어 있었지만, 도량형제는 상당히 혼란스러웠던 것으로 보인다.

기술의 발전

고려시대를 대표하는 한국인의 발명으로 흔히 손꼽는 것들에는 인쇄 기술, 화약의 발명, 고려자기 등이 있다. 특히 인쇄기술의 경우는 이미 신라 때의 세계 최초의 현존하는 목판 인쇄물을 가진 한국은 고려시대인 13세기에는 세계에서 처음으로 금속 활자 인쇄 기술을 창안하여 사용하기 시작한 것으로 공인되어 있다.

그러나 고려의 인쇄 기술을 말하기 위해서는 그저 금속 활자만을 거론하고 넘어갈 수 있는 것은 아니다. 지금 경상도의 해인사에 보관되어 있는 국보 제32호 대장경판은 81,258판이나 되는 세계적 규모의 목판 불경을 모아 놓은 것이다. 전형적인 목판 하나는 가로 65cm, 세로 24cm, 두께 4cm이며, 양쪽에 각목을 끼우고, 네 귀퉁이를 청동판으로 둘러 못박은 모양으로 되어 있다. 각 판의 무게는 약 3kg 전후이고, 한 면에는 한 줄에 14자씩 모두 23줄이 새겨 있으며, 양면이 모두 그렇다.

원래 고려는 국초부터 이런 불경 목판을 만드는 일을 불심의 표현으로 여겨 열성을 다했고, 따라서 여러 차례의 불경 간행이 계속되었다. 고종 때 몽골의 침략으로 많은 대장경판이 불타게 되자 다시 불력(佛力)을 빌려 나라를 구하려는 열망에서 1236(고종 23)년부터 16년 동안에 약 8만개의 경판을 만들게 된 것이다. 보기에 따라서는 대규모의 목판들을 그대로 과학 기술이라 말하기 어렵다는 느낌을 받을지도 모른다. 그러나 700년 이상의 긴 시간 동안 변함없는 목판을 만들어 놓은 것이 대단한 기술 아니면 무엇이겠는가. 또한 이를 보관하고 있는 해인사의 경판고(經板庫) 또한 통풍이 잘 되어 습기를 자동 조절하게 되어 있는 합리적 구조를 갖고 있는 보물스런 건축이다.

이런 전통을 바탕으로 세계에서 처음 금속 활자가 고려에서 발명되어 사용된 것이다. 기록상 남아 있는 것으로 1234(고종 21)년 강화도에서 「고금상정예문(古今詳定禮文)」 28부를 인쇄한 것이 금속 활자 인쇄의 세계 최초라고 되어 있다. 서양에서는 독일의 구텐베르크가 1450년대쯤 금속 활자 인쇄를 시작한 것으로 공인되어 있으니까, 서양보다 2세기 이상 앞선 일인 것이다. 그러나 이 책은 지금 남아 있지 않고, 1377년 청주 흥덕사에서 찍은 「직지심경(直指心經)」이 오늘날 남아 있는 최고의 금속 활자 인쇄본으로 되어 있다.

이렇게 금속 활자가 발명되어 나오게 된 까닭은 삼국시대부터 우리나라가 특히 금속 기술에 뛰어난 전통을 가지고 있었다는 점을 들어야 할 것이다. 원시 시대의 청동기나 철기도 그렇지만, 특히 삼국시대에는 불상이나 종 등의 제작에 중국과는 다른 성분의 한국식 청동을 만들어 써 왔다는 사실이 밝혀져 있다. 고려 때에도 그런 금속 기술은 여전하여 많은 종과 불상이 만들어졌고, 이런 기술이 곧바로 금속 활자를 만들 수 있게 해 준 것이다.

금속 기술 못지않은 발달을 이룬 분야로는 또한 흙을 구워서 아름다운 자기를 만드는 요업 기술(窯業技術)을 들 수 있다. 특히 고려 자기의 독특한 모양이나 색깔 등은 세계적으로 알려져 있는 특이한 자랑이 되어 있다. 자기를 구워내는 가마를 어떻게 만들고 어떻게 불을 때어야 그런 색깔을 낼 수 있었는지는 앞으로도 연구해 볼 문제이지만, 이미 고려 때의 가마로 여겨지는 유적들이 발굴되어 복원되고 있어서 이 방면에 대한 지식은 더 확장될 것으로 보인다.

고려말 최무선이 발명한 것으로 널리 알려진 화약은 고려기술사의 또 하나의 업적이다. 이미 원(元)나라에서는 화약을 사용하고 있었으나 그것을 고려가 수입하기는 많은 제약이 따랐고, 더구나 그 제조법은 철저한 비밀로 감춰두고 있던 시대였다. 최무선은 그런 비밀에 감춰져 있던 화약 제조법을 스스로 연구하여 터득한 발명가였다. 그는 이렇게 발명한 화약으로 고려의 무기를 화약 무기화하는 작업에 착수했는데, 그것이 1377(우왕 3)년의 화통도감(火筒都監)이었다. 고려의 화약 발명은 당시 해안에 창궐하던 왜구를 소탕하는 데 상당한 몫을 한 것으로 보이며, 이성계가 왜구 토벌에 공을 세워 새로운 정치 지도자로 부상하는 데 화약이 상당한 기여를 한 것으로 평가된다.

잘 알려져 있는 것처럼, 화약은 서양에 전해져 서양의 중세(中世) 봉건 사회를 끝장내는 데 크게 기여한 것으로 알려져 있다. 동양에서는 화약이 먼저 사용되었으면서도 그렇게 큰 효과를 얻지는 못했지만, 고려의 화약은 어느 정도 사회 변화에 이바지했다는 점은 주목할 일이다.

'민족 의학'의 시대

삼국시대에 이은 고려의 의학 발달은 특히 고려 후기에 진행되었던 '향약(鄕藥)'운동을 주목할 가치가 있다. 오늘날 남아 있는 우리나라의 가장 오래된 의학서로는 1236(고종 23)년쯤의 「향약구급방(鄕藥救急方)」을 들 수가 있다. 이 책 이외에도 당시에는 여러 의학서가 향약의 문제를 들고 나섰음은 지금 제목으로만 남아 있는 많은 책들에서 알 수가 있다. 말할 것도 없이, 향약(鄕藥)이란 '당약(唐藥)' 또는 '한약(漢藥)'에 대한 말로서, 중국에서 사용되는 중국 원료 또는 남양 지역의 약품 등에 철저히 기댈 것이 아니라 우리나라에서 나는 초목 가운데 우리나라 사람 체질에 잘 맞는 의학적 가치가 있는 것들을 찾아내려는 노력이었다. 말하자면 '민족 의학'을 위한 노력이라 말할 수 있다. 이런 노력은 조선시대 초까지 끊임없이 계속되었음을 우리는 알고 있다.

그 밖의 기술

고려시대는 또 여러 가지 외래 문물이 들어와 이 땅에 뿌리를 내린 것으로도 기술상에 기억될 만하다. 지금 한국인에게 그렇게 널리 애용되고 있는 소주(燒酒)는 분명히 고려 때 아랍에서 직접 또는 중국을 통해 이 땅에 들어와 자리잡게 된 술이다. 소주를 만드는 장치, 소주 만들고 남은 찌꺼기, 그리고 소주 등이 모두 '아라끼', '아락' 등의 표현으로 구전되어 내려온 것만 보더라도, 그 말이 영어의 '알콜'이란 말과 마찬가지로 아랍어에서 유래한 것으로 알려지고 있다. 소주 만드는 데 이용하는 증류(蒸溜) 기술 등이 그 후에 어떤 기술상의 변화에 도움이 되었는지는 밝혀져 있지 않지만, 새로운 기술의 전래였음은 분명하다.

또 문익점이 몰래 원(元)에서 가져와 장인 정천익이 재배에 성공하여 전국에 퍼졌다는 목화는 이 땅에 재배 작품의 하나를 추가했을 뿐 아니라, 그것을 옷감으로 만드는 씨아와 물레 등 후속적 기술의 개량을 가져왔다.

고려의 과학 기술은 천문학에서 농업 기술에 이르기까지 상당한 수준의 발달을 이루면서, 특히 그것들이 이 땅의 현실에 맞도록 수정되고 재구성되는 모습을 확인할 수 있다. 그러나 이 시대의 과학사와 기술사 역시 연구가 일천하고, 사료 또한 부족하여 아직 알 수 없는 부분이 많다. 또 이 시대의 유물은 거의 실물이 남아 있지 않다.

10 조선 전기의 과학 기술

 1392년 개창하여 1910년 식민지로 전락하기까지 500년 이상 계속된 조선왕조는 전통적으로 전기와 후기의 둘로 나누어 생각하는 것이 관례처럼 되어 있다. 임진왜란과 잇따라 일어난 호란(胡亂)은 그 후의 조선 사회를 크게 흔들어 놓았기 때문에, 이 시기의 급격한 사회 변동을 전환점으로 전기와 후기를 나누는 것이다. 그러나 과학 기술이란 측면에서는 17세기는 그 이상의 중요한 의미로 전환점을 만들어 준다. 17세기 이전의 전통적 과학 기술에 비해 후기의 과학 기술은 밀려들기 시작하는 서양의 영향 아래 크게 다른 과학 기술의 모양을 얻어가고 있었기 때문이다.

 그리고 이렇게 양분해 볼 때, 조선 전기에 가장 눈부신 전통 과학 기술의 꽃을 피운 시기는 15세기 전반, 곧 세종(1418~50 재위) 때였다. 특히 이 시기의 업적은 고려 때까지의 그것이 아무것도 실제로 남아 있지 않은 것과는 달리 일부나마 현존한다는 특징을 가지고 있기도 하다.

천문역산학의 황금기

 조선왕조를 새로 시작한 이성계는 즉위하자 곧 1395(태조 4)년 새로 천문도를 만들고 이것은 바로 돌에 새겨졌다. 이것이 지금 남아 있는 세계에서 두 번째로 오랜 돌에 새긴 천문도이다. 이보다 오래된 석각 천문도는 중국의

'순우천문도(淳祐天文圖)'인데 1247년의 것이다. 이들 두 천문도는 여러 가지로 거의 비슷한 것인데, 중국의 그것이 그저 천문도라고만 써 있는 것과 달리 우리나라의 천문도는 '천상열차분야지도(天象列次分野之圖)'라는 긴 이름이 머리에 크게 새겨져 있다.

이 천문도에 붙인 이름은 '하늘 모양을 12차와 분야에 따라 그려 놓은 그림'이란 뜻이다. 커다란 원 안에 1,463개의 별을 그렸는데, 전통적으로 동양 천문학에서 중요하게 여겼던 삼원(三垣), 28수(宿), 12차가 모두 나타남은 물론이고, 그 아래 부분에는 이 천문도를 만들게 된 과정과 참가자의 이름도 적혀 있다. 가로가 123cm, 세로 201cm, 두께 12cm의 돌에 새겨져 있는데, 이에 대한 설명문, 즉 끝에 붙인 말(발문(跋文))은 당대의 유명한 학자 권근이 쓴 것이다. 이 천문도는 너무 닳아 희미해졌기 때문에 이미 1687년에 거의 똑같게 다시 돌에 같은 제목으로 천문도를 거의 똑같이 생긴 것이 있는데, 이것은 지금 서울의 홍릉에 있는 세종 기념관에 보존되어 있다.

권근의 설명에도 있는 것처럼, 당시 조선 지식층은 대체로 우주의 모양을 개천설(蓋天說), 혼천설(渾天說) 등에서 한 가지가 맞을 것이라 여기던 때였다. 개천설에 의하면, 하늘은 둥근 우산처럼 생겼는데, 약간 가운데가 솟아오른 평평한 땅 위를 우산처럼 덮고 있다. 이와는 대조적으로, 혼천설은 땅이 둥글고, 그 둘레를 역시 둥근 하늘이 덮었다는 생각이다. 혼천설은 달걀 모양을 비유하고 있어서, 그것이 마치 지금 우리들의 지구설과 마찬가지라 생각하는 수도 있다. 이 밖에도 권근은 선야(宣夜), 안천(安天), 흔천(昕天), 궁천설(穹天說) 등이 있다고 소개하고 있지만, 그 내용에 대한 설명은 없다. 이 천문도는 1985년 국보 제228호로 지정되어 지금 국립박물관에 보관되어 있다.

고려 때의 전통을 이어 조선왕조는 천문 관서를 관상감(觀象監)을 두고 매일 밤 5명의 관측자들이 밤을 새워 번갈아 천문관측을 계속했다. 조선 초부터 관상감은 내관상감(內觀象監)으로 경복궁 안의 서쪽 문안에 사무소를 두고, 관측 시설은 경회루 둘레에 시설해 놓았고, 외관상감(外觀象監)은 북부 광화방에 있었다고 하는데, 지금 창덕궁 정문의 서쪽이 된다.

관상감에는 모두 65명의 직원이 있었는데, 천문(天文), 역산(曆算), 지리(地理), 측후(測候), 각루(刻漏)를 맡기로 되어 있었다. 천문관측을 위해서는 서울의 삼각산 꼭대기에 관측대를 보낸 것은 물론이고, 백두산과 한라산, 금강산과 마니산에도 임시 관측대가 파견된 기록이 세종 때에 남아 있다. 세종 때에 이런 관측이 실시된 것은 특히 일식(日食) 관측과 북극 고도(北極高度) 측정을 위한 것이었는데, 다른 시기에도 비슷한 관측이 있었을 것으로 보인다.

이런 열성적 관측에 의해 발견된 이상한 천문 현상들은 이상(異常) 현상과 함께 기록되어 지금까지 남아 있다. 「실록(實錄)」에 있는 이런 자연현상 기록은 조선 초기 100년 동안에만도 8천 개나 된다.

경회루(慶會樓) 둘레의 관상감(觀象監) 시설

조선왕조의 제4대 임금 세종(1418~50 재위)은 많은 과학 기술 분야의 업적을 남겼고, 또 특히 한글의 창제자로 널리 알려져 있다. 그러나 그가 가장 많은 공을 들여 이룩한 업적은 다름 아닌 천문 역산에 속하는 것으로 보인다. 세종은 당시 내관상감이 있던 경복궁의 경회루 둘레에 온갖 관측 시설을 만들어 매일 밤 5명의 천문관이 하늘을 관측하게 했다.

그때 경회루 둘레에 있던 시설들은 먼저 경회루 연못 남쪽에 있던 보루각(報漏閣)을 들 수 있다. 여기에는 그 유명한 장영실의 자격루를 설치해 두었던 것이다. 동쪽에도 건물 하나를 지어 흠경각(欽敬閣)이라 불렀는데, 여기에는 더욱 정교한 천문 시계 장치인 옥루(玉漏)를 설치했다. 그리고 다시 경회루 북쪽에는 동에서 서로 차례대로 간의대(簡儀臺), 동표(銅表), 혼의(渾儀)와 혼상(渾象)이 세워졌다.

(1) 자격루와 보루각 — 우리나라에 물시계가 사용된 것은 이미 삼국시대부터지만, 그 모양과 기능에 대한 설명이 남아 있는 것은 이것이 처음이다. 장영실이 만든 이 물시계는 그 전까지의 물시계와 달리 자동 장치로 움직인 점이 다르다. 물이 차 올라 잣대를 밀어 올리면 그것이 격발 장치를 건드려 미리 장전해 놓았던 많은 쇠알을 굴려 주어 종, 징, 북 등이 시각에 따라 몇 번이든 울리게 된다. 또 인형이 나타나 시각을 알려 주는 팻말을 보여 준다.

자격루는 1434(세종 16)년 7월 1일 처음으로 사용되었다. 그때까지 있던 물시계 대신 이것이 사용되었는데, 한밤에도 경회루 남쪽의 이 자격루가 저절로 울리면, 그 북소리를 듣고 광화문의 문지기들이 똑같이 북을 쳐서 서울 거리에 북소리를 전해 주었다. 이 자동 물시계에 대해서는 상세한 기록은 남아 있지만, 지금 그 흔적은 찾아볼 수가 없다. 그 대신 1세기 후인 1536(중종 31)년에 다시 만들었던 자격루의 물통들이 지금까지 남아 있어서 세종 때의 것이 어떤 모양이었을까를 짐작하게 해 준다. 지금 남아 있는 중종 때 물시계의 일부는 서울 덕수궁의 서남쪽 구석에 전시되어 있는데, 이미 1만 원짜리 지폐에 도안되어 들어가 있고, 1985년에 국보 제229호로 지정되었다.

(2) 옥루와 흠경각 — 자격루를 만들어 세종의 칭찬을 들은 장영실은 훨씬 복잡한 물시계 장치이면서도 여기에 여러 가지 천문 현상을 그대로 나타내 주는 교묘한 장치 발명해냈다. 1438년에 완성된 이 장치는 경회루, 동쪽에 흠경각을 세우고 그 안에 설치했는데, 금빛으로 장식한 태양이 실제로 움직이고 천사와 관리의 모양도 인형으로 만들어, 시각에 따라 이런 인형들이 나타나 방울을 울려 주게 된 상당히 복잡한 자동인형을 장치한 천문시계 겸 물시계였다. 비교적 상세한 기록만이 남아 있을 뿐, 이것은 다시 만들어진 일도 없고, 유물도 남아 있지 않다.

(3) 간의와 간의대 — 지금이 2m쯤 되는 당시 가장 간단하고도 편리한 천체위치 관측기구였다. 이 간의를 가설하기 위해 경회루 북쪽에는 1437년 간의대가 세워졌다. 높이 31자, 가로 47자, 세로 32자의 상당히 큰 건조물

을 돌을 쌓아 만들고, 그 위에서 간의로 천문을 관측하게 만든 것이다. 또 간의의 방향을 잡기 위한 장치로 정방안(正方案)을 만들어 간의의 남쪽에 시설해 놓았다.

여기 세웠던 것은 대간의(大簡儀)라고도 불렸는데, 다른 작은 것도 만들어 보급했기 때문이다. 또 이것을 만들기 전에는 정초, 정인지 등을 시켜서 문헌을 조사하여 소간의(小簡儀)를 만들기도 했다. 이것은 물론 구리를 부어 만든 금속제였다. 간의는 원나라 때에 처음 제작된 것으로, 중국에는 지금 그 유물이 남아 있다. 다만 세종 때의 간의가 지금 중국에 남아 있는 것과 똑같은 것인지는 확실하지 않다.

(4) 동표 — 간의대 바로 서쪽에 간의대와 거의 같은 때 세워진 동표는 태양 고도 관측장치이다. 태양의 고도를 정확히 관측하는 일은 천문 계산법 또는 역법의 발달에 대단히 중요한 부분이다. 세종 때의 이 동표는 높이가 40자(약 10m)나 되는 높은 것이며, 이 기둥은 구리로 만들었다고 기록은 전한다. 보통 중국에서 만들었던 이 태양 고도 관측 장치는 8자(약 2m)짜리인데, 이것은 유난스럽게 그보다 5배나 높은 것으로 만들었던 것을 알 수 있다. 그래서 보통 이 장치는 규표(圭表)라 불리는데 「세종실록」에는 그것이 동표(銅表)라 이름 붙여져 있다.

그런데 이렇게 기둥을 높이면 그 꼭대기에 가로지른 막대기의 그림자가 맨눈에는 보이지 않게 마련이다. 이것을 관측하기 위해 추가로 달아 놓은 장치가 영부(影符)이다. 말하자면 가로 막대의 그림자가 떨어지는 자리에 움직이는 어둠 상자를 달고, 그 상자의 태양을 향한 면의 한복판에 바늘 구멍을 뚫어 놓으면, 사진기의 원리에 따라 가로 막대의 그림자가 태양의 영상 한 가운데를 가로지르는 위치가 아주 정확하게 측정된다. 세종은 눈금 부분은 푸른 옥(玉)을 캐어다가 쓴 것으로 기록되어 있다.

(5) 혼의와 혼상 — 동표의 서쪽에 세웠던 장치들인데, 혼의가 동쪽에 있고, 혼상은 그 서쪽에 세웠다. 혼의는 혼천의(渾天儀)라고도 흔히 말하는데,

시대에 따라 모양이 달라지기도 한다. 원래는 천체 운동 관측 장치지만, 여기 설치된 것은 실제 관측을 위한 것은 아니었다. 이때의 혼의와 혼상은 작은 건물을 만들어 그 안에 설치했다니까, 더구나 실제 관측용이 아니었음을 알 수 있다. 혼의와 혼상은 둘 다 지름 2m쯤의 것으로 혼상은 구형에 검은 천을 입히고 거기에 별들을 나타냈다. 검은 천 위에 그려진 별자리들은 하루 한 번씩 저절로 돌게 되었고, 그 위에 별도로 태양 운동을 역시 자동으로 나타내 주었다. 물의 힘으로 움직여 준 자동식 천체 운동 모형이었다.

앙부일구(仰釜日晷)와 해시계들

앙부일구는 세종 때 제작된 해시계 여럿 가운데 가장 대표적인 발명품이다. 중국에도 앙의(仰儀)라는 장치가 있었지만, 앙부일구와 달리 시각을 재기 위한 해시계 전용은 아니었다. 그래서 중국 천문학사에는 앙부일구가 조선에서 발명되어 일본에만 전해진 것으로 기록되고 있다.

흔히 '오목 해시계'라고도 알려진 이 해시계는 '하늘을 쳐다보는 솥모양의 해시계'란 뜻에서 이런 이름을 갖게 된 것이다. 오목한 반구형의 시계바닥에는 시각선과는 직각으로 13줄이 그어져 있는데, 이 줄의 양쪽에는 24절기를 써 놓아, 그것이 그림자 길이에 따라 그날이 24절기의 어느날 쯤인가를 알게 해 준다. 24절기란 양력 날짜를 가리키므로 양력 날짜를 알게 해주는 해시계라 하겠다. 해 그림자를 만들어 주는 영침(影針)은 그 꼭대기가 반원의 중심에 닿게 비스듬히 세워져 있는데, 그것의 기울기는 곧 북극을 향하게 되어 있다. 따라서 그 지역의 북극고(北極高)가 표시되어 있다.

세종은 특히 이 해시계를 만들어 이것을 대중이 쉽게 시작을 알 수 있도록 서울 한복판의 종로 두 곳에 세웠다. 세종 때의 해시계는 지금 하나도 그대로 전하지 않지만, 1988년 말 공중용 앙부일구는 한 개가 종묘 앞에 복원되었다. 앙부일구는 그 후 계속 제작·사용되어 지금도 18세기 이후의 유물이 조금 남아있다. 그 밖에 세종 때에는 현주(懸珠), 천평(天平), 정남일구(定南日晷) 등이 만들어졌지만, 그 모양에 대한 확실한 연구는 아직 부족한 형편이다.

측우기(測雨器)와 수표(水標)

강수량을 정확하게 계량하는 방법으로는 세종 때의 측우기 발명이 세계 최초이다. 서양에서 우량(雨量)을 측정하는 우량계가 나온 것보다 2세기를 앞선 것이어서 너무나 유명하다. 특히 자연 현상을 계량적으로 이해하는 방법은 근대 과학의 가장 중요한 방법의 하나이기 때문에, 측우기 발명은 높이 평가되는 것이다. 1441년 처음 측우기를 만들어 이듬해에는 곧 전국 중요 지역에 보급했고, 강수량 측정은 조선시대에 계속되었다. 그렇지만 이런 측량이 통계적으로 이해된 일은 없어서, 근대적 과학 방법은 그저 방법으로 그친 아쉬움을 낳았다.

측우기와 같은 의미로 중요한 발명은 한강과 청계천에 세워 흐르는 물의 양을 측정한 수표이다. 가뭄과 홍수의 정도를 계량적으로 이해하려는 과학적 접근이었음을 알 수 있다. 측우기와 수표는 모두 조선 말기에 제작 된 것만이 지금 남아 있다.

세종은 그 밖에도 여러 가지 천문 역산에 업적을 남겼다. 그 가운데 일성정시의(日星定時儀)는 그 이름이 나타내주는 것처럼, 해와 별을 관측하여 시각을 알게 해 주는, 낮과 밤에 함께 사용할 수 있는 시계였다. 이것은 또 작은 것을 만들어 보급하기도 했다. 세종 때에는 물시계도 작은 것을 만들어 휴대용 물시계를 보급하기도 했다.

또 다른 기록에 의하면, 1433(세종 15)년에 천문도가 돌에 새겨졌다는 기록이 있다. 사실은 이 때 돌에 새겼다는 천문도가 바로 지금 남아 있는 '천상열차분야지도(天象列次分野之圖)'라 생각된다. 1395년에 만든 것으로 되어 있는 이 천문도는 그 때 그림으로 완성된 채 전해져 1433년에 돌에 새겨진 것으로 해석된다. 이 천문도에 있는 권근의 글이나 그 밖의 어느 기록에도 이 천문도가 1395년에 '돌에 새겨졌다'는 말은 없다. 따라서 이 천문도는 1395년 만들어졌다가, 1433년에 돌에 새겨진 것이라 보는 것이 온당하다.

「칠정산(七政算)」의 완성

1442(세종 24)년 「칠정산」 '내편(內篇)'과 '외편(外篇)'의 완성으로 조선 초 천문역산학의 연구는 그 절정에 이른다. 「세종실록」에도 부록되어 지금 전해지는 이 책의 머리말 일부를 보면 그 의미를 알 수 있다.

고려시대 최성지는 충선왕을 따라 원(元)나라에 갔다가 수시력법을 얻어 가지고 돌아왔다. 그 후 우리나라는 이를 쓰기 시작했다. 그러나 천문 역산 학자들은 역(曆) 만드는 방법은 알아냈지만, 일식과 월식, 그리고 다섯 행성의 운동을 계산하는 데는 그 방법을 알지 못했다. 세종께서는 정흠지, 정초, 정인지 등에게 명하여 그 계산 방법을 연구하게 하여 그 어려운 부분을 알아내게 했던 바, 그들이 밝혀낼 수 없는 부분에 대해서는 세종께서 친히 판단을 내리시어 모두가 분명히 밝혀지게 되었다.

「칠정산」의 완성으로 조선시대의 천문학자들은 서울에서 일어나는 일식과 월식을 포함한 천체 운동을 정확하게 예보할 수가 있게 되었다. '내편'은 원(元)의 곽수경 등이 만든 수시력을 완전히 소화한 작품이며, '외편'은 역시 원대에 중국에 들어온 아랍 천문학을 소화해 낸 작품이다.

그때까지 가장 발달했던 수학적 천문학을 완전히 수용함으로써 조선의 천문학은 당시 세계 최고 수준에 이르고 있었음을 보여 준다. 이에 상응하는 비슷한 성과가 일본에서 일어난 것이 1682년 삽천춘해(澁川春海)의 「정형력(貞曆亨)」이었음을 상기해 볼 때, 「칠정산」의 의미는 더욱 분명해진다.

「칠정산」을 책으로 완성하는 데 기여한 당대의 최고급 천문학자로는 이순지(?-1465), 김담(1416-64) 등을 빼놓을 수가 없다. 「칠정산」의 편찬이 바로 이들에 의해 이뤄졌고, 이들은 다른 천문학자들과 함께 당시의 연구와 기구 제작 등에 두루 참여했다. 특히 이순지 등은 이런 천문역사학의 연구를 뒷받침하는 저술을 여럿 남기고 있는데, 그 가운데 「제가역상집(諸家曆象集)」(1445)과 「천문유초(天文類抄)」는 대표적 저술이다. 「제가역상집」은 천문(天文), 역법(曆法), 의상(儀象), 구루(晷漏) 등 4분야에 걸쳐 주로 중국의 문헌을 조사하여 정리해 놓은 기록이며, 「천문유초」는 동양 천문학의 개설서로 별들의 그림까지 넣어 천문학의 대강을 이해할 수 있게 만든 책이다. 이것은 조선시대 천문학 교육의 기본 참고서로 이용되었다.

땅의 과학

이 시대에 만들어진 세계 지도는 꼭 하나가 지금까지 전해진다. 1402년 김사형, 이무, 이회 등이 제작했다는 이 지도는 원본이 아니라 사본으로 꼭 한 부가 일본에 전해졌고, 그것을 최근 다시 그린 사본이 국내에 몇 개 전시되기 시작하고 있다. '혼일강리역대국도지도(混一疆理曆代國都之圖)'라는 긴 이름을 가진 이 지도는 당시의 중국판 세계 지도를 참고해 그린 것은 확실한데, 중국과 한국이 지나치게 크게 표시되어 있다.

중요한 사실은, 이 지도에는 서양의 지명이 100개 정도, 그리고 아프리카 지명도 30개 이상 나타난다는 것이다. 아직 조선 초의 지식인들이 이런 지역에 대해 실제로 무슨 지식을 갖고 있던 것은 아니지만, 차츰 중국을 통해 세계에 눈뜨는 모습을 알 수 있다. 또 이 지도의 제작에는 중국 지도만이 아니라 중국 지도에 끼친 아랍 지도의 영향을 간파할 수도 있다.

「동국여지승람」 같은 지리지에 그려진 지도 말고는 한국 지도로 이 시기의 것은 남아 있지 않다. 그러나 지도에 대한 관심이 높았다는 점만은 지도 제작을 위한 기구가 발명된 사실로도 짐작할 수가 있다. 세조는 그가 임금이 되기 전에 지도에 많은 관심을 가져 1467년 인지의(印地儀)를 발명했다. 이것은 멀리 내다볼 수 있는 장치로, 규형(窺衡)을 달아 놓음으로써 먼 거리를 측정할 수 있는 장치였다.

지금 전하지는 않지만, 1463년 정섭, 양성지가 완성한 「동국지도(東國地圖)」는 1426년부터 본격적으로 진행되었던 실측 결과가 종합되어 나온 뛰어난 작품이었던 것으로 보인다. 이 지도가 당시 편찬된 지리지에 들어 있는 지도의 배경이 되었고, 또 훗날의 지도 제작에 이용되었을 것이다.

지금 전해지는 조선시대 초기의 가장 중요한 유산의 하나는 바로 「동국여지승람(東國輿地勝覽)」이다. 이 책은 1481(성종 12)년에 일단 완성되었고, 그 후의 증보판이 지금 우리에게 전해진다. 5년 후에 당장 원래의 50권이 55권으로 늘어났는데, 경도(京都), 한성(漢城), 개성(開城)에서 시작하여 경기, 충청, 경상, 전라, 황해, 강원, 함경, 평안의 8도가 차례로 실려 있다. 각 지역에 대해 그 지방의 연혁과 학교, 중요한 씨족, 중요 건물과 유적, 유명한 인물과 관련된 문장과 시문 등이 주로 소개되어 있어서, 과학적이기보다는 역사적 지리학이라 할 수도 있다. 그러나 각 지방의 토산물 등이 소개되어 있어 당시의 물산(物産)을 조사연구하는 데에 중요한 자료를 제공해 준다.

이 지리지의 완성에는 그에 앞서 많은 국세 조사가 있었고, 또 「신찬팔도지리지(新撰八道地理志)」(1432), 「세종실록」 '지리지'(1454), 양성지의 「팔도지리지」(1478) 등의 연속적인 노력이 있었다. 또 1471년에 신숙주가 완성한 「동국제국기(東國諸國記)」는 일본, 대마도, 유구 등에 대한 정보와 지도를 남기고 있다.

산학(算學)

조선시대의 여러 학문 분야 가운데 일부는 잡학으로 불리었는데, 산학은 여기에 속했다. 호조에 속하는 관아에는 약 30명의 정식 산원(算員)이 배치되고, 관상감의 천문 계산도 사실은 주로 수학적인 숙련을 필요로 하는 분야였다. 그런데 초기에는 잡학 가운데에도 역(譯), 음양(陰陽), 의(醫), 율학(律學) 등 4개 분야에는 잡과(雜科)라 하여 과거가 실시되었다. 그렇지만 산학은 낙공(樂工), 화원(畫員) 등과 함께 각 관계 관서에서 알아서 교육시키고, 해마다 4회 시험을 보아 필요한 인원을 선발하는 취재(取才)가 있을 뿐이었다.

그럼에도 불구하고 이들 잡학 분야 종사들은 점차 중인(中人)으로 별개의 계급을 만들어 그들의 독점적 이익을 지켰던 것으로 보인다. 특히 400년 동안 1,627명의 합격자를 낸 산학 분야가 어느 다른 중인 계층보다 세습적인 경향을 강하게 나타내고 있음이 밝혀져 있다. 조선 초기에 산학의 교재로 사용된 것은 「상명산법(詳明算法)」, 「산학계몽(算學啓蒙)」, 「양휘산법(楊輝算法)」 등 중국의 책이었다.

거북선과 조선(造船) 기술

거북선(귀선(龜船))이 처음 역사에 기록되기는 1413년의 일이다. 그러나 이 거북선이 임진란 때의 유명한 거북선과 정말 똑같은 것이었는지는 밝혀져 있지 않다. 여하튼 우리가 아는 거북선은 임진란 때 이순신, 나대용 등이 다시 발명했던 것으로 생각할 수도 있다. 거북선은 이미 조선 초에 조운(漕

運)의 필요로 발달한 선박 기술, 그 가운데에도 특히 판옥선(板屋船)에다가 배 위에 적이 승선할 수 없도록 뚜껑을 덮은 모양이었다. 이렇게 덮은 뚜껑에는 송곳을 꼽아 적의 접근을 막았다.

용의 머리 모양을 한 앞부분의 입에서는 연기가 뿜어 나와 적의 시야를 방해했다. 또 노는 그 안에서 젖게 되었는데, 널리 알려진 것처럼 거북선의 뚜껑이 쇠로 덮여 있었는지는 분명하지 않다.

화약(火藥)과 무기

고려 말 최무선이 시작한 화약 무기의 개발은 조선 초기에 그의 아들 최해산의 주도 아래 계속되었다. 왜구와 여진의 침략을 막기 위해 화약 무기의 개발은 비밀 속에 진행되어, 1409년 화차가 만들어졌고, 이때에는 이미 화통이 1만 자루 이상 제작되었다. 또 세종 때에는 멀리서 소리를 들어 알 수 있도록 화약 무기로 신호용 신포(信砲)를 만들기도 했다.

1445(세종 27)년 간행된 「총통담록(銃筒謄錄)」은 고려 말에서 조선 초에서 발달했던 화약 무기를 중심으로 그 제조법과 사용법 등을 그림과 함께 설명한 책으로 알려져 있다. 다만 화약의 제조가 삼남(三南) 등 적과 가까운 지역에서 금지되었던 것처럼, 지나친 비밀 속에서 이런 책은 후세에 전해지지 않은 채 사라져 버렸다. 그 후 화차는 문종 때에도 다시 만들어졌고, 임진란에는 변이중이 다시 만든 것으로 전해진다. 임진란에는 또 화포장(火砲匠) 이장손이 비격진천뢰(飛擊震天雷)를 발명하여 위력 있게 활용한 것으로 알려졌다. 그 전에도 이미 수류탄 같은 진천뢰라는 무기가 있었지만, 이장손은 이것을 특수한 발화 장치로 연결하여 폭발 시간을 마음대로 조절할 수 있었다. 대완구로 발사하면 500보를 날아갔다고 전한다.

인쇄 기술

고려 말에 금속 활자 인쇄 기술의 시작으로 세계를 앞서기 시작한 우리의 인쇄 기술은 조선 초 태종과 세종 때에 특히 발달을 더했다. 1403(태종 3)년에 만든 계미자(癸未字), 그 후 세종 때의 경자자(庚子字), 갑인자(甲寅字) 등은 그 후에 수십 회 진행된 활자의 주조에서도 제일 유명한 활자 이름으로 전해진다. 보다 단단하고도 아름다운 활자를 대량으로 만드는 일은 당시의 과제가 되었다. 활자는 고운 모래판에 나무 활자로 찍어 낸 글자 위에 녹인 금속을 부어 식혀 낸 다음 다듬어 만들었다.

이렇게 만들어낸 활자를 황랍(黃蠟)을 녹여 활자를 꽂아 놓은 판에 부어 활판(活版)을 고정한 다음, 그 위에 먹을 칠하고, 그 위에 종이를 놓고 가볍게 문질러 인쇄하는 방법이 사용되었다. 서양에서는 금속 활자 기술이 전해지자 곧 인쇄기에 압착기를 연결하여 고정 인쇄를 쉽게 하기 시작했지만, 조선시대에는 그런 기술은 발달하지 않았다. 어차피 한 번에 많은 책을 인쇄할 필요가 없었기 때문에, 더욱이 그런 발명은 생각해 낼 사람이 없었을 것으로 보인다.

이렇게 인쇄 기술은 그런 대로 조선 초에는 상당히 발달해, 임진란에는 일본에 그 기술을 전하기도 했지만, 서양이 재빨리 발달시킨 방법으로 나가지는 못하고 있었음을 알 수 있다.

그 밖의 기술

소위 3대 발명이라고 알려진 인쇄술, 화약, 나침반은 모두 우리 역사에서도 서양보다 훨씬 일찍부터 사용되고 있었다. 또 이 가운데 인쇄술은 중국을 앞선 것이 분명하다. 그러나 나침반의 경우는 중국보다는 훨씬 후에야 사용되기 시작한 것으로 보인다. 중국이 이미 한(漢)대에 나침반의 시작이랄 수 있는 자석의 방향성을 이용한 도구가 나온 것과 달리, 삼국시대 우리나라에서는 중국에 자석을 2상자 보낸 기록이 보일 뿐이다.

그러나 고려 또는 조선 초기까지는 나침반이 널리 사용되기 시작했는데, 그 대표적인 것이 윤도(輪圖)로 알려진 여러 개의 동심원을 가진 나침반이다. 이것은 해상 활동에 사용된 것이 아니라, 지관이 들고 다니며 명당을 찾는 데 이용하는 것으로, 방향은 물론이고 간지(干支)와 28수(宿) 등 온갖 정보가 여러 층의 동심원에 나타나 있다.

이미 삼국시대에 얼음은 겨울에 창고에 저장했다가 여름 동안 사용되고 있었다. 조선왕조는 개창과 함께 서울 한경의 상류(지금의 옥수동)에 동빙고(凍氷庫)를 만들어 궁중의 얼음으로 쓰게 하고, 그보다 하류인 지금의 서빙고동 지역에는 서빙고(西氷庫)를 만들어 더 많은 얼음을 보관했다가 여름 동안 고급관리들에게 얼음을 공급했다. 지금 경주 석빙고(石氷庫)는 오히려 이보다 훨씬 후인 1741년에 지은 것인데, 이를 보아 조선 초의 빙고의 모습을 짐작할 수 있다.

의약(醫藥)의 발달

고려 말에 시작한 민족 의학의 전개 과정은 조선 초에 이르러 그 절정에 이른다. 수입에만 의존하기보다는 약품의 국산화가 당시 과제였다. 또 우리 체질에 맞는 의약품은 당연히 이 땅에 있을 수밖에 없다는 의토성(宜土性)에 대한 믿음이 이런 운동을 자극했다. 세종은 전의 노중예 등을 시켜 당재(唐材)와 향약(鄕藥)의 비교·연구를 해 보게 했고, 그 결과에 따라 향약을 채집하고 건조하는 법을 고안하여 당재 대신 국산 약재를 쓰도록 개발해 나갔다. 1428(세종 10)년에 완성한 「향약채취월령(鄕藥採取月令)」이란 바로 그런 노력의 성과였다.

그리고 이것이 더욱 발전하여 민족 의학의 대전(大典)으로 「향약집성방」 85권이 1433(세종 15)년에 완성되었다. 이 작업은 유효통, 노중예, 박윤덕 등이 주로 맡았는데, 필요에 따라서는 중국에 가는 사신 편에 의사를 파견하여 조사해 온 일도 있다. 바람·열·곽란·어지러움 등의 병의 증세에 따른 분류, 머리·눈·코·귀·피부 등등 병이 난 장소에 따른 분류 등이 따로 다뤄지고, 이어서 본초(本草)가 소개되어 있는데, 여기 포함된 약방은 모두 10,706방(方)이다. 비싼 중국 약품 대신에 많은 우리 약을 설명한 것이 특징인데, 조선식의 본초서(本草書)라 할 수 있다.

여기에 비하면 1445년에 완성된 「의방유취」는 365권의 거창한 책으로, 당시 중국의 약학을 총정리해 놓은 대작이다. 이것은 동양 의학의 대표적인 대사전이라 할 수 있는데, 너무 방대하여 출판되지 못하다가 성종 때에서야 266권으로 줄여 30질(帙)만 출판한 것이 임진왜란 때 일본에 전해졌다. 당시에 만들어진 어느 사전보다 훌륭한 자료를 가지고 있어, 중국에서는 이미 사라진 자료도 포함되어 있다. 이 책은 임진란 이후 우리나라에서도 사라졌는데, 일본에서 다시 출간한 것은 1876년 강화도 조약을 기하여 우리에게 기증한 일이 있다.

허준의 「동의보감(東醫寶鑑)」

선조 때의 시의 허준(1546-1615)이 1610년 완성하여 1613년 처음 출간된 「동의보감」은 동양 의학의 대표적 고전이다. 지금도 우리나라의 모든 한의사들이 참고할 뿐 아니라, 일본과 중국에서도 여러 차례 별도로 출판된 일이 있을 정도로 이 책은 아주 편리하게 짜여져 있는 것으로 유명하다. 「홍길동전」으로 유명한 허균과 같은 집안이었지만 서얼 출신이었던 그는 일찍부터 의술에 전념하여 선조의 신임을 얻고, 1596년 당대의 다른 의학자들과 함께「동의보감」편찬을 맡게 되었다. 그러나 전란으로 다른 학자들이 떨어져 나가고, 결국은 그의 단독 작품처럼 되어 나온 것이 이 책이다.

「동의보감」은 25권으로, 지금의 내과에 해당한다고 할 수도 있는 '내경편(內景篇)'(4권), 지금의 외과·피부과·이비인후과에 해당하는 '외형편(外形篇)'(4권), 그 밖의 여러 질병과 진단법 등을 다룬 '잡병편(雜病篇)'(11권), 당시 사용하던 약품을 분류해서 적은 '탕액편(湯液篇)'(3권), 침과 뜸을 다룬 '침구편(鍼灸篇)'(1권)으로 되어 있는데, 제일 앞부분에 목록 2권이 있어 25권이다. 특히 흥미 있는 것은, '탕액편'에는 약품 이름이 한글로 표기된 경우가 있고, 또 약품의 분류를 수(水)·토(土)·각(殼)·인(人)·금(禽)·수(獸)·어(魚)·충(蟲)·채(菜)·초(草)·목(木)·옥(玉)·석(石)·금(金)의 순서로 하고 있다는 사실이다. 이로써 조선시대의 자연물 분류의 체계를 어느 정도 짐작할 수 있다.

허준은 그의 저서를 '동의(東醫)'로 내세움으로써 그의 작품이 민족 의학의 일부임을 분명히 했다. 고려 말에 시작되어 세종 때 완성되는 '향약(鄕藥)' 운동이 그의 '동의' 운동으로 이어지고, 이것은 다시 조선 말기에 이제마의 「동의수세보원(東醫壽世保元)」으로 계승되는 것이다. 허준은 이 밖에도 여러 가지 의학서를 남겼다.「신찬벽온방(新纂辟溫方)」,「벽역신방(辟疫神方)」 등은 당시 번지기 시작한 전염병에 대한 책이며,「구급방(救急方)」,「태산요록(胎産要錄)」 등을 우리말로 옮긴 의학서를 내기도 했다.

조선 초기의 의약학은 허준의 경우에서 볼 수 있는 것처럼 의학의 대중화를 위한 노력을 엿볼 수 있다. 그 전부터 특히 연산(燕山)과 중종(中宗) 시대에는 의학 서적의 언해(諺解), 곧 한글로의 번역이 진행되었다. 또 살상(殺傷)이나 검시(檢屍) 등의 법의학적 문제에 대해서는 중국의 「무원록(無寃錄)」이 번역되어 사용되었고, 별로 독자적인 발달은 보이지 않는다. 동양 의학은 해부학과 외과학이 거의 발달하지 못하는 것이 큰 특징인데, 임진란 때 전유형이란 사람은 시체를 해부해 보았다는 기록이 남아 있어 이채롭다. 그러나 그가 어떤 인물이고, 그런 노력이 그 후 어떻게 되었는지는 알려져 있지 않다.

11 조선 후기의 근대적 과학 기술

　오늘 우리 인류가 과학 기술의 시대를 맞게 된 까닭은 서양 사회가 17세기 이후 과학 기술을 급속도로 발달시켜 그것이 세계를 바꾸기 시작했고, 그 영향이 전 지구상에 미쳤기 때문이다. 그런 뜻에서는 근대 과학 기술이란 아무래도 서양의 과학 기술을 어떻게 이 땅에 받아들이게 되었는가를 살펴보는 과정일 수밖에 없을 것이다. 또 이런 서양의 영향 아래 전개되는 과학과 기술은 전통적인 방식으로 천(天)-지(地)-인(人)의 차례로 과학사를 서술해 갈 수도 없다. 따라서 이 장부터는 서술의 차례를 대체로 시대적으로 하면서 17세기 이후의 조선 후기 과학 기술의 전개 과정을 살펴본다.

연행사(燕行使)의 서양 문물 수입

　우리 선조들이 서양의 앞선 과학 기술에 처음 접촉하기 시작한 것은 중국에서 활약하고 있던 서양 선교사들의 책과 문물을 받아들이기 시작하면서부터였다. 1631(인조 9)년 명(明)에 사신으로 갔던 정두원이 돌아오면서 북경에 있던 서양 선교사 로드리게스로부터 천리경, 자명종, 천문도, 홍이포 등의 서양 문물과 몇 가지 천문, 역산, 지리에 관한 책을 구해 온 것이 대체로 우리나라에서 처음인 사건으로 여겨진다.
　엄밀하게 말하자면, 그에 앞서 이미 임진란 때에도 약간 서양의 영향이 있었고, 또 1603년에는 역시 명에서 돌아온 사신이 마테오 리치가 만든 세계 지도를 가져왔다는 기록도 있다. 하지만 제대로 서양의 과학 기술 문물을 받아들이기 시작한 것은 1631년의 정두원을 첫째로 꼽을 만하다. 다음으로는 청(淸)에 볼모로 잡혀 있다가 1644년 귀국한 소현세자(昭顯世子)가 역시 상당한 분량의 서양 문물 자료들을 유명한 서양 선교사이며 과학자였던 아담 샬에게서 얻어 왔다.

이렇게 나라 안에 밀려들기 시작한 서양 과학 기술의 영향은, 그 후에는 주로 북경에 사신으로 돌아온 양반층 학자들에 의해 나타났다. 청(淸)이 중원을 차지한 다음부터 우리나라의 사행(使行)은 1년에 한 번 정도로 간략해졌지만, 한 번의 사행에는 수십 명의 지배층 학자들이 따라가기 마련이었다. 이 가운데에는 북경에서 서양 선교사들을 만나고 오는 사람도 있었는데, 서양인들이 중국어로 쓴 과학 기술 관련 책들을 사들고 오는 일은 더 많았다. 연행사의 북경 방문은 서양 문물의 수입에 제일 중요한 기틀이 되었다.

특히 서양 천문학의 우수성은 조선의 학자들에게 즉시 인정되기 시작했다. 망원경이 전해졌고 그것을 설명하는 책이 전해져, 하늘을 보다 분명하게 볼 수 있다는 것이 너무나 확실했기 때문이었을 것이다. 17세기 한국에 전해진 망원경이 지금 남아 있다면 대단한 문화재가 될 터이지만, 아직 그런 것이 발견된 일은 없다. 사실 이상하게도 망원경이 들어온 기록은 여럿 있지만, 그것이 어떻게 사용되었는지는 확실한 증거가 거의 없고, 후세의 학자들은 그것을 구경한 일조차 없는 것으로 보인다.

그런대로 서양식 역법(曆法)을 받아들이려는 노력은 아주 일찍부터 시작되었다. 1644년 중국에 갔다 들어온 관상감 제조 김육은 아담 샬이 만든 시헌력에 대해 알게 되어 이를 수입할 것을 정부에 건의했던 것이다. 동양의 역법은 적어도 몇 백년에 한 번은 근본적인 개혁을 하지 않으면 천체 운동을 잘 예보하기 어려워진다. 세종 때 「칠정산」이 나온 지 이미 200년이 지났으므로, 마침 중국의 개역(改曆)에 따를 필요를 느꼈던 것이다.

그러나 시헌력의 수용은 쉬운 일이 아니었다. 1651(효종 2)년 천문관을 청(淸)에 파견하여 이를 배워 오게 했고, 시헌력에 관한 책들은 겨우 상당 부분을 수입했지만, 그 정확한 계산 방법을 배우지 못한 채였다. 그런 가운데 1653년 시헌력은 조선에 맞게 고쳐져 이듬해부터 정식으로 채택되기에 이르렀다. 중국에서 이것이 사용된 지 9년 만의 일이다. 그렇지만 뇌물을 주고 책을 사 오고 일부 계산법은 익혔지만, 행성의 운동을 제대로 계산 할 줄은 여전히 모른 채였다.

1655년에 처음부터 시헌력 도입에 참여했던 천문학자 김상범을 다시 중국에 파견했지만, 그는 객지에서 죽고 말았다. 결국 조선의 천문학자들이 이 계산법을 익히게 된 것은 그로부터 반세기가 지나 다른 천문학자 허원이 1705년 북경에서 이를 배우고, 그 결과를 귀국하여 「세초유휘(細草類彙)」로 간행한 후부터였다.

시법(時法)의 개정과 시계의 발달

이로써 17세기 중반 이래 한국은 서양식 방법으로 만들어진 음력을 사용하기 시작했다. 이와 함께 몇 가지 중요한 개혁이 서서히 진행되었으니, 하루를 100각(刻)으로 나누던 방식을 버리고 96각법이 채용되었다. 이제 12시(時)로 나눈 하루에서 1시는 정확히 8각이 되어 편리하게 되었다. 1각은 지금 단위로 15분(分)이 된 것이었다. 마찬가지로, 원 둘레도 서양식의 영향 아래 그 전까지 $365\frac{1}{4}$ 도였던 것을 이제 360도로 바꾸게 되었다.

서양식 시계가 보급되기 시작한 것도 이 때부터였다. 당시 서양의 자명종은 지금 우리가 자명종이라는 부르는 그런 시계가 아니라, 일정한 시각이 되면 종이 그 시각만큼 울리는, 말하자면 괘종시계였다. 이런 시계가 도입되면서 이를 흉내내어 만드는 기술자들이 나타났다. 시헌력의 도입에 앞장섰던

김육(1580-1658)은 당시 밀양 사람 정흥발이 일본에서 수입한 자명종을 보고 연구한 끝에 스스로 그 이치를 터득해서 같은 종류의 시계를 만들었다고 기록하고 있다. 국산 기계 시계가 1650년대까지에는 이미 만들어지고 있었다는 것을 의미한다.

이미 일본과 중국에서는 많은 근대식 시계가 만들어질 때였다. 우리나라의 경우에는 1723년 관상감에서 서양식의 문진종(問辰鍾)을 만들었다는 기록이 있고, 1760년대에는 홍대용의 부탁을 받고 화순의 나경적이 후종(候鍾)을 만들었다. 모두 서양식 착상을 활용한 것인데, 1669년 완성된 것이 지금 고려대 박물관에 남아 있어 국보 제230호로 지정되어 있다. 길이 120cm, 높이 98cm, 두께 52cm의 나무상자에 들어 있는 이 장치는 한쪽에 추시계의 원리에 따라 움직이는 시계가 있고, 다른 쪽에는 40cm 지름의 혼천의가 달려 있다. 그리고 이 혼천의 한가운데에는 지름 9cm쯤의 지구모형도 달려 있다. 추의 무게로 자동으로 움직이면서 시각에 따라 저절로 시패가 창문에 나타나고 종도 울리게 된 발달한 천문 시계였다. 지금 남아 있지는 않지만, 이와 비슷한 여러 가지 시계들은 17세기 이후 여러 차례 만들어졌다.

서양의 천문도(天文圖)

1708년에 관상감은 서양식 천문도로 중국에서 크게 활동한 아담 샬이 만든 「적도남북총성도(赤道南北總星圖)」를 베껴서 만든 일이 있다. 중국에서 이 천문도가 나온 지 반세기가 더 지난 다음의 일이다. 이 천문도에는 1,800개 이상의 별이 그려져 있었고, 처음으로 조선의 지식층에게 남극 둘레의 별들을 보여 주었을 것으로 보인다.

그 후에도 이런 남극과 북극 둘레를 함께 나타낸 천문도가 만들어졌다. 그 대표적인 것의 하나는 지금 속리산 법주사에 남아 있는 소위 '신법천문도(新

法天文圖)'이다. 가로 451cm, 세로 183cm의 8폭 병풍으로 되어 있는 이 천문도는 1742(영조 18)년에 관상감에서 제작한 것으로, 중국에 와 있던 서양 선교사 쾨글러가 1723년에 만든 것을 중국에 갔던 관상감 천문학자 김태서, 안국빈 등이 모사해 가지고 돌아와 만든 것이다. 전통적인 천문도가 북극 둘레의 별들만 보여 주기 때문에 큰 원 하나로 나타낸 것인 데 비해, 이들 서양식 천문도는 북극과 남극 주변의 별들이 각각 하나씩이어서 두 개의 원으로 나타난다.

이익의 지구설(地球說)과 지심론(地心論)

18세기 전반에 주로 활약한 실학의 거두 이익(1682-1764)은 그의 문집 「성호사설(星湖僿說)」에서 서양의 천문학을 '역도(曆道)의 극(極)'으로 격찬하면서 망원경을 볼 기회가 없었음을 한스러워하고 있다. 그가 특히 서양 천문학을 높게 평가한 것은 바로 시헌력이 아주 정확하다는 사실을 근거로 한 것이었다. 그는 특히 땅이 둥글다는 서양 사람들의 지식을 받아들여, 그렇다면 둥근 땅 위에서 어느 나라가 꼭 중앙을 차지한다고 할 수 없다면서, 중국은 중앙에 있는 나라일 수 없다고 단정했다. 실학자들이 중국 중심적인 사상을 극복하여 자기 자신의 나라와 민족에 눈뜰 수 있게 된 까닭에는 이런 서양 천문학적인 지식이 크게 작용한 것으로 보인다.

재미있게도, 원래 이런 지식은 천문학으로 이 땅에 먼저 소개되기보다는 지도를 통해 알려졌던 것으로 보인다. 1603년 중국에 사신으로 갔던 이광정은 1602년 중국에서 선교사 마테오 리치가 만든 세계 지도를 가지고 귀국했다. 또 이듬해 증보된 「양의현람도(兩儀玄覽圖)」 역시 수입되어 지금은 그 하나가 서울 숭실대 박물관에 보관되어 있다. 이런 지도에는 지구가 그려 있고, 일식의 이치 따위도 그림으로 설명되고 있었다.

땅이 둥글고 그 둥근 땅의 위와 아래에 모두 사람이 살고 있다는 이치가 당시 사람들에게는 조금 이해하기 어려운 일이었다. 이익은 바로 이 문제에 대해 여러 학자들의 의견이 서로 다른 것을 소개하고 있다. 그는 지구 둘레에서 모든 것은 지구의 중심으로 몰려들게 된다고 말하고 있는데, 그렇다고 인력(引力) 개념을 가진 것은 아니었다. 이익은 또 지구가 하루 한 번씩 자전하여 낮과 밤이 생길 수도 있다는 생각을 해 본 것으로 보인다. 그러나 그는 "하늘을 힘차게 움직인다(천행건(天行健))"는 「주역(周易)」에 있는 공자의 의견을 좇을 수밖에 없다면서 지구의 자전설을 부인하고 있다.

이익은 서양 선교사들의 책을 닥치는 대로 읽고 많은 영향을 받았다. 그는 하늘을 아홉 겹으로 되어 있다는 소위 '구중천설'도 서양의 것을 그대로 받아들였다. 하늘이 수정과도 같이 눈에는 보이지 않는 투명한 겹겹의 하늘로 싸여 있고, 그 하늘 하나하나가 각각의 행성들을 떠받들어 준다는 중세 서양의 우주관은 이미 서양에서는 아무도 믿지 않는 설이 되어가는 중이었다. 그러나 바로 이 버려지고 있는 우주관이 동양 지식인들에게는 새삼 새로운 생각이었다.

동양 최초의 지전설(地轉說) — 홍대용

지구설(地球說)은 그 후 상식이 되어 버렸다. 그리고 둥근 지구의 둘레를 어떤 행성들이 몇 겹으로 돌고 있느냐는 의문에 대해서도 서양 사람들의 가르침대로 구중천(九重天)이 있는 것으로 여긴 학자들이 많았다. 18세기 후반에 홍대용(1731-83)은 북학파(北學派) 학자로서 지구가 우주의 중심에서 하루 한 번씩 자전하여 낮과 밤이 생긴다는 지전설을 주장하기도 했다. 동양인으로서는 처음 분명하게 지전설을 내놓았던 셈이다. 그는 또 이런 생각을 확대하여 우주란 무한하고, 또 무한하고, 또 무한한 우주 속에는 지구의 인간

말고는 다른 지적(知的)인 존재가 있을지도 모른다고 말하기도 했다.

홍대용의 지전설, 그리고 그의 우주무한설(宇宙無限說)과 우주인설(宇宙人說) 등은 모두 당시로서는 동양에서 가장 참신한 주장이었던 것으로 보인다. 그는 이런 생각 말고도 과학 문제에 대해 여러 가지 생각과 주장을 발표했다. 특히 그의 문집 「담헌서(湛軒書)」에 남아 있는 「의산문답(毉山問答)」은 12,000자의 글 속에 많은 과학적 사색을 담고 있다.

홍대용은 자기 집 안에 호수를 만들고 그 가운데 용수각(龍水閣)이라는 정자를 세워, 그 안에 혼천의(渾天儀)를 비롯한 몇 가지 천문 기구와 함께 서양식의 기계시계인 후종(候鍾)을 만들어 놓기도 했다. 1766년 북경을 방문했던 그는 그곳 남천주당(南天主堂)을 찾아가 선교사들을 만나보고 그들에게서 망원경도 처음 구경하고, 자명종 등도 보며, 또 풍금을 쳐보기도 했다. 그의 친구였던 황윤석은 시계에 대한 글을 남겼고, 두 사람이 함께 다른 사람이 만든 서양식 시계를 구경했다는 기록도 보인다.

그는 또 「주해수용(籌解需用)」이란 수학책을 쓴 일도 있는데, 수학과 관측 기구가 서양에서 천문학을 그렇게 발달시킨 힘이었다고 생각했다. 서양 과학의 본질을 상당히 정확하게 진단하고 있었다 할 것이다. 홍대용은 물질의 근본에 대해서는 전통적인 오행(五行)을 일단 부인하면서도 정확히 어떤 다른 원소 개념에 이르고 있지는 않다. 또 생명체에는 세 가지 서로 다른 것이 있는데 초목, 금수, 사람은 각각 지(知), 각(覺), 혜(慧)를 가지고 각각 거꾸로, 옆으로, 그리고 바로 살고 있는 것이라는 재미있는 관찰도 하고 있다.

홍대용은 나름대로 전통적인 자연관을 떨쳐버리고, 새로운 생각을 정리하고 있었음을 알 수 있다. 그러나 그의 이런 사상적 전환이 얼마나 서양 근대 과학의 영향 때문인지는 확실치 않다.

정약용의 서양 과학에의 관심

수많은 글을 써 남긴 다산(茶山) 정약용(1762-1836)은 그가 젊은 시절에는 서양의 과학 기술에 대해 글을 읽는 것이 '큰 유행'이었다고 회고하고 있다. 그만큼 그는 젊었을 시절에 많은 과학 기술에 관한 글을 읽었던 것으로 보인다. 하지만 그의 많은 작품 가운데 막상 근대 과학 기술에 관한 것은 그리 많지 않다. 1801년의 신유박해(辛酉迫害)로 천주교도였던 그의 형제들은 모두 피해를 입었고, 그 자신도 오랜 유배 생활에 들어갔기 때문이었다.

실제로 영조(英祖)와 정조(正祖) 시대가 가고 19세기의 시작과 함께 들어선 순조(純祖) 시대의 세도정치는 새로 등장한 서양 세력에 대한 보수적 반발 세력이 주류를 이루고 있었다. 18세기 말까지 해마다 중국을 방문한 조선의 사신들은 그곳의 천주교회를 찾아 서양 선교사를 만나 대화를 해 보거나, 교회와 천문 기구들을 구경하는 일이 보통이었다. 그러나 19세기와 함께 그런 일은 거의 사라졌음을 당시의 많은 연행기(燕行記)에서 살펴볼 수가 있다.

이런 분위기 속에서 정약용은 조심스럽게 전통적인 오행(五行)을 부정했다. 또 그는 지구의 운동에 대해서도 의견이 있었던 것 같지만, 별로 확실한 말은 하지 않았다. 그는 대기의 굴절 현상에 대해 글을 썼다. 또 대야에 물을 부으면 그 가운데 있는 푸른 점이 떠올라 보이게 되는 이치를 설명하고, 어두운 방에서 창에 바늘구멍 하나만 뚫어 놓으면 벽에 밖의 경치가 뒤집어져 나타난다는 것을 설명하기도 했다. 원시와 근시의 이치, 렌즈에 대한 것 등 모두가 정약용이 상당히 서양 과학을 읽고 있었음을 보여준다.

'서기(西器)'의 수용 노력

앞에서 지적한 것처럼, 일부 실학(實學)자들은 이미 서양의 과학 기술이 우수하다는 인식에 도달하고 있었다. 그러나 그들은 아직 서양의 과학 기술을 받아들여야 하겠다는 강한 의식을 나타내지 않았다. 나라의 부강을 위해 서양의 과학과 기술을 배우자는 의식이 제대로 일어난 것은 18세기 말부터였다. 우리는 본질적인 것(東道)을 지키기 위해 서양의 도구(西器)를 배우자는 태도가 그것이다.

1778년에 쓴 「북학의(北學議)」에서 박제가(1750-1805)는 청(淸)을 만주족이라 깔보지 말고, 그 앞선 기술을 배우자고 주장했다. 그가 오랑캐에게서도 필요한 것이 있으면 배우자고 주장하는 '북학(北學)'의 태도는, 실은 중국의 서양 선교사들이 보여 준 근대 과학 기술이 목표였다. 박제가는 기술을 배우기 위한 유학생의 파견과 함께 서양 선교사를 초빙해서 기술을 배우자고 주장하기도 했다.

이런 박제가의 주장은 곧 이어 정약용에 의해 다시 주장된다. 신유박해가 시작되기 직전 그는 정조에게서 서양 선교사가 쓴 기술서 「기기도설(奇器圖說)」 등을 받아서 연구하여 무거운 물건을 들어올리는 장치를 만들어냈다. 그의 거중기(擧重機)는 움직 도르래를 써서 무거운 돌을 들어올리는 장치였는데, 1789년 한강에 배다리를 놓을 때와 1792년 수원성을 쌓을 때 이용하여 많은 경비를 절약한 것으로 기록되어 있다.

어디서 들었는지 아직 확인되지 않았지만, 그는 이미 일본이 기술을 크게 발달시키고 있음을 알고, 또 기술이란 시간이 지날수록 발달하는 것이라고 생각했다. 기술의 진보를 믿은 그는 기술을 도입하기 위해서 정부는 그 전담 기구를 세워야 한다고 주장했다. 그의 이상적 정부 구조를 설명한 「경세유표(經世遺表)」에서 그는 이런 기구를 이용감(利用監)이라 불렀다. 사역원(司譯院)에서 중국말 잘하는 사람 2명, 관상감(觀象監)에서 수리에 밝은 사람 2명씩을 해마다 중국에 파견하여, 뇌물을 주고서라도 새로운 기술을 배워 국내에 보급하자는 주장이었다.

마치 그는 자기 주장을 실험이라도 해 보려는 듯, 박제가와 함께 몰래 우두를 처음 실시해 본 것으로 보인다. 때마침 서학(西學)이 박해받고 있던 때였기 때문에, 드러내고 우두를 보급하지는 않았지만, 정약용은 조선 후기에 우두를 처음 실험해 본 근대 의학의 도입자였던 것이다.

한편 19세기 전반기는 이미 중국에서는 서양 과학 기술이 번역되어 나오고 있던 때였고, 일본에서는 그 활동이 이미 뿌리를 내린 시절이었다. 최한기(1803-77)는 바로 그런 시대에 이 땅에 과학 기술을 중국에서 발행된 책들을 참고하여 요약하고 소개한 대표적 학자였다.

그는 1830년에「신기통(神氣通)」,「추측록(推測錄)」등을 써서 서양 과학의 광학, 물리학 등의 간단한 내용을 소개했다. 빛의 굴절과 렌즈, 파동, 온도계와 기압계 등이 모두 소개되어 있다. 1857년에 쓴「지구전요(地球典要)」는 한국에서 처음으로 코페르니쿠스의 태양중심설을 소개하고 그림까지 그려 놓고 있다. 이 책에는 당시 서양 각국의 사정도 상세히 적혀 있다. 이 책은 중국에서 1842년 출간된「해국도지(海國圖志)」등을 참고해서 편찬한 것인데 바로 그런 영향으로 세계 지도를 국내에서 다시 목판으로 인쇄한「곤흥전도(坤興全圖)」등이 남아 있으며, 김정호와 친구 사이였던 최한기가 놋쇠로 만든 것으로 여겨지는 지구의(보물 883호)가 남아 있는 것은 조선 후기 학자들의 우주관과 세계에 대한 지식이 차츰 정교해지는 과정을 잘 보여 준다. 최한기는「지구전요」에서 바로 이 놋쇠 지구의에 들어 있는 것과 비슷한 세계의 지리적 상태를 소개하고 있다. 아직 신유박해(1801) 이후 서양학문이 자유롭게 들어오기 어려운 '쇄국(鎖國)'시대였음에도 불구하고, 최한기의 수많은 책들은 19세기 전반에 상당한 서양 과학 기술의 지식이 국내에 들어오고 있었음을 보여 준다.

또 1866년 쓴「신기천험(身機踐驗)」은 중국에서 활약하던 영국 선교사이며 의사였던 벤자민 합슨의 여러 가지 의학서를 종합하여 국내에 서양 의학의 대강을 소개한 것이다. 이어 1867년에는 역시 서양 천문학 책을 참고 하여「성기운화(星氣運化)」를 쓰기도 했다.

이처럼 최한기가 주로 중국에서 서양 과학을 도입하고 있던 것과는 대조적으로 거의 같은 때 이규경의 「오주연문장전산고(五洲衍文長箋散稿)」에는 여러 가지 일본에서 들어온 서양식 과학 기술에 대한 내용이 포함되어 있다. 1830년 전후에 서울에 뇌법기(雷法器)라는 정전기 발생 장치가 있었다거나 하는 기록은 분명히 당시 일본에서 만든 것이 들어왔을 가능성을 말하는 것이다. 아직 확실한 것은 알 수 없지만, 19세기 전반의 쇄국적 상황에도 적지 않은 서양 과학 기술이 국내에 들어오고 있었음을 보여 준다.

또, 대원군 이하응(李昰應)은 그의 아들 고종이 어린 나이로 임금이 되자 권력을 잡고 강한 쇄국 정책을 편 것으로 악명이 높지만, 사실은 그 나름대로 서양의 기술, 특히 기선과 무기 기술을 배워 들이기에 힘쓴 흔적이 있다. 한강에서 서양 기선을 수리하여 움직이는 시험도 해 보고, 수뢰포(水雷砲)를 만들어 발사 실험도 했다. 사실 그는 재야 시절에 김정희 등 실학자와 교류를 하고 있었고, 집권 직후에는 천주교 신부들의 도움을 얻어 서양 기술을 도입할 생각도 가졌던 것으로 보인다.

그러나 정치적 필요성 때문에 강경 쇄국 정책으로 돌아서면서 그가 실시한 부분적인 서양 기술의 자력(自力) 도입 노력은 실패할 수밖에 없었다. 철갑으로 무겁기 짝이 없는 서양 기선을 숯을 때어 움직여 보는 실험은 기선의 속도를 형편없이 만들었다. 서양 기술의 중요성에만 눈뜬 채 그것을 어떻게 수용할지는 깊이 생각하지 못한 상태에 있었음을 보여 준다.

12 개국 이후의 과학 기술

 1876년의 개국(開國)은 시간적으로만 보면 이웃 중국(1842)이나 일본 (1853)에 비해 그리 늦은 것으로 보이지 않을 수도 있다. 그러나 현대 사회의 원동력인 과학 기술이라는 측면에서 보자면, 조선의 개국은 이미 너무 늦게 이루어진 것이었다. 게다가 이 시기는 유럽에서 프로이센이 보·불(프로이센·프랑스) 전쟁 끝에 통일되고, 서양의 에너지는 막 지구상 어느 곳으로나 폭발적으로 퍼져 나가기 시작하고 있었다. 신제국주의 시대가 시작되는 시점에서 조선은 나라의 문을 열었던 것이다.

 몰려든 외세 앞에 정치는 혼란을 거듭했고, 과학 기술에 대한 지식층의 관심은 높아갔지만, 실제로 과학 기술에 대한 실력은 조금도 쌓아갈 수 없는 시대였다. 1890년대 이후 전기가 들어오고, 전화가 가설되고, 전차가 서울 거리를 달렸으며, 근대식 공장이 문을 열기 시작했지만, 그것은 한국인의 기술 수준과는 아무 상관도 없는 일이었다. 그런 채로 나라는 일본의 손아귀에 들어갔다. 과학 문명의 발걸음소리는 우렁차게 들릴 듯했고, 공장은 돌아갔고 대학도 생겼지만, 한국인 과학자는 한 명도 나오지 않았고, 한국인 공장 기술자도 없었다.

 한국의 근대 과학 기술은 해방 이후, 특히 한국 전쟁 이후에서야 겨우 자리잡기 시작했다고 할 수 있다.

개국(開國) 직후의 시찰과 유학

개국 직후 일본을 방문한 수신사(修信使) 김기수는 화륜(火輪 전동기, 모터) 하나가 거대한 힘을 내고 있는 것을 보고 크게 놀랐다. 돌아와 고종에게 귀국 보고를 하면서, 그는 화륜과 전선, 그리고 농기(農器)가 일본이 열심히 익히고 있는 부강(富强)의 수단이라 소개했다. 부강지술(富强之術)로서의 서기(西器)를 배워야 한다는 인식에서 처음 조선이 취한 조치는 1881년 가을 중국 천진에 38명의 기술 유학생을 파견하는 일이었다. 김윤식을 단장으로 한 영선사행(領選使行)은 학도 20명과 공장(工匠) 18명으로 구성되었는데, 이들은 신식 기술을 훈련시켜 서울에 앞으로 무기 공장을 세워 운영할 계획이었다.

그러나 처음부터 이들 최초의 기술 유학은 많은 난관에 부딪쳤다. 선발된 유학생 가운데는 건강에 문제가 있는 학생도 있었고, 천진에 도착한 다음에는 모두 기술이 아니라 양어(洋語)를 배우기를 희망했다. 게다가 정부의 재정 지원은 거의 없었고, 반년 내에 국내에서 임오군란의 소식이 전해지자 유학생들은 공부할 의욕을 잃고 말았다.

1882년 가을 이전에 이들은 모두 철수하고 말았다. 이리하여 유학생의 약 반 정도인 18명만이 약 반년쯤의 근대식 기술 교육을 받은 것이다. 귀국 때 이들은 62종의 기계류와 약품 등을 가져왔고, 과학 기술 서적 53종도 가져왔다. 또 이들 가운데 몇몇은 후에 기선의 도입에 가담하고, 전기 기술자로 활동하기도 했다. 그러나 정부 차원에서의 첫 과학 기술 유학은 실패했다. 그리고 다시는 이런 노력은 없었고, 이것은 결국 한국의 근대화 과정 실패와 직결된다.

같은 1881년에는 또 일본에 소위 신사유람단(紳士遊覽團)이 파견되기도 했다. '일본 국정 시찰단'으로 파견된 이들은 67명의 대시찰단으로 12반으로 나뉘어 일본의 근대화하는 모습을 구석구석 살펴볼 수 있었다. 천진에 파견되었던 영선사행과 달리, 이들은 당시 지배층의 최고위층으로 구성되었고,

실제로 귀국 후 여러 명의 개화파 관료들이 여기서 배출되었다.

3개월 동안 이들은 각종 공장과 박물관, 신문사, 조폐국, 등대, 천문소, 학교, 관청 등을 방문하고 전기와 가스 등에서 큰 관심을 보였다. 이들의 귀국보고 가운데에는 당시 일본 학교에서 가르치는 과학 교과목을 상세히 나열하고, 피뢰침, 라이덴병, 자석 등까지 설명한 것도 있다. 또 이들 가운데 유길준, 유정수, 윤치오는 그대로 일본에 머물러 유학했다. 이들은 물론 함께 갔던 홍영식, 박정양 등 많은 사람들이 개화기의 주역으로 활동한다.

한마디로 신사유람단은 그 목표를 잘 달성했다 할 수 있을 것 같다. 그러나 영선사행은 결코 그 목표를 달성했다고 말할 수 없다. 처음부터 근대 과학 기술을 전문적으로 배우는 데에는 성공하지 못한 채 조선 말기의 사대부들은 과학 기술의 위력만은 잘 보고 그 중요성에 눈을 뜨게 된 것이다. 시찰에 성공하고, 유학에 실패하는 이런 경향은 일제 때까지 계속된 한국 과학문화의 특징이 되었다.

과학 기술의 자습(自習)과 보급

1883년 한국의 첫 근대 신문으로 창간한 「한성순보(漢城旬報)」는 신문이 아니라 잡지였다. 첫 호부터 지구가 어떻게 생겼으며, 그 위에는 어떤 나라들이 있는지를 그림과 함께 설명하고, 서양의 과학 기술 발달사가 상세하게 소개되어 있다. 또 공기는 산소, 수소, 질소 등으로 구성되었으며, 기차와 전기는 어떤 것인지 등 별별 과학과 기술에 대한 기사가 열흘마다 거듭되었다. 그것은 이 신문이 신문이 아니기 때문이 아니라, 당시 한국 사람들에게는 바로 이런 소식이 정말 신기한 새 소식이었기 때문이다.

이렇게 서양 과학 기술을 배우려는 노력은 여러 가지로 시작되었다. 곧, 근대적 무기 생산을 목적으로 한 '기기창(機器廠)'을 서울 삼청동에 세우기도 했고, 또한 담배공장, 두부공장, 인쇄소, 양조장 등의 공장이 처음 생긴 것도 1883년경이었다. 1883년에는 미국에 처음으로 한국 사신이 보빙사(報聘使)로 파견되었는데, 그때 일행으로 다녀온 최경석은 미국의 농업에 큰 관심을 보여 미국 농무부의 협조 아래 1884년 근대적 '농무목축시험장(農務牧畜試驗場)'을 시작했다. 첫해에 수확한 개량 품종은 즉시 재배법을 적어서 함께 전국에 보급하려 노력했으며, 역시 미국으로부터 젖소, 돼지 등도 도입하여 장래 우유와 치즈·버터 등 낙농도 계획하고 있었다. 그러나 이 사업도 1886년 최경석이 죽자 시련에 부딪치고 말았다.

한편, 1881년 일본에 '신사유람단(紳士遊覽團)'의 일원으로 다녀온 안종수는 「농정신편(農政新編)」(1885)을 지어 서양의 농사 방식을 소개했다. 1880년 수신사(修信使) 김홍집을 따라 일본에 다녀온 지석영(1855-1935)은 일본에서 실시되고 있는 우두법을 배워와 국내에 보급하고, 1885년에는 「우두신설(牛痘新說)」을 출판하기에 이르렀다. 원래 지석영은 일본 해군이 1877년 부산에 세운 우리나라 최초의 서양식 병원 제생(濟生)의원에서 우두를 대략 습득한 후 일본에 갔을 때 그 상세한 것을 배워온 것이다. 1870년대까지는 중국책을 통해서만 근대 과학 기술에 접할 수 있던 한국인들이 1880년대부터는 일본책을 통해 그것을 배울 수 있게 된 것이다.

1882년부터 미국을 비롯한 서양 각국과의 수호조약이 맺어지자 서양 과학 기술의 수입은 그 기초를 굳혀 갈 수 있을 듯했다. 1883년 시작한 원산학교 등의 학교가 근대적인 수학·물리 등을 가르치기 시작했으나, 과학 교육은 서양 선교사들의 진출로 활발하게 되었다. 1884년 갑신정변(甲申政變)때 부상당한 민영익을 치료하여 조정의 두터운 신임을 얻게 된 앨른 Horace Allen은 광혜원(廣惠院)이란 한국 최초의 서양식 국립병원을 1885년 서울에 열었고, 거기서 학생 16명을 뽑아 의학을 가르쳤다. 1885년 입국한 언더우드 H. Underwood는 바로 이 학교에서 물리학과 화학을 가르쳤고, 결국은 이것이 지금 연세대학교의 전신이었던 셈이다.

1880년대 후반부터 서양의 과학 기술은 중국과 일본에서 간접적으로 뿐만 아니라, 직접 미국인 선교사들에 의해서도 흘러들게 되었고, 이것이 바탕이 되어 과학 교육과 계몽도 궤도에 오르게 되었다. 1894년의 갑오개혁(甲午改革)으로 모든 제도는 표면상 근대화하게 되었고, 1896년부터의 독립협회 활동은 서양의 과학 기술과 그 배경이 된 제도를 받아들이겠다는 일부 새 교육을 받은 젊은이들에 의해 이끌어진 것이었다. 독립협회의 주장 가운데에는 과학 기술을 이용한 '산업 혁명'이란 표현도 포함되어 있어, 우리나라에서 처음으로 서구 사회의 특성을 산업 혁명을 이룬 사회로 파악하고 있다. 그들은 학교를 세워 과학 기술을 연구·교육하며 공장을 세우고, 외국에 유학생을 보내 과학을 배우게 하고 또 외국의 과학책을 번역해야 한다고 주장했다. 그들은 또한 전통 사회의 모든 비합리적 폐습을 과학적으로 극복하자면서 미신 타파에 앞장을 섰다. 이들은 또한 당시 세계의 정세를 사회진화주의 Social Darwinism 입장에서 파악하고 있어, 당시 발호하고 있던 서구열강의 제국주의를 자연적 현상으로 보고, 이 경쟁의 세계에서 적자(適者)가 되어야만 생존해 갈 수 있다고 가르쳤다.

과학 기술의 교육

앞에서 지적한 바와 같이, 과학 기술의 필요성에 대한 인식은 높아져 갔다. 그러나 실제 과학 기술 각 분야의 전문적 지식은 전혀 축적되지 못하고 있던 것이 1890년대까지의 현실이었다.

이런 전문적 지식은 우선 유학을 통해서 또는 외국인의 초청을 통해야만 가능한 일이었다. 그러나 유학의 경우는 1881년 영선사행(領選使行) 이후 10년 동안 이렇다 할 노력이 없었다. 1894년 갑오개혁 이후 발표된 '홍범십사조(洪範十四條)' 가운데에는 나라 안의 똑똑한 젊은이를 외국에 유학시킨다는 결심이 포함되어 있었다.

이 결의에 따라 1895년에는 182명이나 되는 대규모 유학생이 일본에 파견된 일이 있다. 이들은 거의가 경응의숙(慶應義塾)에서 짧은 기간 동안 초·중등 정도의 교육을 받았다. 원래는 첫해에 300명, 그리고 다음해부터는 서로 타협하여 비슷한 숫자의 유학생을 경응의숙에 보낸다는 야심적인 계획이었다. 그러나 이 야심적 계획은 계획으로 끝나고, 그 후 유학생은 급격히 줄어들어 1899년에는 단 1명의 한국 유학생이 경응(慶應)에 남아 있는 정도였다.

주로 일본 유학은 1900년을 전후하여 증가해 간 것 같다. 그러나 국비 유학은 지지부진하고 사비 유학이 해마다 증가했던 것으로 보인다. 여기 중요한 것은 유학생들의 수준인데, 1905년경에서야 몇몇 대학 졸업자가 나오기 시작했고, 수준도 조금 높아져 간 것 같다.

1908년의 재일(在日) 유학생 493명 가운데 36%가 고등학교 이상의 학교에 다니고 있었다는 것을 보아 그 대강을 짐작할 수 있을 것이다. 유학을 통해 한국은 한일 해방 때까지도 이렇다 할 숫자의 과학자 또는 기술자를 양성해 내지 못하고 있었음을 알 수가 있다.

유학이 이처럼 큰 효과를 내지 못한다면 외국의 과학자, 기술자를 초빙하여 국내 교육기관에서 교육을 받는 방법도 있고, 이 방법은 19세기 후반 일본과 중국에서 널리 활용된 방법이었다. 그러나 이 방법은 구한국(舊韓國) 시대에는 한 번도 본격적으로 시도된 일이 없었다.

1886년 육영(育英)공원이 설립되자 미국인 3명이 여기에 교사로 초빙된 일이 있었다. 이 학교는 원래 대학 편제로까지 확장시키려는 계획 아래 세워졌던 것이고, 교과 과목 가운데에는 자연 과학의 각 부분이 포함되어 있었다. 그러나 육영공원은 8년간의 유지 끝에 결국에 외국어 학교로 전락해 버렸고, 여기에 초빙된 외국인 교사보다는 이때쯤 활발히 국내 교육계에 등장한 외국인 선교사들이 더 중요한 몫을 담당하기 시작했다.

배제·이화를 비롯한 근대적 사립학교가 선교사들에 의해 세워질 무렵인

1886년에는 광혜원에서 미국인 의사 앨른이 최초로 한국인 몇 명에게 근대 서양 의학을 가르치면서 그 교과목으로 물리·화학 등을 포함시켰다.

그리고 1883년의 원산학사를 위시한 한국인 유지들의 사립학교도 1880년대를 통해 서서히 나타나기 시작했다. 그러나 자격 있는 과학 기술 교사가 아예 없던 당시로서는 과학 교육이란, 이미 위에 소개한 책들 정도를 훑어보게 하는 초보적이고 또 피상적인 단계 이상을 쳐다볼 수는 없었다.

과학 교육 또는 교육 일반의 실태는 1894년 갑오개혁과 더불어 형식상의 도약을 이루게 되었다. 그 해 6월에 발표된 새 관제(官制)는 위생국을 두어 전염병 예방과 우두 등을 관할케 하는 이외에, 전신국·철도국·광산국·기기국 등이 등장했고, 학무아문(學務衙門)에는 각급 학교 설치를 규정하고 있었다.

중학교·대학교 이외에도 기예(技藝) 학교(기술 학교)·전문 학교·외국어 학교와 사범 학교 등을 세우게 된 것이다. 실제로 몇몇 기술계 학교는 그 후 나타나기 시작했으니, 기술학교(1895)·경성의학교(1899)·상공학교(1899)·광무(鑛務)학교(1900)·공업전습소(1902) 등이 그것이다.

1890년대와 1900년대는 또한 철도·전신·전기 등이 실제로 들어와 사용되기에 이르고 있었고, 두부 공장·담배 공장·양조 공장 등 초보적인 공장공업이 서서히 발붙이기 시작한 때이기도 했다.

이에 따라 일본에서 단기간의 기술 훈련을 받고 귀국한 '기술자'들이 그들의 배운 바를 활용하기 시작한 것이 이때부터였다. 그들 중 재주 있는 사람들은 외국의 것을 본받아 그들 나름의 발명품을 제작하기도 했다. 1899년만 해도 이여고·이태진·이인기·이태호 등이 만들었다는 자직기(自織機), 유긍환이 만든 자도연기(自搗練機), 한욱이 만든 전보기(電報機), 고영익의 양지기(量地機), 민태식이 만든 유성기와 사진판 등이 화제거리가 되었다.

또 그보다 10년 후에는 홍기협의 측량기와 자명종이 찬탄의 대상이 된 일도 있었다. 그 밖에 상당수의 양잠 기술자가 일본에서 훈련을 받고 귀국했고, 제지·인쇄·방직 등에도 기술자가 나타나기 시작했다. 그러나 이들의 기술 수준은 아직 미미한 상태였고, 1900년대의 과학 기술의 수준은 다 함께 극히 낮은 정도에 지나지 못하고 있었다고 판단된다.

1905년의 을사조약을 전후하여 국가가 위기에 처하고 있음이 분명해지면서 많은 지식인들은 이른바 애국 계몽 단체들을 만들어가기 시작했다. 이들이 가장 중요하다고 여긴 것은 교육을 통한 민족의 갱생과 국가의 소생이었다.

그 대표적 인물로는 구한말의 대표적 언론인이며 서우학회 등 애국 계몽 단체를 시작했던 박은식(1859-1925)을 들어도 좋겠다. 그 나름의 뚜렷한 사관을 가진 당시의 탁월한 역사가였던 그는 국가의 회생은 교육을 통한 자강(自强)으로써만 가능하다고 굳게 믿었다. 박은식은 이 목표를 위한 교육으로, 첫째 '실학(實學)'의 교육을 내세웠다.

그가 '실학'이라 손꼽은 것은 다름 아닌 농학·무학(武學)·의학·광학·화학·공예학·측산학·회도(繪圖)학·천문학·지리학·광전학·성학(聲學)·중기(重汽)기학 등 오늘날의 과학 기술에다가 상학·철학·법률학이 덧붙여진 내용이었다.

일제하의 과학 운동

1910년 합방(合邦) 직전 우리나라에는 2,240개의 사립학교가 이미 신식교육을 하고 있었다. 그러나 이들 크고 작은 학교 가운데 중등교육 이상의 수준으로 발전한 학교는 거의 없는 셈이었다. 공장이나 철도·전신 등의 현장에서 훈련을 받는 기능공은 나올 수 있었으나, 그 이상의 기술자 한 명도, 과학자 한 사람도 교육시킬 시설이 없었던 것이다. 이러한 사태가 1910년 이후 일본의 식민지 정책 속에서 나아질 까닭은 없었다. 과학 기술의 수준은 중등교육 정도에서 한 발자국도 나아갈 수 없었다.

이러한 사태는 1919년 3·1운동과 함께 변화를 보이기 시작했다. 일본의 철권 정치가 독립운동의 여세로 수그러들자 고등 교육의 필요성을 크게 느낀 지도층 인사들은 한국인 자신의 대학을 세우기로 결심한 것이다. 1910년 합방 직후에도 잠깐 일어났다가 일본의 반대로 뜻을 이루지 못한 민립(民立)대학 설립운동이 1922년 다시 일어났다. 이들은 1차로 법과·문과·경제과·이과를 세우고, 이어 2차로 공과, 3차로 농과와 의과를 세워 한국인의 손으로 근대적 종합 대학을 건설하려던 것이었다. '문화 정치'를 표방하고 있던 총독부는 한민족의 고등교육기관을 허용할 수 없었으나, 무작정 한민족의 고등 교육에 대한 요구를 거부할 수도 없는 궁지에 빠졌다. 총독부는 어쩔 수 없이 1923년 말 총독부의 주도 아래 대학을 세우겠다고 발표하고, 1926년 봄 경성대학의 문을 열었다. 그러나 일본이 한국의 산업발달에 주춧돌이 될 근대 과학 기술을 한국민에게 가르쳐 한국의 경제적 자립을 도우려는 것은 물론 아니었다. 경성제대에는 법문학부와 의학부만을 두어 한국 국민에게 식민지통치에 행정·사법, 그리고 보건 분야에 기술자로 참여할 기회만을 주어 불만을 가라앉히려던 정도였다. 그래서 경성제대에 이공학부가 생긴 것은 1941년 일제가 제2차 세계대전에 접어들어 전시 체제를 갖추게 되면서부터였다. 일제의 통치가 계속된 1945년까지 국내에서는 단 1명의 과학자도 생산하지 못한 것이다.

민립대학 운동이 과학 교육의 필요성 때문에 더욱 적극 추진된 것처럼, 3·1운동 이후 한국 국민은 과학 기술의 생산적 측면에도 눈을 크게 떴다. 1923년 민족운동으로 벌인 조선물산장려회(朝鮮物産獎勵會)는 '우리 민족이 만든 것을 입고, 먹고, 쓰자'는 구호를 외쳤다. 그러나 과학 기술의 자립이 불가능한 상황에서 그것은 민족 운동으로서 민족의 각성을 외치는 소리는 되었으나, 기술 진흥은 고등교육 없이는 불가능한 것이었다.

실의의 연속 속에서 한민족의 과학 기술에 대한 열망은 또 다른 방향으로도 달려갔다. 1922년 말 23세의 첫 한국인 비행사 안창남의 모국방문 비행을 열광적으로 환영한 한국인들은 그것을 당시 한국인이 누릴 수 있던 최고의 과학 기술의 업적으로 받아들였다. "떴다, 보아라, 안창남 비행기. 굽어보아라, 엄복동 자전거" 하는 노랫소리가 전국 방방곡곡을 울렸다. 지도층 인사들은 점점 경제 자립과 민족 독립을 위해 과학 기술이 필요함을 절감하고 과학의 대중화 운동을 벌인 것이다. 1923년 준비를 벌였던 발명 학회는 그 후 한국인 발명가도 늘어나고 과학 계몽의 필요성도 증가하자 1932년 정식 발족했다. 1933년 발명학회는 우리나라 최초의 종합과학잡지 「과학 조선」을 창간했다. 또 1934년 4월 19일에는 제1회 '과학 데이' 행사를 벌여 전국적으로 강연회·가두행진·견학 등을 벌여 과학 대중화의 깃발을 올리기도 했다. 발명학회가 중심이 되어 1934년에는 과학 지식 보급회가 '생활의 과학화! 과학의 생활화!'를 내세우며 발족되기도 했다. 그러나 1930년대 후반부터 전쟁에 말려든 일본은 한국 지식층의 과학 보급 운동마저 탄압하기 시작하여, 처음 몇 년 동안의 활약 끝에 과학 대중화 운동도 위축되고 말았다.

이 운동은 회장에 개화 운동의 선구자였던 윤치오, 부회장에 법조인 이인이 추대되었고, 그야말로 당시의 민족 지도자 거의 모두가 이 운동에 가담했다. 조만식·송진우·방응모·여운형·이상협·김성수 등을 고문으로 앉히고, 당시의 쟁쟁한 지도급 인사들을 모두 가담시키고 있다. 언론인·문필가·교육가·사업가 등 과학과는 아무런 관계도 없음직한 수많은 이름들이 이 운동에 가담한 것이다.

1936년의 제3회 과학 주간까지는 성대한 행사가 거듭될 수 있었다. 그러나 중국침략으로 일제의 군국주의가 발호하기 시작하면서 1937년부터는 이 행사에 압력이 가해지기 시작했다. 1938년의 행사에는 일체 옥외행사가 금지되었고, YMCA에서 열린 강연회가 끝난 다음에는 이 운동 실무책임자였던 일제하 과학운동의 기수 김용관이 이렇다 할 이유도 없이 체포되었다. 일제하의 한국에는 과학 기술이라 할 만한 것은 있지도 않았고, 과학과 운동은 또 이렇게 탄압되고 말았다.

한국 과학 기술의 시작

1945년 광복 당시 한국에는 독자적인 연구 능력을 갖춘 과학자는 열손가락에 꼽을 수가 있을 정도였고, 과학 교육은 중등교육의 수준을 넘지 못하고 있었다. 소비재 생산을 위한 몇 가지 공업과 그 밖에 일제의 전쟁 수행을 위한 전력·비료 등의 공업 시설을 갖고는 있었으나, 그나마 제대로 운전할 한국인 기술자도 거의 없는 형편이었다. 일제의 식민지 정책은 과학 기술의 측면에서 가장 가혹했던 때문이다.

광복 이후 한국의 과학 기술은 황무지에서 새로 시작하는 작업이었다. 한국 전쟁의 혼란 끝에 한국의 과학 기술 수준을 높여 주는 데 결정적인 역할을 하게 된 것은 1959년 원자력원의 발족이다. 이름은 '원자력원(原子力院)'이었지만 이렇다 할 과학 기술의 연구 개발 체제가 없던 당시로서는 원자력 개발은 할 형편이 못되었고, 그 결과 초기의 원자력원은 과학 기술 전반에 걸친 행정관서처럼 되어 버렸다. 원자력원은 1960년을 전후하여 수많은 국비 유학생을 포함하여 200여명을 대거 구미선진국에 파견했다. 또한 수많은 국내의 이공계 및 생명 과학 계통의 대학 졸업생들이 외국 유학을 떠났다. 오늘날 한국 과학계에는 그때의 유학 경력을 가진 인사들이 중요 부분을 차지하고 있다.

찾아보기

찾아보기

ㄱ

가상디 Pierre Gassendi	121	
가설(假說) hypothesis	137	
가역과정(可逆過程)	196	
갈라파고스Galapagos군도	172	
갈레노스 Galenos	40, 47, 110	
갈릴레오 Galileo Galilei		
22, 25, 33, 69, 76, 84, 95, 104, 116		
「갈릴레오 연구」	70	
「갈릴레오의 죄」The Crime of Galileo	91	
갈홍(葛洪)	301	
강보(姜保)	358	
강제(强制)마일 violent mayl	94	
강제운동	25	
개천설(蓋天說)	290, 366	
거북선(귀선(龜船)	375	
거중기(擧重機)	389	
게슨 Boris Gessen	70	
격막(膈膜)	41, 47	
격변설 cata-strophic theory	170	
결정적 실험(決定的 實驗) experimentum crucis	109, 127	
결찰(結紮)	113	
경세유표(經世遺表)	389	
계도(計都)	299, 333	
계몽사조(啓蒙思潮) Enlightenment	141	
계몽철학자 philosophe	142	
「고금상정예문(古今詳定禮文)」	361	
'고전과학' classical science	136	
공손룡(公孫龍)	285	
공자(孔子)	282	
과학 데이	401	
과학의 수학화(數學化)	107	
과학자사회 scientific community	159, 253	
과학 정책 엘리트	206	
「과학조선」	401	
과학주의(科學主義)	325	
과학 혁명	65	
곽수경(郭守敬)	310	
관륵(觀勒)	336	
관상감	385	
관성의 개념	98	
관성의 법칙	129	
광양자(光量子) photon 이론	239	
광전효과 photoelectric effect	239	
광학	131, 137, 139	
광혜원(廣惠院)	395, 398	
「구장산술(九章算術)」	293, 349	
구중천설(九重天說)	386	
구집(九執)	333	
국방 연구위원회	208, 244	
귀납적(歸納的) 방법	100	
귀납철학(歸納哲學)	63	
규표(圭表)	269, 272, 369	
그레셤 칼리지 Gresham College	117	
그로브즈 Leslis Richard Groves	247	
그리말디 Francesco Maria Grimaldi	108	
근거리인력 short range force	139	
기계론자 mechanist	223	
기계적 철학 Mechanical Philosophy	69, 108	
「기기도설(奇器圖說)」	313, 389	
기술혁명 technical revolution	213	
기적의 해 annus mirabilis	126	
기체방법 gas method	246	
기하학적 우주론	22	
길먼 D.C.Giman	200	
길버트 William Gilbert	84	
김육(金堉)	384	
깁즈 Josiah Willard Gibbs	231	

ㄴ

나후(羅睺)	299, 333
낙서수(洛書數)	307
'남만(南蠻)' 과학	339
낭만주의 romanticism	145
내적 접근	70
네 가지 우상(偶像) idola	100
네스토리우스 Nestorius 파	45
노이스 William Albert Noyes	206
노자(老子)	283
「논형(論衡)」	296
농업 혁명	11
뉴캐슬 왕립학회 Royal Society of New Castle	158
뉴턴 Issac Newton	62, 67, 76, 109, 125, 136
뉴턴주의 Newtonianism	139, 140
「뉴턴철학의 요소들」 Elements de la philosophie de Newton	142
니덤 Joseph Needham	54

ㄷ

다라니경(經)	353
다윈 Charles Darwin	171
단열과정(斷熱過程) adiabatic process	196
단죄 Condemnation	49
달랑베르 Jean Le Rond d'Alembert	144, 158
담징	351
대수학	45
대심(對心) equant	42
대원 deferent	42
데모크리토스 Domokritos	19
데미우르고스 demiurgos	21
데이비 Humphry Davy	179
데카르트 René Descartes	69, 97, 102, 108, 137
도선(道詵)	300, 350
도시혁명	11
도의사상(圖讖思想)	350
돌턴 John Dalton	156
「동국여지승람(東國輿地勝覽)」	374
「동물의 심장과 피의 운동에 관한 해부학적 연구」 Exercitatio anatomica de motu cordis et sanguinis in animalium	112
「동물철학」 Philosophie Zoologique	169
동시 발견 simultaneous discovery	174
동심천구설(同心天球說)	41
「동의보감(東醫寶鑑)」	379
'동의'운동(東醫運動)	380
동일과정설 uniformitarian theory	170
동중서(董仲舒)	291
동표(銅表)	367
「두 대우주체계에 관한 대화」 Dialogo dei massimi sistemi del mondo	88
「두 새 과학에 관한 수학적 논증」 Discorsi e demonstrazioni mathematiche intorono à due nuove scienze	90, 97
뒤러 Albrecht Dürer	63
드브로이 Louis de Broglie	239
드 흐로트 Johan de Groot	99
디드로 Denis Diderot	144
디랙 Paul Dirac	240

ㄹ

라그랑주 Joséph Louis Lagrange	166
라마르크 Jean Baptiste de Lamarck	169, 222
라부아지에 Antoine Laurent Lavoisier	163, 214
라이문두스 Raymundus	49
라이엘 Charles Lyell	170

라이프니츠 Gottfried Wihelm Leibniz		마차물리학(馬車物理學)	25
	120, 128, 144	마하 Ernst Mach	105
라플라스 Pierre Simon Laplace	154, 195	마호메트 Mahomet	44
'라플라스 프로그램 Laplacian Program'	195	말피기 Marcello Malpighi	115
'래드 랩' Rad-Lab: Radiation Laboratory		망원경	84
	208	매스틀린 Michael Mästlin	79
랭뮤어 Irving Langmuir	202	맥스웰 James Clerk Maxwell	197, 231
러더퍼드 Ernst Rutherford	237	맨체스터 문학·철학회 Manchester Literary	
럼퍼드 Count Rumford 백작	179	and Philosophical Society	124
레오나르도 다 빈치 Leonardo da Vinci	58	맨해튼계획 Manhattan Project	246
레오폴드 Leopold	119	맬서스 Thomas Robert Malthus	172
레우븐후크 Antony van Leeuwenhoek	115	맹자(孟子)	282
레우키포스 Leukippos	19	머튼 R. K. Merton	70
레티쿠스 Rheticus	73	메이요우 John Mayow	117, 147
렌 Christopher Wren	117	메톤주기 Metonic cycle	277
로렌스 Ernst Orlando Lawrence	246	멘델 Johann Gregor Mendel	177
로렌츠 Hendrik A. Lorentz	197, 231	면적속도의 법칙	83
로스 앨러모스 Los Alamos	247	명명법(命名法) nomenclature	153
로워 Richard Lower	115	모건 Thomas H. Morgan	177
로저 베이컨 Roger Bacon	49	모드위원회 Maud Committee	245
록펠러재단 Rockefeller Foundation	205	목성의 위상	85
뢴트겐 Wilhelm Conrad Röntgen	231	몽모르 아카데미	121
루 William Roux	227	몽주 Gaspard Monge	163
루즈벨트 Franklin D. Roosevelt	243	무게 없는 imponderable 입자	139
뤼케이온 Lykeion	23	무게측정법 gravimetric method	153
르네상스의 자연관	61	무제이온 Museion	29
르블랑 Nicholas Leblanc	214	무한자(無限者) to apeiron	17
리비히 Justus von Liebig	218	묵자(墨子)	285
린네 Carl von Linné	26, 169	물리학 physics	190
린드 파피루스 Rhind Papyrus	13	「물리학 리뷰」 The Physical Review	200
		물질보존의 법칙	153
ㅁ		미분법(微分法)의 발명	128
		미켈란젤로 Michelangelo Buonarroti	63
마이모니데스 Maimonides	47	밀레토스 Miletos 학파	17
마이어 Robert Mayer	181	밀리컨 Robert Andrews Milikan	202
마이클슨 Albert Abraham Michelson			
	200, 233	ㅂ	
마이트너 Lise Meitner	243		
마장디 Francois Magendie	226	바스카라 2세 Bhāskara II	331

박안기(朴安期)	341	사대(四大)	328
박은식(朴殷植)	399	사분력(四分曆)	277
박제가(朴齊家)	389	4원소	21, 24
「방법백과전서」Encyclopédie méthodique		4원소설(四元素說)	287, 328
	216	사이클로트론 cyclotron	246
「백과전서」	216	사인굴절법칙	108
베르나르 Claude Bernard	226	사회진화주의 Social Darwinism	396
베를린 아카데미	158	산소(酸素)	151
베이컨주의(主義)	250	산업사회 industrial society	254
베크렐 Jean Becquerel	231	산업자문위원회	205
벨(Bell)연구소	219	산업적 연구 industrial research	219
보루각(報漏閣)	367	산업 혁명	211
보어 Niels Bohr	237	살비아티 Salviati	88, 105
보편중력(普遍重力)	137	3대 발명	295
복수발견 mutiple discovery	174	3원리설	147
「본초강목(本草綱目)」	311	삼체문제 three-body problem	158
볼츠만 Ludwig Boltzmann	186	삼통력(三統曆)	292
부시 Vannevar Bush	208, 246	삼포농법 three field system	52
분광학 spectroscopy	231	삼황(三皇)	267
분류학 taxonomy	168	상대성(相對性)이론 theory of relativity	
분리형 응축기(凝縮機) separate condenser			197, 234
	214	상생설(相生設)	288
분야설(分野說)	274	상승설(相勝說)	288
불확정성 원리 uncertainty principle	241	「새 기관」 Novum organum	100
뷔퐁 Georges-Louis Leclerc Buffon	171	생기론 vitalism	229
브라흐마굽타 Brahmagupta	331	생리학 physiology	110, 222
브뤼케 Ernst Brücke	225	생리학적 유물론자 physiological materialist	
블랙 Joseph Black	214		225
비격진천뢰(飛擊震天雷)	376	생물학	221
비글Beagle호	172	샤틀레 부인 Mme. du Chatelet	143
빈 Wilhelm Wien	234	서광계(徐光啓)	315
빛의 파동이론	196	석굴암	352
		선야설(宣夜說)	290
ㅅ		성덕대왕신종	351
		성페체르부르그 아카데미	120
사고실험(思考實驗) Gedankenexperiment		「성호사설(星湖僿說)」	385
	105	세네카 Seneca	36
사그레도 Sagredo	88	세르베토 Michael Serveto	110

세차(歲差)	75, 298
셰링튼 Charles S. Sherrington	228
셸링 Friedrich Schelling	181
소다 soda 제조	213
소크라테스 Sokrates	20
소현세자(昭顯世子)	382
송응성(宋應星)	313
수뢰포(水雷砲)	391
수리물리학 mathematical physics	194
수미산(須彌山)	332
수시력(授時曆)	310, 357
「수시력첩법입성(授時曆捷法立成)」	358
숙명점성술(宿命占星術)	14
순(旬)	268
순우천문도(淳祐天文圖)	308, 366
슈뢰딩거 Erwin Schrödinger	240
슈탈 Georg E. Stahl	147
스넬 Willebrord Snell	108
스라소니 아카데미 Accademia dei Lincei	119
스테핀 Simon Stevin	33, 99
스톡스 George Stokes	197
스트라톤 Straton	27
스펙트럼 spectrum	127
스프래트 Thomas Sprat	117
시드넘 Thomas Sydenham	117
시리우스 Sirius	13
시헌력(時憲曆)	316, 382
「신농본초(神農本草)」	280
「신농본초경(神農本草徑)」	302
신사유람단(紳士遊覽團)	393
신성 Nova	78
신유학(新儒學)	304
신채호(申采浩)	324
「신청년(新靑年)」	325
신플라톤주의	72
실라르드 Leo Szilard	243
실베스터 2세 Sylvester II	48
실재론(實在論)	50
실학(實學)	399
실험과학(實驗科學)	105
실험 아카데미 Accadema del Cimento	119
심플리치오 Simplicio	88
십간(十干)	267
십삼월(十三月)	269
십이지(十二支)	268
12진법	268
12차(次)	275
10진법(進法)	13, 268
씨들 spermata	19

ㅇ

아가시 Louis Agassiz	26
아낙사고라스 Anaxagoras	19
아낙시만드로스 Anaximandros	17
아낙시메네스 Anaximenes	17
아누 anu	329
아니마 모트릭스 anima motrix	84
아닐린 aniline 염료	218
아담 샬 Adam Schall von Bell	317, 382
아드리슈타 adrsta	329
아르키메데스 Archimedes	32, 95
아르키메데스의 나사	34
아르키메데스의 원리	33
아리스타르코스 Aristarchos	41
아리스토텔레스 Aristoteles	
23, 68, 100, 112, 125, 130, 221	
아바시드 Abbasid 부족	44
아베로에스 Averroës	47, 49
아벰파체 Avempace	94
아비케나 Avicana	46, 94
아스클레피오스 Asklepios	37
아이테르 aither	24
아인슈타인 Albert Einstein	197, 233
아카데메이아 Akademeia	23
아카사 akasa	328

아퀴나스 Thomas Aquinas	50	영 Thomas Young	197
아폴로니오스 Appolonis	42	영구운동(永久運動)	62
알 라지 Al-Razi	45	예속	264
알렉산드로스 Alexandros 대왕	29	오렘 Nicolle Oresme	95
알렉산드리아	29	오벨리스크 obelisk	12
「알마게스트」 Almagest	42	오일러 Leonhard Euler	158, 197
알 마문 Al-Mamun	45	오지안더 Osiander	73
알 만수르 Al-Mansur	44	오캄 Okham, William of Occam	50
알버트 폰 작슨 Albert von Sachsen	95	오캄의 면도날 Occam's Razor	50
알 화리즈미 Al-Khwarizmi	45	오펜하이머 Robert Oppenheimer	91, 247
앙부일구(仰釜日晷)	370	옥루(玉漏)	353, 367
앙소기(韶仰期)	266	올든버그 Henry Oldenburg	118
앙페르 André-Marie Ampère	197	와트 James Watt	214
앨른 Horace Allen	395	왈라스 Alfred Russel Wallace	173
양계초(梁啓超)	324	왈리스 John Wallis	117
양무운동(洋務運動)	323	왕립학회 The Royal Society for the Improvement of Natural Knowledge	
에너지	184		118, 121
에디슨 Thomas Alva Edison	203	「왕립학회회보」 Philosophical Transactions	
에디윈 스미스 Edwin smith 외과(外科) 파피루스	15		118
에딘버러 왕립학회 Royal Society of Edinburgh	158	왕충(王充)	297
		외적접근	70
에라시스트라토스 Erasistratos	39	용골차(龍骨車)	296
에라토스테네스 Eratosthenes	32	용산기(龍山期)	266
에버스 Ebers 파피루스	15	용역(用役)연구 commissioned research	
에우독소스 Eudoxo	31, 41		204
에우클레이데스 Eukleides	30, 310, 319	우라늄 위원회 Uranium Committee	243
에콜 폴리테크닉 Ecole polytechnique	166	우르바누스 8세 Urbanus VIII	88
에테르 ether	109, 194, 232	우마야드 Umayyad	44
에피쿠로스 Epikuros	28	우선논쟁 priority controversy	175
엔트로피 entropy	183, 184, 187	우주론시대(宇宙論時代)	17
엘레아 Elea 학파	18, 24	「우주의 신비」 Mysterium Cosmographicum	
엠페도클레스 Empedokles	18		80
연금술(鍊金術)	46, 131, 334	「운동(運動)에 관하여」 De motu	96
연쇄반응 chain reaction	242	원가력(元嘉曆)	348
연행사(燕行使)	381	「원론(原論)」Stoicheia	31
열역학(熱力學)	189	원자 atoma	19
열역학 제2법칙	174, 182	원자 paramaanu	328
영(0)	330		

원자력원	402
원자론 atomic theory	28, 156, 329
원자론자	24, 69
원주율(π)	33, 331
원질(原質) arche	17
월궁(月宮) lunar mansions	333
월상권(月上圈)	24
월하권(月下圈)	24
웨스트폴 Richard S. Westfall	68
위그너 Eugene Paul Wigner	243
윌슨 Woodrow Wilson	203
윌킨즈	118
유리(遊離)	264
유명론(唯名論)	50
유전학 genetics	177
60진법	14, 268
음극선 cathode ray 실험	231
음양료(陰痒寮)	337
음양(陰陽)사상	286
「의방유취(醫方類聚)」	379
의사(擬似)과학	284
의화학 medical chemistry	230
이시진(李時珍)	311
이심(離心) eccentric	42
24절기	278
28수(宿)	274
이용감(利用監)	389
이익(李瀷)	385
이장손(李長孫)	376
2진법	286
이하응(李昰應)	391
인격천(人格天)	285
「인구론」 Essay on the Principles	172
인쇄술	55
인위선택(人爲選擇) artificial selection	172
「인체의 구조에 관하여」 De humani corporis fabrica	110
일정성분비의 법칙 law of definite proportion	156
일행(一行)	299, 350
임계질량 critical mass	245
임시가설(臨時假說)	82
임페투스 역학 impetus mechanics	51, 94
입자설(粒子說)	18

ㅈ

자격루(自擊漏)	367
자미원(紫薇垣)	273
자연(自然)마일 natural mayl	94
「자연사(自然史)」Historia naturalis	36
자연 선택 natural selection	173, 176
자연운동(自然運動)	25
자연의 사다리 scala naturae	27
「자연의 체계」 Systema Naturae	169
자연주의(自然主義)	284
「자연철학의 수학적 원리」 Philosophiae naturalis principia mathematica	67, 129
자연철학주의 Naturphilosophie	181, 189
작스 Julius von Sachs	226
잠열(潛熱) latent heat이론	214
잡종 hybrid	169
장이론(場理論) field theory	231
장자(莊子)	284
장형(張衡)	296
전문 직업화 professionalization	160
전자이론 electron theory	231
접촉물리학	25
정도표(程道表) tabula gradum	101
정두원	381
정약용	388
제2의 과학 혁명 The Second Scientific Revolution	160
제너럴 일렉트릭 General Electric	202, 219
제논 Zenon	18

제라르도 다 크레모나 Gerardo da Cremona	49	「천상열차분야지도(天象列次分野之圖)」	308, 366, 372
제지술	56	천연	324
조물자(造物者)	289	천체 역학	84
조선물산장려회(朝鮮物產獎勵會)	400	철학(哲學)대학 Philosophical College	117
조충지(祖冲之)	298, 349	「철학적 편지들」 Lettres philosophiques	143
조항지(祖恒之)	298	첨성대(瞻星臺)	345
조화(調和)의 법칙	83	체살피노 Andrea Cesalpino	111
존재의 큰 사슬 the great chain of being	169	체시 Federigo Cesi 공작	119
존재표 tabula essential et praesentiae	101	체액설(體液說) humoural theory	38, 334
존 홉킨스 Johns Hopkins대학	200	최무선(崔茂宣)	362
종 species	168	최한기(崔漢綺)	390
「종의 기원」 Origin of Species	176	측우기(測雨器)	371
주공측경대(周公測景臺)	272	「칠정산(七政算)」	341, 358, 372, 382
주돈이(周敦頤)	304		
주산(珠算)	307	ㅋ	
「주역(周易)」	286		
주희(朱熹)	304	카네기연구소 Carnegie Institute	205
줄 James P. Joule	181	카르노 Sadi Carnot	180, 182, 215
중국원류설(中國源流說)	319, 323	칼로릭 caloric	155, 178
중체서용(中體西用)	322	칼리포스 Kallippos	41
증기기관	214	칼파 kalpa	331
지구라트 ziggurat	12	캐넌 Walter B. Cannon	228
지동의(地動儀)	296, 320	캐번디시 Henry Cavendish	149
지석영(池錫永)	395	케슬러 Arthur Koestler	90
지전설(地轉說)	386	케플러 Johannes Kepler	
지질조사국 Geological Survey	200		22, 76, 79, 82, 107
지혜의 집	45	켈수스 Aulus Cornelius Celsus	36
「직지심경(直指心經)」	362	코넌트 James Bryant Conant	207, 246
진독수	325	「코멘타리올루스」 Commentariolus	73
진자(振子)의 주기성	99	코스 Kos학파	37
질문 Queries	131, 138	코이레 Alexandre Koyré	70, 97, 107
		코페르니쿠스 Nicolaus Copernicus	
ㅊ			22, 43, 65, 72, 316, 319
		코펜하겐연구소	240
「천공개물(天工開物)」	312	코펜하겐 해석 Copenhagen interpretatio	
「천구(天球)들의 회전에 관하여」 De revolutionsibus orbium caelestium	65, 74	콜롬보 Realdo Colombo	241 111

콜베르 Jean Baptiste Colbert　121
콤프튼 Arthur Holly Compton　202, 208, 247
콤프튼효과　239
콩트 Auguste Comte　222
쿤 Thomas S.Kuhn　76
쿨롱 Charles Augustin de Coulomb　197
퀴리부부 Pierre Curie, Marie Curie　232
크니도스 Knidos학파　37
크롬비 A. C. Crombie　51
크테시비오스 Ktesibios　29
클라우지우스 Rudolf Clausius　182
키케로 Cicero　35, 73

ㅌ

타원궤도　82
탈레스 Thales　16, 17
태미원(太薇垣)　274
태양중심 우주체계　79
태우는 거울　35
태음태양력 lunisolar calendar　276
태초력(太初曆)　292
탠 Hippolyte Taine　57
테아이테토스 Theaitetos　31
테오프라스토스 Theophrastos　27
텔러 Edward Teller　92
톰슨 Joseph John Thomson　232, 237
통계역학 statistical mechanics　197
투사체운동(投射體運動)　25
튀르고 Anne Robert Jacques Turgot　163
트레비라누스 Gottfried Reinhold Treviranus　221
트루먼 Harry S. Truman　248
특수상대성 이론　243
특허 patent　211
「티마이오스」 Timaios　21, 221
티에리 Thierry of Chartres　94
티코브라헤 Tycho Brahe　76, 77, 80

ㅍ

파도바대학　111, 116
파동역학 wave mechnics　240
파동함수 wave function　241
파라켈수스 Paracelsus　147
파르메니데스 Parmenides　18
파울리 Wolfgang Pauli　240
파이얼스 Rudolf Peierls　245
판막(瓣膜)　113
패러데이 Michael Faraday　159
퍼킨 William Henry Perkin　218
페이레슥 Claude de Peiresc　121
편작(扁鵲)　280
폐순환(肺循環)　110
「포박자(抱朴子)」　301
포스튼 Michael Postan　56
퐁트넬 Bernard le Bovier de Fontenelle 123
푸리에 Joséph Fourier　179, 197
풍수지리설(風水地理說)　350, 359
프랑크위원회 Franck Committee　249
프랜시스 베이컨 Francis Bacon　62
프랭클린 Benjamin Franklin　199
프레늘 Augustin Jean Fresnel　194, 197
프로이슨표 Prutenic Table　77
프루스트 Joseph Louis Proust　156
프리스틀리 Joseph Priestleym　149, 150
프리시 Otto Frish　245
「프링키피아」 Principia　67, 70, 126, 128, 136, 139
프톨레마이오스 Klaudios Ptolmaios　29, 42, 46, 72
플라톤 Platon　20, 69
플랑크 Max Planck　197, 235
플랑크상수　235
플로기스톤 Phlogiston　147
플로기스톤이 없는 공기 dephlogisticated air　151

플루타르코스 Plutarchos	73		혜성	78
플루토늄 plutonium	246		혜시(惠施)	285
플리니우스 Plinius	36		호로스코프 horoscope 점성술	14
피라미드	12		호메로스 배 Homeric Ship	28
피사의 사탑(斜塔)	99		호이겐스 Christiaan Huygens	103, 122
피타고라스 Pythagoras	18, 305		호적(胡適)	324
필로포누스 Philoponus	93		호프만 August von Hofmann	218
필론 Philon	29		혼천설(渾天說)	290, 366
			혼천의(渾天儀)	291, 369
			홀데인 John Scott Haldane	226

ㅎ

			홍대용(洪大容)	384, 386
'하늘의 도시' Uraniborg	77		화약	55
하룬 알 라시드 Harun Al-Rashid	44		화이트 2세 Lynn White, Jr	53, 55
하비 William Harvey	111		「화학연보」 Anmale de chimie	154
하비에르 Francisco Xavier	339		「화학원론」 Traité elémentaire de chimie	
하이젠베르크 Werner Hesenberg	240			154
한 Otto Hahn	242		화학적 친화도 chemical affinity	138
「한성순보(漢城旬報)」	394		확률의 파동	241
해리어트 Thomas Hariot	108		환원론자 reductionist	224
「해부학에 관하여」 De re anatomica	111		황도 12궁(宮)	15, 275
핼리 Edmund Halley	128		황·수은설 sulfur-mercury theory	46
행렬역학 matrix mechanics	240		「황제내경(黃帝內經)」	280, 294
향약(鄕藥)	363		후크 Robert Hooke	109, 118
'향약(鄕藥)' 운동	380		후퇴운동	42
「향약집성방」(鄕藥集成方)	379		「훈요십조」(訓要十條)	359
허준(許浚)	379		흑체 복사(黑體輻射)' black-body radiation	
헉슬리 Thomas H. Huxley	177			234
헤라클레이데스 Herakleides	41		흠경각(欽敬閣)	368
헤라클레이토스 Herakleitos	18		히파르코스 Hipparchos	42, 75
헤로필로스 Herophilos	39		히포크라테스 Hippokrates	37, 280
헤론 Heron	30		히포크라테스선서(宣誓)	39
헤일 George Ellery Hale	203		「히포크라테스전집」 Corpus Hippocraticum	
헤일즈 Stephen Hales	149			38
헨더슨 Laurence J. Henderson	229			
헬름홀츠 Hermann Helmholtz	181, 225			
'현상을 구(救)하는' save the phenomena				
	83			
「현어(玄語)」	342			